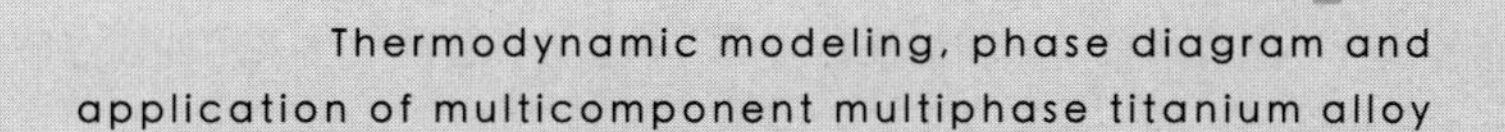


# 多元多相钛合金的热力学模型、相图及应用

胡　标　著

中国科学技术大学出版社

## 内 容 简 介

本书采用关键实验、第一性原理计算、相图计算等集成方法，对多元多相钛合金的热力学模型、相平衡、亚稳相、晶体结构、合金凝固等进行了系统的研究，获得了描述各钛合金体系中稳定相和亚稳相的热力学参数。首次成功采用四亚点阵模型描述三元系中的 $A1/L1_2$ 和 A2/B2 有序-无序转变；建立 Ti-Al-Mo-V-Cr 五元系热力学数据库，成功用于模拟商用钛合金凝固过程的相变序列；热力学描述了钛合金的马氏体相变和亚稳相 ω 的形成，探索出有效获得亚稳相热力学性质的方法；首次采用第三代热力学模型描述了 Ti 和 V 的吉布斯自由能，并成功用于优化 Ti-V 体系稳定和亚稳相图，第三代热力学模型对描述特别是低温热力学性质及相变具有显著的优势。本书的研究成果为新型钛合金设计提供了重要的理论指导。

**图书在版编目(CIP)数据**

多元多相钛合金的热力学模型、相图及应用/胡标著. —合肥：中国科学技术大学出版社，2021. 6

ISBN 978-7-312-05076-3

Ⅰ. 多…　Ⅱ. 胡…　Ⅲ. 钛合金—热力学—研究　Ⅳ. TG146. 23

中国版本图书馆 CIP 数据核字(2021)第 082246 号

**多元多相钛合金的热力学模型、相图及应用**

DUOYUAN DUOXIANG TAI HEJIN DE RELIXUE MOXING、XIANGTU JI YINGYONG

**出版**　中国科学技术大学出版社
安徽省合肥市金寨路 96 号，230026
http://press. ustc. edu. cn
http://zgkxjsdxcbs. tmall. com

**印刷**　安徽国文彩印有限公司

**发行**　中国科学技术大学出版社

**经销**　全国新华书店

**开本**　710 mm×1000 mm　1/16

**印张**　19. 75

**字数**　399 千

**版次**　2021 年 6 月第 1 版

**印次**　2021 年 6 月第 1 次印刷

**定价**　68. 00 元

# 前　言

钛性质优良，储备丰富，从工业价值和资源寿命的发展前景看，钛是仅次于铁、铝而被誉为正在崛起的“第三金属”。钛的密度较小，为4.51 g/cm$^3$，通常被称为轻金属，其合金产品与铝合金、镁合金并称为轻合金。钛及钛合金具有很多优异的性能，如比强度高、耐腐蚀性好、断裂韧性优异和生物相容性良好等，在航空航天、舰艇及海洋工程、核电及火力发电、石油化工、冶金、生物医学等领域都有广泛的用途。自20世纪50年代以来，钛合金的种类已从1954年的Ti-6Al-4V合金发展到数百种，尤其在高温钛合金、Ti基和TiAl基复合材料、$Ti_3Al$金属间化合物及相关的高新技术研究和应用方面有了长足发展。然而，我国生产和使用的钛合金牌号大部分是西方发达国家开发的，为了研制出具有我国自主知识产权的新型钛合金牌号，实现其制备过程中工艺参数的科学设计和性能最优控制，建立精确的多元钛合金相图热力学数据库至关重要。本书撰写的目的在于为从事钛合金以及相图热力学领域的研究工作者提供较为系统的有关多元多相钛合金相图热力学基础理论。因此，本书重点介绍了：

(1) 有序-无序转变的四亚点阵模型以及第三代热力学模型，将这些模型成功应用于钛合金体系的热力学描述；

(2) 高效获得多元多相钛合金相平衡及建立相应的热力学数据库的方法；

(3) 热力学描述钛合金的马氏体相变和亚稳相ω的形成等，为多元多相钛合金的微观结构定量模拟提供关键数据，为新型钛合金的设计提供重要的理论基础。

本书的研究工作是在国家自然科学基金“含亚稳相的Ti-Al-Mo-V-Cr体系晶体结构和热力学性质研究”(项目号:51501002)、中国博士后基金“新型高强多元钛合金体系亚稳相热力学性质研究”(项目号:

2015M581972)和安徽省博士后基金“β钛合金体系中非平衡相稳定性及热力学性质研究”(项目号:2017B210)等项目的资助下完成的。

本书第2章是笔者在中南大学杜勇教授的指导下与中南大学袁小明副教授共同完成的;第3章是笔者在杜勇教授指导下完成的;第8章是笔者与美国匹兹堡大学熊伟教授合作完成的。特别感谢中南大学杜勇教授以及安徽理工大学闵凡飞教授、朱金波教授、刘银教授、王庆平教授、王成军教授的帮助,同时感谢课题组成员姚彬、周佳强、仇成亮、张金、张宇等同学的帮助,还有其他给予帮助的老师和同学,在此不一一列举。

需要指出的是,由于笔者知识有限,且限于时间和资料收集不够全等原因,疏漏之处在所难免,诚恳欢迎批评指正。本书在撰写过程中参考了大量文献资料,对引用的所有参考资料的作者表示衷心感谢。同时,由于撰写时疏忽,某些引用和参考的文献可能被遗漏,敬请相关作者谅解。

胡 标

2020年5月18日

# 目　　录

# 第1章　绪　　论

## 1.1　引　　言

钛合金因比强度高、耐蚀性好、耐热性高、生物相容性好等性能被广泛应用于航空航天、兵器、石油、化工、医疗等领域[1]。目前广泛使用的钛合金基本上是多元多相体系,其性能很大程度上取决于材料制备过程中所形成的微观结构,即在凝固或后续热处理过程中析出相的种类与含量、相的形貌与尺寸、枝晶间距、微观偏析等。微观结构演变模拟的定量描述是以准确的热力学数据为前提的。但大部分多元合金体系缺少可靠而必要的热力学数据,特别是亚稳相的热力学数据,所以对其凝固或热处理等过程中的精确微观结构演变模拟难以进行。近年来,如何高效获得含亚稳相的多元多相钛合金热力学数据一直是材料设计领域研究的热点和难点。

目前材料科学的发展已经进入了一个多元化的时期。材料基础领域的研究已经和物理、化学、数学及计算机科学相结合。材料计算已成为材料研究领域的一个重要分支。当前材料设计的主导思想是将材料计算模拟和实验相结合,多维尺度的材料模拟已经成为材料设计不可缺少的一环。对于多维尺度的材料研究,人们往往需要引入不同的计算方法,如第一性原理、分子动力学、蒙特卡罗模拟、相场模拟等,或者将不同维度的计算方法相结合。计算材料科学发展的一个重要分支,可以通过图1.1进行概括。在这个分支里,其主要的计算研究方法有第一性原理计算(first-principles calculation)、相图计算(CALculation of PHAse Diagrams, CALPHAD)和相场模拟(phase field simulation)。这三者之间的关系可以通过吉布斯自由能(Gibbs free energy)和原子移动性参数(atomic mobility)联系起来。在理论上,这三种方法是互补的,因而可以构建出从微观原子到宏观组织结构的桥梁。目前,这三种计算研究方法仍在不断发展和完善。其中就CALPHAD方法而言,从20世纪70年代诞生以来便显示出超强的应用潜力。该方法经过不断的发展,现已作为一种高效的材料设计方法被工业界广泛运用。

对于低维计算,由CALPHAD方法可以寻求相关实验测定的信息(如相平衡、活度等)作为输入。与此同时,CALPHAD 方法也可以利用由第一性原理计算出来的相关量(如点阵分数、端际组元的生成焓等)作为输入,使其热力学模型中的参数更具有物理意义。作为 CALPHAD 的输出而言,最基本的输出便是吉布斯自由能。然而,通过热力学方程,还可以得到更多热力学物理量,如相变驱动力、活度、相体积分数、亚稳相图等。在目前较为流行的相场模拟方法中,CALPHAD 方法计算所得的各相吉布斯自由能和原子移动性参数,往往是该模拟的重要输入。其精确性往往控制着最终的相场模拟结果。

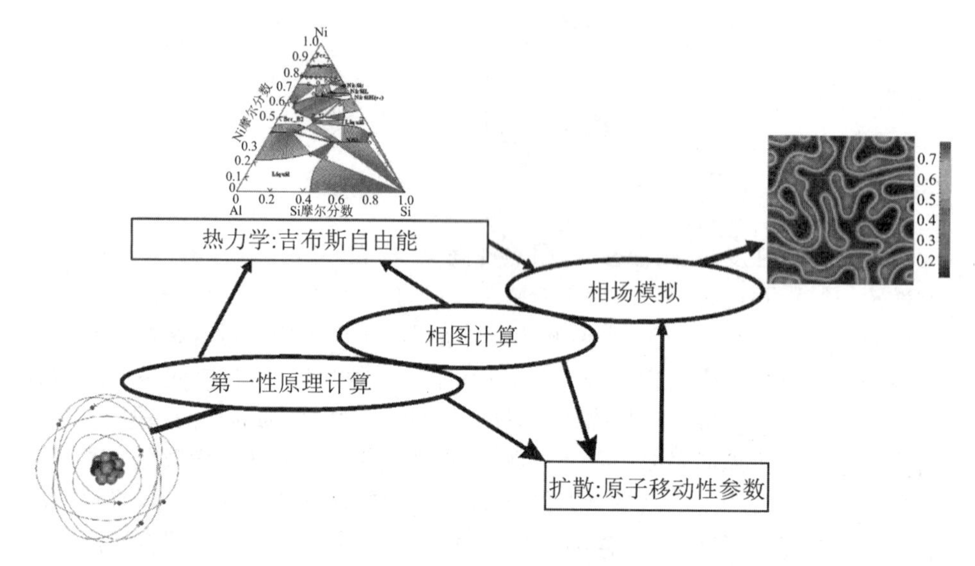


**图 1.1　第一性原理计算、相图计算和相场模拟之间的关系示意图**[2]

总之,CALPHAD 方法可以为多元多相微观结构演变模拟提供所需的相图热力学数据。当体系各相的吉布斯自由能表达式中的热力学参数已知时,用 CALPHAD 方法能精确计算多元系的平衡相图及热力学性质。但当参数未知时,这一方法依赖于关键的相平衡及热力学实验数据来优化热力学模型中的参数,特别是二元系和三元系的数据。目前,大部分的二元合金体系的热力学数据库已基本建立。但对于三元合金体系而言,相平衡往往比较复杂,从而导致实验数据相对缺乏。因此,进行热力学计算之前,对三元系进行关键的实验研究就显得尤为重要。我们知道,获得精确的三元化合物热力学性质有助于快速确定其合理的热力学参数。除实验测定外,第一性原理计算方法仅需要输入该相的晶体结构即可获得其在温度为 0 K 时的晶体形成能。采用关键实验、第一性原理计算、相图计算方法相结合的方法可以高效获得多元系在宽广成分及温度范围内的相图热力学信息,为新型合金的设计提供重要的理论依据和科学指导。

# 1.2 钛合金

## 1.2.1 钛及钛合金的特点

钛是20世纪50年代初走向工业化生产的一种重要金属。钛性质优良，储备丰富，从工业价值和资源寿命的发展前景看，它仅次于铁、铝而被誉为正在崛起的“第三金属”。钛的密度较小，为4.51 g/cm$^3$，通常被称为轻金属。钛包含两种稳定的晶型，即低温α-Ti(＜882 ℃)和高温β-Ti(882～1668 ℃)，其合金产品与铝合金、镁合金并称为轻合金。钛具有许多重要的特性，如密度低、比强度高、耐腐蚀、线膨胀系数低、导热率低、无磁性、生物相容性好、表面可修饰性强，具有储氢、超导、形状记忆、超弹和高阻尼等特殊功能和性质。它既是优质的轻型耐腐蚀的结构材料，又是新型的功能材料以及重要的生物医用材料。在众多特性中，钛有两个最为显著的优点：比强度高和耐腐蚀性好。因而它在空中、陆地、海洋和外层空间都有广泛的用途，包括航空航天、常规兵器、舰艇及海洋工程、核电及火力发电、石油化工、冶金、建筑、交通、体育与生活用品等[1,3-6]。

### 1. 比强度高

钛合金的比强度(强度/密度)远高于其他金属结构材料，可用来制造单位强度高、质量轻盈、刚性好的零部件。表1.1比较了几种合金材料与钛合金的密度和比强度。

**表1.1　几种合金材料与钛合金的密度和比强度的比较**

| 材料种类 | 钛 | 铝 | 镁 | 铁 | 高强度钢 |
|---|---|---|---|---|---|
| 密度(g/cm$^3$) | 4.51 | 2.78 | 1.74 | 7.87 | — |
| 比强度 | 29 | 21 | 16 | — | 23 |

### 2. 耐腐蚀性能优异

钛与氧的亲和力很大，在含氧的环境中，钛表面会生成一层致密、稳定性好、附着力强的氧化膜，即使受到机械磨损也会很快再生，使其在无机盐溶液、碱溶液和大多数有机酸溶液中都有很好的抗腐蚀性能。

### 3. 热强度高

钛合金在150～500 ℃温度范围内仍具有很好的比强度，而铝合金在150 ℃以上时，比强度下降明显，前者比后者的使用温度高几百摄氏度。通常钛合金可在450～500 ℃的环境下长时间工作，而铝合金只能在200 ℃以下长时间工作。

**4. 低温性能好**

由于α和近α钛合金的塑性-脆性转变温度较低，即使在液氮(77 K)和液氢(20 K)温度下仍然具有较好的塑韧性，所以钛合金还可用来开发低温结构材料。例如，美国开发的Ti-5Al-2.5Sn ELI合金允许在18 K下使用；而中国开发的Ti-6Al-4V ELI合金允许在20 K下工作。

**5. 其他特殊性能**

钛与其他金属元素通过合金化能形成具有突出物理性能的新型功能材料，如Ti-Fe系储氢合金、Ti-Nb系超导合金和Ti-Ni系形状记忆合金等。

### 1.2.2 钛合金二元系相图类型及合金元素分类

钛合金的二元系相图，可以归纳为4种类型：

(1) 第1种类型：与α和β钛均形成连续固溶体，如图1.2(a)所示。这种类型的体系只有2个二元系，即Ti-Zr和Ti-Hf。Ti、Zr和Hf在元素周期表中是同族元素，具有类似的性质，因此这两个元素在α和β钛中的固溶能力相同，对α相和β相的稳定性能影响不大。

(2) 第2种类型：与β钛形成连续固溶体，而与α钛形成有限固溶体，如图1.2(b)所示。这种类型的体系有4个，即Ti-V、Ti-Mo、Ti-Nb和Ti-Ta。由于V、Mo、Nb和Ta这4种金属只有一种体心立方结构稳定存在，因此它们只与β-Ti形成连续固溶体，而与α-Ti形成有限固溶体。

(3) 第3种类型：与α和β钛均有限固溶，并且有包析反应，如图1.2(c)所示。形成这种类型的相图的二元系有：Ti-Al、Ti-Sn、Ti-Ca、Ti-B、Ti-C、Ti-N、Ti-O等。

(4) 第4种类型：与α和β钛均有限固溶，并且有共析分解，如图1.2(d)所示。形成这种类型的相图的二元系有：Ti-Cr、Ti-Mn、Ti-Fe、Ti-Ni、Ti-Co、Ti-Cu、Ti-Si、Ti-Bi、Ti-W、Ti-H等。

根据各种元素与钛形成相图的特点，以及对钛的同素异性转变的影响，加入钛中的合金元素可分为：提高α→β转变温度的α稳定元素；降低α→β转变温度的β稳定元素；对钛的同素异性转变温度影响很小的中性元素，如图1.3所示。

(1) α稳定元素：能提高β相变温度的元素称为α稳定元素，即α稳定元素可将α相区延伸至更高的温度范围，以此来提高β相转变温度。它们在元素周期表中的位置离钛较远，其电子结构和化学性质与钛差别较大，通常与钛形成包析反应。Al是采用最广泛的、唯一有效的α稳定元素，也是钛合金中最主要的强化元素。Al加入钛合金中起固溶强化作用，其在α-Ti中的固溶度远大于在β-Ti中的固溶度，并能显著提高α→β相转变的温度，提高钛合金的热稳定性和焊接性。Al

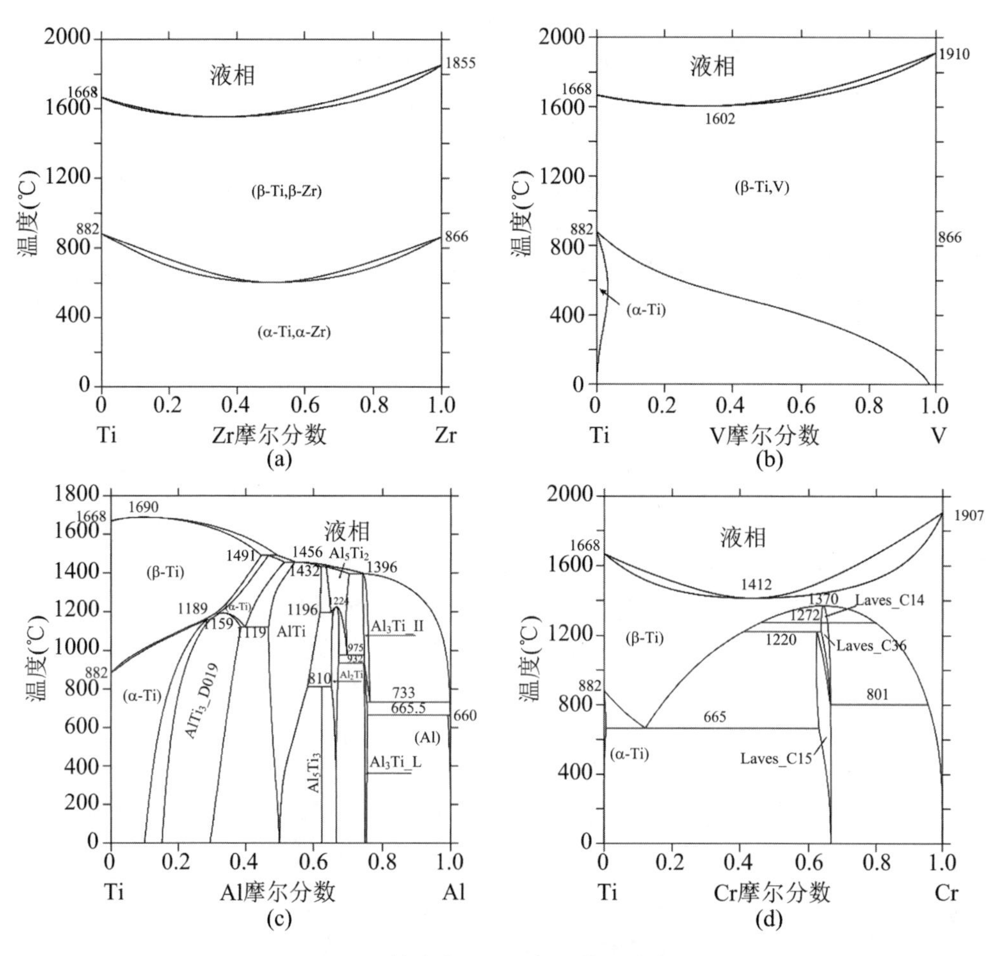


**图 1.2　钛合金二元系相图的四种类型**

(a) Ti-Zr;(b) Ti-V;(c) Ti-Al;(d) Ti-Cr

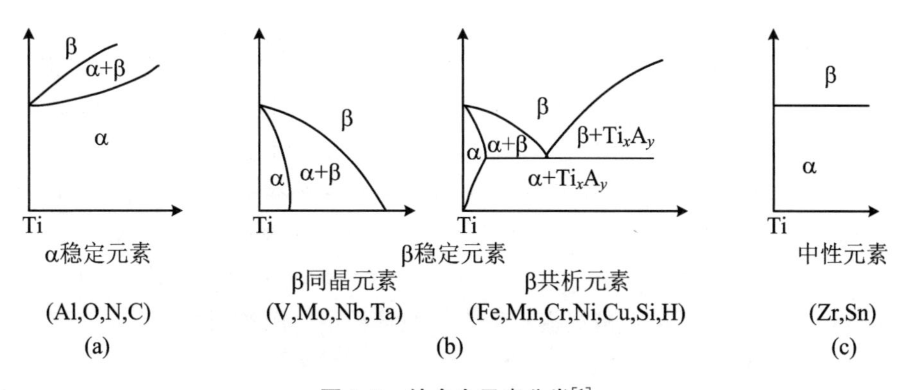


**图 1.3　钛合金元素分类**[1]

在钛合金中的作用类似于碳在钢中的作用，几乎在所有的钛合金中都含有 Al，只是数量不同。除了 Al 外，Ga、Ge、O、N、C 等也是 α 稳定元素。O、N、C 一般为杂质元素，很少作为合金的添加元素。

(2) β 稳定元素：能降低 β 相转变温度的元素称为 β 稳定元素，即 β 稳定元素可使 β 相区向较低温度移动，以此来降低 β 相转变温度。根据相图的特点，β 稳定元素又可分为 β 同晶元素和 β 共析元素。

β 同晶元素，如 V、Mo、Nb、Ta 等，在元素周期表上的位置靠近钛，具有与 β 钛相同的晶格类型，能与 β-Ti 无限固溶，而在 α-Ti 中具有有限的溶解度。由于 β 同晶元素的晶格类型与 β-Ti 相同，它们能以置换的方式大量溶入 β-Ti 中，产生较小的晶格畸变，因此这些元素在强化合金的同时，可保持其较高的塑性。含同晶元素的钛合金，不发生共析或包析反应而生成脆性相，组织稳定性好。因此 β 同晶元素在钛合金中被广泛应用。V 是钛合金中应用最广泛的一种 β 稳定元素。V 在钛合金中的固溶强化作用非常显著，不仅能提高合金的强度和热稳定性，而且能使钛合金保持良好的塑性。Mo、Nb、Ta 等元素的作用与 V 类似。

β 共析元素，如 Fe、Mn、Cr、Ni、Cu、Si 等，在 α 和 β 钛中均具有有限溶解度，但在 β-Ti 中的溶解度大于在 α-Ti 中的溶解度，以存在共析反应为特征。Fe、Mn、Cr、Co 等的加入使钛的 β 相具有很慢的共析反应，在一般的冷却速度下无法进行，这些元素被称为慢共析元素，与 β 同晶元素作用类似，对合金产生固溶强化作用，它们被广泛用于工业钛合金中。Cu、Si、Ni、Ag、W 等的加入使钛的 β 相具有很快的共析反应，在一般的冷却速度下就可以进行，使得 β 相很难保留到室温，这些元素被称为快共析元素。共析分解所产生的化合物都比较脆，但在一定的条件下，一些元素的共析反应可用于强化钛合金，尤其是可能提高其热强性。随着温度的降低，Cu 在 α-Ti 中的固溶度会显著减少，Cu 在钛合金中可以通过时效沉淀强化来提高合金的强度。由于 Ti 与 Si 的原子半径相差较大，形成固溶体时容易在位错处偏聚，从而阻止位错运动，且 Si 的共析转变温度较高，可以提高钛合金的耐热性能。

(3) 中性元素：对钛的 β 相转变温度的影响不明显的元素，称为中性元素，如与钛同族的 Zr、Hf 等。中性元素在 α-Ti 和 β-Ti 中有较大的溶解度甚至能够形成无限固溶体。另外，Sn、Ce、La、Mg 等对钛的 β 转变温度影响不明显，亦属中性。中性元素加入后主要对 α 相起固溶强化作用，故有时也可将中性元素看作 α 稳定元素。钛合金中常用的中性元素主要为 Zr 和 Sn，它们在提高 α 相强度的同时，也提高其热强性，但其强化效果低于 Al，它们对塑性的不利作用也比 Al 小，这有利于压力加工和焊接。此外，Sn 还能降低钛合金对氢脆的敏感性。适量的 Ce、La 等稀土元素，也有改善钛合金的高温拉伸强度及热稳定性的作用。

对于以上合金元素对在钛合金中的作用，归纳起来有以下几点：

① 起固溶强化作用。提高室温抗拉强度最显著的是 Fe、Mn、Cr、Si；其次为 Al、Mo、V；而 Zr、Sn、Ta、Nb 强化效果差。

② 升高或降低相变温度，起稳定 α-Ti 或 β-Ti 的作用。

③ 添加 β 稳定元素，增加合金的淬透性，从而增强热处理强化效果。

④ Mo、Sn、Zr 有防止亚稳相 ω 形成的作用；β 同晶元素有阻止 β 相共析分解的作用。

⑤ 加入 Al、Si、Zr、稀土元素等可改善合金的耐热性能。

通过向钛中添加合金元素，可以对钛合金进行强化，从而改善钛合金的性能。然而，由于任何单一元素的作用都是有限的，难以获得较好的综合性能，因此实际应用的工业钛合金均采用多元组合复合强化。目前绝大多数钛合金，除添加 Al 元素以外，还添加了 Mo、V 等 β 稳定元素和 Zr、Sn 等中性元素，属于多元多相合金。

### 1.2.3　钛合金的分类

经典的钛合金分类方法是指麦克格维纶于 1956 年提出的按照退火态相组成进行分类的方法，即将钛合金划分为 α 型、α+β 型、β 型钛合金。60 多年来，随着钛合金研究与应用的迅速发展，特别是热处理强化的钛合金，经常遇到的是非平衡状态的组织，因此按照亚稳定状态的相组成进行钛合金的分类更为可取。根据钛合金从 α 相区淬火后的相组成与 α 稳定元素含量关系的示意图(图 1.4)，可以将钛合金划分成以下 6 种类型：

① α 型钛合金，包括工业纯钛和只含 α 稳定元素的合金。

② 近 α 型钛合金，β 稳定元素含量小于 $C_1$的合金。

③ 马氏体 α+β 型钛合金，β 稳定元素含量从 $C_1$ 到 $C_k$的合金，这类合金可以简称为 α+β 型钛合金。

④ 近亚稳定 β 型钛合金，β 稳定元素含量从 $C_k$ 到 $C_3$的合金，这类合金可以简称为近 β 型钛合金。

⑤ 亚稳定 β 型钛合金，β 稳定元素含量从 $C_3$ 到 $C_\beta$ 的合金，这类合金可以简称为 β 型钛合金。

⑥ 稳定 β 型钛合金，β 稳定元素含量超过 $C_\beta$ 的合金，简称为全 β 型钛合金。

当 β 稳定元素含量达到某一临界值时，较快冷却能使合金中的 β 相保持到室温，这一临界值称为“临界浓度”，用 $C_k$表示。临界浓度可以衡量各种 β 相稳定元素稳定 β 相的能力。元素的 $C_k$越小，其稳定 β 相的能力越强。一般 β 共析元素(尤其是慢共析元素)的 $C_k$ 要小于 β 同晶元素。

从图 1.4 中可以看出，随着 β 稳定元素含量的增加，从 β 相区淬火后 Ti 合金中存在两种马氏体，即六方密堆积 α′(P63/mmc)和正交畸变的 α″(Cmcm)。α′马氏体通常在较低浓度的 β 稳定元素下形成，而 α″马氏体则在较高浓度下形成。β→α″和 β→α′转变的主要区别在于，前一个转变过程中原子改组的位移程度小于后者。因此，可以将 β→α 转变视为晶体学上不完整的 β→α′转变。在纯钛中，具有六方结

构的亚稳态相 ω 仅在较大的压应力下形成。相比之下，当钛合金中含有足够浓度的 β 稳定元素时，合金从高温 β 固溶体进行快速淬火形成的 ω，称为无热 ω 相；合金在低温下时效形成的 ω 相，称为等温 ω 相。在 Ti 合金中观察到 ω 相的成分非常接近马氏体相变。ω 相的析出与马氏体相变相竞争[7]。近年来，由于 ω 相的形成作为 Ti 合金中细小 α 相沉淀析出的前驱体而受到广泛关注[8-13]。

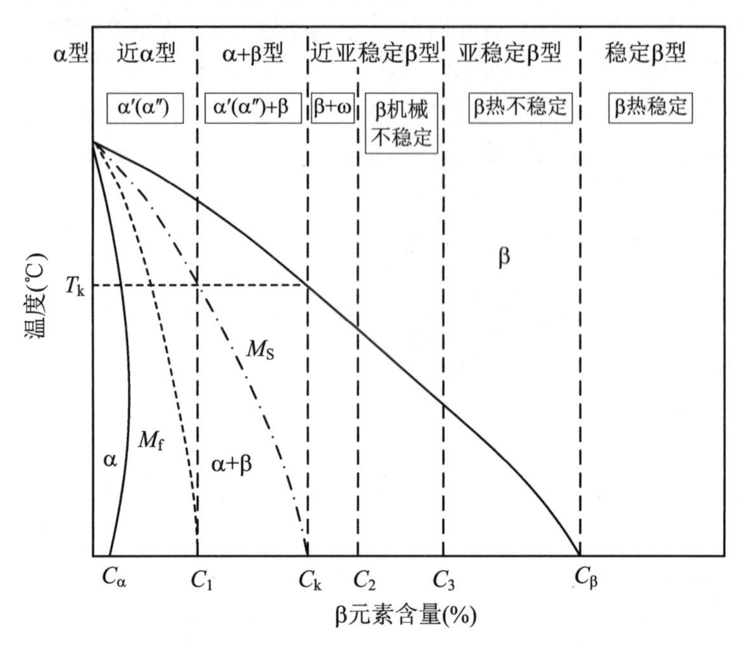


**图 1.4　钛合金从 β 相区淬火后的相组成与 β 稳定元素含量关系的示意图[6]**

## 1.2.4　钛合金设计

材料设计(material design)一词的科学概念源于高分子材料的分子设计，已广泛地用来对材料的组织、结构、性能的预测，以及材料成分及其他各类性质的计算[14,15]。迄今为止，材料设计经历了 4 个阶段：① 尝试法设计阶段；② 半经验设计阶段；③ 热力学设计阶段；④ 第一性原理设计阶段。

近几十年来，随着计算机科学技术的快速发展和大量可供参考的经验数据及理论知识的涌现，超多元镍基高温合金相计算 PHACOMP 的出现真正摆脱了尝试法设计阶段。该阶段是以 12 种元素组成的 γ′相沉淀强化型 Ni 基高温合金为设计目标，计算设计合金构成相 γ 和 γ′成分和体积分数为最主要的内容。之所以称这种材料设计为半经验材料设计，是因为当合金成分确定之后，构成相 γ 和 γ′的成分和体积分数是根据各元素在两相中的分配比例、两相邻电子空位浓度等经验值确定的。在 PHACOMP 出现十多年后，通过积累大量的热力学数据，在计算科学技术的支持下，相图及相平衡热力学在 L. Kaufamn、M. Hillert 和 I. Ansara 等的带领下进入了一个新的材料设计阶段——CALPHAD 方法设计阶段。在这个阶段，材料设计实现了在一个特定体系内对相平衡和成分统一的热力学描述；实现了对亚稳相平衡的预测；实现了对材料变温相组成演变的预测；实现了对材料热力学性质的预测。到 20 世纪末期，人类又迈进了另一个材料设计的新时代——第一性原理设计阶段，这个阶段更加强调微观层次的材料设计、物质性能的预测、新物质的设计与发明、原子尺度的结构控制与组装。CALPHAD 方法和第一性原理计算相结合将是未来材料设计的一种重要的研发手段。

目前，由于 Ti 合金的广泛应用，对 Ti 合金的材料设计一直是科学界和工业界感兴趣的问题。然而，目前尚没有能够指导 Ti 合金工业应用的精准的 Ti 合金数据库。图 1.5 以瑞典 Thermo-Calc 公司最新开发的 Ti 合金热力学数据库为例，给出了 CALPHAD 方法所建立的主要元素集团的数据库情况[16]。该数据库以 27 个合金和添加元素为框架，评估了 269 个二元系和 95 个三元系，包含 470 个固溶体相和中间化合物相。

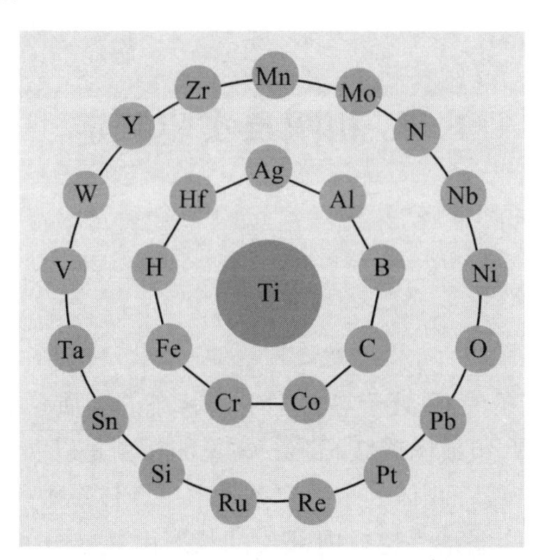


**图 1.5 Thermo-Calc 公司开发的钛合金数据库[16]**

Ti 合金数据库基本信息：

27 种合金元素：Ag，Al，B，C，Co，Cr，Fe，H，Hf，Mn，Mo，N，Nb，Ni，O，Pd，Pt，Re，Ru，Si，Sn，Ta，Ti，V，W，Y，Zr；

470 个相：固溶体相和中间化合物相

通过构筑的 Ti 合金数据库可以计算特定成分下相的组成及相的成分，同时可以很清晰地获得反应类型等信息。相图热力学数据库的建模是基于晶体结构的，因此包含了所有的晶体学信息。借助第一性原理计算可以预测金属间化合物相的热稳定性。扩散动力学数据库是 CALPHAD 技术的另一分支，采用同样的拟合实验数据的方法建立的原子移动性参数数据库可以有效地进行一维分布的组织演化模拟。结合经典形核的最大驱动力模型，可以有效地预测非晶形成能力。如今热力学和动力学数据又作为相场模拟方法的输入值，成为组织演化模拟的重要参数。因此，采用关键实验结合热力学模型和多尺度的材料计算方法是一种快速高效的设计新型 Ti 合金的方法。

此外，值得一提的是，采用 CALPHAD 方法可以为有应用前景的材料体系开发出完善的相图热力学数据库。例如，中南大学杜勇教授开发的铝合金相图热力学数据库、德国克劳斯塔尔工业大学在大众汽车公司资助下开发的镁合金相图热力学数据库、瑞典皇家理工学院开发的铁合金相图数据库、英国罗尔斯罗伊斯公司与美国通用电气公司各自开发的镍基合金相图热力学数据库、日本东北大学的无铅焊料相图数据库等。这充分体现了 CALPHAD 的实际应用能力。可以肯定的是，随着计算机科学和 CALPHAD 方法的不断发展，以及与其他计算方法（如第一性原理计算）的不断耦合，CALPHAD 方法在未来将继续作为一个重要的研究手段引领工程材料的设计。

## 1.3　相图及实验测定

### 1.3.1　相图

相图是表示一定条件下，处于热力学平衡状态的物质系统中相平衡关系的几何图示，又称为平衡图、组成图或状态图。常见的相图是以温度、压力、成分为变量描绘的。相图中的点、线、面、体表示一定条件下平衡体系中所包含的相、各相组成和各相之间的相互转变关系。材料内部相的状态由其成分和所处温度决定，相图就是用来表示材料的状态和温度的综合图形，其所表示的相的状态是一定温度、成分条件下热力学最稳定、自由能最低的平衡状态。相图被誉为材料设计的指导书、冶金工作者的地图和热力学数据的源泉，其重要性已被材料、冶金、化工、地质工作者等广为认同。相图和热力学密切相关，相图不仅能够直观地给出目标体系的相平衡状态，而且能够表征体系的热力学性质；由相图可以提取热力学数据，由热力学原理和数据也可构筑相图。因此，相图的建立方法一般分为实验测定和热力学计算。

世界上公认的第一张相图是 1897 年 Roberts-Austen 发表的 $Fe\text{-}Fe_3C$ 相图[17]。此后，相图的实验测定工作逐步开展。20 世纪 30 年代以后，随着 X 射线衍射、电子探针显微分析、热分析等现代实验手段的出现和不断完善，相图的实验测定得到了蓬勃发展。时至今日，已经积累了大量实测相图数据，但以二元和三元系为主。随着体系组元数目的增加和体系对实验条件的要求越来越苛刻，实验方法已很难提供各种相图，特别是多元系相图。早在 1908 年 Van Laar[18] 就尝试利用后来被称作“正规溶体模型”的溶体模型计算了一些基本类型的二元相图。20 世纪 70 年代以来，随着热力学、统计力学、溶液理论和计算机技术的发展，相图研究从以相平衡的实验测定为主进入计算相图的新阶段，并发展成为一门介于热化学、相平衡和溶液理论与计算技术之间的交叉学科分支——CALPHAD，其实质是相图和热化学的计算机耦合。计算相图是在严格的热力学原理框架下，利用各种渠道获得的相关热力学数据计算得到的。和实验相图相比，计算相图具有以下特点：① 可以用来判别实测相图数据和热力学数据本身及它们之间的一致性，从而对来自不同作者和运用不同实验方法所获得的实验结果进行合理的评估，为使用者提供准确可靠的相图信息；② 可以外推和预测相图的亚稳部分，从而得到亚稳相图；③ 可以外推和预测多元相图；④ 可以提供相变动力学研究所需要的相变驱动力、活度、$T_0$线等重要信息；⑤ 可以方便地获得以不同热力学变量为坐标的各种相图，以便用于不同条件下的材料制备与使用过程中的研究与控制。

相图是材料科学的基础内容，在材料科学与工程，特别是材料设计中起着举足轻重的作用[19]：

(1) 研制、开发新材料，确定材料成分。相图主要研究处于平衡或准平衡状态下，物质的组分、物相和外界条件的关系。固体材料的性能随成分和结构而异，不同晶体结构的物质具有不同的性质，探索新晶体材料在很大程度上借助于材料在微观尺度上的晶体结构所提供的信息。相图、相结构与材料科学之间存在着广泛而密切的联系。

(2) 利用相图制订材料生产和热处理工艺。在一般金属材料、陶瓷材料和粉末冶金产品等材料的生产和处理中，熔炼和浇注温度、热变形温度范围、烧结温度、热处理类型以及工艺参数均可以该合金或陶瓷材料的相图作为依据来确定。

(3) 利用相图分析平衡态的组织和推断非平衡态下可能的组织变化。根据相图可确定材料在平衡状态下形成单相组织、两相组织或多相组织时，组织中相的分布和数量，以及非平衡状态下组织的可能变化趋势和特征。

(4) 利用相图与性能关系预测材料性能。相图与材料的物理性能及工艺性能都有一定关系，因而可根据材料的相图预测其有关性能。

(5) 利用相图进行材料生产过程中的故障分析。工件在热加工中出现一些缺陷，可根据某些杂质元素在相图中可能的反应进行分析和控制。

### 1.3.2　相图实验测定

相图测定主要是根据相变化过程中所伴随的物理性质和化学性质的变化来测定目标体系的相平衡关系。实验测定相图的方法有很多种，图 1.6 所示的是相图的实验测定方法。按照分析原理可将其分为静态法和动态法,前者有合金相分析法、扩散偶法等,后者有热分析法、膨胀法、电阻法等。相图的精确测定需多种方法配合使用。根据本书工作的研究内容,在此只简单介绍最常用的静态法中的合金相分析法和动态法中的热分析法。

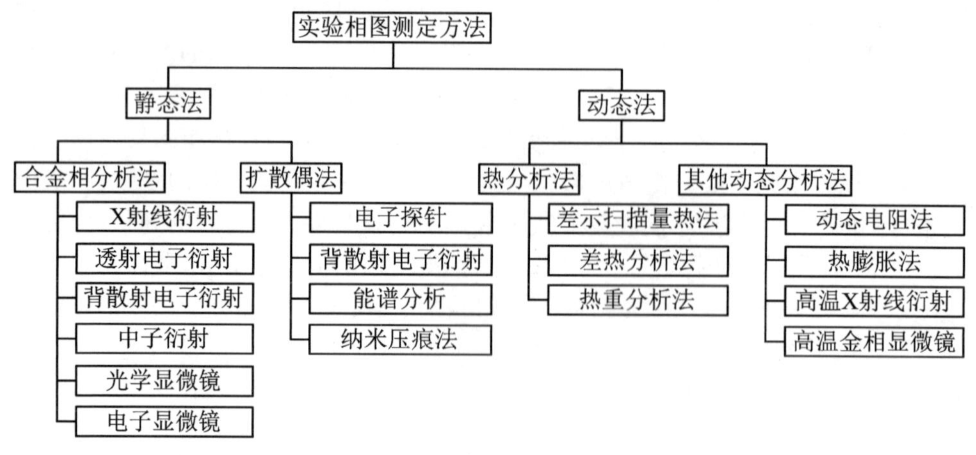


**图 1.6 相图实验测定方法**

### 1. 合金相分析法

静态法又称等温法。静态法是把一系列已知成分的试样在特定温度下进行恒温热处理,使试样达到平衡状态或局部平衡状态,然后测定试样的某些性质在该温度下随成分的依赖关系。其代表方法是合金相分析法,又称淬冷法。

合金相分析法是应用最广的一类实验测定相图方法。其主要原理是将选定的不同成分的样品长时间在一系列设定的温度下退火,使它们达到相应温度下的平衡结构状态,然后快速淬火,由于相变来不及进行,故淬火后的样品保持了高温下的平衡结构状态。用光学显微镜、电子显微镜、电子探针显微分析、X 射线衍射等方法对淬冷试样进行物相分析,就可以确定目标体系相的数目、相组成及含量与淬冷温度的关系。将测试结果记入相图中相应点的位置,就可绘制出相图。

合金相分析法测定相图的基本步骤包括合金样品的制备、合金样品的退火、合金样品的淬火、物相分析、相图绘制。图 1.7 所示的是合金相分析法测定相图的过程。采用纯元素作为原料,按照设计的合金成分进行称量,随后将称量后的样品使用电弧熔炼炉进行熔炼。样品熔炼之后,往往要预留部分铸态合金不进行退火。对铸态合金进行物相鉴定和相关系测定,最终可以结合其他的实验信息做出液相面投影图和希尔反应图。将另一部分铸态合金进行热处理。一般的方法是将样品真空密封入石英玻璃管中,然后放入扩散炉中,在选定的温度下进行恒温退火,保持足够的时间以使合金趋于平衡。之后将样品从高温的扩散炉中取出进行淬火,保证样品在高温下的平衡组织在室温下得以保留。最后对退火后样品的物相、相的显微结构和成分以及相的转变温度进行测定,最终可以构筑目标体系的等温截面、液相面投影图和希尔反应图。下面介绍具体的相图测定步骤及相关注意事项。

(1) 合金样品的制备

合金样品的制备是相图测定的第一步。在样品制备之前,首先要进行文献评估,对准备研究的相图有一个细致的分析和全局的把握,从而选出关键的合金成分进行配制。所谓关键,是指相应的合金成分所涉及的热力学性质或相平衡尚未明确,或尚待证实。合金的成分设计是实验的关键,好的成分设计能起到事半功倍的效果。

确定好合金的配制成分之后,要对纯元素按比例进行称量。要确保合金具有均匀可靠的成分,元素必须纯净和具有精确稳定的成分,且在整个实验过程中不被污染、成分不发生变化。同时,称量之前要确定某些纯元素是否要进行处理,比如有些纯元素是大块的而需要进行切割,有些元素表面已被氧化而需要进行打磨或酸洗。一般而言,每个样品的质量控制在3 g以内,一方面因为合金法测定相图所需要的合金量并不多,另一方面,少量样品在后续的熔炼中有利于合金的均质化。

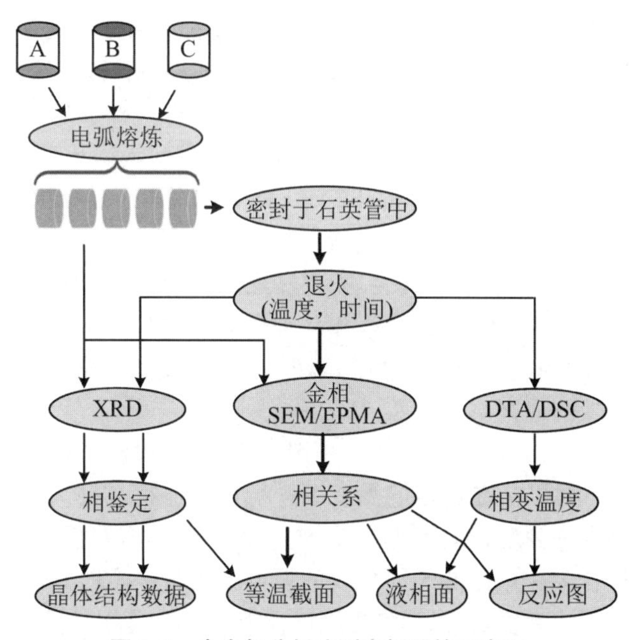


**图1.7 合金相分析法测定相图的示意图**

样品在称量之后,要进行熔炼。通常,合金的制备方法有4种:电弧熔炼、粉末冶金法、电频感应熔炼和封装加热法。以国产WK-Ⅰ型非自耗真空电弧炉为例进行简述。

熔炼前,炉腔内需要进行洗气,即先将炉腔抽真空,然后再向炉腔内通入高纯Ar气(99.999%),这样反复操作4次以确保炉腔内没有氧气。即便如此,为了消除可能存在的残余氧气,可以在炉腔中间的坩埚中放一个纯Ti或Zr球,熔炼样品前,先熔炼Ti或Zr球,这样Ti或Zr就可以与可能存在的残余氧气反应,从而避免了样品的氧化。样品熔炼完一次后要进行翻转，然后再熔，这样反复操作4～5次，以确保合金样品的均质化。对于一些在熔炼中易炸裂的样品，熔炼时需要极其小心，往往一次只熔炼一个样品，这样就可以避免样品炸裂后“污染”其他样品。例如，在对Mn-Ni-Si合金熔炼的过程中就易发生炸裂，这是因为Mn，Ni和Si的热膨胀系数相差很大(Mn：$22\times10^{-6}\ K^{-1}$；Ni：$13.4\times10^{-6}\ K^{-1}$；Si：$4.2\times10^{-6}\ K^{-1}$)。熔炼时考虑到各个元素的熔点相差也较大(Mn：1246 ℃；Ni：1455 ℃；Si：1414 ℃)，先对Mn进行熔炼，此时熔炼电流不易太大，然后通过熔融Mn浸润Ni和Si，当样品变成液态后再慢慢开大熔炼电流进行熔炼。该方法虽然在一定程度上能够避免合金的炸裂，但进行样品熔炼时仍需小心控制。不同的合金体系熔炼的特性不同，需采用不同的熔炼方式。

对熔炼之后的样品，往往需要再次称重，计算出熔炼前后的质量损失。如果样品的质量损失小于0.5%，而且样品的成分不靠近单相区，那么可以直接将样品进行热处理，否则需要对样品进行成分分析。这是因为如果样品成分偏差较大则会影响相图测定的准确性。常用的成分分析方法为电感耦合等离子体质谱(Inductively Coupled Plasma Mass Spectrometry，ICP-MS)分析，该方法能够精确地分析出样品的化学成分。但是在每次分析之前需要提供合金样品的相关信息，如合金的化学成分及可能含有的杂质，以便测定时配制标准溶液。另一种成分分析方法是利用扫描电镜中X射线能谱分析(SEM/EDX)或者电子显微探针波长色散谱分析(EPMA/WDS)，对样品的横截面进行面扫描，也可以测定出样品的成分。这是一种较为粗糙的样品成分分析方法。需要注意的是，有时熔炼之后的合金样品质量会有所增加，对这种情况，除非对该样品进行电感耦合等离子体质谱分析，否则就应舍弃该合金，因为此时的合金可能已经氧化或者受到污染。

(2) 合金样品的退火

样品熔炼之后，要对其进行退火。一般的方法是将样品真空密封入石英玻璃管中，然后放入扩散炉中，在选定的温度下进行恒温退火，保持足够的时间以使合金趋于平衡。要准确测定相边界的位置，样品必须在任何温度下都达到平衡状态。均匀化退火是将合金样品在低于固相线的温度下进行一定时间的保温处理，使合金样品在该温度下达到平衡，以消除凝固过程中产生的成分偏析、亚稳相等。均匀化退火是通过扩散过程实现的，因此，均匀化退火的时间和温度是两个非常重要的因素。由于扩散系数随温度升高按指数规律增大，均匀化处理的温度应该越高越好，例如，低于固相线20～50 ℃进行均匀化处理可以在较短的时间内达到预期目的。如果体系存在低温相变，或者存在通过包晶反应生成的化合物，则需适当延长保温时间。在对合金样品进行退火时需要注意以下几方面：

① 实验中往往预留部分熔炼之后的铸态合金不进行退火。一方面是因为有时要测定初晶相信息，要对铸态合金进行分析；另一方面是因为要保证合金留有备份，以防合金退火时损坏。

② 如果将合金样品与石英玻璃管壁直接接触，可能会发生反应，往往将样品用纯Mo丝缠绕后放进石英玻璃管中。在此要注意，在使用Mo丝之前要借助于相图，保证Mo丝不与合金样品发生反应，而且在检测之前要对退火的合金样品表面进行打磨。

③ 在样品放进扩散炉之前，要对扩散炉进行校温，使炉内的真实温度等于选择的退火温度。通常使用的方法为热电偶法，具体操作在此不再多述。

④ 如何确定体系在给定温度下达到相平衡所需的时间是均匀化处理中的一个重要的但又困难的问题。通常采用的方法是改变恒温退火时间，观察淬火试样中相组成的变化。如果经过一定时间恒温后，淬火样品中的相组成不再改变，就认为已经达到平衡。另一种比较可靠的确定平衡时间的方法是从两方面来检验是否达到平衡，即：准备两个成分相同的样品，一个加热到液相线温度以上，然后淬火下来作为起始状态；另一个加热到固相线温度以下，然后淬火下来作为起始状态。再把两个试样同时加热到目标温度并且恒温相同时间，然后淬冷下来。如果两个试样具有相同的相组成，就表明在该温度下恒温这么长时间，体系已达到平衡状态。从经验角度而言，退火温度在700 ℃以上时，一般退火时间为两周或更长时间较佳；退火温度在700 ℃以下时，四周以上的时间较为理想。需要注意的是，对某些合金，一些平衡相形成非常困难，即便长时间的退火也无法达到平衡状态，比如Mn-Ni[20]和Fe-Cr[21]二元系。对需要进行差热分析的样品，其退火温度的选择有一定要求。一般而言，退火温度要比第一个相变温度低50 ℃。

(3) 合金样品的淬火

从目标温度淬火到室温的过程中，试样的高温平衡状态能否得到保留，是影响测定结果的重要因素。为此，要求淬冷剂的淬冷速度要大于试样的相变速度。常用的淬冷剂有液氮、水、油、空气等。对于一般的金属样品，这些淬冷剂大多能满足要求，通常采用冰水作为淬冷剂。淬火时，将石英管从扩散炉中取出并快速地扔进冰水中，同时将石英管打破。近年来，高温显微镜和高温X射线衍射技术的发展，使得直接观察试样在高温下的相平衡状态成为可能，从另一个侧面也检验了淬冷装置的淬冷效果。

(4) 物相分析

对合金样品的物相鉴定，通用方法有X射线衍射、中子衍射和电子衍射，其中最方便和最有效的方法是X射线衍射(X-Ray Diffraction, XRD)分析方法。XRD是物相鉴定的基本手段之一，尤其是当体系有多晶转变、固溶体分解或形成、化合物析出等现象时更为有效，它既可以定性又可以定量。定性分析把对材料测得的点阵平面间距及衍射强度与标准物相的衍射数据相比较，确定合金中存在的物相；定量分析则根据衍射花样的强度，确定合金中各相的含量。XRD在相图测定工作中的优势在于，每一种固相是由一种晶体结构作为其标识的，作为这一种标识的代表就是X射线衍射花样。例如，在二元平衡相图中，若压力不变，则在同一温度下，当成分依次变化时，将依次遇到单相区和两相区。在单相区内，只看见一种衍射花样，线条的位置可随成分的不同而有所变化，但不允许出现额外的线条。在两相区内，有两种不同的衍射花样同时出现，有些线条可能会重叠在一起。当成分改变时，两组线条的位置始终保持不变，但两组线条彼此间的相对强度会随之改变。本书工作使用高纯的 Ge 或 Si 对谱线进行内标。需要注意的是，内标法对标准样品有一定的要求：① 标准物质的点阵常数要准确知道；② 衍射线分布均匀；③ 容易获得纯物质；④ 易磨成细粉，使标准物质与待测合金样品的细度不超过 1 μm，而且两种物质能够均匀；⑤ 标准物质的衍射线与待测合金样品的衍射线不能重复。一般 XRD 提供的是定性分析，但是在知道相结构的情况下，通过谱线拟合计算各相的点阵常数，可以知道各相偏离理想成分的大小，最终可以判断各相的固溶度大小。值得注意的是，对于脆性相而言，很容易制备 XRD 所需的粉末状样品，而对于延展性较好的相来说，获得粉末状样品就比较困难。一般的做法是利用金刚石锉刀对样品进行锉削获得粉末样品。但是这种做法有两个缺点：一是效率低，而且在锉削过程中容易引进杂质；二是锉削时产生较大的内应力，使得 X 射线衍射峰出现宽化，这就需要对粉末样品进行去应力退火。虽然 XRD 在相图的测定中发挥了重要的作用，但是对于样品中的非晶相或含量少于 5%的次要物相，X 射线衍射方法很难发现。

常用于分析合金样品显微结构的分析方法有：光学显微镜（Optical Microscope, OM）、扫描电镜（Scanning Electron Microscopy, SEM）和电子显微探针（Electron Probe Microanalysis, EPMA）。

OM 是物相鉴定的经典技术，它是根据样品表面所显示的各晶粒对入射光的反射、散射等程度不同而成像的，它所观察到的是样品表面各种晶粒的光学特征和这些晶粒在样品表面的分布情形。OM 的观察目的主要是区分一个样品是单相的、双相的还是多相的，确定在某一温度多相区内相的分布状态。光学显微镜在早期的相图测定中发挥了极大作用，现在仍是相平衡测定的重要工具。然而，OM 分析放大倍数较小，不易观察体积较小或光学对比度不高的相，只能粗略地观察合金样品的显微结构。除此之外，光学显微镜的主要缺点在于微小的沉淀颗粒是有可能观察不到的。因为对每一种合金而言，总存在着某一个温度区间，在这个温度区间的最小值以下时，要使沉淀相颗粒生长到在显微镜下可以无误地辨别出来的大小是非常困难的，需要很长的均匀化处理时间。在这样的情况下，观察的是单相，而实际上非常有可能是双相的。

对 SEM 和 EPMA 来说，其分辨率较光学显微镜有了大幅度的提高。SEM 和 EPMA 分别配备了能量色散 X 射线分析（Energy Dispersive X-ray analysis, EDX，能谱分析）和波长色散谱分析技术（WDS，波谱分析），主要用来测定物相的成分，并辅助相的鉴定。尽管 EPMA 比 SEM 的分析精度高，但是 EMPA 的分析费用较高，而且 SEM 基本能够满足相图测定的精度（≤1 at. %），所以 SEM 更为常用。当然,对于一些成分范围较窄,或者成分测定较高的相区,EPMA 的分析结果将更加精确。EPMA 主要用于研究非均匀物质的局部成分和结构。它的工作原理是利用聚焦电子束与试样表面微米至亚微米尺度的区域的相互作用,使样品微区内所含元素的原子激发而产生特征 X 射线谱。通过测量各种元素所产生的特征 X 射线的波长和强度,对微小体积中所含元素进行定性和定量分析。除了成分分析以外,EPMA 还可以观测试样表面各个相的形貌分布。在相图的测量中,EPMA的主要优势在于利用数量较少的试样在不同温度均匀化处理后就可以建立起相边界。对于一个处在两相区或三相区的试样,利用 EPMA 可以把每一相单独选出来分析成分,这样利用一个样品就能够分析出平衡共存的所有相的成分。需要注意的是,用 EPMA 来实现准确的定量分析,出现的第二相的颗粒大小必须超过一定的最小尺寸。

(5) 相图绘制

结合 XRD、OM、SEM、EPMA 等方法获得合金的物相及各相的成分,即可构筑相应的实验相图。图 1.8 即为实验测定的 Mn-Ni-Si 体系 1000 ℃等温截面。

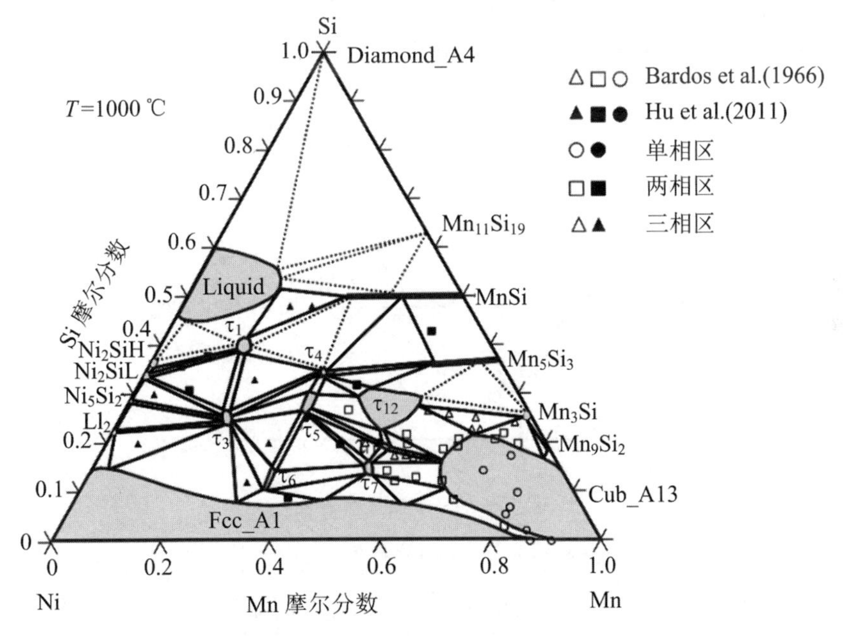


**图 1.8 实验测定的 Mn-Ni-Si 体系 1000 ℃等温截面[22,23]**

**2. 热分析法**

把按照一定程序连续改变温度,同时测量物质性质对温度依赖关系的方法称动态法。在相图的测定中,最常用的动态法是热分析法。热分析法(thermal analysis)是通过测试体系在加热或冷却过程中的热效应来测定相变点及热效应的方法。热分析法由于操作简单快捷,输出信息多样化而成为使用较广的测定相图的方法之一。利用热分析技术能够研究物质的相变温度、热稳定性、焓变、物质的比热等。常用的热分析仪器有差热分析仪(Differential Thermal Analysis,DTA)与差示扫描量热仪(Differenial Scanning Calorimetry,DSC)。DTA 的测温范围更大,而 DSC 的灵敏度、精确度和重现性较 DTA 有大幅度提高,并且可以进行更多的定量分析,如测定焓变、比热等。

(1) 差热分析

DTA 是在程序控制温度下测定样品和参比物(在测量温度范围内不发生任何热效应的物质)之间的温度差和温度关系的一种技术。许多物质在加热或冷却过程中会发生熔化、凝固、晶型转变、分解、化合等物理化学变化,导致体系焓的改变,因而产生热效应。其表现为该物质与外界环境之间有温度差。选择一种对热稳定的物质作为参比物,将其与样品一起置于可按设定速率升温的电炉中,分别记录参比物的温度以及样品与参比物间的温度差。以温差对温度或时间作图就可以得到一条差热分析曲线(DTA 曲线)。典型的差热分析曲线如图 1.9 所示,纵坐标代表温度差 $\Delta T$,横坐标代表温度 $T$。如果参比物和试样的热容大致相同,而样品无热效应,两者的温度基本相同,此时测到的是一条平滑的直线,称为基线。一旦样品发生变化,就会产生热效应,在差热分析曲线上就会有峰出现。热效应越大,峰的面积也就越大。在差热分析中通常规定,向上的峰为放热峰,它表示样品的焓变小于零,其温度高于参比物。相反,向下的峰为吸热峰,表示样品的温度低于参比物。

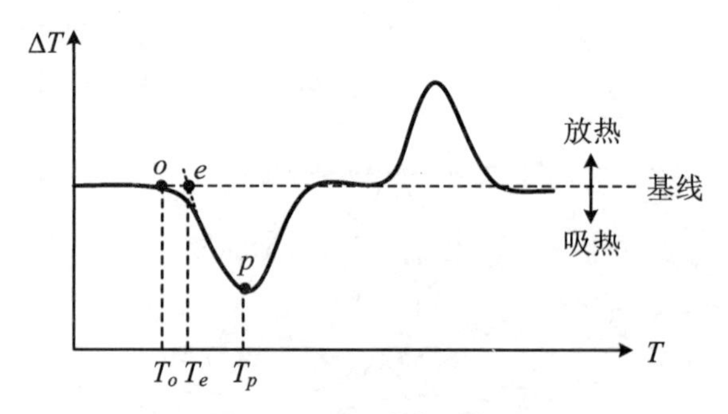


**图 1.9　DTA 曲线示意图**

如图 1.9 所示,对于一个 DTA 的吸热或放热峰,有 3 个温度,即反应开始点 $o$ 对应的温度 $T_o$、峰顶点 $p$ 对应的温度 $T_p$,以及峰的起始边陡峭部分的切线与外延基线的交点 $e$ 对应的温度 $T_e$(外延起始温度)。这 3 个温度都可以取作相变温度,但是根据 ICTA 对共同试样的测定结果,认为外延起始温度 $T_e$ 最接近热力学平衡温度。然而,对于固相线的测定,用反应开始点的温度作为相变温度更合适。用外延起始温度作为相变温度没有任何理论依据。对于合金而言,靠近反应开始点的峰起始边相对平坦,因此很难构筑起始边陡峭部分的切线。这时,采用外延起始温度作为相变温度将会带来较大的误差。

图 1.10(a)是假想的 A-B 二元简单共晶相图,实验测定该二元相图就是确定

不同成分的样品所对应的液相线温度和共晶温度。考虑成分为 $x_A^0$ 的合金，从温度 $T_a$ 开始冷却，冷却过程中的DTA曲线如图1.10(b)所示，由DTA曲线可以得到成分为 $x_A^0$ 的样品的液相线温度 $T_b$、共晶温度 $T_E$。通过测定不同成分试样的DTA曲线，就可以得到二元相图。图1.11给出了由DTA冷却曲线确定二元简单共晶相图的方法，图中虚线是二元简单共晶相图，实线是与横坐标所示成分相对应的试样的DTA冷却曲线。根据DTA冷却曲线的放热峰位置可以确定液相线和共晶温度，从而得到相图。

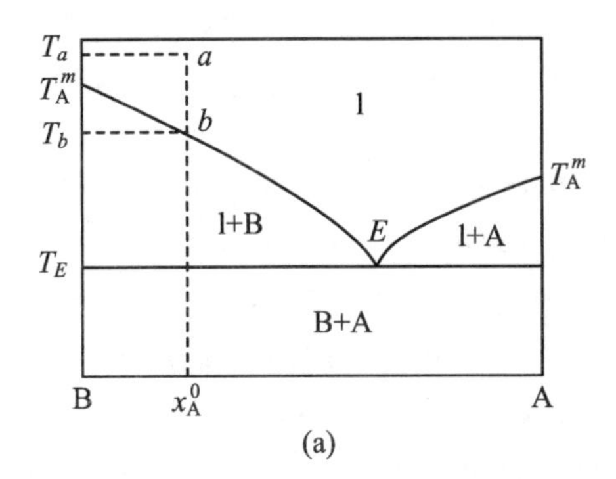


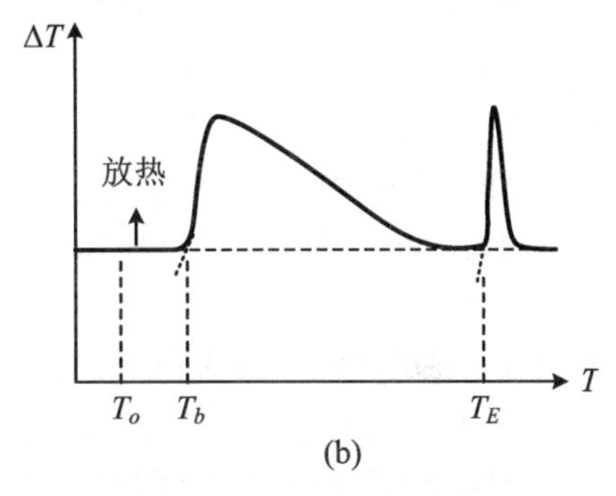


**图1.10　(a) A-B二元共晶相图和(b) 成分为 $x_A^0$ 的试样对应的DTA冷却曲线[24]**

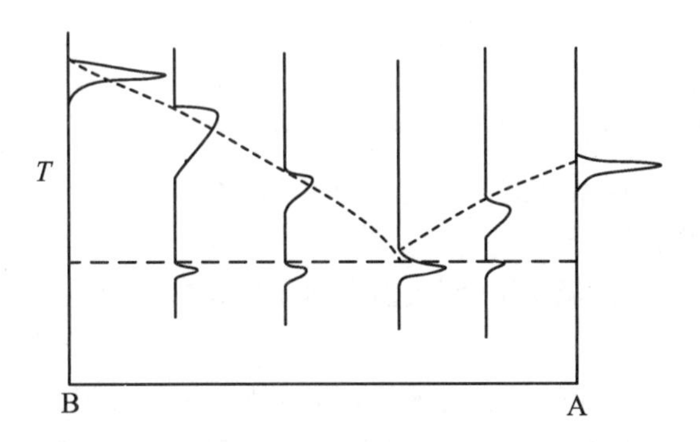


**图1.11　由DTA冷却曲线构筑二元共晶相图[24]**

差热分析是一种动态分析技术，在测试过程中体系的温度不断变化。因此，许多因素均可影响DTA曲线的基线、峰形和温度，例如，加热炉的形状和尺寸、坩埚材料及大小形状、热电偶性能及其位置、被测物质的质量、热传导率、热容、粒度、填充程度、周围气氛和升温速度等。在相图的测定中，特别需要注意以下几点：

① 样品和参比物。要测好一个差热曲线，必须注意选择热传导和热容与样品尽量接近的物质作参比物，有时为了使样品的导热性能与参比物相近，可在样品中添加适量的参比物使样品稀释；样品和参比物均应控制相同的粒度；装入坩埚的致密程度、热电偶插入深度也应一致。对几个样品进行对比分析时应保持相同的粒度、用量和装填疏密，并和参比物的粒度、用量和装填疏密及其热性能尽可能保持

一致。

② 坩埚的选取。坩埚材料包括铝、不锈钢、铂金等金属材料和石英、氧化铝、氧化铍等非金属材料两类，其传热性能各不相同。金属材料坩埚的热导性能好，基线偏离小，但灵敏度较低，峰谷较小。非金属材料坩埚的热传导性能较差，容易引起基线偏离，但灵敏度较高，较少的样品就可获得较大的差热峰谷。坩埚的直径大、高度矮，则试样容易反应，灵敏度高，峰形也较尖锐。

③ 热电偶。热电偶是差热分析中的关键元件。热电偶的结点位置、类型和大小等因素都会对差热曲线的峰形、峰面积及峰温等产生影响。此外，热电偶在样品中的位置不同，也会使热峰产生的温度和热峰的面积有所改变。这是因为物料本身具有一定的厚度，因此表面的物料的物理化学过程进行得较早，而中心部分较迟，使样品出现温度梯度。实验表明将热电偶热端置于坩埚内物料的中心点时可获得最大的热效应。因此，热电偶插入样品和参比物时，应具有相同的深度。

④ 升温速度。在差热分析中，升温速度的快慢对差热曲线的基线、峰形和温度都有明显的影响。升温越快，更多的反应将发生在相同的时间间隔内，峰的高度、峰顶或温差将会变大，因此出现尖锐而狭窄的峰。同时，不同的升温速度还会明显影响峰顶温度和相邻峰的分辨率，一般而言，升温速度增大，达到峰值的温度向高温方向偏移，峰形变锐，但峰的分辨率降低，两相邻的峰，其中一个将会把另一个遮盖起来。另外，根据热力学理论，相变过程应该在平衡状态下进行，但 DTA 是一个动态过程，因此，为了尽量接近平衡状态，要求升温速率尽可能小。但是如果升温速率过小，由于样品与周围环境热交换的结果，往往有较大的相变潜热也不容易测出温差峰值。一般常用的升温速率为 1～10 ℃/min。

(2) 差示扫描量热分析

DSC 是在程序控制温度下，测量输入到样品和参比物的能量差随温度或时间变化的一种技术。

在 DTA 分析中当样品发生热效应时，样品本身的升温速度是非线性的。以吸热反应为例，样品开始反应后的升温速度会大幅度落后于程序控制的升温速度，甚至发生不升温或降温的现象；待反应结束时，样品升温速度又会高于程序控制的升温速度，逐渐跟上程序控制温度；升温速度始终处于变化中。而且在发生热效应时，样品与参比物及样品周围的环境有较大的温差，它们之间会进行热传递，降低了热效应测量的灵敏度和精确度。因此，到目前为止的大部分差热分析技术还不能进行定量分析，只能进行定性或半定量的分析，难以获得变化过程中的样品温度和反应动力学的数据。

DSC 就是为克服差热分析在定量测定上存在的这些不足而发展起来的一种热分析技术。该法通过对样品因发生热效应而发生的能量变化进行及时应有的补偿，保持样品与参比物之间温度始终相同，无温差、无热传递，使热损失小，检测信号大。因此在灵敏度和精度方面都大有提高，可进行定量分析工作。

差示扫描量热曲线(DSC 曲线)是在差示扫描量热测量中记录的以热流率为纵坐标、以温度或时间为横坐标的关系曲线。与 DTA 一样,它也是基于物质在加热过程中发生物理、化学变化的同时伴随有吸热、放热现象出现。因此,DSC 曲线的形态外貌与差热曲线完全一样。图 1.12 给出了典型的 DSC 曲线,图中基线位置的变化对应的是二级相变,DSC 曲线中,一般规定向上的峰为吸热峰,向下的峰为放热峰,和 DTA 曲线刚好相反。

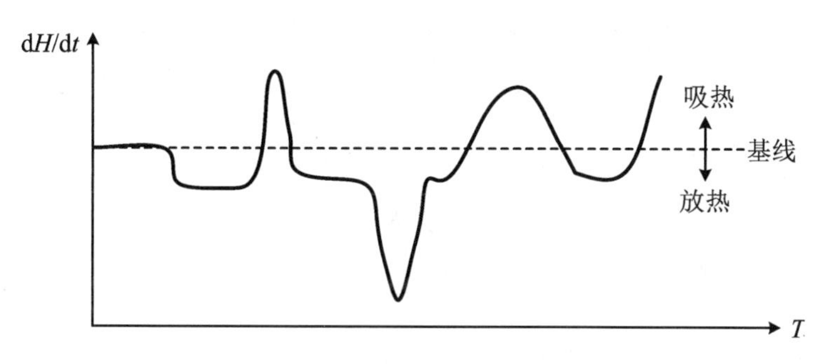


**图 1.12 DSC 曲线示意图**

影响 DSC 曲线的因素主要有样品、实验条件和仪器。样品因素中主要是样品的性质、粒度及参比物的性质。在实验条件因素中,主要是升温速率,它影响 DSC 曲线的峰温和峰形。升温速率越大,一般峰温越高、峰面积越大、峰形越尖锐;但这种影响在很大程度上还与样品种类和受热转变的类型密切相关;升温速率对有些样品相变焓的测定值也有影响。其次的影响为炉内气氛类型和气体性质,气体性质不同,峰的起始温度和峰温甚至过程的焓变都会不同。样品用量和稀释情况对 DSC 曲线也有影响。

和 DTA 一样,在相图的测定中,DSC 主要用于测定液相线温度、液相面的投影图、固相线以及固态相变的温度。除此之外,用 DSC 可以直接测量热量,这是 DSC 与 DTA 的一个重要区别。如果事先用已知相变热的试样标定仪器常数,再根据待测样品的峰面积,就可得到相变焓 $\Delta H$ 的绝对值。仪器常数的标定,可利用测定锡、铅、铟等纯金属的熔化,从其熔化热的参考值得到仪器常数。此外,DSC 与 DTA 相比,另一个突出的优点是后者在试样发生热效应时,试样的实际温度已不是程序升温时所控制的温度(如在升温时试样由于放热而一度加速升温),而前者由于试样的热量变化随时可得到补偿,试样与参比物的温度始终相等,避免了参比物与试样之间的热传递,故仪器反应灵敏、分辨率高、重现性好。

热分析方法是一种动态方法,因此不可能测出平衡状态下物质的相变点,只能求得平衡相变点的近似值。但是这个方法具有简单、灵敏和快速等一系列优点,因此被广泛用于二元及多元相图的测定。无论是 DTA 方法还是 DSC 方法,都可以测出某一成分的试样在什么温度下发生相变,但不能确定相变前后的物相是什么。相变前后物相的分析必须靠高温 X 射线衍射确定,或者把试样在高温下淬火,然后在室温下用 XRD 或显微镜方法进行物相鉴定。

一般情况下，相图的精确测定需由多种方法配合使用。例如，中南大学杜勇等提出的测定合金相图的平衡合金法是将静态法和动态法相结合，快速准确地测定合金相图的一种方法。平衡合金法首先制备一系列已知成分的合金，均匀化处理后，用 DTA、DSC、热膨胀等动态法确定相变温度（适合垂直截面、液相面投影图等的测定），用 XRD、SEM、EPMA 等静态法确定等温截面上的相边界位置。图 1.13 是 XRD、SEM、EPMA、DTA 等相结合测定的 Ge-Sc 二元相图[25]。

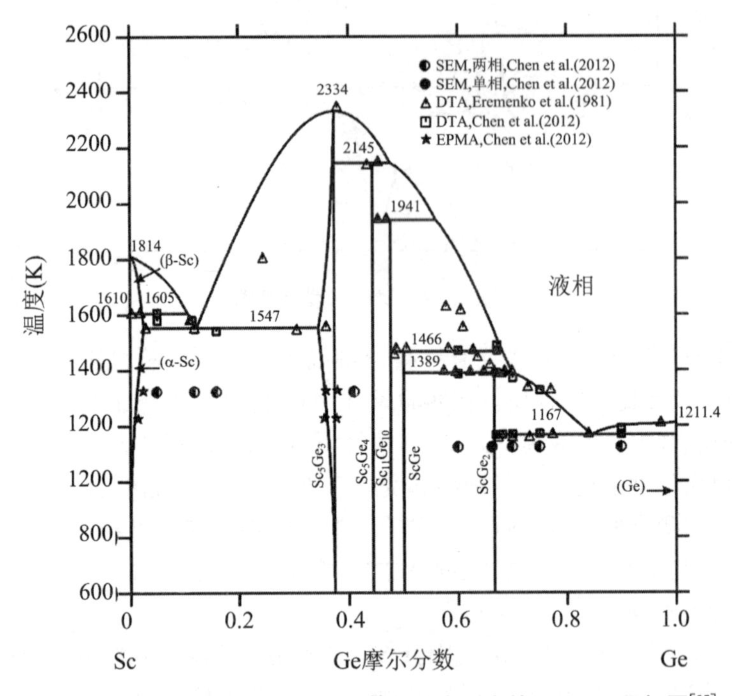


**图 1.13　XRD、SEM、EPMA、DTA 等相结合测定的 Ge-Sc 二元相图[25]**

# 1.4　相 图 计 算

## 1.4.1　CALPHAD 方法

在实验和分析技术不断发展的今天，实验测定相图毫无疑问将会大大地促进相图领域的发展。但如果单纯依靠实验去测定相图，不仅耗时耗力，而且几乎不可能完整确定整个成分和温度范围的三元或更高组元的相平衡。而实际中使用的材料或者合金绝大多数是多组元的，有的甚至超过10种组元。因此，发展相图的计算方法来高效地获得多组元体系的相图是十分必要的。随着计算机科学的迅速发展，实验与计算相结合成为高校获得多元多相体系相图的重要手段。对于材料设计而言，研究合金相图是进行材料设计的基础也是必备环节。集成计算已成为材料设计不可或缺的一环，结束了传统的只依靠实验来进行材料设计的时代，因此材料科学的发展进入了一个全新的时期。

CALPHAD方法是目前世界上发展最为成熟，应用最为普遍的相图计算方法。CALPHAD方法是由Kaufman等[26]于1970年在前人工作的基础上提出的一种以统计热力学、溶液理论和计算机技术为基础的相图热力学计算技术。1974年，Kaufman等筹建了相图计算的国际性组织CALPHAD，定期举行国际性学术会议，并发行CALPHAD学术期刊，推动了相图计算工作的发展。该方法的实质是根据目标体系中各相的晶体结构、磁性有序和化学有序转变等信息，建立起各相的热力学模型，并由这些模型构筑各相的吉布斯自由能表达式，最后通过平衡条件计算相图。其中，各相热力学模型中的待定参数根据文献报道的相平衡及热力学性质数据，借助于相图计算软件优化获得。在所获得的低组元体系（一般为二元和三元系）热力学参数的基础上通过外推可获得多元体系的相图和热力学信息[27]，其过程示意图如图1.14所示。因此，引入相图计算后，只需要对目标体系相图的部分关键区域和某些关键相的热力学性质数据进行实验测量就可以优化出吉布斯自由能模型参数，外推计算出整个体系的相图，从而建立起该体系完整的相图热力学数据库。

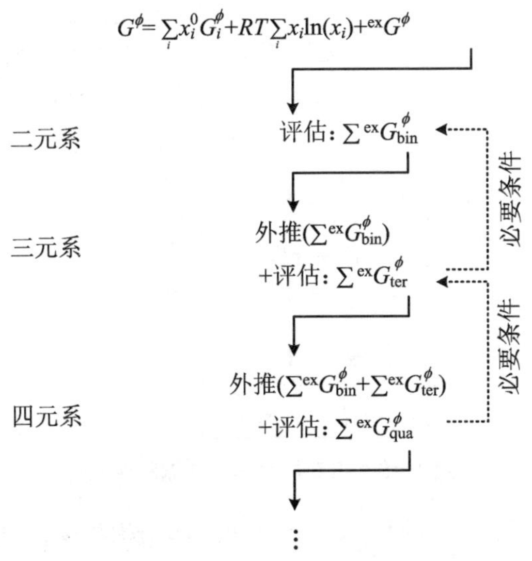


**图1.14 低组元到高组元的CALPHAD计算过程示意图[27]**

CALPHAD 方法由 3 个相互关联的要素组成:数据、模型和计算机技术。其中,数据包括体系的相平衡和热力学性质,主要来源于实验测定;而模型是基于各相的结构和物理因素建立的描述各相吉布斯自由能的数学表达式。常见的热力学模型有:置换溶体模型、缔合溶体模型、准化学模型、亚点阵模型、有序-无序转变模型等。选择适当的热力学模型和参数是进行相图优化与计算的基础,模型是否合理将直接影响到整个热力学计算。图 1.15 所示的是相图计算的基本流程[28],可概况为:

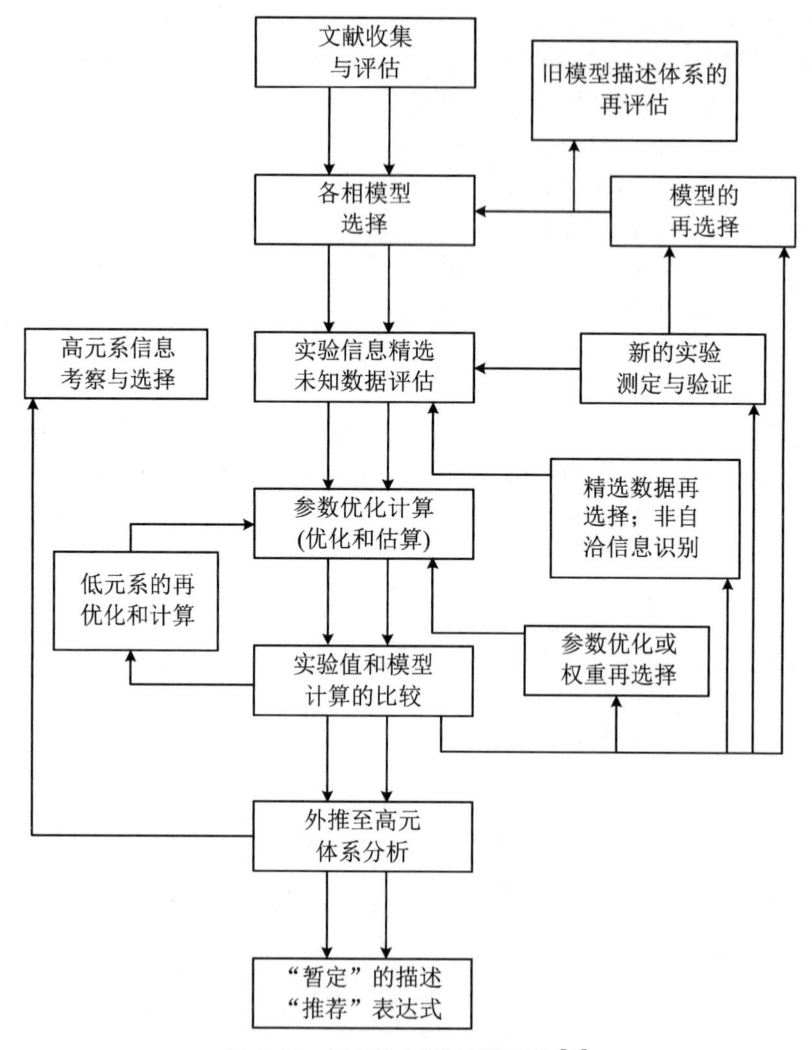


**图 1.15　相图热力学计算流程图[28]**

(1) 全面评估目标体系的相图热力学和晶体结构等文献数据,严格筛选实测数据的合理性与自洽性。所谓严格,就是要判断出所研究的目标体系尚未明确的地方,要根据实验方法、实验条件等,判断出哪些实验数据更加准确,哪些实验数据误差较大,这对以后的优化设置权重尤为重要。

(2) 根据晶体结构及物理因素,选择适当的热力学模型来描述其吉布斯自由能。

(3) 利用精选的可靠相平衡和热力学实验数据优化并获得吉布斯自由能表达式中的可调参数。须保证可调参数数目适当,参数太少不足以表征各相的热力学特征,参数太多不仅物理意义模糊,且不易外推至高组元体系。同时还要注意参数数值的合理性。对于体系中缺乏的数据可以用各种理论和经验方法估算。

(4) 基于所获得的热力学参数计算各类相图。将每次的计算结果与实验数据进行比较,若吻合得不好则调整参数甚至重新选择热力学模型,再进行优化和计算,直至计算结果与大部分相平衡和热力学数据在实验误差内相吻合。

(5) 精确的低组元系的热力学优化和计算是高组元系相图计算的基础,合理的低组元系热力学数据是得到可靠高组元系外推结果的基础。直接外推或利用可调参数优化计算高组元系后,将计算结果与实验信息进行比较,如两者相差较大,则有必要采用高组元系的实验数据,引入具有高组元系的热力学参数。

经过 50 多年的发展,CALPHAD 方法不仅成为目前最为成熟的一种相图计算方法,也是目前唯一切实可行的相图热力学优化和评估方法。目前国际上已开发出多种相图计算软件,如 Thermo-Calc[16]、Pandat[29]、Factsage[30]、OC[31]、Lukas[32]、MTDATA[33]等。CALPHAD 技术不断发展和完善,其主要标志是溶液理论模型研究的深化和冶金与材料集成热化学数据库的建立。Hillert 等[34]提出和发展的亚点阵模型,进一步发展成为化合物能量模型,以及 Pelton 和 Blander[35]提出和发展的准化学理论,都成为 Thermo-Calc 和 FACT 系统溶液数据库中描述溶液相热力学性质的基本模型。集成热化学数据库的特点是不仅可以将经过热力学自洽性评估的热力学数据和先进的计算机软件耦合,而且能方便迅速地为高性能材料设计和生产提供工艺和数据。采用 CALPHAD 方法,可以为有应用前景的材料体系开发出完善的相图热力学数据库。

### 1.4.2 热力学模型

确定描述各相的热力学模型是 CALPHAD 计算方法的一个中心环节。在选择相的热力学模型时,需考虑相的物理及化学性质,如晶体结构、有序-无序转变、键的类型和磁性。只有精准的热力学模型才能保证最终计算结果的准确性。模型是由一系列的参数组成的,这些参数是通过优化计算相平衡和热力学数据得到的。下面对常用的热力学模型进行介绍。

**1. 纯组元的热力学描述**

通常将纯组元 $i$ 的单相 $\varphi$ 的自由能 $^{\circ}G_i^{\varphi}(T)$ 称为晶格稳定性参数 (lattice stability)。纯组元的吉布斯自由能只与温度和压力有关,其在常压下可以描述为

$$
\begin{aligned}
{}^{\circ}G_i^{\varphi}(T) &= G_i^{\varphi}(T) - H_i^{SER} \\
&= a + b \cdot T + c \cdot T \cdot \ln(T) + d \cdot T^2 + e \cdot T^{-1} + f \cdot T^3 \\
&\quad + g \cdot T^7 + h \cdot T^{-9}
\end{aligned} \tag{1.1}
$$

因为自由能是没有绝对值的，上述表达式是相对于 $H_i^{SER}$ 而言的。$H_i^{SER}$ 表示的是纯组元 $i$ 在 298.15 K，1 bar 下的标准参考态（Standard Reference State，SRS）的摩尔焓，$T$ 采用绝对温度。需要注意的是，为了描述各相在整个温度范围内的吉布斯自由能，式(1.1)中的最后两项为修正项：$g \cdot T^7$ 项修正低于熔点的液相；$h \cdot T^{-9}$ 项修正高于熔点的固相。目前建立的热力学数据库均在 298.15 K 以上。最近，有学者[36]采用第一性原理计算的方法将纯组元的晶格稳定性参数推至 0 K。

欧洲热力学研究小组（Scientific Group Thermodata Europe，SGTE）Dinsdale 于 1991 年发表了 78 种纯组元的自由能-温度表达式，建立了纯组元的晶格稳定性参数数据库[37]，此数据库为第二代热力学数据库，目前绝大多数 CALPHAD 计算工作都是基于此数据库的。

**2. 溶体相的热力学模型**

液相和常见的固溶体相，如 fcc_A1（面心立方）、bcc_A2（体心立方）、hcp_A3（密排六方）等，通常将其视为完全无序的溶体相（solution phase），即溶体的组元可以被随机替换，因而适用于置换溶体模型（substitute solution model）。对二元系 A-B 而言，某相 $\varphi$ 的自由能可表述为

$$
G_m^{\varphi} = x_A \cdot {}^{\circ}G_A^{\varphi} + x_B \cdot {}^{\circ}G_B^{\varphi} + R \cdot T \cdot (x_A \cdot \ln x_A + x_B \cdot \ln x_B) + {}^{E}G_m^{\varphi} \tag{1.2}
$$

其中，纯组元 A 和 B 的摩尔分数 $x_A$ 和 $x_B$ 之和为 1；A 和 B 的晶格稳定性参数 ${}^{\circ}G_A^{\varphi}$ 和 ${}^{\circ}G_B^{\varphi}$ 取自 SGTE 的纯组元数据库[37]；$R \cdot T \cdot (x_A \cdot \ln x_A + x_B \cdot \ln x_B)$ 表示理想混合熵对自由能的贡献，在整个成分范围内为对称的自由能曲线；${}^{E}G_m^{\varphi}$ 为过剩吉布斯自由能项，该项与二元相互作用参数有关，是 CALPHAD 方法计算的重点，一般用 Redlich-Kister 多项式来表示[38]，即

$$
{}^{E}G_m^{\varphi} = x_A \cdot x_B \cdot \sum_{\ell=0}^{n} {}^{\ell}L_{AB}^{\varphi} \cdot (x_A - x_B)^{\ell} \tag{1.3}
$$

当 $\ell = 0$ 时，${}^{E}G_m^{\varphi} = x_A \cdot x_B \cdot {}^{0}L_{AB}^{\varphi}$，称为规则溶液模型（regular solution model）[39]；

当 $\ell = 1$ 时，${}^{E}G_m^{\varphi} = x_A \cdot x_B \cdot [{}^{0}L_{AB}^{\varphi} + (x_A - x_B) \cdot {}^{1}L_{AB}^{\varphi}]$，称为亚规则溶液模型（sub-regular solution model）；

当 $\ell = 2$ 时，${}^{E}G_m^{\varphi} = x_A \cdot x_B \cdot [{}^{0}L_{AB}^{\varphi} + (x_A - x_B) \cdot {}^{1}L_{AB}^{\varphi} + (x_A - x_B)^2 \cdot {}^{2}L_{AB}^{\varphi}]$，称为亚亚规则溶液模型（sub-subregular solution model）。

需要注意的是，上述多项式是基于 Bragg-Williams 统计理论提出的，其特点是假设原子均处于完全无序状态。因此，置换溶液模型不适用于描述短程有序（Short Range Order，SRO）现象。这就需要用其他的热力学模型来描述短程有序的溶体相，如准化学溶液模型（quasichemical model）[40]、缔合溶液模型（associate model)[41]等。

对于三元系 A-B-C 而言，要加入三元交互作用参数 $L^{\varphi}_{A,B,C}$，则式(1.3)变为

$$
\begin{aligned}
{}^{E}G^{\varphi}_{m} = {} & x_A \cdot x_B \cdot \sum_{\iota=0}^{n} {}^{\iota}L^{\varphi}_{A,B} \cdot (x_A - x_B)^{\iota} + x_A \cdot x_C \cdot \sum_{\iota=0}^{n} {}^{\iota}L^{\varphi}_{A,C} \cdot (x_A - x_C)^{\iota} \\
& + x_B \cdot x_C \cdot \sum_{\iota=0}^{n} {}^{\iota}L^{\varphi}_{B,C} \cdot (x_B - x_C)^{\iota} + x_A \cdot x_B \cdot x_C \cdot L^{\varphi}_{A,B,C}
\end{aligned}
\tag{1.4}
$$

其中，三元交互作用参数 $L^{\varphi}_{A,B,C}$由 3 个需要优化的参数组成：${}^{0}L^{\varphi}_{A}$、${}^{1}L^{\varphi}_{B}$ 和 ${}^{2}L^{\varphi}_{C}$，它们分别对应于富 A、B 和 C 角的作用。

$$
L^{\varphi}_{A,B,C} = x_A \cdot {}^{0}L^{\varphi}_{A} + x_B \cdot {}^{1}L^{\varphi}_{B} + x_C \cdot {}^{2}L^{\varphi}_{C}
\tag{1.5}
$$

### 3. 亚点阵模型

亚点阵模型(sublattice model)能成功地应用于描述间隙式固溶体(interstitial solid solution)、化学计量相(stoichiometric compounds)、规则溶液(regular solution)和金属间化合物(intermetallics)。值得注意的是，亚点阵模型的建立基于以下几个假设：① 每一个亚点阵中的原子只与其他亚点阵中的原子相邻；② 最近邻相互作用是常数；③ 过剩自由能只与处于同一个亚点阵中的原子交互作用有关；④ 各亚点阵之间的交互作用可忽略不计；⑤ 亚点阵中的原子遵循规则溶液模型。因此在使用亚点阵模型时应注意以上几个假设。

亚点阵模型的应用非常广泛，目前，已成功的用于描述化学计量相、金属间化合物相、规则溶液以及置换固溶体。假设某相 $\varphi$ 的双亚点阵模型的形式为$(A, B)_P(A, C)_Q$，那么第一个亚点阵则由 A 和 B 两种组分(constituent)占据，第二个亚点阵由 A 和 C 两种组分占据，且点阵比例为 $P : Q$。在此可定义点阵分数：$y'_A$表示组分 A 在第一个亚点阵中所占的比例，即点阵分数(site fraction)，可依次类推 $y'_B$、$y''_A$和 $y''_C$，且满足 $y'_A + y'_B = 1$，$y''_A + y''_C = 1$。

根据点阵分数，可以由下式得到各元素在 $\varphi$ 相中的摩尔分数：

$$
\begin{cases}
x_A = \dfrac{y'_A \cdot P + y''_A \cdot Q}{P + Q} \\[2ex]
x_B = \dfrac{y'_B \cdot P}{P + Q} \\[2ex]
x_C = \dfrac{y''_C \cdot P}{P + Q}
\end{cases}
\tag{1.6}
$$

对于$(A, B)_P(A, C)_Q$的摩尔吉布斯自由能，由以下三部分组成：

$$
G^{\varphi}_{m} = {}^{ref}G^{\varphi}_{m} + {}^{id}G^{\varphi}_{m} + {}^{E}G^{\varphi}_{m}
\tag{1.7}
$$

式(1.7)中右边第一项是参考面吉布斯自由能，可表示为

$$
{}^{ref}G^{\varphi}_{m} = y'_A y''_A \cdot {}^{o}G^{\varphi}_{A_PA_Q} + y'_A y''_C \cdot {}^{o}G^{\varphi}_{A_PC_Q} + y'_B y''_A \cdot {}^{o}G^{\varphi}_{B_PA_Q} + y'_B y''_C \cdot {}^{o}G^{\varphi}_{B_PC_Q}
\tag{1.8}
$$

其中，$A_PA_Q$、$A_PC_Q$、$B_PA_Q$和 $B_PC_Q$称为端际组元(end-member)。

式(1.7)中右边第二项是理想混合熵对自由能的贡献,可表示为

$$^{\mathrm{id}}G_{\mathrm{m}}^{\varphi} = RT \cdot [P \cdot (y'_{\mathrm{A}}\ln y'_{\mathrm{A}} + y'_{\mathrm{B}}\ln y'_{\mathrm{B}}) + Q \cdot (y''_{\mathrm{A}}\ln y''_{\mathrm{A}} + y''_{\mathrm{C}}\ln y''_{\mathrm{C}})] \tag{1.9}$$

式(1.7)中右边第三项是过剩自由能项,可以展开为

$$^{\mathrm{E}}G_{\mathrm{m}}^{\varphi} = y'_{\mathrm{A}}y'_{\mathrm{B}}(y''_{\mathrm{A}}L_{\mathrm{A,B:A}}^{\varphi} + y''_{\mathrm{C}}L_{\mathrm{A,B:C}}^{\varphi}) + y''_{\mathrm{A}}y''_{\mathrm{C}}(y'_{\mathrm{A}}L_{\mathrm{A:A,C}}^{\varphi} + y'_{\mathrm{B}}L_{\mathrm{B:A,C}}^{\varphi}) \tag{1.10}$$

其中,$L_{\mathrm{A,B:A}}^{\varphi}$、$L_{\mathrm{A,B:C}}^{\varphi}$、$L_{\mathrm{A:A,C}}^{\varphi}$和 $L_{\mathrm{B:A,C}}^{\varphi}$是相互作用参数,可以进一步用 Redlich-Kister 多项式[38]进行描述:

$$\begin{cases} L_{\mathrm{A,B:A}}^{\varphi} = \sum_{n} (y_{\mathrm{A}}^{(1)} - y_{\mathrm{B}}^{(1)})^{n} \cdot {}^{n}I_{\mathrm{A,B:A}} \\ L_{\mathrm{A,B:C}}^{\varphi} = \sum_{n} (y_{\mathrm{A}}^{(1)} - y_{\mathrm{B}}^{(1)})^{n} \cdot {}^{n}I_{\mathrm{A,B:C}} \\ L_{\mathrm{A:A,C}}^{\varphi} = \sum_{n} (y_{\mathrm{A}}^{(2)} - y_{\mathrm{C}}^{(2)})^{n} \cdot {}^{n}I_{\mathrm{A:A,C}} \\ L_{\mathrm{B:A,C}}^{\varphi} = \sum_{n} (y_{\mathrm{A}}^{(2)} - y_{\mathrm{C}}^{(2)})^{n} \cdot {}^{n}I_{\mathrm{B:A,C}} \end{cases} \tag{1.11}$$

式中,$I$ 为相互作用参数,通常以 $a + b \cdot T$ 的形式展开,$a$ 和 $b$ 为待优化参数。

**4. 磁性的贡献**

对具有磁性的相 $\varphi$,其吉布斯自由能包括两部分:

$$G_{\mathrm{m}}^{\varphi} = {}^{\circ}G_{\mathrm{nmg}} + \Delta G_{\mathrm{mag}} \tag{1.12}$$

其中,${}^{\circ}G_{\mathrm{nmg}}$为非磁性部分对吉布斯自由能的贡献,可按照公式(1.2)来描述;而 $\Delta G_{\mathrm{mag}}$是磁性部分对吉布斯自由能的贡献,根据 Inden[42]提出、Hillert 和 Jarl[43]修正的模型——Hillert-Jarl-Inden 模型,可将其描述为

$$\Delta G_{\mathrm{mag}} = RT\ln(B_0 + 1)g(\tau) \tag{1.13}$$

式中,$\tau = T/T^*$,且 $T^*$ 为某一成分磁性转变的临界温度,对于铁磁性材料而言为 Curie(居里)温度($T_{\mathrm{C}}$),而反铁磁性材料为 Neel(尼尔)温度($T_{\mathrm{N}}$);$B_0$ 是 Bohr 磁子中每摩尔原子的平均磁通量;$g(\tau)$可以由下面的多项式表示:

$$g(\tau) = 1 - \left[\frac{79\tau^{-1}}{140P} + \frac{474}{479}\left(\frac{1}{p} - 1\right)\left(\frac{\tau^3}{6} + \frac{\tau^9}{135} + \frac{\tau^{15}}{600}\right)\right]\Big/D, \quad \tau \leqslant 1 \tag{1.14}$$

$$g(\tau) = -\left(\frac{\tau^{-5}}{10} + \frac{\tau^{-15}}{315} + \frac{\tau^{-25}}{1500}\right)\Big/D, \quad \tau > 1 \tag{1.15}$$

其中,

$$D = \frac{518}{1125} + \frac{11692}{15975}\left(\frac{1}{p} - 1\right) \tag{1.16}$$

式中,$p$ 为临界温度 $T^*$ 以上的磁性焓的贡献占总磁性焓的分数,对于 bcc_A2 相,$p = 0.4$;对于 fcc_A1 和 hcp_A3 相,$p = 0.28$。

对于现实中的磁性材料均是多元的,相应的 $T^*$ 和 $B_0$ 应表示为成分的方程。对于 A-B 二元系,则有

$$T^* = x_A \cdot T_A^* + x_B \cdot T_B^* + x_A \cdot x_B \cdot \sum_{i=0}^{n} T_{A,B}^{*,i} (x_A - x_B)^i \qquad (1.17)$$

$$B_0 = x_A \cdot B_0^A + x_B \cdot B_0^B + x_A \cdot x_B \cdot \sum_{i=0}^{n} B_{0,i}^{A,B} (x_A - x_B)^i \qquad (1.18)$$

式中，$T_A^*$ 和 $T_B^*$ 为组元 A 和 B 的临界温度，而 $T_{A,B}^{*,i}$ 为两组元相互作用的临界温度；$B_0^A$ 和 $B_0^B$ 为组元 A 和 B 的平均磁通量，而 $B_{0,i}^{A,B}$ 为两组元相互作用的平均磁通量。

**5. 有序-无序相变模型**

在理想晶体中，原子周期性地排列在规则的位置上，处于完全有序的状态。固体除了在 0 K 的温度下能够完全有序外，在高于 0 K 的温度下，质点热振动使其位置与方向均发生变化，从而产生位置与方向的无序性。在许多合金与固溶体中，高温时原子处在无序状态，当温度降到临界温度以下时，则呈现出有序状态。所谓的有序-无序相变，是指在某些合金与固溶体中，高温时原子排列呈无序状态，而在低温时则呈有序状态的这种随温度升降而出现低温有序和高温无序的可逆转变过程[44]。有序-无序相变是 CALPHAD 计算中的一个难点问题。在面心立方(fcc)和体心立方(bcc)晶格中，处于无序态的固溶相分别是我们熟知的 fcc_A1 和 bcc_A2 相。而基于 fcc_A1 及 bcc_A2 晶格点阵常常能够形成相应的有序相：$L1_2$、$L1_0$ 和 F′结构及 B2、$D0_3$ 和 B32 结构。图 1.16 所示的是 fcc 和 bcc 晶格可能存在的有序及无序相的晶体结构示意图。对于 fcc 晶格，无序时，原子(例如 Cu 和 Au)在每一个点阵处的原子占位都相等。当原子处于 $L1_2$ 有序状态时，Cu 原子占据面心点阵位置，而 Au 原子占据顶角位置。此时在 XRD 谱上 $L1_2$ 有序结构将会比 fcc 无序结构多出几条衍射峰。这些衍射峰也是证明有序结构存在的证据。同理 fcc 晶格的另外一种常见有序结构为 $L1_0$。此时 Cu 原子主要占据四个面心位置，而 Au 原子占据另外两个面心位置以及顶角位置。值得一提的是，由于 F′晶体结构示意图并没有被报道，图 1.16 的 F′ 结构示意图是通过 VESTA 软件构筑的。bcc 晶格的有序-无序结构与 fcc 晶格类似，都是有序结构中原子在不同晶格位置中占位不同。图 1.16 中所示都是完全有序时的原子占位情况。大多情况下为不完全有序，即原子在晶体不同点阵的原子分数不相等。

下面针对这两类有序-无序转变模型做简要的介绍：

(1) fcc 晶格的有序-无序模型

为了能够描述有序-无序相之间可能存在的二级转变，1988 年，Ansara 等[45]根据化合能理论[46](Compound Energy Formalism, CEF)，首次尝试使用一个方程模拟 Al-Ni 体系中的 fcc_A1 和 $L1_2$ 有序-无序相转变，但是 fcc_A1 的参数并没有被完全独立出来。随后，Ansara 等[47]又对有序-无序相的模拟进行了改进，在采用同一个方程描述有序相和无序相的前提下，使有序相和无序相的参数能够分别被独立优化，如下式所示：

$$
\begin{aligned}
G_{\mathrm{m}} &= G_{\mathrm{m}}^{\mathrm{dis}}(x_i) + \Delta G_{\mathrm{m}}^{\mathrm{ord}}(y'_i, y''_i) \\
&= G_{\mathrm{m}}^{\mathrm{dis}}(x_i) + G_{\mathrm{m}}^{\mathrm{ord}}(y'_i, y''_i) - G_{\mathrm{m}}^{\mathrm{ord}}(y_i = x_i)
\end{aligned} \tag{1.19}
$$

式中，$G_{\mathrm{m}}^{\mathrm{ord}}(y'_i, y''_i)$和 $G_{\mathrm{m}}^{\mathrm{ord}}(y_i = x_i)$均包含 $G_{\mathrm{m}}^{\mathrm{ord,ref}}$、$G_{\mathrm{m}}^{\mathrm{ord,id}}$ 与 $G_{\mathrm{m}}^{\mathrm{ord,ex}}$ 3 部分；$G_{\mathrm{m}}^{\mathrm{dis}}$ 表示无序相的吉布斯自由能，同样包括 3 部分：$G_{\mathrm{m}}^{\mathrm{dis,ref}}$、$G_{\mathrm{m}}^{\mathrm{dis,id}}$ 和 $G_{\mathrm{m}}^{\mathrm{dis,ex}}$。当 $y'_i = y''_i = x_i$ 时，为无序状态，式(1.19)的后面两项相等而抵消。

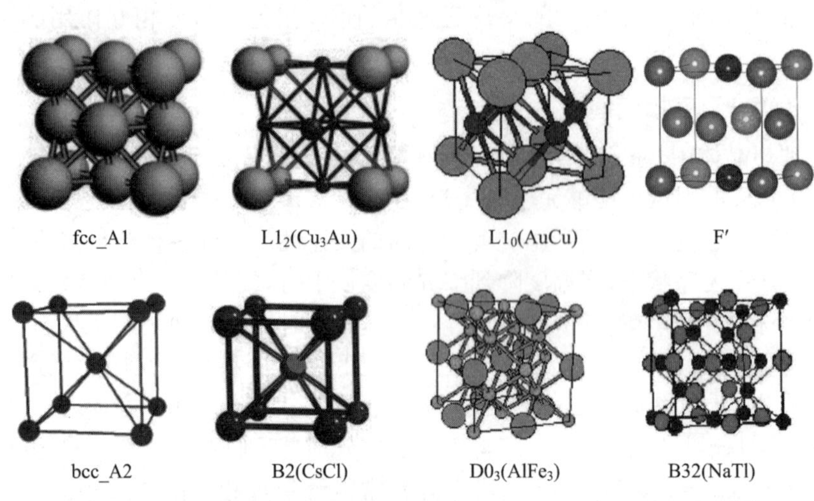


**图 1.16　fcc 和 bcc 晶格可能形成的有序和无序相晶体结构示意图**[48]

括号中为结构原型

通常可以采用双亚点阵模型(Two-Sublattice Model, 2SL)来描述 fcc_A1 与 $L1_2$之间的转变，模型为$(A,B)_{0.75}(A,B)_{0.25}$，那么式(1.19)中的有序相部分 $\Delta G_{\mathrm{m}}^{\mathrm{ord}}(y'_i, y''_i)$对吉布斯自由能的贡献可以表述为

$$
\begin{aligned}
\Delta G_{\mathrm{m}}^{L1_2}(y'_i, y''_i) &= {}^{\mathrm{ref}}G_{\mathrm{m}}^{L1_2} + {}^{\mathrm{id}}G_{\mathrm{m}} + {}^{\mathrm{E}}G_{\mathrm{m}}^{L1_2} \\
&= \sum_i \sum_j y'_i \cdot y''_j \cdot G_{i:j}^{L1_2} + RT\left(\frac{3}{4} y'_i \ln y'_i + \frac{1}{4} y''_i \ln y''_i\right) \\
&\quad + \sum_i \sum_{j>i} y'_i y'_j \sum_k y''_k L_{i,j:k}^{L1_2} + \sum_i \sum_{j>i} y''_i y''_j \sum_k y'_k L_{k:i,j}^{L1_2} \\
&\quad + \sum_i \sum_{j>i} \sum_k \sum_{l>k} y'_i y'_j y''_k y''_l L_{i,j:k,l}^{L1_2}
\end{aligned} \tag{1.20}
$$

其中，相互作用参数依旧用 Redlich-Kister 多项式进行展开：

$$
L_{i,j:k}^{L1_2} = {}^0L_{i,j:k}^{L1_2} + (y'_i - y'_j)^1 L_{i,j:k}^{L1_2} \tag{1.21}
$$

$$
L_{k:i,j}^{L1_2} = {}^0L_{k:i,j}^{L1_2} + (y'_i - y'_j)^1 L_{k:i,j}^{L1_2} \tag{1.22}
$$

如前面所述，当相同组元在两个亚点阵中的点阵分数均相等时，为 fcc_A1 的无序状态。由 $y'_i = y''_i = x_i$ 可知

$$
\begin{cases}
\mathrm{d}G_{\mathrm{m}} = \left(\dfrac{\partial G_{\mathrm{m}}}{\partial y'_{\mathrm{A}}}\mathrm{d}y'_{\mathrm{A}} + \dfrac{\partial G_{\mathrm{m}}}{\partial y'_{\mathrm{B}}}\mathrm{d}y'_{\mathrm{B}}\right) + \left(\dfrac{\partial G_{\mathrm{m}}}{\partial y''_{\mathrm{A}}}\mathrm{d}y''_{\mathrm{A}} + \dfrac{\partial G_{\mathrm{m}}}{\partial y''_{\mathrm{B}}}\mathrm{d}y''_{\mathrm{B}}\right) = 0 \\
\mathrm{d}x_i = \dfrac{3}{4}\mathrm{d}y'_i + \dfrac{1}{4}\mathrm{d}y''_i = 0
\end{cases} \tag{1.23}
$$

由上式求解可得

$$
\begin{cases}
G_{\mathrm{A:B}} = u_1 \\
G_{\mathrm{B:A}} = u_2 \\
{}^0L_{\mathrm{A,B:A}} = 3u_1 + 0.5u_2 + 3u_3 \\
{}^0L_{\mathrm{A,B:B}} = 0.5u_1 + 3u_2 + 3u_3 \\
{}^0L_{\mathrm{A:A,B}} = 0.5u_2 + u_3 \\
{}^0L_{\mathrm{B:A,B}} = 0.5u_1 + u_3 \\
{}^1L_{\mathrm{A,B:A}} = 3u_4 \\
{}^1L_{\mathrm{A,B:B}} = 3u_5 \\
{}^1L_{\mathrm{A:A,B}} = u_4 \\
{}^1L_{\mathrm{B:A,B}} = u_5 \\
{}^1L_{\mathrm{A,B:A,B}} = 4u_4 - 4u_5
\end{cases}
\tag{1.24}
$$

其中，$u_i$ 是关于温度的参数，只要通过有序和无序相的实验信息就可以优化这 5 个独立变量，也就得到了 $L1_2$相的吉布斯自由能的表达式。

如果要描述 fcc_A1 与 $L1_2$、$L1_0$和 $F'$之间的转变，则需要使用四亚点阵模型(Four-Sublattice Model, 4SL)，模型为$(A,B)_{0.25}(A,B)_{0.25}(A,B)_{0.25}(A,B)_{0.25}$。Sundman 等[49]首次利用四亚点阵模型对 Au-Cu 体系的有序-无序相变进行了热力学描述。随后，Lu 等[50]、Kim 等[51]和 Yuan 等[52]同样用四亚点阵模型分别对 Ni-Pt、Co-Pt、Al-Ni 和 Ni-Si 体系中的有序-无序转变进行了热力学描述。

$$
\begin{aligned}
G_{\mathrm{m}} = & \sum_{i=\mathrm{A}}^{\mathrm{B}}\sum_{j=\mathrm{A}}^{\mathrm{B}}\sum_{k=\mathrm{A}}^{\mathrm{B}}\sum_{l=\mathrm{A}}^{\mathrm{B}} y_i^{(1)}y_j^{(2)}y_k^{(3)}y_l^{(4)}G_{i:j:k:l} \\
& + \sum_{s=1}^{4}\left\{\frac{RT}{4}\sum_{i=\mathrm{A}}^{\mathrm{B}} y_i^s\ln(y_i^s) + y_{\mathrm{A}}^s y_{\mathrm{B}}^s\left[{}^0L + {}^1L(y_{\mathrm{A}}^s - y_{\mathrm{B}}^s)\right]\right\}
\end{aligned}
\tag{1.25}
$$

如果标记元素 $i$ 在亚点阵 $s$ 中的点阵分数为 $y_i^s$，则 $\sum_i y_i^s = 1$。元素 $i$ 的含量为 $x_i = 0.25 \cdot \sum_s y_i^s$。当 $y_i^{(1)} = y_i^{(2)} = y_i^{(3)} = y_i^{(4)}$ 时，为无序相；当 $y_i^{(1)} = y_i^{(2)} = y_i^{(3)} \neq y_i^{(4)}$ 时，为有序相 $L1_2$；当 $y_i^{(1)} = y_i^{(2)} \neq y_i^{(3)} = y_i^{(4)}$ 时，为有序相 $L1_0$；当 $y_i^{(1)} = y_i^{(2)} \neq y_i^{(3)} \neq y_i^{(4)}$ 时，为有序相 $F'$(图 1.16)。

在四亚点阵模型中，当点阵分数不同时，式(1.19)中的有序相部分 $\Delta G_{\mathrm{m}}^{\mathrm{ord}}(y_i', y_i'')$ 对吉布斯自由能的贡献可以表述为

$$
\begin{aligned}
\Delta G_{\mathrm{m}}^{\mathrm{L1_2}}(y_i', y_i'') = & \sum_i\sum_j\sum_k\sum_l y_i^{(1)}y_j^{(2)}y_k^{(3)}y_l^{(4)}\Delta G_{ijkl}^{\mathrm{L1_2}} + \frac{RT}{4}\sum_s\sum_i y_i^s\ln(y_i^s) \\
& + \sum_s\sum_i\sum_{j>i} y_i^s y_j^s \sum_{n=0}^{1} {}^nL_{i,j}^{\mathrm{L1_2}}(y_i^s - y_j^s)^n
\end{aligned}
\tag{1.26}
$$

其中，$\Delta G_{ijkl}^{\mathrm{L1_2}}$ 是原子间键能的函数[53]，即

$$
\Delta G_{ijkl}^{\mathrm{L1_2}} = u_{ij} + u_{ik} + u_{il} + u_{jk} + u_{jl} + u_{kl} + \alpha_{ijkl}
\tag{1.27}
$$

式中，$\alpha_{ijkl}$为原子键能的修正项。

关于采用四亚点阵模型描述 fcc_A1/$L1_2$ 的有序-无序转变，这里以 Ti-Ni-Si 体系为例进行讲解，详情可见第 2 章。其实，为了便于转化，双亚点阵模型对应的参数可以用四亚点阵的参数进行表示，其关系为

$$\begin{cases} G_{A:B} = G_{A:A:A:B} = 3 \cdot u_{AB} \\ G_{B:A} = G_{B:B:B:A} = 3 \cdot u_{BA} \\ {}^0L_{A:A,B} = {}^0L_{B:A,B} = {}^0L \\ {}^1L_{A:A,B} = {}^1L_{B:A,B} = {}^1L \\ {}^0L_{A,B:A} = -1.5 \cdot G_{A:B:B:B} + 1.5 \cdot G_{A:A:B:B} + 1.5 \cdot G_{A:A:A:B} + 3 \cdot {}^0L_{A,B} \\ \qquad = 6 \cdot u_{AB} \\ {}^0L_{A,B:B} = +1.5 \cdot G_{A:B:B:B} + 1.5 \cdot G_{A:A:B:B} - 1.5 \cdot G_{A:A:A:B} + 3 \cdot {}^0L_{A,B} \\ \qquad = 6 \cdot u_{AB} \\ {}^1L_{A,B:A} = +0.5 \cdot G_{A:B:B:B} + 1.5 \cdot G_{A:A:B:B} + 1.5 \cdot G_{A:A:A:B} + 3 \cdot {}^1L_{A,B} = 3 \cdot {}^1L \\ {}^1L_{A,B:B} = -1.5 \cdot G_{A:B:B:B} + 1.5 \cdot G_{A:A:B:B} - 0.5 \cdot G_{A:A:A:B} + 3 \cdot {}^1L_{A,B} = 3 \cdot {}^1L \\ {}^0L_{A,B:A,B} = {}^0L_{A,B:A,B:*:*} = {}^0L_{A,B:*:*A,B} = {}^0L_{*:*:A,B:A,B} = 0 \end{cases} \tag{1.28}$$

(2) bcc 点阵的有序-无序模型

基于晶体结构信息，bcc_B2 的有序化要求它的双亚点阵模型中的每个亚点阵的点阵分数是一致的。由此考虑 bcc_B2 和 bcc_A2 的有序-无序转变，可使用统一模型$(A, B, Va)_{0.5}(A, B, Va)_{0.5}$对其进行描述。与 fcc_A1 情况类似，其有序相对吉布斯自由能的贡献$\Delta G_m^{ord}(y_i', y_i'')$，可表示为

$$\begin{aligned} \Delta G_m^{B2}(y_i', y_i'') &= {}^{ref}G_m^{B2} + {}^{id}G_m + {}^{E}G_m^{B2} \\ &= \sum_i \sum_j y_i' y_j'' \, {}^0G_{i:j}^{B2} + RT\left(\frac{1}{2}\sum_i y_i' \ln y_i' + \frac{1}{2}\sum_i y_i'' \ln y_i''\right) \\ &\quad + y_A' y_B' \sum_i y_i'' \, {}^0L_{A,B:i}^{B2} + y_A' y_B' (y_A' - y_B') \sum_i y_i'' \, {}^1L_{A,B:i}^{B2} \\ &\quad + y_A'' y_B'' \sum_i y_i' \, {}^0L_{i:A,B}^{B2} + y_A'' y_B'' (y_A'' - y_B'') \sum_i y_i' \, {}^1L_{i:A,B}^{B2} \\ &\quad + y_A' y_B' y_A'' y_B'' L_{A,B:A,B}^{B2} \end{aligned} \tag{1.29}$$

由于 B2 的晶格对称性，所以必须要满足相关的晶体结构对称性条件，即

$$\begin{cases} {}^oG_{A:B} = {}^oG_{B:A} \\ {}^oG_{A:Va} = {}^oG_{Va:A} \\ {}^oG_{B:Va} = {}^oG_{Va:B} \\ {}^oG_{A:A} = {}^oG_A^{A2} \\ {}^oG_{B:B} = {}^oG_B^{A2} \end{cases} \tag{1.30}$$

此外，由于晶格对称性，对于相互作用参数而言也必须有约束条件，即

$$L_{i,j:k} = L_{k:i,j} \tag{1.31}$$

目前,用双亚点阵描述有序-无序转变在 CALPHAD 领域已被普遍接受。然而,双个亚点阵模型不能同时描述 bcc 点阵的有序相 B2、B32 和 $D0_3$,如同双亚点阵模型不能同时描述 fcc 点阵的有序相 $L1_2$、$L1_0$ 和 $F'$ 一样。同时,四亚点阵模型 $(A,B,Va)_{0.25}(A,B,Va)_{0.25}(A,B,Va)_{0.25}(A,B,Va)_{0.25}$ 在描述 fcc 和 bcc 点阵的晶体结构方面比双亚点阵模型更具有物理意义,再加上目前计算机硬件设施的发展,使得四亚点阵模型越来越受到 CALPHAD 领域的欢迎。最近,Sundman 等[54]以及 Hallstedt 和 Kim[55]使用四亚点阵模型分别对 Al-Fe 体系中的 $D0_3$ 有序相和 Al-Li 体系中的 B32 有序相进行了热力学描述。bcc 点阵有序-无序转变的四亚点阵模型与 fcc 点阵有序-无序转变的四亚点阵模型不同,前者的四亚点阵模型由于不具有对称性而分为最近邻原子和次近邻原子,这部分内容将在第 3 章做详细介绍。

### 1.4.3　Scheil-Gulliver 模型

Scheil-Gulliver 模型描述的是合金在凝固过程中溶质元素的再分配,又称非平衡结晶时的杠杆定律,它在比较广泛的实验条件范围内描述了固相无扩散、液相均匀混合下的溶质再分配规律。

Scheil-Gulliver 模型在模拟复杂的凝固过程时作了一些假设:① 凝固过程中固液界面达到局部平衡;② 凝固时组元在液相中的扩散非常快使得液相成分均匀;③ 固相扩散速率为零;④ 在体积元中质量守恒;⑤ 平板界面并忽略过冷。图 1.17 所示的是 Scheil-Gulliver 模型模拟的合金凝固过程。在模拟这种复杂的凝固过程中,前提是假定液相中各组分的扩散系数是极快的,而在凝固相中为零。沿着冷却过程中的每个步骤,在凝固界面处建立局部平衡,此处合金的成分可能与整体成分明显不同,并且界面处的液相和固相成分由体系的相图给出。形成固相的组成随凝固过程保持不变,而液体组成始终是均匀的。

由于 Scheil-Gulliver 模型得到了广泛的应用,已被嵌入到 Thermo-Calc 软件中,称为 Scheil 模块。该模块可应用于模拟任何多组元体系。沿着冷却过程逐步进行模拟,如降低温度,并且在每个步骤之后,将新的液相成分作为下一步的"局部整体"成分。Scheil-Gulliver 模型的一般过程如图 1.18 所示,简述为:① 从液相线温度为 $T_1$ 且整体成分为 $x_1$ 的体系开始;② 将温度条件降低到 $T_2$ 并计算平衡,这给出了形成一定量的固相和新的液相成分 $x_2$,在此温度下,体系整体成分为 $x_2$ 且完全是液体;③ 整体成分设置为 $x_2$,这意味着程序"忘记了"先前形成的固相的量,并且固相将保留它形成时的成分;④ 从步骤②继续模拟,并重复进行直到找到液相存在的最低温度(所有液相消失或体系中残留一定比例的液相)为止。Scheil-Gulliver 模型模拟过程是随着冷却过程分步进行的,凝固进行到 $n$ 步之后液相剩余的分数如下式所示：

$$f_n^{\mathrm{L}} = \prod_{k=1}^{n} f_k^{\mathrm{L}} \tag{1.32}$$

其中，$f_k^{\mathrm{L}}$ 表示凝固进行到第 $k$ 步时的液相分数。

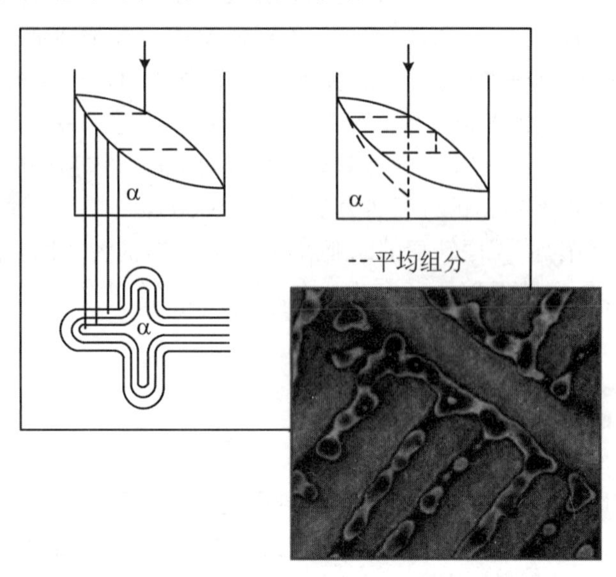


图 1.17　Scheil-Gulliver 模型模拟合金凝固过程[16]

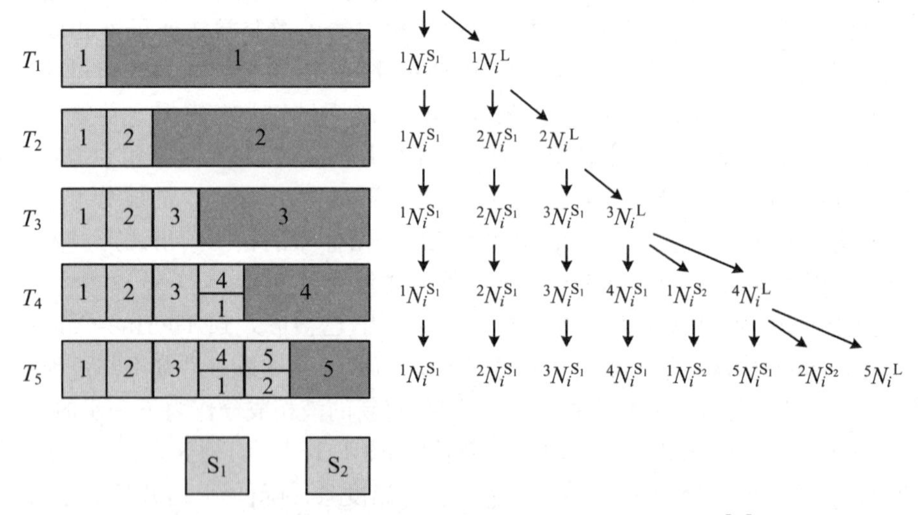


图 1.18　模拟合金凝固过程的 Scheil-Gulliver 模型算法[16]

图 1.19(a)是模拟计算的 6063 合金(Al-0.39Si-0.20Fe-0.43Mg，质量百分数)在平衡和 Scheil-Gulliver 非平衡条件下的凝固曲线，从图中可以看出，凝固在 655 ℃开始于(Al)相，随后依次析出 $Al_{13}Fe_4$(630 ℃)、$Al_8Fe_2Si$(609 ℃)、$Al_9Fe_2Si_2$(591 ℃)、$Al_9FeMg_3Si_5$(575 ℃)，最后在 572 ℃以共晶反应析出 $Mg_2Si$ 相。图 1.19

(b)是模拟计算的 2618 合金(Al-2.24Cu-1.42Mg-0.9Fe-0.9Ni,质量百分数)在平衡和 Scheil-Gulliver 非平衡条件下的凝固曲线。从图中可以看出,用 Scheil-Gulliver 模型模拟计算的 2618 合金的显微组织为(Al) + $Al_9FeNi$ + $Al_7Cu_4Ni$ + S。

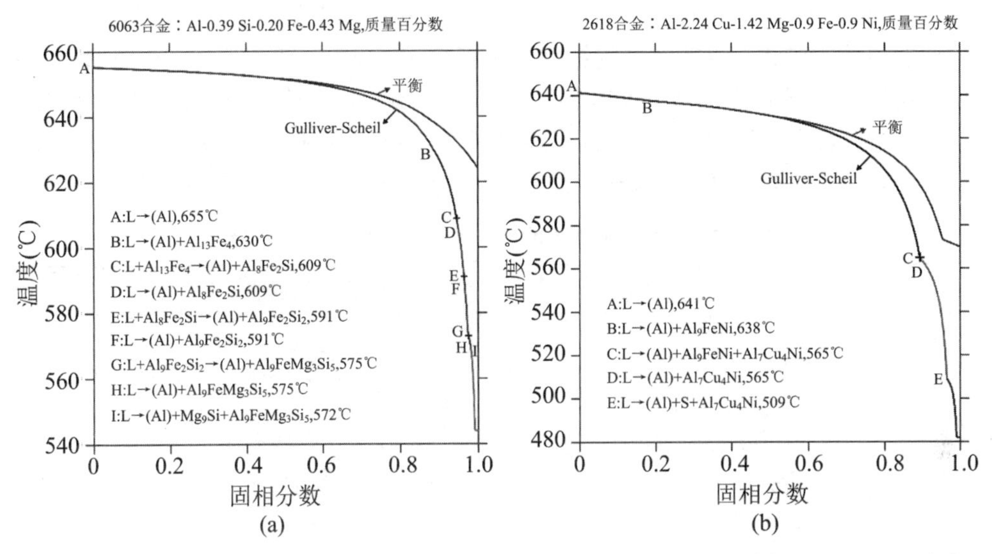


**图 1.19　模拟计算的(a)6063 合金(Al-0.39Si-0.20Fe-0.43Mg,质量百分数)和(b)2618 合金(Al-2.24Cu-1.42Mg-0.9Fe-0.9Ni,质量百分数)在平衡和 Scheil-Gulliver 非平衡条件下的凝固曲线**

# 1.5　相图拓扑学及希尔反应图

1936 年,Scheil[56]发表了一篇名为“Daretellung Von Dreistoffsystemen”(三元体系的表示方法)的文章。文章所描述的观点就是今天所说的希尔反应图,被认为是一种描述三元体系非常有用的工具,之后,又成功地应用于多组元体系。随后,Lukas 等[57]发表了一篇名为“50 Years Reaction Scheme after Erich Scheil”(希尔反应图 50 年发展史),文章中推荐了希尔反应图的标准格式。

## 1.5.1　希尔反应图的基本原则

希尔反应图的主要目的是将三维相图的主要特征简化为能够清晰描述整个体系的一维图。这种简化可以通过以下 3 点来实现:① 仅考虑零变量和单变量反应;② 不考虑各相的平衡成分;③ 只保留温度轴,将反应依温度轴排序,并按反应关系连接起来。为了能够将集中存在几个平衡的小温度间隔区放大，温度轴并不是以线性的比例标定。零变量平衡用它们的反应方程来描述并框在一个矩形内。单变量平衡用通过温度区连接两零变量平衡的线条来表示。单变量平衡中参与相的名称间用“+”联结。对于单变量平衡占主导的体系来说，希尔反应图给出了一种近乎完整的描述。这些体系的特点是大多数相的均匀分布范围很小，例如，如果液相是具有较宽范围均匀分布的唯一相，那么希尔反应图结合液相面可以给出三元系的所有信息，这种做法可能仅仅通过扩大所选定的某一小区域就能完成。表1.2中总结了希尔反应图中反应类型及对应的液/固投影图中的单变量线。

**表 1.2　希尔反应图中的反应类型及其对应的单变量线**

| 多元反应类型 | 标识符 | 单变量线温度走向 |
| --- | --- | --- |
| 共晶/共析反应<br>$L \rightarrow \alpha + \beta + \gamma$ | E | 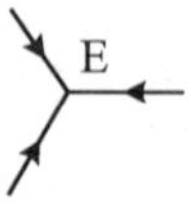 E |
| 包共晶反应<br>$L + \alpha \rightarrow \beta + \gamma$ | U | 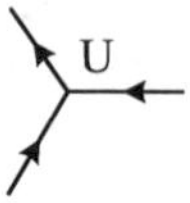 U |
| 包晶/包析反应<br>$L + \alpha + \beta \rightarrow \gamma$ | P | 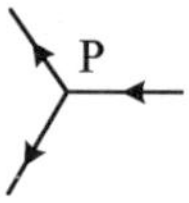 P |
| 极值点包晶/包析反应<br>$L + \alpha \rightarrow \beta$ | $p_{max}$ | 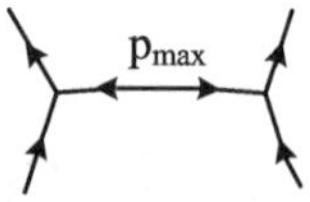 $p_{max}$ |
| | $p_{min}$ | 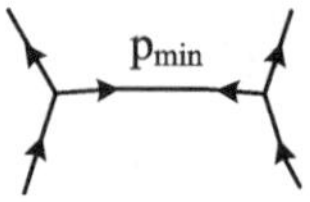 $p_{min}$ |
| 极值点共晶/共析反应<br>$L \rightarrow \alpha + \beta$ | $e_{max}$ | 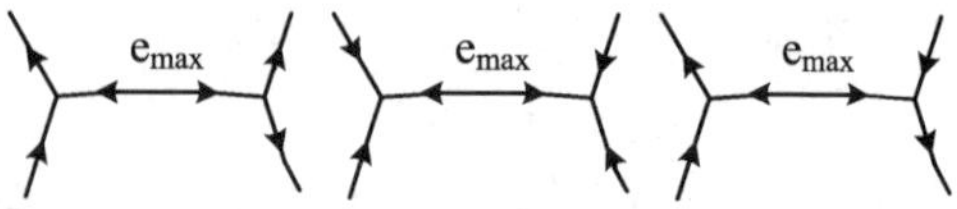 $e_{max}$　$e_{max}$　$e_{max}$ |
| | $e_{min}$ | 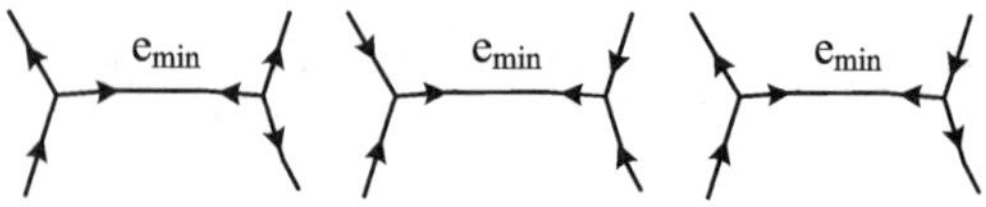 $e_{min}$　$e_{min}$　$e_{min}$ |

## 1.5.2 希尔图的标准形式

### 1. 零变量平衡

每个零变量平衡对应一个反应。如果反应朝能量降低的方向进行，那么参与反应的所有相将被分为反应相和生成相。反应相写在反应方程的左边，生成相写在反应方程的右边。一个反应方程中至少存在一个反应相和一个生成相。而在退化平衡中，可能存在一个相既不是反应相也不是生成相。

每个零变量平衡用一个矩形围起来并用一个反应方程、温度及带索引的反应类型符号表示。二元系的零变量平衡表示如图 1.20(a)所示，为了节省横向空间，温度和类型符号写在反应方程的上面一行。反应类型符号小写，符号 e 表示共晶反应，p 表示包晶反应。三元系零变量平衡如图 1.20(b)所示，为节省纵向空间，反应方程、温度和类型符号写在同一行中。反应类型符号大写，E 表示共晶反应，P 表示包晶反应，U(取自德文单词 übergangsebene)表示包共晶反应。伪二元系零变量平衡(即三元极大或极小值点)用二元系三相平衡加一个极大/极小符号或 e(个别的用 p)或用两者一起表示，如图 1.20(c)所示。

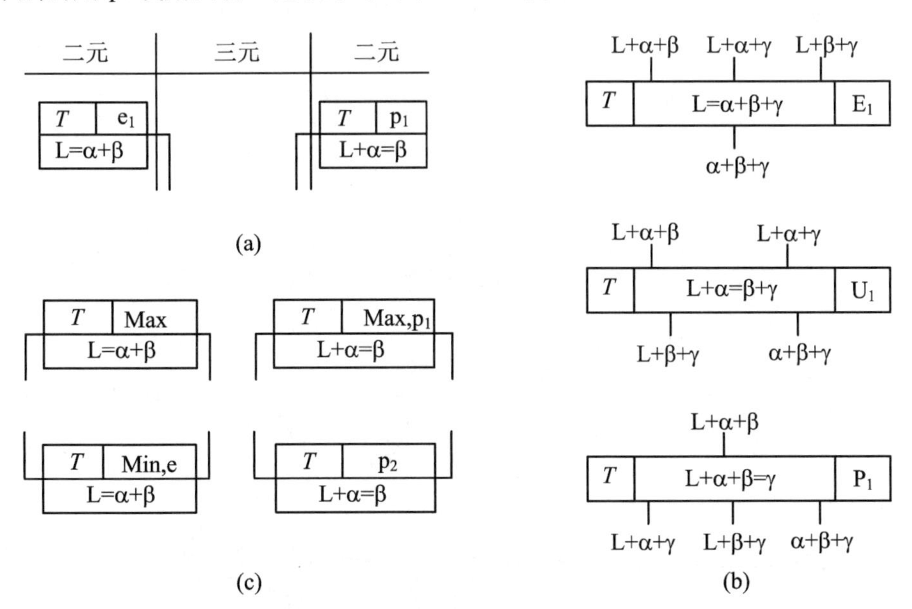


**图 1.20 希尔反应图推荐标准形式：**

(a) 二元三相零变量平衡；(b) 三元四相零变量平衡(共晶、包共晶及包晶)；(c) 具有准二元特征的三元三相平衡的极大、极小值点

### 2. 单变量平衡

单变量平衡用一条线表示，线的起点和终点分别表示单变量反应的开始和结

束。参与单变量反应的各相用"+"号连接。对于一个单变量平衡的"起始"和"终止",Scheil 提出了 5 种情况:① "始于"和"终于"一个边界体系;② "始于"极大点,"终于"极小点;③ "始于"或"终于"一个零变量平衡;④ "终于"温度零点;⑤ "始于"或"终于"两相具临界转变点的位置。其中,"始于"二元边界体系的情况如图 1.20(a)所示。对于"终于"二元系边界的线将向上引出。"始于"极大点或"终于"极小点的情况如图 1.20(c)所示。"始于"或"终于"零变量四相平衡的情况如图 1.20(b)所示。在每一个四相平衡中"终于"三相平衡的个数,共晶反应中有 3 个,包共晶中有 2 个,包晶中有 1 个,每一个三相平衡均包含所有的反应相和除任一个生成相之外的所有其余生成相。反之亦然,起始于三相平衡的个数,共晶 1 个,包共晶 2 个,包晶 3 个,每一个三相平衡均包含所有的生成相和除任一个反应相之外的所有其余反应相。对于"终于"温度零点(通常是"室温")的情况,用在各相名称底下画线的方法表示。因此,如果反应"始于"某高温并"终于"温度零点,则没有必要在整个图解空间描出整个反应轨迹。最后一种情况是"始于"或"终于"两相有临界转变点的位置。这种情况用如图 1.21 中所示的一系列等温截面描述。此处存在两种特殊情况:其一,一个具有临界点的两相区与另一个两相区接触时,在冷却或升温过程中形成一个三相区;其二,一个具有临界点的两相区以亚稳状态隐藏于另一个两相区在冷却或升温过程中以稳定状态出现,同样形成一个三相区。这种起点或终点是一个零变量平衡,但却没有明显的反应。在希尔反应图中,这种情况被表示为一点,单变量平衡开始或结束于这一点。温度应当在该点处写出。

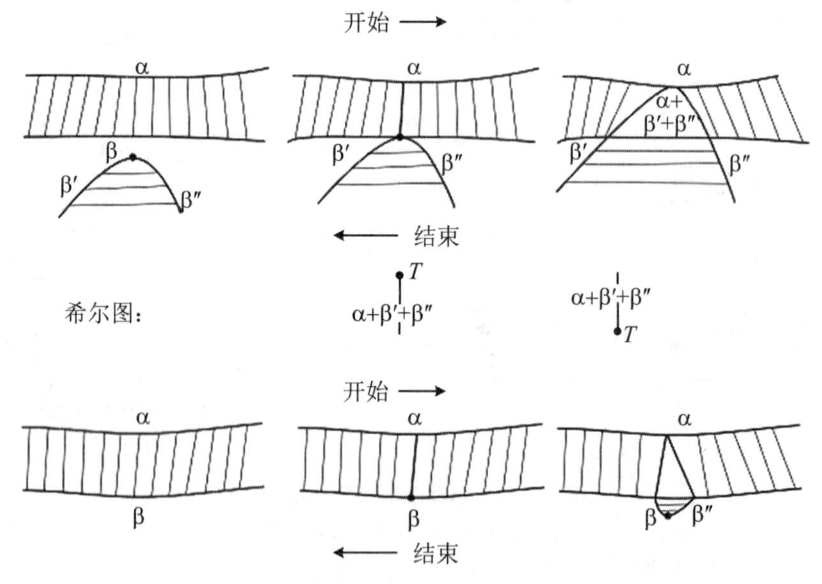


**图 1.21 "始于"或"终于"两相具有一个临界点的三元三相平衡的两种类型**

箭头方向表示温度降低的方向

### 1.5.3 退化平衡

图1.22表示了一个二元退化平衡的发展过程。从图1.22(a)～(b)，β相的相对含量在共晶反应中减少。对于包晶平衡在图1.22(c)～(d)的情况类似。在图1.22(e)中，最终的β相的含量变得微乎其微。共晶和包晶反应间的区分变得不可能或毫无意义。因此，提出一种反应方程式：l=α,β表示在α相的凝固过程，β相也存在于l、α的两相平衡中，然而，β相不参加反应。这种平衡类型叫作退化平衡，并且用字母"d"表示(取代了反应方程中的"e"或"p")。两相区l+α缩小成为一点。纯组元边界体系的两相平衡中，β相既不是反应相也不是生成相，称之为一个"无效相"。

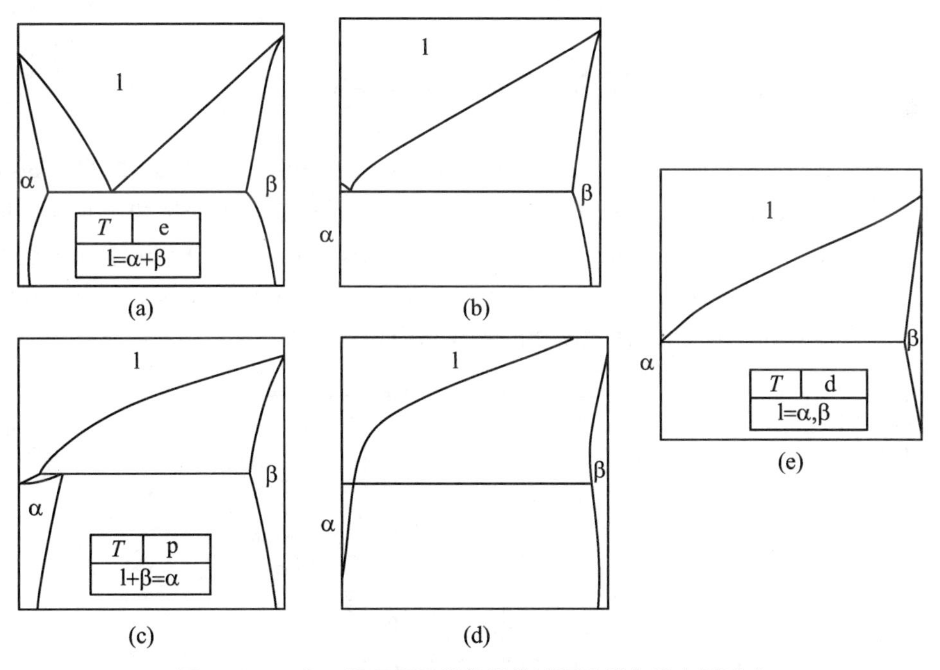


**图1.22　一个二元三相平衡的退化过程及希尔反应图形式**

(a) 共晶；(b) 接近退化共晶；(c) 包晶；(d) 接近退化包晶；(e) 退化反应

如果一个化学计量成分相存在一个同素异形转变γ= γ′，那么在同一温度下将得到两个退化的三相平衡(图1.23)：γ= γ′,l和γ=γ′,β。两相区γ=γ′，退变成为一个点。为了缩写，将希尔反应图解中两个三相平衡组合在一个矩形框中可能更实用，即γ=γ′,l,β。这可解释为γ转变成γ′时，l和β相存在于γ、γ′的两相平衡中，但两个"无效相"l和β不参与反应。三元系退化平衡的原理同二元退化平衡，在此不再赘述。

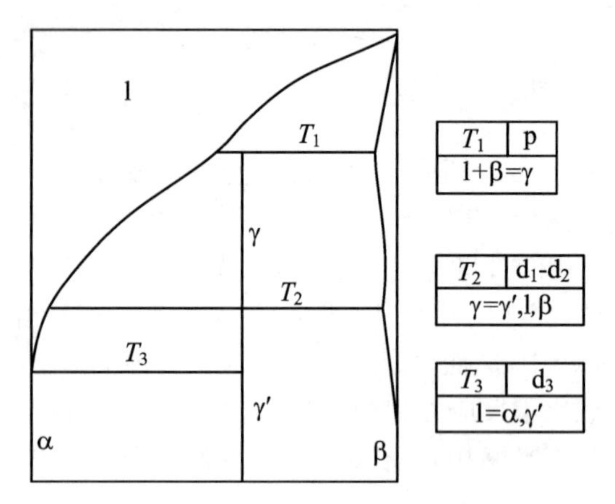


**图 1.23　同素异型转变的退化希尔反应图形式**

## 1.5.4　Cu-Ag-Si 体系希尔反应图构筑实例

图 1.24 所示的是 Cu-Ag-Si 三元系三个边际二元相图。图 1.25 是 Cu-Ag-Si 三元系的液相面投影图。根据图 1.24 和图 1.25 所示的二元零变量和三元零变量反应,结合以上介绍的构筑希尔反应图的基本原则,可获得 Cu-Ag-Si 体系在整个温度和成分范围内的希尔反应图,如图 1.26 所示。图中画有横线的平衡表示温度降低时只有溶解度的变化,而无新相的生成和旧相的消失。

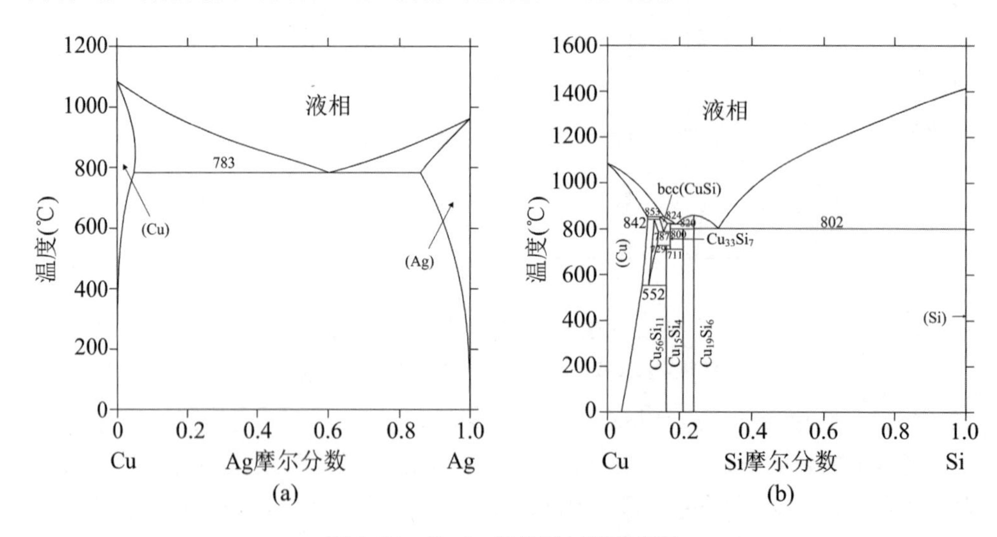


**图 1.24　Cu-Ag-Si 边际二元系相图**

(a) Cu-Ag 体系;(b) Cu-Si 体系;(c) Ag-Si 体系

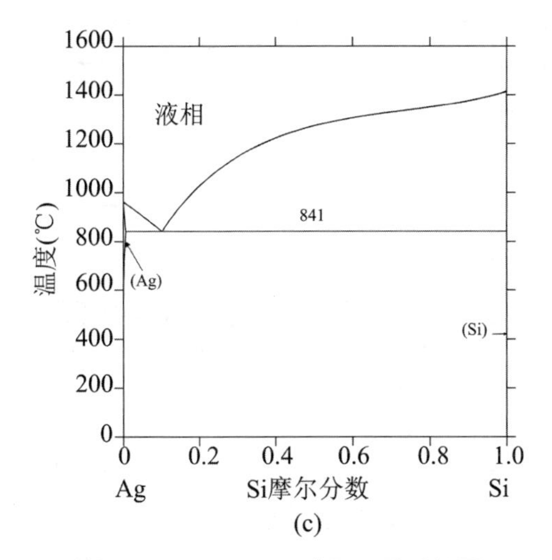


**续图 1.24　Cu-Ag-Si 边际二元系相图**

(a) Cu-Ag 体系;(b) Cu-Si 体系;(c) Ag-Si 体系

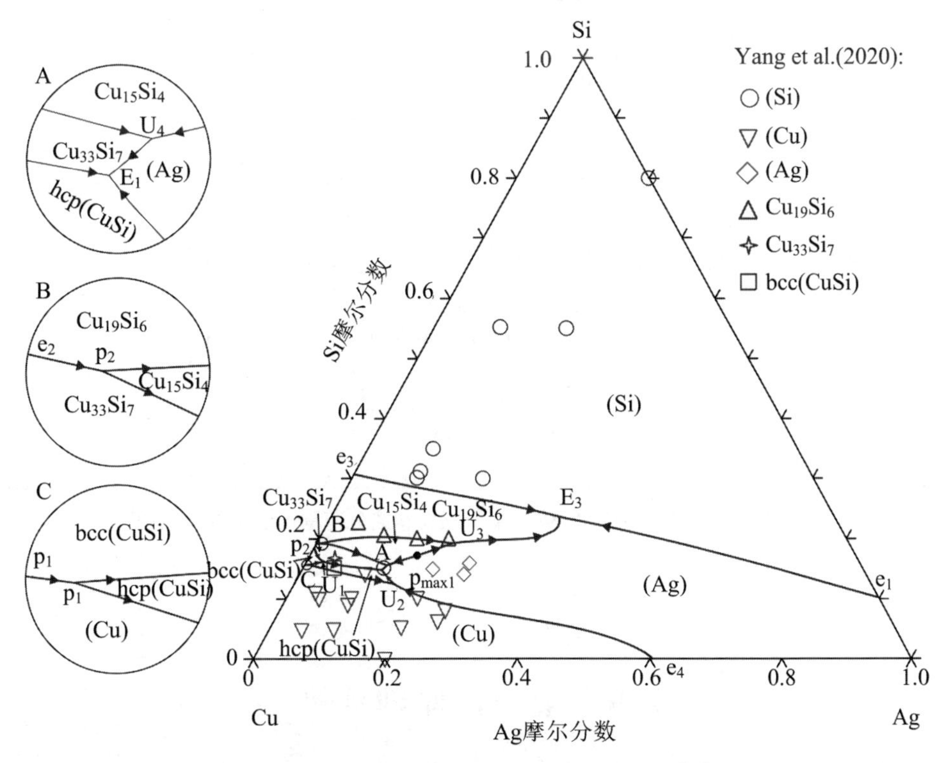


**图 1.25　Cu-Ag-Si 体系液相面投影图与实验数据[58]的比较**

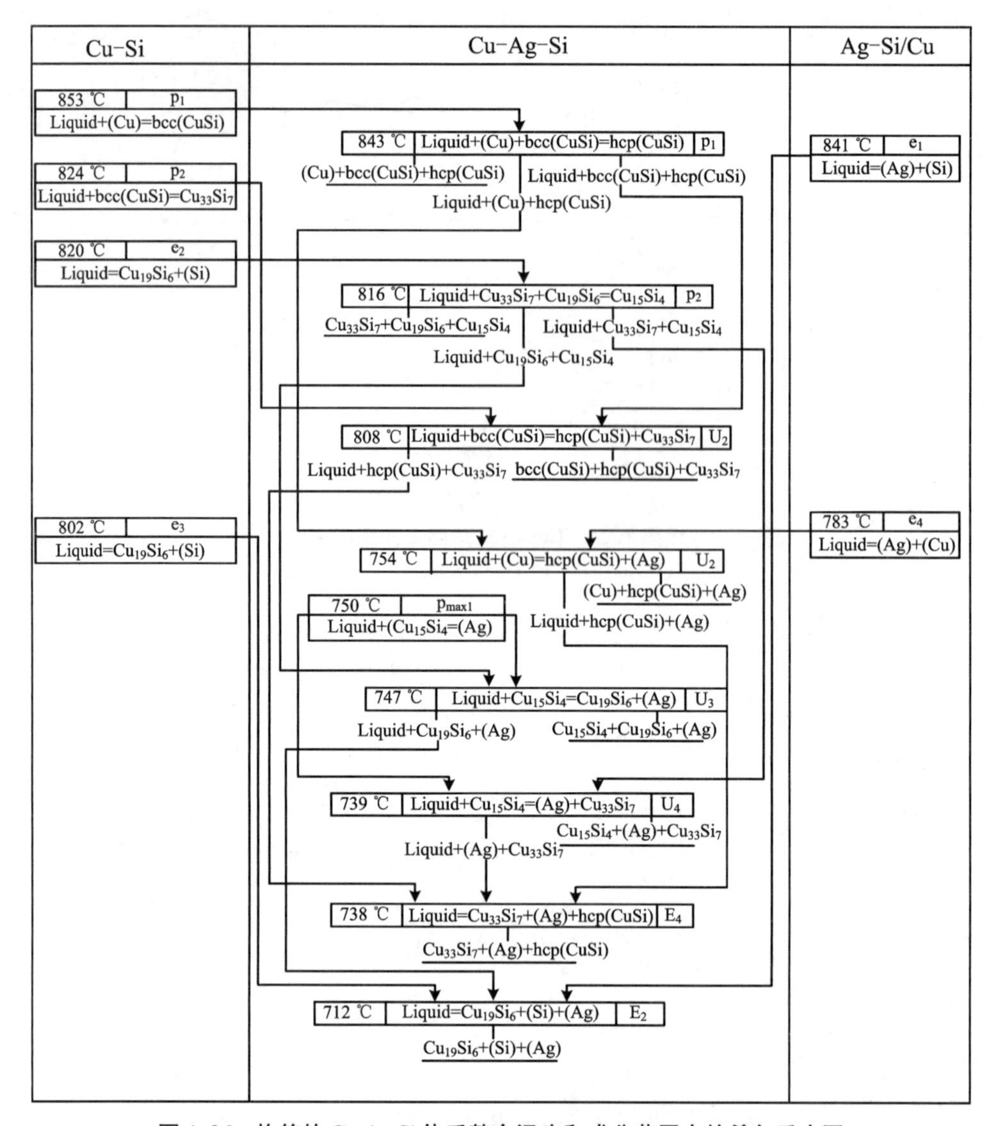


**图 1.26　构筑的 Cu-Ag-Si 体系整个温度和成分范围内的希尔反应图**

# 1.6　第一性原理计算

除 CALPHAD 方法之外，第一性原理计算相图是一种不需要任何可调参数，而只利用电子理论从头算起的理论计算相图的方法。第一性原理计算只需知道晶体结构信息，即构成微观体系各元素的原子序数及原子的占位情况，就可以应用量子力学来计算出该微观体系的总能量、电子结构，以及结合能、生成热、相变热和热力学函数等热力学性质。第一性原理和统计热力学如集团变分法(Cluster Variation Method, CVM)相结合能够计算二元体系，甚至是一些三元体系固态相图[59,60]。虽然第一性原理在计算 0 K 时目标合金体系的能量和相图方面取得了重要进展，但在计算高温热力学性质时须采用统计物理方法计算晶格振动、电子激发对热力学性质的贡献，而目前的结果还达不到精度要求。对于液相性质的计算，尚待进一步研究和探索。这些因素限制了第一性原理计算在工业上的应用。

大量研究工作表明第一性原理计算方法是辅助 CALPHAD 方法的强有力工具[50,61,62]。第一性原理计算结果能够嵌入到 CALPHAD 优化当中的最重要的热力学性质是金属间化合物以及端际组元在 0 K 时的生成焓。因为计算生成焓数据可以固定某些参数，从而减少 CALPHAD 优化过程中所需要确定的参数。本书工作虽然没有对第一性原理理论进行研究，但是第一性原理计算方法是本研究的一个重要方法。

第一性原理方法与 CALPHAD 方法不同，它是基于电子层面的量子力学计算，不引入任何经验性的参数，通过直接求解薛定谔方程对体系物理学性质进行计算。因为计算不依赖于任何经验性参数，而且是基于量子力学计算，所以在实验值缺乏的情况下，第一性原理计算值可以当作实验值使用。对于多电子体系，直接对薛定谔方程求精确解几乎是不可能的。事实上，到目前为止，只能得到 H 原子以及类似简单原子的薛定谔方程精确解。因此对实际多电子体系的求解，必须引入相应的近似。目前为止，使用的近似方法主要基于 Hohenber 和 Kohn[63]的密度泛函理论(Density Functional Theory, DFT)。密度泛函理论的精髓在于将多电子体系的基态能量表示为电子密度的泛函，从而降低体系自由度，简化计算。Kohn 和 Sham[64]在密度泛函的基础上提出了单电子方程，即 Kohn-Sham 方程，利用无相互作用粒子模型代替有相互作用粒子系统，而将相互作用的全部复杂性归入交换关联势泛函。固体里电子的交换关联作用目前无法作精确的描述，但可以通过一些近似方法，如局域密度近似来代替，然后对体系的电子结构做自洽性计算，在此基础上得到体系的基态性质。

从头计算模拟软件 VASP[65-67]经常用于计算化合物在 0 K 时的生成焓。基于密度泛函理论，采用 Perdew 和 Wang 提出的广义梯度近似(GGA)[68, 69]计算交互关联势。化合物在基态下的能量通过投影缀波赝势进行计算[65]。

密度泛函理论是基于单电子方程，用来描述电子相互作用的精确的理论，其核心是原子、分子和固体的基态能量均可以用电荷密度来描述。密度泛函理论总能量可表示为

$$E(n) = T(n) + E^{H}(n) + E^{ex}(n) + \int V(\boldsymbol{r})n(\boldsymbol{r})d^{3}r \tag{1.33}$$

其中，$T(n)$表示电子运动产生的动能，$E^{H}(n)$表示 Hartree 能量，$E^{ex}(n)$表示交换

关联势，$\int V(\boldsymbol{r})n(\boldsymbol{r})\mathrm{d}^3\boldsymbol{r}$ 表示电磁场等引起的外部势能。

在计算中，使用 Monkhorst-Pack 方法[70]在布里渊区（Brillouin zone）中选取 $k$ 点阵网格，每个倒空间元胞中至少包含 8000 个格点。平面波截断能为 400 eV，单个原子能量收敛值为 $10^{-7}$ eV。结构采用 Methfessel Paxton 拖尾效应方法[71]进行弛豫，然后利用布洛赫修正[72]的四面体方法对结构进行一次自洽的静态计算。对于三元化合物 $A_iB_jC_k$ 的生成焓可通过下式得到：

$$\Delta H^{\mathrm{eq}}(A_iB_jC_k) = E(A_iB_jC_k) - [x_iE^{\mathrm{eq}}(A) + x_jE^{\mathrm{eq}}(B) + x_kE^{\mathrm{eq}}(C)] \quad (1.34)$$

其中，$E(A_iB_jC_k)$、$E^{\mathrm{eq}}(A)$、$E^{\mathrm{eq}}(B)$和 $E^{\mathrm{eq}}(C)$分别为 $A_iB_jC_k$、A、B 和 C 在 0 K 时的总能量。

本书在对 Ti-Ni-Si（见第 2 章）、Ti-Cr-Ni（见第 3 章）、Ti-V-Si（见第 4 章）三元系和 Ti-M（M = Mo，V，Nb，Cr，Al）（见第 7 章和第 8 章）进行研究时，借助第一性原理方法计算了端际化合物在 0 K 时的生成焓和纯元素稳定相-亚稳相间的能量差。第一性原理计算方法是本书工作中的一个重要工具，并非针对其自身的一些理论问题进行研究，因此，本小节仅对第一性原理计算方法作一个大致介绍。

# 参 考 文 献


[1] Lutjering G, Williams J C. Titanium[M]. New York: Springer, 2007.

[2] 熊伟. Ni 合金相图、相平衡及相变的热力学研究[D]. 长沙：中南大学，2010.

[3] Leyens C, Peters M. Titanium and Titanium Alloys: Fundamentals and Applications[M]. Weinheim: Wiley-VCH, 2003.

[4] 赵永庆，辛社伟，陈永楠，等. 新型合金材料：钛合金[M]. 北京：中国铁道出版社，2017.

[5] 黄伯云，李成功，石立开，等. 中国工程材料大典：第 4 卷，有色金属材料工程[M]. 北京：化学工业出版社，2005.

[6] 张喜燕，赵永庆，白晨光. 钛合金及应用[M]. 北京：化学工业出版社，2005.

[7] OHMORI Y, OGO T, NAKAI K, et al. Effects of ω-phase precipitation on β→α, α″ transformations in a metastable β titanium alloy[J]. Mater. Sci. Eng. A, 2001, 312: 182-188.

[8] PRIMA F, VERMAUT P, TEXIER G, et al. Evidence of α-nanophase heterogeneous nucleation from ω particles in a β-metastable Ti-based alloy by high-resolution electron microscopy[J]. Scr. Mater., 2006, 54: 645-648.

[9] NAG S, BANERJEE R, SRINIVASAN R, et al. ω-Assisted nucleation and growth of α precipitates in the Ti-5Al-5Mo-5V-3Cr-0.5Fe β titanium alloy[J]. Acta Mater., 2009, 57: 2136-2147.

[10] LI T, KENT D, SHA G, et al. The mechanism of ω-assisted α phase formation in near β-Ti alloys[J]. Scr. Mater., 2015, 104: 75-78.

[11] ZHENG Y, CHOUDHURI D, ALAM T, et al. The role of cuboidal ω precipitates on α precipitation in a Ti-20V alloy[J]. Scr. Mater., 2016, 123: 81-85.

[12] ZHENG Y, WILLIAMS R E A, WANG D, et al. Role of ω phase in the formation of extremely refined intragranular α precipitates in metastable β-titanium alloys[J]. Acta Mater., 2016, 103: 850-858.

[13] LI T, KENT D, SHA G, et al. The role of ω in the precipitation of α in near-β Ti alloys[J]. Scr. Mater., 2016, 117: 92-95.

[14] 郝士明. 材料设计的热力学解析[M]. 北京：化学工业出版社，2010.

[15] 郝士明. 材料热力学[M]. 北京：化学工业出版社，2004.

[16] Thermo-Calc Software AB[EB/OL]. [2020-05-20]. http://www.thermocalc.com.

[17] ROBERTS-AUSTEN W C. Fourth report to the alloys research committee[J]. Proc. Inst. Mech. Eng., 1897, 70: 33-100.

[18] VAN LAAR J J. Melting or solidification curves in binary system[J]. Z. Phys. Chem., 1908, 63: 216-253; 264: 257-297.

[19] 陈海林. Al-Cr-Si、Al-Cr-Ti、Al-Cu-Fe、Al-Cu-Ni 和 Nb-Ni 体系的晶体结构与相图测定及热力学模拟[D]. 长沙：中南大学，2008.

[20] DING L, LADWIG P F, YAN X, et al. Thermodynamic stability and diffusivity of near-equiatomic Ni-Mn alloys[J]. Appl. phys. lett., 2002, 80: 1186-1188.

[21] XIONG W, SELLEBY M, CHEN Q, et al. Phase equilibria and thermodynamic properties in the Fe-Cr system[J]. Crit. Rev. Solid State Mater. Sci., 2010, 35: 125-152.

[22] HU B, XU H H, LIU S H, et al. Experimental investigation and thermodynamic modeling of the Mn-Ni-Si system[J]. Calphad, 2011, 35: 346-354.

[23] BARDOS D I, MALIK R K, SPIEGEL F X, et al. Beta-manganese phases in ternary systems of transition elements with Si, Ge or Sn[J]. Trans. Met. Soc. AIME, 1966, 236: 40-48.

[24] BROWN M E. Introduction to thermal analysis: techniques and applica-

tions[M]. New York：Kluwer Academic Publishers，2004.

[25] CHENG K M，HU B，DU Y，et al. Thermodynamic modeling of the Ge-Sc system supported by key experiments and first-principles calculation[J]. Calphad，2012，37：18-24.

[26] KAUFMAN L，BERNSTEIN H. Computer Calculations of Phase Diagrams[M]. New York：Academic Press，1970.

[27] CHANG Y A，CHEN S L，ZHANG F，et al. Phase diagram calculation：past，present and future[J]. Prog. Mater. Sci.，2004，49：313-345.

[28] HARI KUMAR K C，WOLLANTS P. Some guidelines for thermodynamic optimisation of phase diagrams[J]. J. Alloys Compd.，2001，320：189-198.

[29] Pandat[EB/OL]. [2020-05-20]. http://www.computherm.com/pandat.html.

[30] BALE C W，BéLISLE E，CHARTRAND P，et al. FactSage thermochemical software and databases，2010-2016[J]. Calphad，2016，54：35-53.

[31] SUNDMAN B，KATTNER U R，PALUMBO M，et al. OpenCalphad：a free thermodynamic software[J]. Integr. Mater. Manuf. Innov.，2015，4：1-15.

[32] LUKAS H L. Manual of computer programs：BINGSS，BINFKT，TERGSS and TERFKT：version 91-3[J]. Stuttgart，1991，3-55.

[33] DAVIES R H，DINSDALE A T，GISBY J A，et al. MTDATA：thermodynamic and phase equilibrium software from the national physical laboratory[J]. Calphad，2002，26：229-271.

[34] 马兹・希拉特. 合金扩散和热力学[M]. 赖和怡，刘国勋，译. 北京：冶金工业出版社，1984.

[35] PELTON A D，BLANDER M. 20d International symposium on metallurgical slags and fluxes in H and gaskell[C]. PA：Met. Soc. AIME，1984，281-286.

[36] VŘEŠŤáL J，ŠTROF J，PAVLŮ J. Extension of SGTE data for pure elements to zero Kelvin temperature：a case study[J]. Calphad，2012，37：37-48.

[37] DINSDALE A T. SGTE data for pure elements[J]. Calphad，1991，15：317-425.

[38] REDLICH O，KISTER A T. Algebraic representation of thermodynamic properties and the classification of solutions[J]. Ind. Eng. Chem.，1948，40：345-348.

［39］ HILLERT M，STAFFANSSON L I. Regular-solution model for stoichiometric phases and ionic melts［J］. Acta Chem. Scand.，1970，24：3618-3626.

［40］ HILLERT M，SELLEBY M，SUNDMAN B. An attempt to correct the quasichemical model［J］. Acta Mater.，2009，57：5237-5244.

［41］ SCHMID R，CHANG Y A. A thermodynamic study on an associated solution model for liquid alloys［J］. Calphad，1985，9：363-382.

［42］ INDEN G. Approximate description of the configurational specific heat during a magnetic order-disorder transformation［C］. Düesseldorf：Calphad V meeting，1976.

［43］ HILLERT M，JARL M. A model for alloying in ferromagnetic metals［J］. Calphad，1978，2：227-238.

［44］ 陆学善. 相图与相变［M］. 合肥：中国科学技术大学出版社，1990.

［45］ ANSARA I，SUNDMAN B，WILLEMIN P. Thermodynamic modeling of ordered phases in the Ni-Al system［J］. Acta Metall.，1988，36：977-982.

［46］ HILLERT M. The compound energy formalism［J］. J. Alloys Compd.，2001，320：161-176.

［47］ ANSARA I，DUPIN N，LUKAS H L，et al. Thermodynamic assessment of the Al-Ni system［J］. J. Alloys Compd.，1997，247：20-30.

［48］ Crystal Lattice Structures［EB/OL］.［2020-05-20］. http://cst-www.nrl.navy.mil/lattice/.

［49］ SUNDMAN B，FRIES S G，OATES W A. A thermodynamic assessment of the Au-Cu system［J］. Calphad，1998，22：335-354.

［50］ LU X G，SUNDMAN B. Thermodynamic assessments of the Ni-Pt and Al-Ni-Pt systems［J］. Calphad，2009，33：450-456.

［51］ KIM D E，SAAL J E，ZHOU L C，et al. Thermodynamic modeling of fcc order/disorder transformations in the Co-Pt system［J］. Calphad，2011，35：323-330.

［52］ YUAN X M，ZHANG L J，DU Y，et al. A new approach to establish both stable and metastable phase equilibria for fcc ordered/disordered phase transition：application to the Al-Ni and Ni-Si systems［J］. Mater. Chem. Phys.，2012，135：94-105.

［53］ DUPIN N，ANSARA I，SUNDMAN B. Thermodynamic re-assessment of the ternary system Al-Cr-Ni［J］. Calphad，2001，25：279-298.

［54］ SUNDMAN B，OHNUMA I，DUPIN N，et al. An assessment of the entire Al-Fe system including $D0_3$ ordering［J］. Acta Mater.，2009，57：

2896-2908.

[55] HALLSTEDT B，KIM O. Thermodynamic assessment of the Al-Li system[J]. Int. Mat. Res.，2007，98：961-969.

[56] SCHEIL E. Darstellung von dreistoffsystemen[J]. Arch. Eisenhuettenwesen，1936，9：571-573.

[57] LUKAS H L，HENIG E T，PETZOW G. 50 years reaction scheme after erich scheil[J]. Z. Metallkd.，1986，77：360-367.

[58] YANG H W，REISINGER G，FLANDORFER H，et al. Phase equilibria in the system Ag-Cu-Si[J]. J. Phase Equilib. Diffus.，2020，41：79-92.

[59] CURTAROLO S，KOLMOGOROV A N，COCKS F H. High-throughput ab initio analysis of the Bi-In，Bi-Mg，Bi-Sb，In-Mg，In-Sb，and Mg-Sb systems[J]. Calphad，2005，29：155-161.

[60] LECHERMANN F，FÄHNLE M，SANCHEZ J M. First-principles investigation of the Ni-Fe-Al system [J]. Intermetallics，2005，13：1096-1109.

[61] KAUFMAN L，TURCHI P E A，HUANG W，et al. Thermodynamics of the Cr-Ta-W system by combining the Ab initio and CALPHAD methods [J]. Calphad，2001，25：419-433.

[62] GHOSH G，ASTA M. First-principles calculation of structural energetics of Al-TM（TM=Ti，Zr，Hf）intermetallics[J]. Acta Mater.，2005，53：3225-3252.

[63] HOHERBERG P，KOHN W. Inhomogeneous electron gas[J]. Phys. Rev. B，1964，136：864-871.

[64] KOHN W，SHAM L J. Self-consistent equations including exchange and correlation effects[J]. Phys. Rev.，1965，140：A1133-A1138.

[65] KRESSE G，JOUBERT D. From ultrasoft pseudopotentials to the projector augmented-wave method[J]. Phys. Rev. B，1999，59：1758-1775.

[66] KRESSE G，FURTHMüLLER J. Efficient iterative schemes for ab initio total-energy calculations using a plane-wave basis set[J]. Phys. Rev. B，1996，54：11169-11186.

[67] KRESSE G，FURTHMÜLLER J. Efficiency of ab-initio total energy calculations for metals and semiconductors using a plane-wave basis set [J]. Comp. Mater. Sci.，1996，6：15-50.

[68] PERDEW J P，CHEVARY J A，VOSKO S H，et al. Atoms，molecules，solids，and surfaces：applications of the generalized gradient approximation for exchange and correlation [J]. Phys. Rev. B，1992，46：

6671-6687.

[69] PERDEW J P, WANG Y. Accurate and simple analytic representation of the electron-gas correlation energy[J]. Phys. Rev. B, 1992, 45: 13244-13249.

[70] MONKHORST H J, PACK J D. Special points for Brillouin-zone integrations[J]. Phys. Rev. B, 1976, 13: 5188-5192.

[71] METHFESSEL M, PAXTON A T. High-precision sampling for Brillouin-zone integration in metals [J]. Phys. Rev. B, 1989, 40: 3616-3621.

[72] BLÖCHL P E, JEPSEN O, ANDERSEN O K. Improved tetrahedron method for Brillouin-zone integrations[J]. Phys. Rev. B, 1994, 49: 16223-16233.

# 第 2 章　四亚点阵模型描述 fcc 有序-无序转变在 Ti-Ni-Si 体系中的应用

## 2.1　引　　言

Ti-Ni-Si 三元系属于 Ti 基和 Ni 基合金中非常重要的一个子三元系。TiNi 基形状记忆合金作为功能材料吸引了大量的关注[1-3]。TiNi 基合金具有许多非常优良的性质，例如，加热或降温过程中产生巨大的相变应力和应变、高阻尼性能、良好的抗化学腐蚀性以及生物相容性等。TiNi 为 B2 有序结构，在低温时会发生一个可逆的马氏体相变。相变伴随着机械物理性能、光电性能的急剧变化。这些变化可被用来制造多种微电子设备。TiNi 马氏体相变温度与合金成分密切相关，合金成分偏差 1 at.% Ni，马氏体相变温度可能改变超过 20 ℃，因此需要精确测定其相图。同时加入其他合金元素，如 Si，改善马氏体相变温度随成分变化的巨大敏感性，从而提高所制备微电子设备的质量[4]。此外，$Ti_5Si_3$ 具有高熔点，是很好的高温结构材料。$Ni_3(Si,Ti)$（$L1_2$ 结构）作为很好的中温抗酸腐蚀合金而得到了广泛的关注。因此精准构建 Ti-Ni-Si 三元系相图热力学数据库对指导 Ti 基合金开发，尤其是形状记忆合金开发具有重要科学意义和实际应用价值。

到目前为止，对 Ti-Ni-Si 体系的相图热力学描述有两个版本。Tokunaga 等[5]和 Du 等[6]利用当时已知的文献和不同模型初步对此体系进行了热力学优化。然而，为得到对 Ti-Ni-Si 体系的精准热力学描述，对 Ti-Ni-Si 体系再次进行热力学优化计算仍然是十分必要的。原因如下：

在 Tokunaga 等[5]和 Du 等[6]的工作中，只考虑了普遍公认存在的 5 个三元金属间化合物（$\tau_1$：$Ti_1Ni_1Si_1$，$\tau_2$：$Ti_4Ni_4Si_7$，$\tau_3$：$Ti_{13}Ni_{40}Si_{31}$，$\tau_4$：$Ti_6Ni_{16}Si_7$，$\tau_5$：$Ti_2Ni_3Si_1$），而忽略了当时仍然存在争议的 2 个三元化合物（H：$Ti_9Ni_2Si_9$，E：$Ti_6Ni_5Si_1$）[7,8]。2010 年 Weitzer 等[9]通过大量实验证实了三元化合物 H（$\tau_8$：$Ti_{0.43}Ni_{0.12}Si_{0.45}$）的存在，并且还发现了 2 个新三元化合物（$\tau_6$：$Ti_{0.53}Ni_{0.06}Si_{0.41}$，$\tau_7$：$Ti_{0.42}Ni_{0.16}Si_{0.42}$）。同时其结果证明化合物 E 实际并不存在。因此，Ti-Ni-Si 体系实际存在 8 个三元化

合物。新三元化合物的发现以及所引起的相关系的改变都表明对 Ti-Ni-Si 体系重新进行热力学优化是非常有必要的。

## 2.2　Ti-Ni-Si 体系的相图数据文献评估

### 2.2.1　边际二元系

Ti-Ni 二元系中包含 3 个二元化合物，即 $Ni_3Ti$、NiTi 和 $NiTi_2$。$Ni_3Ti$ 和 NiTi 均具有一定的溶解度，且通过一致共熔形成。$NiTi_2$ 通过包晶反应 Liquid + NiTi→$NiTi_2$ 形成，$NiTi_2$ 的溶解度可以忽略，可看作是线性化合物。Ti 在(Ni)和 Ni 在(β-Ti)中具有较大的溶解度，而 Ni 在(α-Ti)中的溶解度可忽略不计。本书工作采用的 Ti-Ni 二元系热力学参数来自 Keyzer 等[10]的工作。图 2.1 是根据 Keyzer 等报道的热力学参数计算的 Ti-Ni 二元系相图。图 2.2 是根据 Keyzer 等报道的热力学参数计算的 Ti-Ni 体系 298.15 K 的生成焓与第一性原理计算[5,11,12]和实验数据的比较[13-18]。从图中可以看出，计算的 NiTi 和 $NiTi_2$ 化合物生成焓与文献报道的结果一致，而计算的 $Ni_3Ti$ 的生成焓大于第一性原理计算的结果。

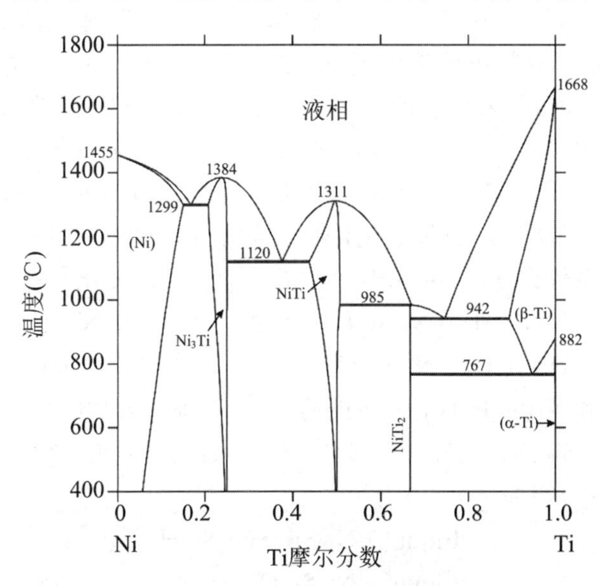


**图 2.1　根据 Keyzer 等[10]报道的热力学参数计算的 Ti-Ni 二元相图**

Ti-Si 二元系中包含 5 个二元化合物，分别为 $Ti_3Si$、$Ti_5Si_3$、$Ti_5Si_4$、TiSi 和

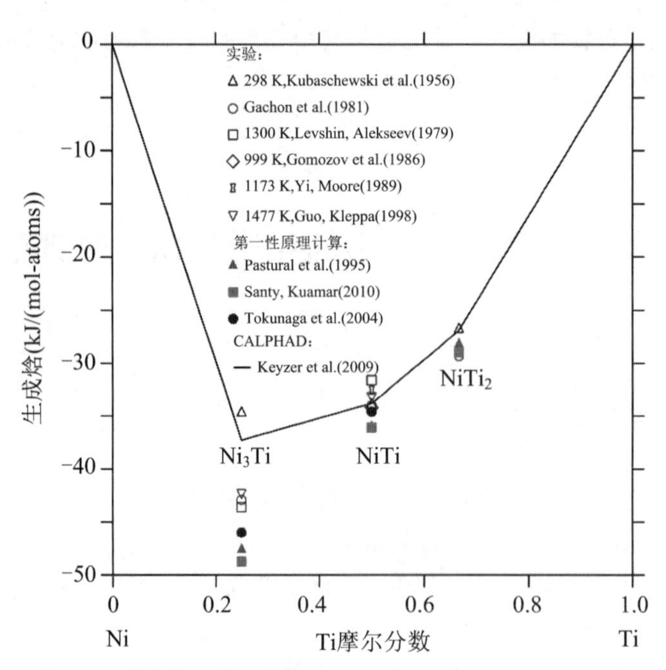


**图 2.2 根据 Keyzer 等[10]报道的热力学参数计算的 Ti-Ni 体系 298.15 K 生成焓与第一性原理计算[5,11,12]和实验数据[13-18]的比较**

$TiSi_2$，其中 $Ti_5Si_3$ 具有较大的溶解度，其他化合物的溶解度较小，被视为线性化合物。$Ti_5Si_3$ 和 $TiSi_2$ 均通过一致共熔形成，$Ti_5Si_4$ 和 TiSi 分别通过包晶反应 Liquid + $Ti_5Si_3$→$Ti_5Si_4$ 和 Liquid + $Ti_5Si_4$→TiSi 形成。Ti 在(Si)中的溶解度可以忽略不计，Si 在(β-Ti)中具有较大的溶解度，而在(α-Ti)中的溶解度较小。本书采用的 Ti-Si二元系热力学参数来自 Seifert 等[19]的工作。图 2.3 是根据 Seifert 等报道的热力学参数计算的 Ti-Si 二元系相图。图 2.4 是根据 Seifert 等报道的热力学参数计算的 Ti-Si 体系 298.15 K 的生成焓与第一性原理计算[20]和实验数据的比较[21-24]。从图中可以看出，计算的化合物生成焓与文献报道的结果一致。

Ni-Si 二元系较为复杂，在 Ni-Si 体系中存在 9 个二元化合物，包括

$Ni_3Si\_H$，$Ni_3Si\_L$，$Ni_3Si\_L1_2$，$Ni_5Si_2$

$Ni_2Si\_L$，$Ni_2Si\_H$，$Ni_3Si_2$，NiSi，$NiSi_2$

其中 $Ni_3Si\_L1_2$ 和 $Ni_2Si\_H$ 具有一定的溶解度，其他化合物的溶解度较小，被视为线性化合物。$Ni_5Si_2$、$Ni_2Si\_H$ 和 NiSi 均通过一致共熔形成。$Ni_3Si\_H$、$Ni_2Si\_L$ 和 $NiSi_2$分别通过包晶反应

$$\text{Liquid} + Ni_5Si_2 \rightarrow Ni_3Si\_H$$

$$\text{Liquid} + Ni_2Si\_H \rightarrow Ni_2Si\_L$$

$$\text{Liquid} + (Si) \rightarrow NiSi_2$$

形成。Ni 在(Si)中的溶解度可以忽略不计，Si 在(Ni)中具有较大的溶解度。$Ni_2Si\_L$

与$Ni_2Si$_H是同构异形转变，转变温度为1127℃。本书工作采用的Ni-Si二元系热力学参数来自Yuan等[25]的工作。$Ni_3Si$_$L1_2$是fcc的有序结构$L1_2$。在Yuan

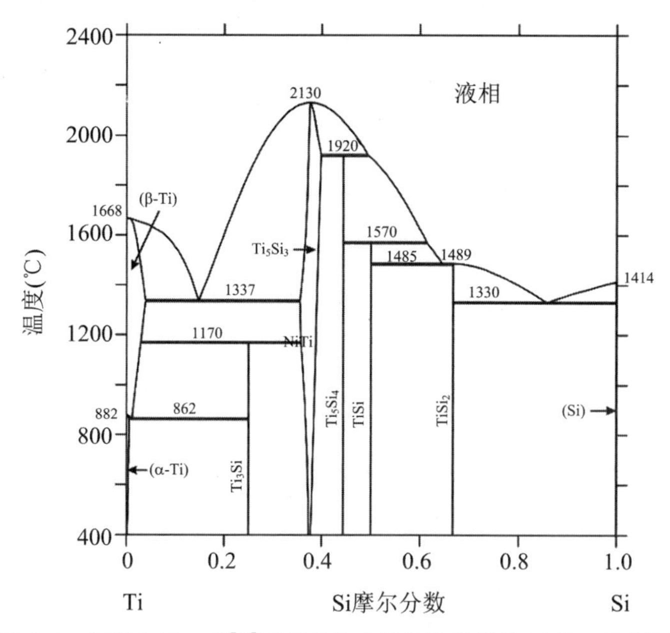


**图2.3　根据Seifert等[19]报道的热力学参数计算的Ti-Si二元相图**

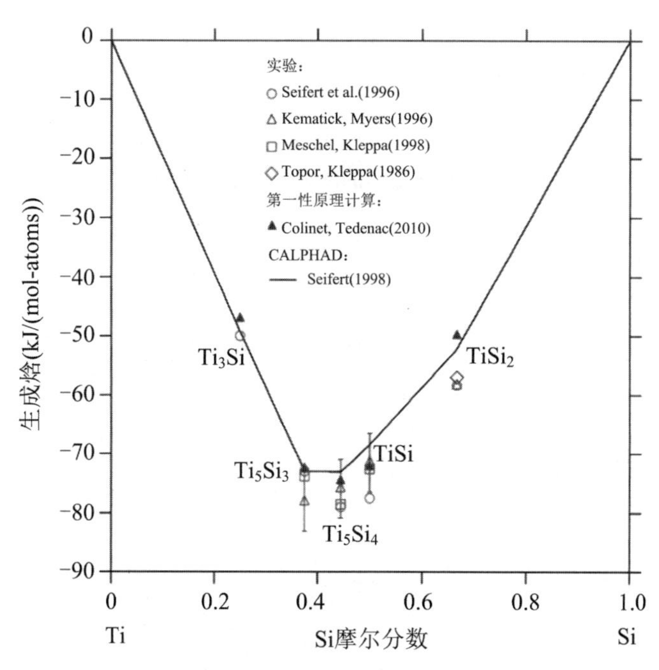


**图2.4　根据Seifert等[19]报道的热力学参数计算的Ti-Si体系298.15 K的生成焓与第一性原理计算[20]和实验数据[21-24]的比较**

等人的工作中，采用四亚点阵模型描述了fcc/$Ni_3Si_L1_2$有序-无序转变。图2.5是根据Yuan等报道的热力学参数计算的Ni-Si二元系相图。图2.6是根据Yuan等报道的热力学参数计算的Ni-Si体系298.15 K的生成焓与文献数据的比较[26-31]。从图中可以看出，CALPHAD计算值与实验值相吻合。本次第一性原理计算结果与前人计算值相一致[27]，但普遍而言，第一性原理计算值比实验值低了几千焦左右。

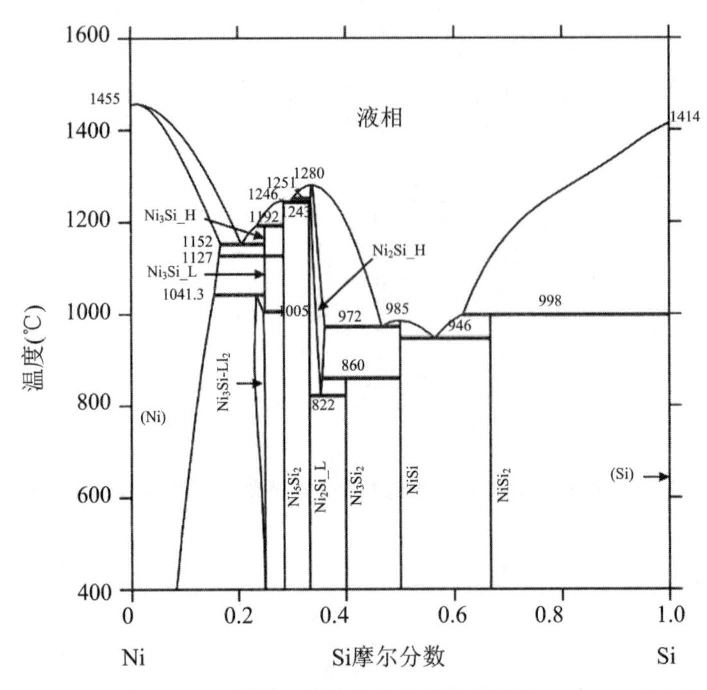


**图2.5 根据Yuan等[25]报道的热力学参数计算的Ni-Si二元相图**

### 2.2.2 Ti-Ni-Si三元系

虽然Du等[6]在2006年已经对Ti-Ni-Si体系进行了较为详细的热力学评估。然而其文献评估忽略了一些关键信息，因此本书工作对文献报道的Ti-Ni-Si主要的相图热力学数据进行了更详细地评估。表2.1给出了本书工作中所采用的Ti-Ni-Si体系各相符号标识以及晶体结构信息。

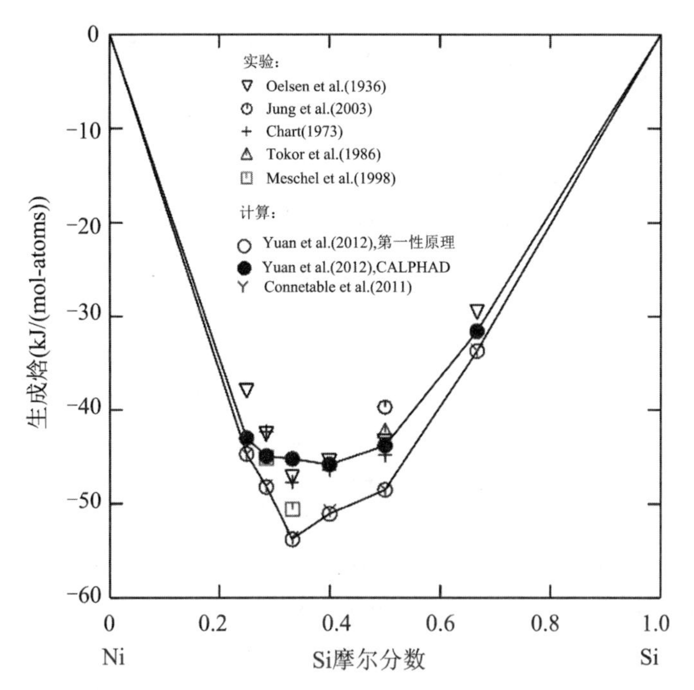


**图 2.6　根据 Yuan 等[25]报道的热力学参数计算的 Ni-Si 体系 298.15 K 的生成焓与文献数据[26-31]的比较**

**表 2.1　Ti-Ni-Si 体系中各相的符号标识和晶体结构信息**

| 相名称 | 原型 | 皮尔逊符号 | 空间群 | 相的描述 |
|---|---|---|---|---|
| (Ni) | Cu | cF4 | $Fm\bar{3}m$ | 固溶体 fcc_A1 Ni |
| (Si) | C | cF8 | $Fd\bar{3}m$ | 固溶体 diamond_A4 Si |
| (α-Ti) | Mg | hP2 | $P6_3/mmc$ | 固溶体 hcp_A3 Ti |
| (β-Ti) | W | cI2 | $Im\bar{3}m$ | 固溶体 bcc_A2 Ti |
| $Ni_3Si$-$L1_2$ | $Cu_3Au$ | cP4 | $Pm\bar{3}m$ | $L1_2$结构的 $Ni_3Si$ 相 |
| $Ni_3Si$_L | — | oP16 | — | 中温 $Ni_3Si$ 相 |
| $Ni_3Si$_H | $GePt_3$ | mC16 | C2/m | 高温 $Ni_3Si$ 相 |
| $Ni_5Si_2$ | — | hP14 | — | 二元化合物 $Ni_5Si_2$ 相 |
| $Ni_2Si$_L | $Co_2Si$ | oP12 | Pnma | 低温 $Ni_2Si$ 相 |
| $Ni_2Si$_H | — | hP6 | $C6_3m$ | 高温 $Ni_2Si$ 相 |
| $Ni_3Si_2$ | $Ni_3Si_2$ | oP80 | $Cmc2_1$ | 二元化合物 $Ni_3Si_2$ |
| NiSi | MnP | oP8 | Pnma | 二元化合物 NiSi |

续表

| 相名称 | 原型 | 皮尔逊符号 | 空间群 | 相的描述 |
| --- | --- | --- | --- | --- |
| $NiSi_2$ | $CaF_2$ | cF12 | $Fm\bar{3}m$ | 二元化合物 $NiSi_2$ |
| $Ni_3Ti$ | $Ni_3Ti$ | hP16 | $P6_3/mmc$ | 二元化合物 $Ni_3Ti$ |
| NiTi | CsCl | cP2 | Pm3m | bcc_B2 结构的 NiTi 有序相 |
| $NiTi_2$ | $NiTi_2$ | cF96 | $Fd\bar{3}m$ | 二元化合物 $NiTi_2$ |
| $TiSi_2$ | $TiSi_2$ | oF24 | Fddd | 二元化合物 $TiSi_2$ |
| TiSi | FeB | oP8 | Pnma | 二元化合物 TiSi |
| $Ti_5Si_4$ | $Si_4Zr_5$ | tP36 | $P4_12_12$ | 二元化合物 $Ti_5Si_4$ |
| $Ti_5Si_3$ | $Mn_5Si_3$ | hP16 | $P6_3/mcm$ | 二元化合物 $Ti_5Si_3$ |
| $Ti_3Si$ | $PTi_3$ | tP32 | $P4_2/n$ | 二元化合物 $Ti_3Si$ |
| $\tau_1$ | $Co_2Si$ | oP12 | Pnma | 三元化合物 NiSiTi |
| $\tau_2$ | $Co_4Ge_7Zr_4$ | tI60 | I4/mmm | 三元化合物 $Ni_4Si_7Ti_4$ |
| $\tau_3$ | $Pd_{40}Si_{31}Y_{13}$ | hP168 | P6/mmm | 三元化合物 $Ni_{40}Si_{31}Ti_{13}$ |
| $\tau_4$ | $Mn_{23}Th_6$ | cF12 | $Fm\bar{3}m$ | 三元化合物 $Ni_{16}Si_7Ti_6$ |
| $\tau_5$ | $MgZn_2$ | hP12 | $P6_3/mmc$ | 三元化合物 $Ni_3SiTi_2$ |
| $\tau_6$ | — | — | — | 三元化合物 $Ni_6Si_{41}Ti_{53}$ |
| $\tau_7$ | — | — | — | 三元化合物 $Ni_{16}Si_{42}Ti_{42}$ |
| $\tau_8$ | — | — | — | 三元化合物 $Ni_{12}Si_{45}Ti_{43}$ |

1958 年，Westbrook 等[7]利用 X 射线分析、金相观察、微观硬度测量等方法首次测定了 Ti-Ni-Si 体系在 1000 ℃的等温截面。实验中发现了 6 个三元化合物（$\tau_1$、$\tau_2$、$\tau_3$、$\tau_4$、$\tau_5$和 E）。其中，$\tau_1$ ~ $\tau_5$ 为之后的实验所[19,32-35]证实。然而 E 相在随后测定的 1100 ℃[33]以及 900 ℃[9,32]等温截面中都未发现。Hu 等[33]认为这个 E 相很可能是由高温 TiNi 相经过马氏体转变而形成的 TiNi′马氏体。然而 Westbrook 等[7]报道的 Ni-Si 和 Ti-Si 二元系相图与目前所普遍接受的相图不一致，因此其测得的相图没有用到本次优化当中，只作为参考用于检验计算的可靠性。Willams[36]利用 XRD、EPMA 等检测手段测定了 1000 ℃富 Ni 角相关系。

基于 XRD 和 EPMA 技术，Hu 等[8,33,37]建立了 Ti-Ni-Si 三元系 1100 ℃等温截面的相平衡，实验结果验证了 Westbrook 的测量结果，并额外发现了一个新的三元化合物 H（$Ti_9Ni_2Si_9$）。但实验并没有给出 H 相的熔融行为。Hu 等[8,33,37]称除了 $Ni_3Ti$、NiTi、$Ni_3Si$ 和 $Ti_5Si_3$ 具有可测固溶度以外，其他边际二元化合物对于第三组元的固溶度都可忽略。

Schuster 等[32]和 Weitzer 等[9]对 Ti-Ni-Si 体系相平衡信息做了非常突出的贡献。Schuster 等[32]利用 XRD、DTA 以及 SEM/EDX 检测手段，在 2002 年初步建

立了 900 ℃等温截面相平衡信息，并测定了三元化合物 $\tau_1 \sim \tau_5$ 的熔融行为。对于 $Ti_5Si_4$ 和 $Ti_5Si_3$ 附近的相平衡信息并没有包含在此工作当中。此后，为了完善对 Ti-Ni-Si 的描述，并澄清存在的争议，2010 年 Weitzer 等[9]在之前的基础上新配制了 20 个 Ti-Ni-Si 三元合金，完善了 Ti-Ni-Si 体系整个成分范围内 900 ℃等温截面的相平衡信息，测定了相关零变量反应温度，并构筑了希尔反应图。实验证实了三元化合物 H 的存在，并在 $Ti_5Si_4$ 以及 $Ti_5Si_3$ 附近发现了另外两个三元化合物（$\tau_6$ 和 $\tau_7$）。实验中还测定了新发现的三元化合物 $\tau_6 \sim \tau_8$ 的熔融行为以及所涉及的零变量反应温度。本次优化中主要采用 Schuster 等[32]和 Weitzer 等[9]实验测定的结果。此外，Xu 等[34]利用扩散偶方法和 EPMA 检测技术得到了 Si 含量在 0～50 at.%范围内的 900 ℃等温截面相平衡信息。其所测得的二元化合物和三元化合物的固溶度都明显偏大，与其他实验结果相矛盾，因此其结果并没有用于本书工作的热力学参数的优化中。

通过使用 XRD 分析 150 个 750 ℃退火合金的相成分及相组成，Markiv 等[35]测定了 750 ℃等温截面的相平衡。所测得的结果与此后 Schuster 等[32]和 Weitzer 等[9]测得的 900 ℃等温截面大体相似，只是三相区 $\tau_1 + NiTi + Ti_5Si_3$[9]由 $\tau_1 + \tau_5 + Ti_5Si_3$[35]所代替。实验结果[35]还表明在此温度下所有二元化合物对第三组元的固溶度都可忽略。Markiv 等[35]得到的研究结果将用于本书工作的优化中。

利用 DTA 技术，Budberg 等[38]测定了富 Ti 端零变量反应及其温度：

$$Liquid \rightarrow Ti_5Si_3 + NiTi_2 + (\beta\text{-}Ti) \quad (920\ ℃)$$

$$(\beta\text{-}Ti) + Ti_5Si_3 \rightarrow Ti_3Si + NiTi_2 \quad (约\ 890\ ℃)$$

其测量结果与之后 Schuster 等[32]和 Weitzer 等[9]得到的结果一致。此外还有几个不同的研究小组[39,40]报道了一些关于 Ti-Ni-Si 体系的相图信息，其获得的信息或与其他实验相矛盾或对了解 Ti-Ni-Si 相平衡信息意义不大，因此不再详细介绍。

对于 Ti 在 $Ni_3Si$-$L1_2$ 相的固溶度以及熔融行为，这里将单独并着重讨论，因为之前的实验报道模棱两可并有争议，而之前的文献评估[5]中并没有指出这个问题。利用 XRD、EPMA 以及金相显微镜，Willams[41]和 Takasugi 等[42]分别测定了富 Ni 角的相关系以及 Ti 在 $Ni_3Si$-$L1_2$ 中的固溶度，其所得到的固溶度结果相互一致，Ti 的加入将取代 Si 的位置。但是更有价值的发现是关于 $Ni_3Si$-$L1_2$ 的熔融行为。Willams[41]发现在 Ni-Si 二元系中，$Ni_3Si$-$L1_2$ 通过一个固相包晶反应生成：$(Ni) + Ni_5Si_2 \rightarrow Ni_3Si$-$L1_2$。然而当加入的 Ti 的摩尔百分含量超过 2%时，$Ni_3Si$-$L1_2$ 相转变成为一个一致熔融化合物，可由液相直接生成。Willams 关于 $Ni_3Si$-$L1_2$ 熔融行为的结论具有争议性，因为其所报道的 $Ni_3Si$-$L1_2$ 在 Ni-Si 边际二元系中的形成方式与如今普遍接受的相平衡（$(Ni) + Ni_3Si$-$L \rightarrow Ni_3Si$-$L1_2$）相矛盾。$Ni_3Si$_L 和 $Ni_3Si$_H 为 $Ni_3Si$-$L1_2$ 高温结构。进一步分析文献发现虽然 Willams 将 Ni-Si 体系相关系弄错，但其关于 $Ni_3Si$-$L1_2$ 可由液相直接生成的结论是正确的。Takasugi 等[42]得到 $Ni_3Si$ 显微组织表明不加 Ti 时，显微组织由固相转变形成。而加入 Ti

时，显微组织可由液相凝固直接得到，此时 $Ni_3Si$-$L1_2$ 显微照片呈现一致熔融化合物特征。这个结论可由 Hu 等人[33]测得的 1100 ℃ 等温截面看出一些端倪。Hu 等[33]在 1100 ℃ 等温截面上标记了一个 β-$Ni_3$(Si，Ti)相，但并没给出其具体晶体结构。通常，β 相用于标识 $L1_2$ 相（$Ni_3Si$_L 和 $Ni_3Si$_H 一般标记为 $\beta_2$ 和 $\beta_3$），因此这个标识可能指的就是 $L1_2$ 结构。然而根据 Ni-Si 边际二元系相图可知在此温度下此成分点稳定存在的是 $Ni_3Si$_L 相（$L1_2$ 结构存在的最高温度是 1042 ℃），因此很容易认为此相为 $Ni_3Si$_L。这在之后的文献评估和热力学优化[5,6]中也是如此认为的。然而 2004 年 Nakamura 等[5]利用 XRD 测得 1100 ℃ 退火后的 $Ni_3$(Si，Ti)合金为 $L1_2$ 结构。这个结果表明 Hu 所标记的 β-$Ni_3$(Si，Ti)相为 $L1_2$ 结构，并且 Willams 得到了加入 Ti 以后 $Ni_3Si$-$L1_2$ 可由液相直接生成的结论是正确的。遗憾的是 Nakamura 等当时并没有指出这个问题，而是关注于合金力学性能。在本书工作的优化中将使用评估后的 $Ni_3Si$-$L1_2$ 相相关信息。

到目前为止，并没有关于 Ti-Ni-Si 体系热力学性质的实验报道。为了辅助 CALPHAD 计算，Tokunaga 等[5]利用第一性原理计算了三元化合物 $\tau_1$、$\tau_2$、$\tau_4$ 和 $\tau_5$ 在 0 K 时的生成焓。本书工作中亦利用第一性原理计算了三元化合物和端际组元在 0 K 时的生成焓，所得到的结果将在本章 2.4 节中详细讨论。

## 2.3 热力学模型

对于 Ti-Ni-Si 体系中的溶体相（液相、bcc_A2、hcp_A3 和 fcc_A1）将采用置换溶体模型，具体见式(1.2)。除 $Ti_5Si_3$、$Ni_3Ti$、NiTi 和 $Ni_3Si$-$L1_2$ 化合物以外的边际二元化合物均忽略第三组元的固溶度。$Ti_5Si_3$ 和 $Ni_3Ti$ 相分别采用亚点阵模型 $(Si,\underline{Ti})_2(\underline{Si},Ti)_3(Ni,\underline{Ti})_3Va_1$ 和 $(\underline{Ni},Ti)_{0.75}(Ni,Si,\underline{Ti})_{0.25}Va_{0.5}$ 描述，其中具有下划线的元素表示该元素在此亚点阵中为主要组元，Va 表示空位。三元化合物 $\tau_1$～$\tau_8$ 没有明显的固溶度，因此当作线性化合物处理。NiTi 相是 bcc_A2 的有序结构 B2，本书工作采用有序-无序模型，其亚点阵为 $(Ni,Si,Ti,Va)_{0.5}(Ni,Si,Ti,Va)_{0.5}Va_3$。为了用同一个吉布斯自由能表达式描述有序 B2 和无序 bcc_A2 相，则 bcc_A2 采用模型 $(Ni,Si,Ti,Va)_1Va_3$ 描述。关于双亚点阵模型描述 bcc_A2/B2 有序-无序转变的详细介绍可参见 1.4.2 节。

与之前的研究[5,6]不同的是对于 $Ni_3Si$_L 和 $Ni_3Si$_H 的处理。之前的研究因为文献评估上的疏忽，认为 Ti 在这两相中具有固溶度。然而如本书工作中的文献评估所述，这个具有 Ti 固溶度的相实际为 $Ni_3Si$-$L1_2$ 有序相。因此本书工作中特意纠正了对 $Ni_3Si$_L 和 $Ni_3Si$_H 相的描述，忽略 Ti 在其中的固溶度。$Ni_3Si$-$L1_2$ 是

fcc_A1 的有序结构，因此采用有序-无序模型对其进行描述。本书工作将采用四亚点阵模型$(Ni,Si,Ti)_{0.25}(Ni,Si,Ti)_{0.25}(Ni,Si,Ti)_{0.25}(Ni,Si,Ti)_{0.25}Va_1$对其进行描述，具体描述如下。

### 2.3.1　fcc 晶格的四亚点阵有序-无序模型

如前所述，1988 年，Ansara 等[43]利用化合物能量理论[44]（Compound Energy Formalism，CEF）首次采用一个方程模拟了 Al-Ni 体系中的 fcc 和 $L1_2$ 有序-无序相转变。虽然优化工作中使用了单个点阵模型对 fcc 和 $L1_2$ 两相同时进行了描述，但是 fcc 的参数并不能独立优化。为了能够对无序态参数进行单独优化，Ansara 等[45]进一步对其有序-无序转变模型进行了修改，引入了如下的有序-无序自由能关系：

$$G_{\mathrm{m}}^{\mathrm{ord/dis}} = G_{\mathrm{m}}^{\mathrm{dis}}(x_i) + G_{\mathrm{m}}^{\mathrm{ord}}(y_i^s) - G_{\mathrm{m}}^{\mathrm{ord}}(y_i^s = x_i) \tag{2.1}$$

上式能够同时描述无序 fcc 和有序相（$L1_2$ 与 $L1_0$）的吉布斯自由能。有序相的吉布斯自由能由两部分组成：无序相的吉布斯自由能$[G_{\mathrm{m}}^{\mathrm{dis}}(x_i)]$以及有序结构对吉布斯自由能的贡献$[G_{\mathrm{m}}^{\mathrm{ord}}(y_i^s) - G_{\mathrm{m}}^{\mathrm{ord}}(y_i^s = x_i)]$。$G_{\mathrm{m}}^{\mathrm{ord}}(y_i^s)$与 $G_{\mathrm{m}}^{\mathrm{ord}}(y_i^s = x_i)$具有一样的表达式，只是变量不同。当晶格呈现有序状态时，$y_i^s \neq x_i$，$G_{\mathrm{m}}^{\mathrm{ord}}(y_i^s) - G_{\mathrm{m}}^{\mathrm{ord}}(y_i^s = x_i) < 0$，式(2.1)表示有序态的吉布斯自由能；当晶格呈现无序状态时，$y_i^s = x_i$，$G_{\mathrm{m}}^{\mathrm{ord}}(y_i^s) - G_{\mathrm{m}}^{\mathrm{ord}}(y_i^s = x_i) = 0$，式(2.1)表示无序相的吉布斯自由能。

$L1_2$ 结构是 fcc 最常见的有序结构，如 Al-Ni 体系中的 $Ni_3Al$ 相以及 Ni-Si 体系中的 $Ni_3Si$ 相。以 A-B 二元系为例，对于该体系中的有序相，$G_{\mathrm{m}}^{\mathrm{ord}}(y_i^s)$通常使用双亚点阵模型表示：

$$\begin{aligned} G_{\mathrm{m}}^{\mathrm{ord}}(y'_A,\ y''_{\mathrm{A}}) = {} & \sum_{i=\mathrm{A}}^{\mathrm{B}}\sum_{i=\mathrm{A}}^{\mathrm{B}} y'_i \cdot y''_j \cdot \Delta G_{i:j}^{\mathrm{ord}} + RT\left[u\sum_{i=A}^{B} y'_i \ln(y'_i) + v\sum_{i=\mathrm{A}}^{\mathrm{B}} y''_i \ln(y''_i)\right] \\ & + \sum_{i=\mathrm{A}}^{\mathrm{B}} y'_{\mathrm{A}} \cdot y'_{\mathrm{B}} \cdot y''_i \cdot \left[{}^0L_{\mathrm{A,B}:i}^{\mathrm{ord}} + (y'_{\mathrm{A}} - y'_{\mathrm{B}})^1 L_{\mathrm{A,B}:i}^{\mathrm{ord}} + (y'_{\mathrm{A}} - y'_{\mathrm{B}})^2 \cdot {}^2L_{\mathrm{A,B}:i}^{\mathrm{ord}}\right] \\ & + \sum_{i=\mathrm{A}}^{\mathrm{B}} y'_i \cdot y''_{\mathrm{A}} \cdot y''_{\mathrm{B}} \cdot \left[{}^0L_{i:\mathrm{A,B}}^{\mathrm{ord}} + (y''_{\mathrm{A}} - y''_{\mathrm{B}})^1 L_{i:\mathrm{A,B}}^{\mathrm{ord}} + (y''_{\mathrm{A}} - y''_{\mathrm{B}})^2 \cdot {}^2L_{i:\mathrm{A,B}}^{\mathrm{ord}}\right] \\ & + y'_{\mathrm{A}} \cdot y'_{\mathrm{B}} \cdot y''_{\mathrm{A}} \cdot y''_{\mathrm{B}} \cdot {}^0L_{\mathrm{A,B:A.B}}^{\mathrm{ord}} \end{aligned} \tag{2.2}$$

其中，$\Delta G_{i:j}^{\mathrm{ord}}$、$u(v)$、$y_i^m$ 和 $L$ 分别表示对应端际组元的吉布斯自由能、晶格分数、元素 $i$ 在亚点阵 $m$ 中的点阵分数以及交互作用参数。然而式(2.2)不能同时描述 $L1_2$ 和 $L1_0$ 相。图 2.7 描述了 $L1_2$ 和 $L1_0$ 晶体结构中点阵占位情况。$L1_2$ 结果决定了双亚点阵模型中 $u = 3/4$，$v = 1/4$。然而 $L1_0$ 结构要求 $u = v = 1/2$。这个缺点可以通过四亚点阵模型$(A,B)_{0.25}(A,B)_{0.25}(A,B)_{0.25}(A,B)_{0.25}$解决。如图 2.7 所示，fcc、$L1_2$ 和 $L1_0$ 结构中都含有 4 个亚点阵位置。fcc 晶格中，4 个亚点阵位置都相等，$y_{\mathrm{A}}^{(1)} = y_{\mathrm{A}}^{(2)} = y_{\mathrm{A}}^{(3)} = y_{\mathrm{A}}^{(4)}$；$L1_2$ 有序结构当中，3 个点阵位置相同而另一个不同，

$y_A^{(1)} \neq y_A^{(2)} = y_A^{(3)} = y_A^{(4)}$；$L1_0$晶体结构为4个亚点阵位置两两相等，$y_A^{(1)} = y_A^{(4)} \neq y_A^{(2)} = y_A^{(3)}$。因此使用四亚点阵模型可以同时描述fcc的有序相族。

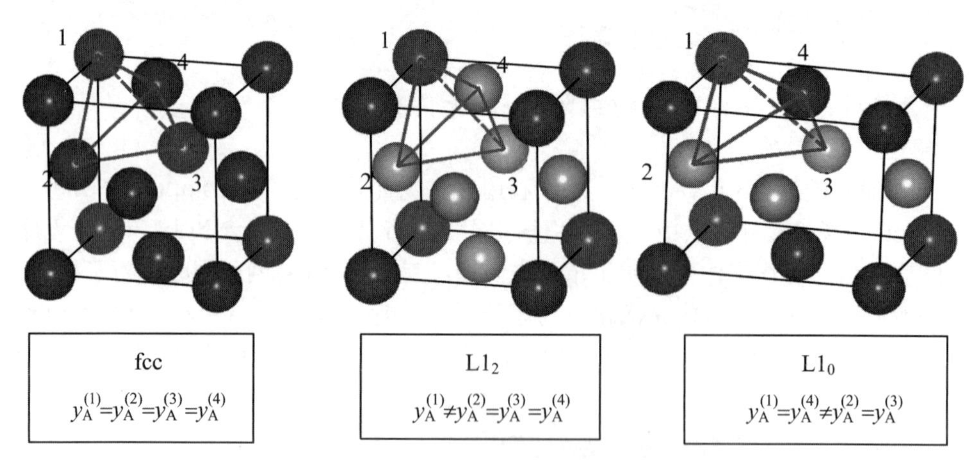


**图2.7　fcc及其有序相点阵占位情况示意图**

由于在fcc晶格中，4个亚点阵晶体学位置等价，因此不同亚点阵中的热力学性质都相等。进一步假设一个亚点阵内的交互作用参数与其他点阵无关，则$G_m^{ord}(y_i^s)$可以表示为

$$G_m^{ord}(y_i^s) = \sum_{i=A}^{B}\sum_{j=A}^{B}\sum_{k=A}^{B}\sum_{l=A}^{B} y_i^{(1)}y_j^{(2)}y_k^{(3)}y_l^{(4)}\Delta G_{i:j:k:l}^{ord} + \sum_{s=1}^{4}\left\{\left[\frac{RT}{4}\cdot\sum_{i=A}^{B} y_i^s\ln(y_i^s)\right]\right.$$

$$\left. + y_A^s y_B^s\left[{}^0L_{A,B}^s + (y_A^s - y_B^s)\cdot{}^1L + (y_A^s - y_B^s)^2\cdot{}^2L\right]\right\}$$

$$+ \sum_{s=1}^{4}\sum_{v>s}^{4} y_A^s y_B^s y_A^v y_B^v\,{}^*L \tag{2.3}$$

其中，${}^*L$指交互作用参数(reciprocal parameter)[44]。$\Delta G_{i:j:k:l}^{ord}$具有以下限制：

$$\Delta G_{A:A:A:B} = \Delta G_{A:A:B:A} = \Delta G_{A:B:A:A} = \Delta G_{B:A:A:A} = \Delta G_{A_3B}$$

$$\Delta G_{A:A:B:B} = \Delta G_{A:B:A:B} = \Delta G_{A:B:B:A} = \Delta G_{B:A:B:A} = \Delta G_{B:A:A:B} = \Delta G_{B:B:A:A} = \Delta G_{A_2B_2}$$

$$\Delta G_{B:B:B:A} = \Delta G_{B:B:A:B} = \Delta G_{B:A:B:B} = \Delta G_{A:B:B:B} = \Delta G_{AB_3} \tag{2.4}$$

在CALPHAD优化中，四亚点阵模型已经逐步取代双亚点阵模型[46-49]。第一，四亚点阵模型更好地体现了fcc晶体的对称性；第二，四亚点阵模型可以同时描述fcc有序相族($L1_2$和$L1_0$)；第三，随着计算能力的提高，四亚点阵模型所要求的高计算能力已经不再是一个问题。因此，使用四亚点阵优化fcc有序-无序转变已经成为一种趋势。然而，之前建立的数据库大多以双亚点阵模型为基础，因此有必要将双亚点阵模型转换为四亚点阵模型。Ansara等[45]首先推导出了这个转换关系，但是该推导只针对$L1_2$相，而且只包含部分参数。本书推导了完整的双亚点阵模型与四亚点阵模型之间的转换关系。

### 2.3.2　双亚点阵模型与四亚点阵模型之间的转换关系

在描述 $L1_2$ 或者 $L1_0$ 相时，双亚点阵模型与四亚点阵模型在数学上是等价的。因此，式(2.2)减去式(2.3)等于 0。通过这个条件可以推导出双亚点阵模型与四亚点阵模型之间参数的关系。具体推导如下：

以 $L1_2$ 相为例，设定 $y_a = y'_A = y_A^{(1)} = y_A^{(2)} = y_A^{(3)}$，$y_A = y''_A = y_A^{(4)}$，$y_B = y''_B = y_B^{(4)}$，$y_b = y'_B = y_B^{(1)} = y_B^{(2)} = y_B^{(3)}$，式(2.2)可以简化为

$$
\begin{aligned}
G_{L1_2}^{4SL} = & (y_a^3 y_B + 3y_a^2 y_A y_b)\Delta G_{A_3B} + 3(y_a^2 y_b y_B + y_a y_b^2 y_A)\Delta G_{A_2B_2} \\
& + (y_b^3 y_A + 3y_b^2 y_a y_B)\Delta G_{AB_3} + \frac{3}{4}RT[y_a \ln(y_a) + y_b \ln(y_b)] \\
& + \frac{1}{4}RT[y_A \ln(y_A) + y_B \ln(y_B)] \\
& + 3y_a y_b y_A[{}^0L + (y_a - y_b) \cdot {}^1L + (y_a - y_b)^2 \cdot {}^2L] \\
& + 3y_a y_b y_B[{}^0L + (y_a - y_b) \cdot {}^1L + (y_a - y_b)^2 \cdot {}^2L] \\
& + y_a y_A y_B[{}^0L + (y_A - y_B) \cdot {}^1L + (y_A - y_B)^2 \cdot {}^2L] \\
& + y_b y_A y_B[{}^0L + (y_A - y_B) \cdot {}^1L + (y_A - y_B)^2 \cdot {}^2L] \\
& + 3(y_a^2 y_b^2 + y_a y_b y_A y_B) \cdot {}^*L
\end{aligned} \tag{2.5}
$$

将式(2.2)减去式(2.5)，并将 $\Delta G_{A_3B}$、$\Delta G_{A_2B_2}$、$\Delta G_{AB_3}$ 以及 ${}^*L$ 拆分成不同的项得到以下公式：

$$
\begin{aligned}
& G_{L1_2}^{2SL} - G_{L1_2}^{4SL} \\
& = y_a y_B(\Delta G_{A:B}^{2SL} - \Delta G_{A_3B}^{4SL}) + y_b y_A(\Delta G_{A:B}^{2SL} - \Delta G_{A_3B}^{4SL}) \\
& + y_a y_b y_A({}^0L_{A,B:A}^{2SL} - 3{}^0L - \lambda_1 \Delta G_{A_3B}^{4L} - \lambda_2 \Delta G_{A_2B_2}^{4L} - \lambda_3 \Delta G_{AB_3}^{4L} - \lambda_4 {}^*L) \\
& + y_a y_b y_A(y_a - y_b) \cdot ({}^1L_{A,B:A}^{2SL} - 3{}^1L - x_1 \Delta G_{A_3B}^{4SL} - x_2 \Delta G_{A_2B_2}^{4SL} - x_3 \Delta G_{AB_3}^{4L} - x_4 {}^*L) \\
& + y_a y_b y_A(y_a - y_b)^2 \cdot ({}^2L_{A,B:A}^{2SL} - 3{}^2L - g_1 \Delta G_{A_3B}^{4SL} - g_2 \Delta G_{A_2B_2}^{4SL} - g_3 \Delta G_{AB_3}^{4SL} - g_4 {}^*L) \\
& + y_a y_b y_B({}^0L_{A,B:B}^{2SL} - 3{}^0L - y_1 \Delta G_{A_3B}^{4SL} - y_2 \Delta G_{A_2B_2}^{4SL} - y_3 \Delta G_{AB_3}^{4SL} - y_4 {}^*L) \\
& + y_a y_b y_B(y_a - y_b) \cdot ({}^1L_{A,B:B}^{2SL} - 3{}^1L - z_1 \Delta G_{A_3B}^{4SL} - z_2 \Delta G_{A_2B_2}^{4SL} - z_3 \Delta G_{AB_3}^{4SL} - z_4 {}^*L) \\
& + y_a y_b y_B(y_a - y_b)^2 \cdot ({}^2L_{A,B:B}^{2SL} - 3{}^2L - t_1 \Delta G_{A_3B}^{4SL} - t_2 \Delta G_{A_2B_2}^{4SL} - t_3 \Delta G_{AB_3}^{4SL} - t_4 {}^*L) \\
& + y_a y_A y_B({}^0L_{A:A,B}^{2SL} - {}^0L - h_1 \Delta G_{A_3B}^{4SL} - h_2 \Delta G_{A_2B_2}^{4SL} - h_3 \Delta G_{AB_3}^{4SL} - h_4 {}^*L) \\
& + y_a y_A y_B(y_A - y_B) \cdot ({}^1L_{A:A,B}^{2SL} - {}^1L - f_1 \Delta G_{A_3B}^{4SL} - f_2 \Delta G_{A_2B_2}^{4SL} - f_3 \Delta G_{AB_3}^{4SL} - f_4 {}^*L) \\
& + y_a y_A y_B(y_A - y_B)^2 \cdot ({}^2L_{A:A,B}^{2SL} - {}^2L - d_1 \Delta G_{A_3B}^{4SL} - d_2 \Delta G_{A_2B_2}^{4SL} - d_3 \Delta G_{AB_3}^{4SL} - d_4 {}^*L) \\
& + y_b y_A y_B({}^0L_{B:A,B}^{2SL} - {}^0L - e_1 \Delta G_{A_3B}^{4SL} - e_2 \Delta G_{A_2B_2}^{4SL} - e_3 \Delta G_{AB_3}^{4SL} - e_4 {}^*L) \\
& + y_b y_A y_B(y_A - y_B) \cdot ({}^1L_{B:A,B}^{2SL} - {}^1L - u_1 \Delta G_{A_3B}^{4SL} - u_2 \Delta G_{A_2B_2}^{4SL} - u_3 \Delta G_{AB_3}^{4SL} - u_4 {}^*L) \\
& + y_b y_A y_B(y_A - y_B)^2 \cdot ({}^2L_{B:A,B}^{2SL} - {}^2L - j_1 \Delta G_{A_3B}^{4SL} - j_2 \Delta G_{A_2B_2}^{4SL} - j_3 \Delta G_{AB_3}^{4SL} - j_4 {}^*L) \\
& + y_a y_b y_A y_B({}^0L_{A,B:A,B}^{2SL} - k_1 \Delta G_{A_3B}^{4SL} - k_2 \Delta G_{A_2B_2}^{4SL} - k_3 \Delta G_{AB_3}^{4SL} - k_4 {}^*L)
\end{aligned} \tag{2.6}
$$

其中，$\lambda$、$x$、$g$、$y$、$z$、$t$、$h$、$f$、$d$、$e$、$u$、$j$ 和 $k$ 为拉格朗日待定系数。为了满足式(2.6)在任何情况下都等于零的条件，每个小括号内的部分都必须等于零。因此下列方程必须得到满足：

$$
\begin{aligned}
&\Delta G_{A:B}^{2SL} = \Delta G_{A_3B}^{4SL} \\
&\Delta G_{A:B}^{2SL} = \Delta G_{A_3B}^{4SL} \\
&{}^0L_{A,B:A}^{2SL} = 3^0L + \lambda_1\Delta G_{A_3B}^{4SL} + \lambda_2\Delta G_{A_2B_2}^{4SL} + \lambda_3\Delta G_{AB_3}^{4SL} + \lambda_4{}^*L \\
&{}^1L_{A,B:A}^{2SL} = 3^1L + x_1\Delta G_{A_3B}^{4SL} + x_2\Delta G_{A_2B_2}^{4SL} + x_3\Delta G_{AB_3}^{4SL} + x_4{}^*L \\
&{}^2L_{A,B:A}^{2SL} = 3^2L + g_1\Delta G_{A_3B}^{4SL} + g_2\Delta G_{A_2B_2}^{4SL} + g_3\Delta G_{AB_3}^{4SL} + g_4{}^*L \\
&{}^0L_{A,B:B}^{2SL} = 3^0L + y_1\Delta G_{A_3B}^{4SL} + y_2\Delta G_{A_2B_2}^{4SL} + y_3\Delta G_{AB_3}^{4SL} + y_4{}^*L \\
&{}^1L_{A,B:B}^{2SL} = 3^1L + z_1\Delta G_{A_3B}^{4SL} + z_2\Delta G_{A_2B_2}^{4SL} + z_3\Delta G_{AB_3}^{4SL} + z_4{}^*L \\
&{}^2L_{A,B:B}^{2SL} = 3^2L + t_1\Delta G_{A_3B}^{4SL} + t_2\Delta G_{A_2B_2}^{4SL} + t_3\Delta G_{AB_3}^{4SL} + t_4{}^*L \qquad (2.7) \\
&{}^0L_{A:A,B}^{2SL} = {}^0L + h_1\Delta G_{A_3B}^{4SL} + h_2\Delta G_{A_2B_2}^{4SL} + h_3\Delta G_{AB_3}^{4SL} + h_4{}^*L \\
&{}^1L_{A:A,B}^{2SL} = {}^1L + f_1\Delta G_{A_3B}^{4SL} + f_2\Delta G_{A_2B_2}^{4SL} + f_3\Delta G_{AB_3}^{4SL} + f_4{}^*L \\
&{}^2L_{A:A,B}^{2SL} = {}^2L + d_1\Delta G_{A_3B}^{4SL} + d_2\Delta G_{A_2B_2}^{4SL} + d_3\Delta G_{AB_3}^{4SL} + d_4{}^*L \\
&{}^0L_{B:A,B}^{2SL} = {}^0L + e_1\Delta G_{A_3B}^{4SL} + e_2\Delta G_{A_2B_2}^{4SL} + e_3\Delta G_{AB_3}^{4SL} + e_4{}^*L \\
&{}^1L_{B:A,B}^{2SL} = {}^1L + u_1\Delta G_{A_3B}^{4SL} + u_2\Delta G_{A_2B_2}^{4SL} + u_3\Delta G_{AB_3}^{4SL} + u_4{}^*L \\
&{}^2L_{B:A,B}^{2SL} = {}^2L + j_1\Delta G_{A_3B}^{4SL} + j_2\Delta G_{A_2B_2}^{4SL} + j_3\Delta G_{AB_3}^{4SL} + j_4{}^*L \\
&{}^0L_{A,B:A,B}^{2SL} = k_1\Delta G_{A_3B}^{4SL} + k_2\Delta G_{A_2B_2}^{4SL} + k_3\Delta G_{AB_3}^{4SL} + k_4{}^*L
\end{aligned}
$$

只要确定了系数 $\lambda$、$x$、$g$、$y$、$z$、$t$、$h$、$f$、$d$、$e$、$u$、$j$ 和 $k$，便能够得到双亚点阵模型以及四亚点阵模型参数之间的关系。将式(2.6)重新写成以下形式：

$$
\begin{aligned}
&G_{L1_2}^{2SL} - G_{L1_2}^{4SL} \\
&\quad = y_a y_B\Delta G_{A:B}^{2SL} + y_b y_A\Delta G_{A:B}^{2SL} + y_a y_b y_A({}^0L_{A,B:A}^{2SL} - 3^0L) \\
&\quad + y_a y_b y_A(y_a - y_b)\cdot({}^1L_{A,B:A}^{2SL} - 3^1L) + y_a y_b y_A(y_a - y_b)^2 \\
&\quad \cdot({}^2L_{A,B:A}^{2SL} - 3^2L) + y_a y_b y_B({}^0L_{A,B:B}^{2SL} - 3^0L) + y_a y_b y_B(y_a - y_b) \\
&\quad \cdot({}^1L_{A,B:B}^{2SL} - 3^1L) + y_a y_b y_B(y_a - y_b)^2\cdot({}^2L_{A,B:B}^{2SL} - 3^2L) \\
&\quad + y_a y_A y_B({}^0L_{A:A,B}^{2SL} - {}^0L) + y_a y_A y_B(y_A - y_B) \\
&\quad \cdot({}^1L_{A:A,B}^{2SL} - {}^1L) + y_a y_A y_B(y_A - y_B)^2\cdot({}^2L_{A:A,B}^{2SL} - {}^2L) \\
&\quad + y_b y_A y_B({}^0L_{B:A,B}^{2SL} - {}^0L) + y_b y_A y_B(y_A - y_B)\cdot({}^1L_{B:A,B}^{2SL} - {}^1L) \\
&\quad + y_b y_A y_B(y_A - y_B)^2\cdot({}^2L_{B:A,B}^{2SL} - {}^2L) + y_a y_b y_A y_B\cdot{}^0L_{A,B:A,B}^{2SL} \\
&\quad - [y_a y_B + \lambda_1 y_a y_b y_A + x_1 y_a y_b y_A(y_a - y_b) + g_1 y_a y_b y_A(y_a - y_b)^2 \\
&\quad + y_1 y_a y_b y_B + z_1 y_a y_b y_B(y_a - y_b) + t_1 y_a y_b y_B(y_a - y_b)^2 \\
&\quad + h_1 y_a y_A y_B + f_1 y_a y_A y_B(y_A - y_B) + d_1 y_a y_A y_B(y_A - y_B)^2 \\
&\quad + e_1 y_b y_A y_B + u_1 y_b y_A y_B(y_A - y_B) + j_1 y_b y_A y_B(y_A - y_B)^2
\end{aligned}
$$

$$
\begin{aligned}
&+ k_1 y_a y_b y_A y_B] \cdot \Delta G^{4SL}_{A_3B} - [\lambda_2 y_a y_b y_A + x_2 y_a y_b y_A (y_a - y_b) \\
&+ g_2 y_a y_b y_A (y_a - y_b)^2 + y_2 y_a y_b y_B \\
&+ z_2 y_a y_b y_B (y_a - y_b) + t_2 y_a y_b y_B (y_a - y_b)^2 + h_2 y_a y_A y_B \\
&+ f_2 y_a y_A y_B (y_A - y_B) + d_2 y_a y_A y_B (y_A - y_B)^2 + e_2 y_b y_A y_B \\
&+ u_2 y_b y_A y_B (y_A - y_B) + j_2 y_b y_A y_B (y_A - y_B)^2 + k_2 y_a y_b y_A y_B] \cdot \Delta G^{4SL}_{A_2B_2} \\
&- [y_b y_A + \lambda_3 y_a y_b y_A + x_3 y_a y_b y_A (y_a - y_b) + g_3 y_a y_b y_A (y_a - y_b)^2 \\
&+ y_3 y_a y_b y_B + z_3 y_a y_b y_B (y_a - y_b) + t_3 y_a y_b y_B (y_a - y_b)^2 \\
&+ h_3 y_a y_A y_B + f_3 y_a y_A y_B (y_A - y_B) + d_3 y_a y_A y_B (y_A - y_B)^2 + e_3 y_b y_A y_B \\
&+ u_3 y_b y_A y_B (y_A - y_B) + j_3 y_b y_A y_B (y_A - y_B)^2 + k_3 y_a y_b y_A y_B] \\
&\cdot \Delta G^{4SL}_{AB_3} - [\lambda_4 y_a y_b y_A + x_4 y_a y_b y_A (y_a - y_b) + g_4 y_a y_b y_A (y_a - y_b)^2 \\
&+ y_4 y_a y_b y_B + z_4 y_a y_b y_B (y_a - y_b) + t_4 y_a y_b y_B (y_a - y_b)^2 \\
&+ h_4 y_a y_A y_B + f_4 y_a y_A y_B (y_A - y_B) + d_4 y_a y_A y_B (y_A - y_B)^2 \\
&+ e_4 y_b y_A y_B + u_4 y_b y_A y_B (y_A - y_B) + j_4 y_b y_A y_B (y_A - y_B)^2 \\
&+ k_4 y_a y_b y_A y_B] \cdot {}^*L
\end{aligned}
\tag{2.8}
$$

将式(2.8)与式(2.5)进行对比发现，式(2.8)中 $\Delta G^{4SL}_{A3B}$、$\Delta G^{4SL}_{A_2B_2}$、$\Delta G^{4SL}_{AB3}$ 以及 ${}^*L$ 之前的系数必须分别满足以下关系式：

$$
\begin{aligned}
&y_a y_B + \lambda_1 y_a y_b y_A + x_1 y_a y_b y_A (y_a - y_b) + g_1 y_a y_b y_A (y_a - y_b)^2 + y_1 y_a y_b y_B \\
&+ z_1 y_a y_b y_B (y_a - y_b) + t_1 y_a y_b y_B (y_a - y_b)^2 + h_1 y_a y_A y_B \\
&+ f_1 y_a y_A y_B (y_A - y_B) + d_1 y_a y_A y_B (y_A - y_B)^2 + e_1 y_b y_A y_B \\
&+ u_1 y_b y_A y_B (y_A - y_B) + j_1 y_b y_A y_B (y_A - y_B)^2 + k_1 y_a y_b y_A y_B \\
&= y_a^3 y_B + 3 y_a^2 y_A y_b
\end{aligned}
\tag{2.9}
$$

$$
\begin{aligned}
&\lambda_2 y_a y_b y_A + x_2 y_a y_b y_A (y_a - y_b) + g_2 y_a y_b y_A (y_a - y_b)^2 + y_2 y_a y_b y_B \\
&+ z_2 y_a y_b y_B (y_a - y_b) + t_2 y_a y_b y_B (y_a - y_b)^2 + h_2 y_a y_A y_B \\
&+ f_2 y_a y_A y_B (y_A - y_B) + d_2 y_a y_A y_B (y_A - y_B)^2 + e_2 y_b y_A y_B \\
&+ u_2 y_b y_A y_B (y_A - y_B) + j_2 y_b y_A y_B (y_A - y_B)^2 + k_2 y_a y_b y_A y_B \\
&= 3(y_a^2 y_b y_B + y_a y_b^2 y_A)
\end{aligned}
\tag{2.10}
$$

$$
\begin{aligned}
&y_b y_A + \lambda_3 y_a y_b y_A + x_3 y_a y_b y_A (y_a - y_b) + g_3 y_a y_b y_A (y_a - y_b)^2 + y_3 y_a y_b y_B \\
&+ z_3 y_a y_b y_B (y_a - y_b) + t_3 y_a y_b y_B (y_a - y_b)^2 + h_3 y_a y_A y_B \\
&+ f_3 y_a y_A y_B (y_A - y_B) + d_3 y_a y_A y_B (y_A - y_B)^2 + e_3 y_b y_A y_B \\
&+ u_3 y_b y_A y_B (y_A - y_B) + j_3 y_b y_A y_B (y_A - y_B)^2 + k_3 y_a y_b y_A y_B \\
&= y_b^3 y_A + 3 y_b^2 y_a y_B
\end{aligned}
\tag{2.11}
$$

$$
\begin{aligned}
&\lambda_4 y_a y_b y_A + x_4 y_a y_b y_A (y_a - y_b) + g_4 y_a y_b y_A (y_a - y_b)^2 + y_4 y_a y_b y_B \\
&+ z_4 y_a y_b y_B (y_a - y_b) + t_4 y_a y_b y_B (y_a - y_b)^2 + h_4 y_a y_A y_B \\
&+ f_4 y_a y_A y_B (y_A - y_B) + d_4 y_a y_A y_B (y_A - y_B)^2 + e_4 y_b y_A y_B \\
&+ u_4 y_b y_A y_B (y_A - y_B) + j_4 y_b y_A y_B (y_A - y_B)^2 + k_4 y_a y_b y_A y_B
\end{aligned}
$$

$$= 3(y_a^2 y_b^2 + y_a y_b y_A y_B) \tag{2.12}$$

使用 $y_b = 1 - y_a$ 和 $y_B = 1 - y_A$ 代替式(2.9)～式(2.12)中的 $y_b$和 $y_a$得到

$$\begin{aligned}
&y_A^4(-4j_1) + y_A^3(-2u_1 + 8j_1) + y_A^2(-e_1 + 3u_1 - 5j_1) + y_A(e_1 - u_1 + j_1)\\
&+ y_a(1 + y_1 - z_1 + t_1) + y_a y_A(-1 + \lambda_1 - x_1 + g_1 - y_1 + z_1 - t_1 + h_1 - f_1\\
&+ d_1 - e_1 + u_1 - j_1 + k_1) + y_a y_A^2(-h_1 + 3f_1 - 5d_1 + e_1 - 3u_1 + 5j_1 - k_1)\\
&+ y_a y_A^3(-2f_1 + 8d_1 + 2u_1 - 8j_1) + y_a y_A^4(-4d_1 + 4j_1) + y_a^2(-y_1 + 3z_1 - 5t_1)\\
&+ y_a^2 y_A(-\lambda_1 + 3x_1 - 5g_1 + y_1 - 3z_1 + 5t_1 - k_1) y_a^2 y_A^2(k_1) + y_a^3(-2z_1 + 8t_1)\\
&+ y_a^3 y_A(-2x_1 + 8g_1 + 2z_1 - 8t_1) + y_a^4(-4t_1) + y_a^4 y_A(-4g_1 + 4t_1)\\
&= 3y_a^2 y_A + y_a^3 - 4y_a^3 y_A
\end{aligned} \tag{2.13}$$

$$\begin{aligned}
&y_A^4(-4j_2) + y_A^3(-2u_2 + 8j_2) + y_A^2(-e_2 + 3u_2 - 5j_2) + y_A(e_2 - u_2 + j_2)\\
&+ y_a(y_2 - z_2 + t_2) + y_a y_A(\lambda_2 - x_2 + g_2 - y_2 + z_2 - t_2 + h_2 - f_2 + d_2\\
&- e_2 + u_2 - j_2 + k_2) + y_a y_A^2(-h_2 + 3f_2 - 5d_2 + e_2 - 3u_2 + 5j_2 - k_2)\\
&+ y_a y_A^3(-2f_2 + 8d_2 + 2u_2 - 8j_2) + y_a y_A^4(-4d_2 + 4j_2) + y_a^2(-y_2 + 3z_2 - 5t_2)\\
&+ y_a^2 y_A(-\lambda_2 + 3x_2 - 5g_2 + y_2 - 3z_2 + 5t_2 - k_2) y_a^2 y_A^2(k_2) + y_a^3(-2z_2 + 8t_2)\\
&+ y_a^3 y_A(-2x_2 + 8g_2 + 2z_2 - 8t_2) + y_a^4(-4t_2) + y_a^4 y_A(-4g_2 + 4t_2)\\
&= 3y_a y_A + 3y_a^2 - 3y_a^3 - 9y_a^2 y_A + 6y_a^3 y_A
\end{aligned} \tag{2.14}$$

$$\begin{aligned}
&y_A^4(-4j_3) + y_A^3(-2u_3 + 8j_3) + y_A^2(-e_3 + 3u_3 - 5j_3) + y_A(e_3 - u_3 + j_3 + 1)\\
&+ y_a(y_3 - z_3 + t_3) + y_a y_A(-1 + \lambda_3 - x_3 + g_3 - y_3 + z_3 - t_3 + h_3 - f_3 + d_3\\
&- e_3 + u_3 - j_3 + k_3) + y_a y_A^2(-h_3 + 3f_3 - 5d_3 + e_3 - 3u_3 + 5j_3 - k_3)\\
&+ y_a y_A^3(-2f_3 + 8d_3 + 2u_3 - 8j_3) + y_a y_A^4(-4d_3 + 4j_3) + y_a^2(-y_3 + 3z_3 - 5t_3)\\
&+ y_a^2 y_A(-\lambda_3 + 3x_3 - 5g_3 + y_3 - 3z_3 + 5t_3 - k_3) y_a^2 y_A^2(k_3) + y_a^3(-2z_3 + 8t_3)\\
&+ y_a^3 y_A(-2x_3 + 8g_3 + 2z_3 - 8t_3) + y_a^4(-4t_3) + y_a^4 y_A(-4g_3 + 4t_3)\\
&= y_A + 3y_a - 6y_a y_A - 6y_a^2 + 9y_a^2 y_A + 3y_a^3 - 4y_a^3 y_A
\end{aligned} \tag{2.15}$$

$$\begin{aligned}
&y_A^4(-4j_4) + y_A^3(-2u_4 + 8j_4) + y_A^2(-e_4 + 3u_4 - 5j_4) + y_A(e_4 - u_4 + j_4)\\
&+ y_a(y_4 - z_4 + t_4) + y_a y_A(\lambda_4 - x_4 + g_4 - y_4 + z_4 - t_4 + h_4 - f_4 + d_4 - e_4\\
&+ u_4 - j_4 + k_4) + y_a y_A^2(-h_4 + 3f_4 - 5d_4 + e_4 - 3u_4 + 5j_4 - k_4)\\
&+ y_a y_A^3(-2f_4 + 8d_4 + 2u_4 - 8j_4) + y_a y_A^4(-4d_4 + 4j_4) + y_a^2(-y_4 + 3z_4 - 5t_4)\\
&+ y_a^2 y_A(-\lambda_4 + 3x_4 - 5g_4 + y_4 - 3z_4 + 5t_4 - k_4) y_a^2 y_A^2(k_4) + y_a^3(-2z_4 + 8t_4)\\
&+ y_a^3 y_A(-2x_4 + 8g_4 + 2z_4 - 8t_4) + y_a^4(-4t_4) + y_a^4 y_A(-4g_4 + 4t_4)\\
&= 3y_a y_A - 3y_a y_A^2 + 3y_a^2 - 3y_a^2 y_A + 3y_a^2 y_A^2 - 6y_a^3 + 3y_a^4
\end{aligned} \tag{2.16}$$

为了使式(2.13)～式(2.16)左右相等，每个多项式 $y_a^i y_A^j$ 前面的系数必须相等。由此可以确定系数 $\lambda$、$x$、$g$、$y$、$z$、$t$、$h$、$f$、$d$、$e$、$u$、$j$ 和$k$。最终得到的双亚点阵与四亚点阵参数之间转换关系如下：

$$\begin{pmatrix} \Delta G_{A:B}^{L1_2} \\ \Delta G_{B:A}^{L1_2} \\ {}^0L_{A,B:A}^{L1_2} \\ {}^1L_{A,B:A}^{L1_2} \\ {}^2L_{A,B:A}^{L1_2} \\ {}^0L_{A,B:B}^{L1_2} \\ {}^1L_{A,B:B}^{L1_2} \\ {}^2L_{A,B:B}^{L1_2} \\ {}^0L_{i:A,B}^{L1_2} \\ {}^1L_{i:A,B}^{L1_2} \\ {}^2L_{i:A,B}^{L1_2} \\ {}^0L_{A,B:A,B}^{L1_2} \end{pmatrix} = \begin{pmatrix} 1 & 0 & 0 & 0 & 0 & 0 & 0 \\ 0 & 0 & 1 & 0 & 0 & 0 & 0 \\ \frac{3}{2} & \frac{3}{2} & -\frac{3}{2} & 3 & 0 & 0 & \frac{3}{4} \\ \frac{3}{2} & -\frac{3}{2} & \frac{1}{2} & 0 & 3 & 0 & 0 \\ 0 & 0 & 0 & 0 & 0 & 3 & -\frac{3}{4} \\ -\frac{3}{2} & \frac{3}{2} & \frac{3}{2} & 3 & 0 & 0 & \frac{3}{4} \\ -\frac{1}{2} & \frac{3}{2} & -\frac{3}{2} & 0 & 3 & 0 & 0 \\ 0 & 0 & 0 & 0 & 0 & 3 & -\frac{3}{4} \\ 0 & 0 & 0 & 1 & 0 & 0 & 0 \\ 0 & 0 & 0 & 0 & 1 & 0 & 0 \\ 0 & 0 & 0 & 0 & 0 & 1 & 0 \\ 0 & 0 & 0 & 0 & 0 & 0 & 3 \end{pmatrix} \cdot \begin{pmatrix} \Delta G_{A_3B}^{4SL} \\ \Delta G_{A_2B_2}^{4SL} \\ \Delta G_{AB_3}^{4SL} \\ {}^0L \\ {}^1L \\ {}^2L \\ {}^*L \end{pmatrix} \tag{2.17}$$

对于 $L1_0$ 相，可以采用同样的方式推导得到双亚点阵与四亚点阵之间的关系：

$$\begin{pmatrix} \Delta G_{A:B}^{L1_0} \\ {}^0L_{A,B:A}^{L1_0} \\ {}^1L_{A,B:A}^{L1_0} \\ {}^2L_{A,B:A}^{L1_0} \\ {}^0L_{A,B:B}^{L1_0} \\ {}^1L_{A,B:B}^{L1_0} \\ {}^2L_{A,B:B}^{L1_0} \\ {}^0L_{A,B:A,B}^{L1_0} \end{pmatrix} = \begin{pmatrix} 0 & 1 & 0 & 0 & 0 & 0 & 0 \\ 2 & -1 & 0 & 2 & 0 & 0 & \frac{1}{4} \\ 0 & 0 & 0 & 0 & 2 & 0 & 0 \\ 0 & 0 & 0 & 0 & 0 & 2 & -\frac{1}{4} \\ 0 & -1 & 2 & 2 & 0 & 0 & \frac{3}{4} \\ 0 & 0 & 0 & 0 & 2 & 0 & 0 \\ 0 & 0 & 0 & 0 & 0 & 2 & -\frac{1}{4} \\ -4 & 6 & -4 & 0 & 0 & 0 & 4 \end{pmatrix} \cdot \begin{pmatrix} \Delta G_{A_3B}^{4SL} \\ \Delta G_{A_2B_2}^{4SL} \\ \Delta G_{AB_3}^{4SL} \\ {}^0L \\ {}^1L \\ {}^2L \\ {}^*L \end{pmatrix} \tag{2.18}$$

其他参数可以通过 $L1_0$ 结构的对称性得到：${}^vL_{i:j}^{L1_0} = {}^vL_{j:i}^{L1_0}$，$v$ 表示交互作用参数的阶数，$i$、$j$ 指单个元素组成，也指它们之间的交互作用。通过式(2.17)与式(2.18)可以很轻易地将通过双亚点阵模型得到的参数转换为四亚点阵模型。

以上是以 A-B 二元系为例，推导了双亚点阵模型和四亚点阵模型之间的转换关系，对 Ti-Ni-Si 体系，式(2.1)中的 $G_m^{ord}(y_i^s)$ 可表示为

$$G_m^{ord}(y_i^s) = \sum_{i=Ni}^{Ti}\sum_{j=Ni}^{Ti}\sum_{k=Ni}^{Ti}\sum_{l=Ni}^{Ti} y_i^{(1)} y_j^{(2)} y_k^{(3)} y_l^{(4)} \Delta G_{i:j:k:l}^{ord}$$

$$+\sum_{s=1}^{4}\left\{\left[\frac{RT}{4}\cdot\sum_{i=\mathrm{Ni}}^{\mathrm{Ti}}y_i^s\ln(y_i^s)\right]+y_{\mathrm{Ni}}^s y_{\mathrm{Si}}^s\left[{}^0L_{\mathrm{Ni,Si}}^s+(y_{\mathrm{Ni}}^s-y_{\mathrm{Si}}^s)^1L_{\mathrm{Ni,Si}}\right]\right.$$

$$+y_{\mathrm{Ni}}^s y_{\mathrm{Ti}}^s\left[{}^0L_{\mathrm{Ni,Ti}}^s+(y_{\mathrm{Ni}}^s-y_{\mathrm{Ti}}^s)^1L_{\mathrm{Ni,Ti}}\right]+y_{\mathrm{Ti}}^s y_{\mathrm{Si}}^s\left[{}^0L_{\mathrm{Ti,Si}}^s+(y_{\mathrm{Si}}^s\right.$$

$$\left.\left.-y_{\mathrm{Ti}}^s)^1L_{\mathrm{Ti,Si}}\right]\right\}+\sum_{s=1}^{4}\sum_{v>s}^{4}y_{\mathrm{Ni}}^s y_{\mathrm{Si}}^s y_{\mathrm{Ni}}^v y_{\mathrm{Si}}^v\,{}^*L_{\mathrm{Ni,Si}}$$

$$+\sum_{s=1}^{4}\sum_{v>s}^{4}y_{\mathrm{Ni}}^s y_{\mathrm{Ti}}^s y_{\mathrm{Ni}}^v y_{\mathrm{Ti}}^v\,{}^*L_{\mathrm{Ni,Ti}}+\sum_{s=1}^{4}\sum_{v>s}^{4}y_{\mathrm{Ti}}^s y_{\mathrm{Si}}^s y_{\mathrm{Ti}}^v y_{\mathrm{Si}}^v\,{}^*L_{\mathrm{Ti,Si}} \tag{2.19}$$

其中，由于晶体结构的对称性，$\Delta G_{i:j:k:l}^{\mathrm{ord}}$有以下限制条件：

$$\begin{aligned}
&\Delta G_{\mathrm{Ni:Ni:Ni:Si}}=\Delta G_{\mathrm{Ni:Ni:Si:Ni}}=\Delta G_{\mathrm{Ni:Si:Ni:Ni}}=\Delta G_{\mathrm{Si:Ni:Ni:Ni}}=\Delta G_{\mathrm{Ni_3Si}}\\
&\Delta G_{\mathrm{Ni:Ni:Si:Si}}=\Delta G_{\mathrm{Ni:Si:Ni:Si}}=\Delta G_{\mathrm{Ni:Si:Si:Ni}}=\Delta G_{\mathrm{Si:Ni:Si:Ni}}=\Delta G_{\mathrm{Si:Ni:Ni:Si}}\\
&\qquad=\Delta G_{\mathrm{Si:Si:Ni:Ni}}=\Delta G_{\mathrm{Ni_2Si_2}}\\
&\Delta G_{\mathrm{Si:Si:Si:Ni}}=\Delta G_{\mathrm{Si:Si:Ni:Si}}=\Delta G_{\mathrm{Si:Ni:Si:Si}}=\Delta G_{\mathrm{Ni:Si:Si:Si}}=\Delta G_{\mathrm{NiSi_3}}\\
&\Delta G_{\mathrm{Ni:Ni:Ni:Ti}}=\Delta G_{\mathrm{Ni:Ni:Ti:Ni}}=\Delta G_{\mathrm{Ni:Ti:Ni:Ni}}=\Delta G_{\mathrm{Ti:Ni:Ni:Ni}}=\Delta G_{\mathrm{Ni_3Ti}}\\
&\Delta G_{\mathrm{Ni:Ni:Ti:Ti}}=\Delta G_{\mathrm{Ni:Ti:Ni:Ti}}=\Delta G_{\mathrm{Ni:Ti:Ti:Ni}}=\Delta G_{\mathrm{Ti:Ni:Ti:Ni}}=\Delta G_{\mathrm{Ti:Ni:Ni:Ti}}\\
&\qquad=\Delta G_{\mathrm{Ti:Ti:Ni:Ni}}=\Delta G_{\mathrm{Ni_2Ti_2}}\\
&\Delta G_{\mathrm{Ti:Ti:Ti:Ni}}=\Delta G_{\mathrm{Ti:Ti:Ni:Ti}}=\Delta G_{\mathrm{Ti:Ni:Ti:Ti}}=\Delta G_{\mathrm{Ni:Ti:Ti:Ti}}=\Delta G_{\mathrm{NiTi_3}}\\
&\Delta G_{\mathrm{Ti:Ti:Ti:Si}}=\Delta G_{\mathrm{Ti:Ti:Si:Ti}}=\Delta G_{\mathrm{Ti:Si:Ti:Ti}}=\Delta G_{\mathrm{Si:Ti:Ti:Ti}}=\Delta G_{\mathrm{Ti_3Si}}\\
&\Delta G_{\mathrm{Ti:Ti:Si:Si}}=\Delta G_{\mathrm{Ti:Si:Ti:Si}}=\Delta G_{\mathrm{Ti:Si:Si:Ti}}=\Delta G_{\mathrm{Si:Ti:Si:Ti}}=\Delta G_{\mathrm{Si:Ti:Ti:Si}}\\
&\qquad=\Delta G_{\mathrm{Si:Si:Ti:Ti}}=\Delta G_{\mathrm{Ti_2Si_2}}\\
&\Delta G_{\mathrm{Si:Si:Si:Ti}}=\Delta G_{\mathrm{Si:Si:Ti:Si}}=\Delta G_{\mathrm{Si:Ti:Si:Si}}=\Delta G_{\mathrm{Ti:Si:Si:Si}}=\Delta G_{\mathrm{TiSi_3}}
\end{aligned} \tag{2.20}$$

其中，当 $y_i^{(1)}=y_i^{(2)}=y_i^{(3)}\neq y_i^{(4)}$ 时，四亚点阵模型描述的是有序的 $\mathrm{L1_2}$结构，当 $y_i^{(1)}=y_i^{(2)}\neq y_i^{(3)}=y_i^{(4)}$ 时，描述的是 $\mathrm{L1_0}$结构。

类似的，交互作用参数需满足以下关系式：

$$\begin{aligned}
&{}^0L_{\mathrm{Ni,Si}:*:*:*}={}^0L_{*:\mathrm{Ni,Si}:*:*}={}^0L_{*:*:\mathrm{Ni,Si}:*}={}^0L_{*:*:*:\mathrm{Ni,Si}}={}^0L_{\mathrm{Ni,Si}}\\
&{}^1L_{\mathrm{Ni,Si}:*:*:*}={}^1L_{*:\mathrm{Ni,Si}:*:*}={}^1L_{*:*:\mathrm{Ni,Si}:*}={}^1L_{*:*:*:\mathrm{Ni,Si}}={}^1L_{\mathrm{Ni,Si}}\\
&{}^0L_{\mathrm{Ni,Ti}:*:*:*}={}^0L_{*:\mathrm{Ni,Ti}:*:*}={}^0L_{*:*:\mathrm{Ni,Ti}:*}={}^0L_{*:*:*:\mathrm{Ni,Ti}}={}^0L_{\mathrm{Ni,Ti}}\\
&{}^1L_{\mathrm{Ni,Ti}:*:*:*}={}^1L_{*:\mathrm{Ni,Ti}:*:*}={}^1L_{*:*:\mathrm{Ni,Ti}:*}={}^1L_{*:*:*:\mathrm{Ni,Ti}}={}^1L_{\mathrm{Ni,Ti}}\\
&{}^0L_{\mathrm{Ti,Si}:*:*:*}={}^0L_{*:\mathrm{Ti,Si}:*:*}={}^0L_{*:*:\mathrm{Ti,Si}:*}={}^0L_{*:*:*:\mathrm{Ti,Si}}={}^0L_{\mathrm{Ti,Si}}\\
&{}^1L_{\mathrm{Ti,Si}:*:*:*}={}^1L_{*:\mathrm{Ti,Si}:*:*}={}^1L_{*:*:\mathrm{Ti,Si}:*}={}^1L_{*:*:*:\mathrm{Ti,Si}}={}^1L_{\mathrm{Ti,Si}}
\end{aligned} \tag{2.21}$$

交互作用参数需满足以下关系式：

$$\begin{aligned}
&{}^0L_{\mathrm{Ni,Si:Ni,Si}:*:*}={}^0L_{\mathrm{Ni,Si}:*:\mathrm{Ni,Si}:*}={}^0L_{\mathrm{Ni,Si}:*:*:\mathrm{Ni,Si}}={}^0L_{*:\mathrm{Ni,Si:Ni,Si}:*}\\
&\qquad={}^0L_{*:\mathrm{Ni,Si}:*:\mathrm{Ni,Si}}={}^0L_{*:*:\mathrm{Ni,Si:Ni,Si}}={}^*L_{\mathrm{Ni,Si}}\\
&{}^0L_{\mathrm{Ni,Ti:Ni,Ti}:*:*}={}^0L_{\mathrm{Ni,Ti}:*:\mathrm{Ni,Ti}:*}={}^0L_{\mathrm{Ni,Ti}:*:*:\mathrm{Ni,Ti}}={}^0L_{*:\mathrm{Ni,Ti:Ni,Ti}:*}\\
&\qquad={}^0L_{*:\mathrm{Ni,Ti}:*:\mathrm{Ni,Ti}}={}^0L_{*:*:\mathrm{Ni,Ti:Ni,Ti}}={}^*L_{\mathrm{Ni,Ti}}\\
&{}^0L_{\mathrm{Ti,Si:Ti,Si}:*:*}={}^0L_{\mathrm{Ti,Si}:*:\mathrm{Ti,Si}:*}={}^0L_{\mathrm{Ti,Si}:*:*:\mathrm{Ti,Si}}={}^0L_{*:\mathrm{Ti,Si:Ti,Si}:*}\\
&\qquad={}^0L_{*:\mathrm{Ti,Si}:*:\mathrm{Ti,Si}}={}^0L_{*:*:\mathrm{Ti,Si:Ti,Si}}={}^*L_{\mathrm{Ti,Si}}
\end{aligned} \tag{2.22}$$

其中，点阵中的字符“ * ”表示该参数与该点阵的占用无关。

## 2.4　计算结果与讨论

Ti-Ni-Si 三元系具有多个等温截面和零变量反应平衡。这些由不同研究者得到的实验结果有些相冲突，这些冲突并不容易被发现。然而在热力学计算时，可以发现这些差异，并做出相应澄清和修订。本书工作的热力学优化也体现了 CALPHAD 方法的优势以及对新型材料设计的指导意义，并且显示了第一性原理方法在辅助 CALPHAD 计算上的应用。此外，本次优化过程可以作为一个学习 CALPHAD 优化方法以及认识 CALPHAD 优点的一个范例。因此，在这里简单介绍一下其优化过程。

首先，优化一个可靠等温截面，以得到一套大致的热力学参数。这里选取 900 ℃等温截面，因为在这个温度下，Weitzer 等[9]做了大量的实验，得到的结果精确且不存在争议性。为了得到一个合理的初始值并使优化的参数具有更好的物理意义，在缺乏实验热力学信息的情况下，采取第一性原理方法计算了三元化合物($\tau_1$，$\tau_2$，$\tau_4$)以及端际组元在 0 K 时的生成焓，得到的结果被当作可靠“实验”数据用于热力学参数的优化中。具体优化时，首先优化与 $\tau_1$，$\tau_2$ 和 $\tau_4$ 相关的三相平衡，然后再逐步优化其他三元化合物参数。这种优化次序的好处在于 $\tau_1$，$\tau_2$ 和 $\tau_4$ 的热力学参数具有一定物理意义，因此能与这些参数耦合的其他三元化合物的参数也具有一定物理意义。从而避免了盲目选择优化参数导致优化参数不合理的现象。

其次，在已有参数基础上完善其他等温截面。Ti-Ni-Si 体系中还含有 750 ℃、1000 ℃和 1100 ℃等温截面的实验信息。调整三元化合物参数使计算等温截面与实验相图大致吻合，从而完成对 Ti-Ni-Si 体系的大致描述。这个阶段，发现 1100 ℃等温截面计算相图中 $Ni_3Si$-$L1_2$ 和 $Ni_3Si$_L 同时存在，如图 2.8 所示。起初认为 CALPHAD 计算结果有误，因为实验相图上，这里稳定存在的只有 $Ni_3Si$_L。然而 CALPHAD 方法计算的相平衡是满足相律的，也许 CALPHAD 计算结果是正确的。通过再次仔细评估已有文献，最终发现了 $Ni_3Si$-$L1_2$ 存在的证据，证实了 CALPHAD 计算结果的正确性，同时也澄清了之前对报道 1100 ℃实验相图的误解。

最后，优化零变量反应平衡并利用固溶度信息细化最终优化结果。表 2.2 列出了本书工作通过优化 Ti-Ni-Si 体系获得的热力学参数。

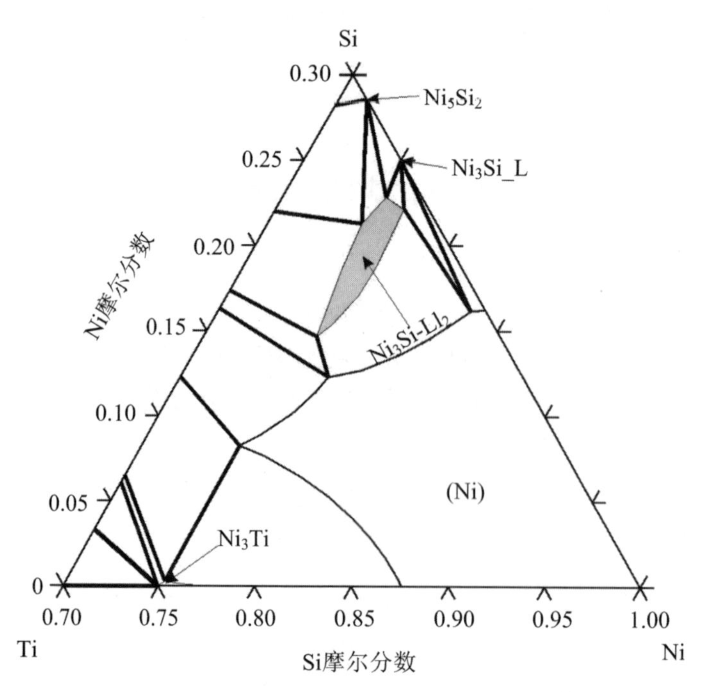


**图 2.8 计算的 Ti-Ni-Si 体系 1100 ℃富 Ni 角等温截面**

**表 2.2 Ti-Ni-Si 体系的热力学参数[a]**

| 相名称 | 模型 | 热力学参数 |
|---|---|---|
| Liquid | $(Ni,Si,Ti)_1$ | ${}^{0}L^{Liquid}_{Ni,Si,Ti}=360252-69.115\cdot T$<br>${}^{1}L^{Liquid}_{Ni,Si,Ti}=-403547-45.888\cdot T$<br>${}^{2}L^{Liquid}_{Ni,Si,Ti}=225340-51.755\cdot T$ |
| fcc_A1 | $(Ni,Si,Ti)_1Va_1$ | ${}^{0}L^{fcc\_A1}_{Ni,Si,Ti:Va}=-144862$<br>${}^{0}L^{fcc\_A1}_{Si,Ti:Va}=-72000$ |
| bcc_A2 | $(Ni,Si,Ti,Va)_1Va_3$ | ${}^{2}L^{bcc\_A2}_{Ni,Si,Ti:Va}=-235000-130\cdot T$ |
| $Ti_5Si_3$ | $(Si,Ti\%)_2(Si\%,Ti)_3$<br>$(Ni,Ti\%)_3Va_1$ | ${}^{o}G^{Ti_5Si_3}_{Si:Si:Ni:Va}=162400+5\cdot{}^{o}G^{diamond}_{Si}+3\cdot{}^{o}G^{fcc}_{Ni}$<br>${}^{o}G^{Ti_5Si_3}_{Ti:Si:Ni:Va}=-367200+2\cdot{}^{o}G^{hcp}_{Ti}+3\cdot{}^{o}G^{diamond}_{Si}+3\cdot{}^{o}G^{fcc}_{Ni}$<br>${}^{o}G^{Ti_5Si_3}_{Si:Ti:Ni:Va}=-120000+2\cdot{}^{o}G^{diamond}_{Si}+3\cdot{}^{o}G^{fcc}_{Ni}+3\cdot{}^{o}G^{hcp}_{Ti}$<br>${}^{o}G^{Ti_5Si_3}_{Ti:Ti:Ni:Va}=-161600+5\cdot{}^{o}G^{hcp}_{Ti}+3\cdot{}^{o}G^{fcc}_{Ni}$<br>${}^{0}L^{Ti_5Si_3}_{*:*:Ni,Ti:Va}=-136527$ |
| $Ni_3Ti$ | $(Ni\%,Ti)_{0.75}$<br>$(Ni,Si,Ti\%)_{0.25}Va_{0.5}$ | ${}^{o}G^{Ni_3Ti}_{Ti:Si:Va}=-40000+0.75\cdot{}^{o}G^{hcp}_{Ti}+0.25\cdot{}^{o}G^{diamond}_{Si}$<br>${}^{o}G^{Ni_3Ti}_{Ni:Si:Va}=-40000+0.75\cdot{}^{o}G^{fcc}_{Ni}+0.25\cdot{}^{o}G^{diamond}_{Si}$ |

**续表**

| 相名称 | 模型 | 热力学参数 |
| --- | --- | --- |
| $Ni_3Si$-$L1_2$ | $(Ni,Si,Ti)_{0.25}(Ni,Si,Ti)_{0.25}$ $(Ni,Si,Ti)_{0.25}(Ni,Si,Ti)_{0.25}Va_1$ | $UNi_3Ti = -519$<br>$L0NiTi = 3998$<br>$UNi_2Ti_2 = UNiTi_3 = USi_3Ti = USi_2Ti_2 = USiTi_3 = 0$ |
| $\tau_1$ | $Ni_1Si_1Ti_1$ | ${}^{o}G_{m}^{\tau_1} = -227975 + 0.179 \cdot T + {}^{o}G_{Ni}^{fcc} + {}^{o}G_{Si}^{diamond} + {}^{o}G_{Ti}^{hcp}$ |
| $\tau_2$ | $Ni_4Si_7Ti_4$ | ${}^{o}G_{m}^{\tau_2} = -1030040 - 10.863 \cdot T + 4 \cdot {}^{o}G_{Ni}^{fcc} + 7 \cdot {}^{o}G_{Si}^{diamond} + 4 \cdot {}^{o}G_{Ti}^{hcp}$ |
| $\tau_3$ | $Ni_{40}Si_{31}Ti_{13}$ | ${}^{o}G_{m}^{\tau_3} = -5248593 - 33.744 \cdot T + 40 \cdot {}^{o}G_{Ni}^{fcc} + 31 \cdot {}^{o}G_{Si}^{diamond} + 13 \cdot {}^{o}G_{Ti}^{hcp}$ |
| $\tau_4$ | $Ni_{16}Si_7Ti_6$ | ${}^{o}G_{m}^{\tau_4} = -1863299 - 6.650 \cdot T + 16 \cdot {}^{o}G_{Ni}^{fcc} + 7 \cdot {}^{o}G_{Si}^{diamond} + 6 \cdot {}^{o}G_{Ti}^{hcp}$ |
| $\tau_5$ | $Ni_3Si_1Ti_2$ | ${}^{o}G_{m}^{\tau_5} = -348233 + 5.9456 \cdot T + 3 \cdot {}^{o}G_{Ni}^{fcc} + {}^{o}G_{Si}^{diamond} + 2 \cdot {}^{o}G_{Ti}^{hcp}$ |
| $\tau_6$ | $Ni_6Si_{41}Ti_{53}$ | ${}^{o}G_{m}^{\tau_6} = -7349234 - 17.783 \cdot T + 6 \cdot {}^{o}G_{Ni}^{fcc} + 41 \cdot {}^{o}G_{Si}^{diamond} + 53 \cdot {}^{o}G_{Ti}^{hcp}$ |
| $\tau_7$ | $Ni_{16}Si_{42}Ti_{42}$ | ${}^{o}G_{m}^{\tau_7} = -7280051 - 44.731 \cdot T + 16 \cdot {}^{o}G_{Ni}^{fcc} + 42 \cdot {}^{o}G_{Si}^{diamond} + 42 \cdot {}^{o}G_{Ti}^{hcp}$ |
| $\tau_8$ | $Ni_{12}Si_{45}Ti_{43}$ | ${}^{o}G_{m}^{\tau_8} = -7192456 - 35.390 \cdot T + 12 \cdot {}^{o}G_{Ni}^{fcc} + 45 \cdot {}^{o}G_{Si}^{diamond} + 43 \cdot {}^{o}G_{Ti}^{hcp}$ |

注:a.所有参数的单位为 J/(mole-atoms),温度单位为 K。纯元素的吉布斯自由能采用 Dinsdale 编辑的 SGTE 数据库[50]。Ti-Ni、Ti-Si 和 Ni-Si 体系的热力学参数分别采用 Keyzer 等[10]、Seifert 等[19]和 Yuan 等[25]的工作。

图 2.9～图 2.12 分别为本书工作计算得到的 1100 ℃、1000 ℃、900 ℃和 750 ℃等温截面与实验结果的比较。从图 2.9～图 2.12 可以看出计算结果与测定结果是相吻合的,并且 Ti 在 $Ni_3Si$-$L1_2$有序相的固溶度随着温度的升高而逐渐减小。

图 2.9 得到的计算相图与实验相平衡信息相吻合。计算相图与实验相图在富 Ni 角区、富 $Ti_5Si_4$区以及富 Si 区存在一些偏差。对于富 Ni 角,计算富 Ni 角的局部相图与图 2.8 相似。如前面所讨论的那样,Hu 等[33]实验发现的 $Ni_3Si$-$L1_2$ + $\tau_4$ + $Ni_5Si_2$和 $Ni_3Si$-$L1_2$ + $\tau_4$ + (Ni)三相区为 $Ni_3Si$-$L1_2$ + $\tau_4$ + $Ni_5Si_2$和 $Ni_3Si$-$L1_2$ + $\tau_4$ + (Ni)所代替。$Ni_3Si$-$L1_2$的出现引出另外的相平衡信息,如图 2.8 所示。对于富 $Ti_5Si_4$区,根据 2010 年 Weitzer 等[9]的报道,此区域除了 $\tau_7$以外还存在额外 2 个三元化合物:$\tau_6$与 $\tau_8$。这 3 个三元化合物在 900 ℃以上稳定存在。因此,计算得到的

1100 ℃等温截面与实验结果在富 $Ti_5Si_4$ 区域有所偏差，但与 Weitzer 等[9]的测量结果相一致。对于富 Si 角，根据 2010 年 Weitzer 等[9]的测量结果，零变量平衡 Liquid + $TiSi_2$→(Si) + $\tau_2$的转变温度为 1067 ℃。因此在 1100 ℃将会存在 Liquid + $TiSi_2$ + (Si)以及 Liquid + $TiSi_2$ + $\tau_2$两个三相区，这与本次计算相吻合。Weitzer 等[9]与 Hu 等[33]的测量结果相互矛盾。在本次计算中主要采用 Schuster 等[32]和 Weitzer 等[9]得到的实验结果，因为其采用了多种研究手段精确测定了 Ti-Ni-Si 体系相关系。

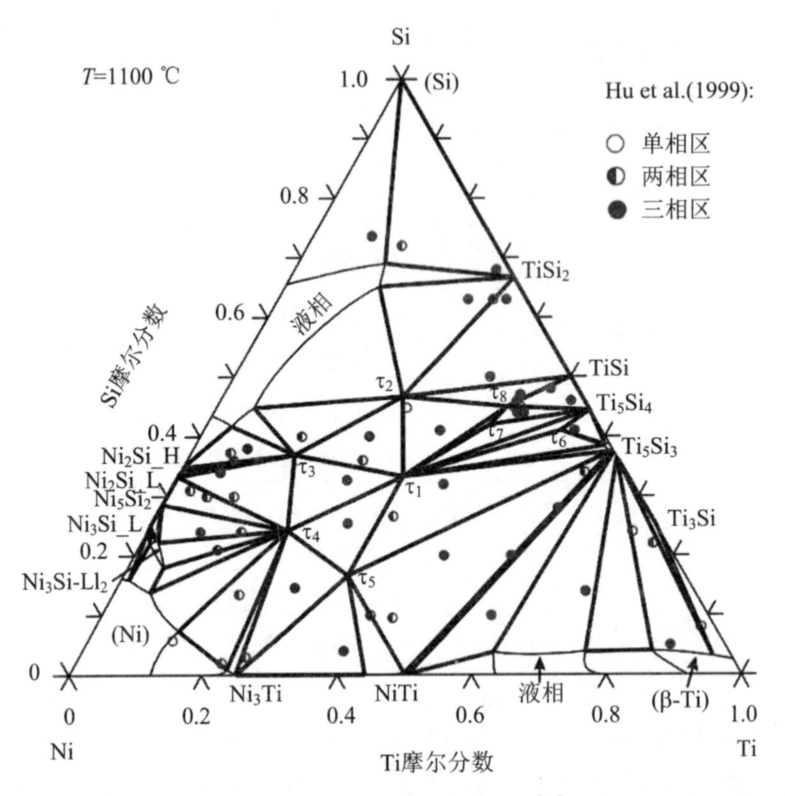


**图 2.9　计算的 Ti-Ni-Si 体系 1100 ℃等温截面与 Hu 等[33]报道的实验数据的比较**

图 2.10 为计算的 1000 ℃等温截面与实验数据[7,9,36]的比较。虽然 Westbrook 等[7]所测定的相图结果并没有用于本书工作的优化当中，但是计算得到的相图与实验结果大部分相吻合。这验证了本书工作模拟的正确性。其中 Westbrook 等[7]所测定的 $NiSi_2$ + $TiSi_2$ + $\tau_2$由 Liquid + $TiSi_2$ + $\tau_2$所取代，因为 $NiSi_2$成分处在此温度下为液态。

计算的 900 ℃等温截面与实验数据[9,42]的比较，如图 2.11 所示。本次计算结果与 Weitzer 等[9]所测定的相平衡关系完全吻合。计算 Ti 在 $Ni_3$(Si,Ti)-$L1_2$中的固溶度为 10.3 at.%，与 Takasugi 所测定的结果(11 at.% Ti)比较符合。

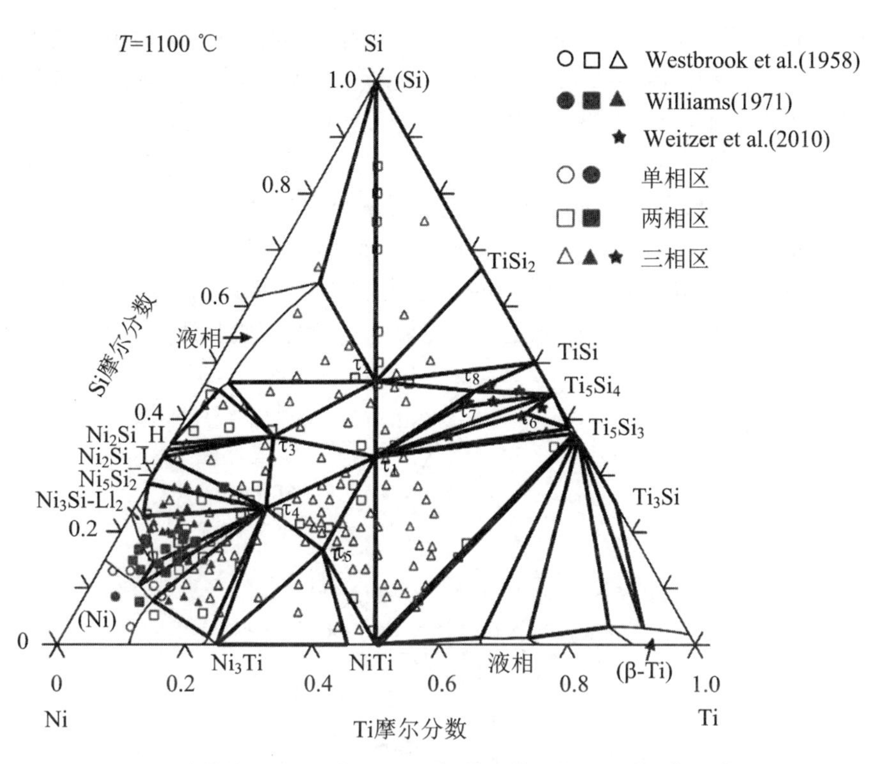


**图 2.10　计算的 Ti-Ni-Si 体系 1000 ℃等温截面与实验数据[7,9,36]的比较**

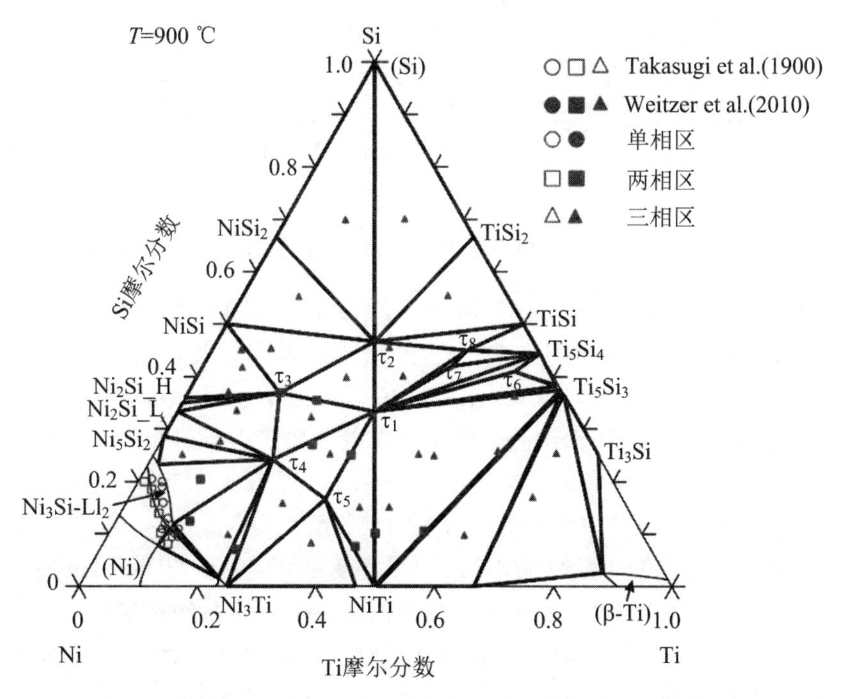


**图 2.11　计算的 Ti-Ni-Si 体系 900 ℃等温截面与实验数据[9,42]的比较**

图 2.12 表示计算 750 ℃等温截面与实验数据[35]的比较。实验中认为存在的 $\tau_1+\tau_5+Si_3Ti_5$ 三相区由 $\tau_1+Ti_5Si_3+NiTi$ 所代替。Weitzer 等[9]通过实验证明之前的实验结果[35]不可靠。实验测得平衡反应 $\tau_5+Ti_5Si_3 \rightarrow \tau_1+NiTi$ 的反应温度为 1066 ℃。在此温度下并没有任何零变量反应，因此在 750 ℃实际存在的三相平衡为 $\tau_1+Ti_5Si_3+NiTi$ 与 $\tau_5+\tau_1+NiTi$，这个观察与本次计算结果相一致。此外计算 750 ℃等温截面时，没有出现 $\tau_7$ 相。根据 Schuster 的实验测定结果，$\tau_7$ 在 900 ℃稳定存在，但是没有给出在低温时 $\tau_7$ 的稳定性。本次计算认为 $\tau_7$ 在 890 ℃分解成 $\tau_1+\tau_8+Ti_5Si_4$ 三相。具体 $\tau_7$ 的稳定性还需要进一步的实验验证。

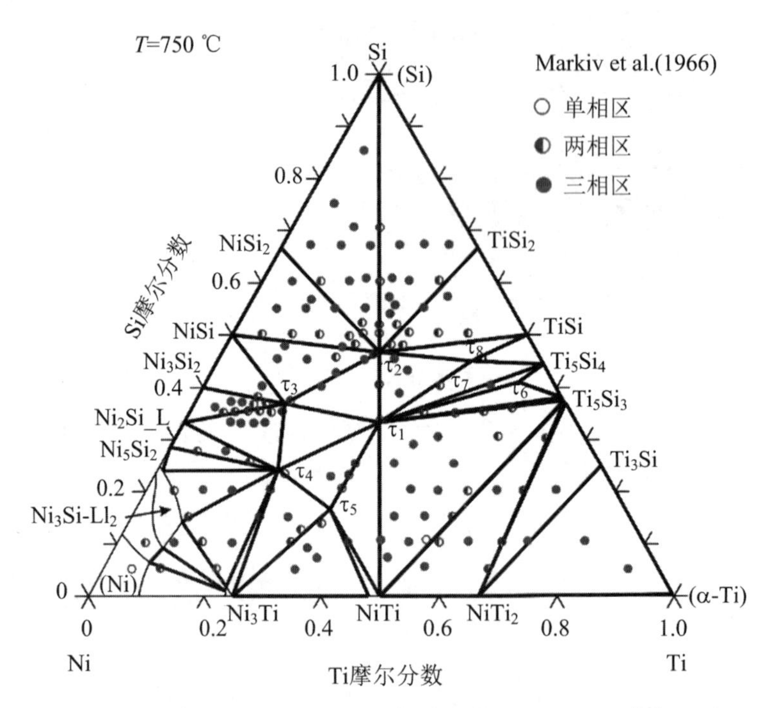


**图 2.12　计算的 Ti-Ni-Si 体系 750 ℃等温截面与实验数据[35]的比较**

图 2.13 所示的是计算的 Ti-Ni-Si 体系液相面投影图与 Weitzer 等[9]的实验数据的比较。除了 $\tau_2$、$\tau_6$ 和 $NiTi_2$ 初晶区上的 3 个实验点以及在接近 Ni-Si 边际二元系富 Ni 区域的初晶相外，本书工作能很好地重复其他实验数据，并将误差控制在一定的范围内。来自 Ni-Si 边际二元系的误差主要是由于这个区域的实验数据非常有限且在本书工作中考虑了有序相 $Ni_3Si$-$L1_2$。为了解决这些差异，需要进一步的实验工作才能更准确地测量此范围内的相关系。

表 2.3 是本书工作计算的 Ti-Ni-Si 体系零变量反应温度与 Weitzer 等[9]测量结果之间的比较。图 2.14 是本书工作构筑的 Ti-Ni-Si 体系的希尔反应图。计算结果与实验值吻合得很好。由于高温温度测量误差偏大，因此计算值与实验值在高温部分偏差相对较大，但都在合理范围内。一般而言偏差都在 10 ℃以内。

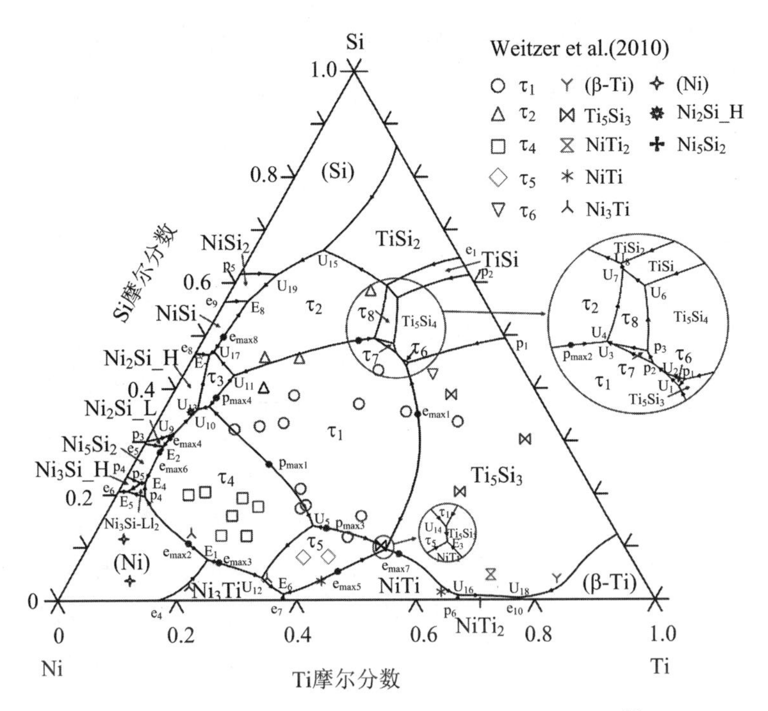


**图 2.13　计算的 Ti-Ni-Si 体系液相面投影图与实验数据[9]的比较**

本书工作计算的三元化合物 $Ni_3Si$-$L1_2$ 的熔融行为与实验结果相吻合。化合物 $\tau_1$ 是唯一的三元一致熔融化合物，计算熔融温度为 1792 ℃。计算结果与 Weitzer 等[9]实验得到的此反应温度高于 1600 ℃的结论相一致。化合物 $\tau_2$～$\tau_5$ 均由液相与 $\tau_1$ 之间的包晶反应生成，即

$$\text{Liquid} + \tau_1 \rightarrow \tau_2$$

$$\text{Liquid} + \tau_1 \rightarrow \tau_3$$

$$\text{Liquid} + \tau_1 \rightarrow \tau_4$$

$$\text{Liquid} + \tau_1 \rightarrow \tau_5$$

计算的反应温度分别为 1457 ℃、1224 ℃、1647 ℃以及 1389 ℃。新发现的化合物 $\tau_6$～$\tau_8$ 通过包晶反应生成，分别为

$$\text{Liquid} + Ti_5Si_3 + Ti_5Si_4 \rightarrow \tau_6$$

$$\text{Liquid} + \tau_1 + Ti_5Si_4 \rightarrow \tau_7$$

$$\text{Liquid} + \tau_7 + Ti_5Si_4 \rightarrow \tau_8$$

反应温度分别为 1606 ℃、1541 ℃和 1512 ℃。$Ni_3Si$-$L1_2$ 在 1156 ℃分解为液相与 $Ni_3Si$_H 相。此时 Ti 在 $Ni_3Si$-$L1_2$ 中的溶解度为 2.67 at.%。计算结果证实了在 $Ni_3Si$-$L1_2$ 中加入 Ti 可以使 $Ni_3Si$-$L1_2$ 有序相直接从液相生成的结论[41]。具体关于 $Ni_3Si$-$L1_2$ 熔融温度以及相关反应类别的测定，暂时还没有直接的实验数据。

**表 2.3　计算的 Ti-Ni-Si 体系零变量反应与实验测定结果的比较**

| 反应类型 | 零变量反应 | 温度(℃) | 来源 |
|---|---|---|---|
| $P_1$ | $L + Ti_5Si_3 + Ti_5Si_4 \rightarrow \tau_6$ | >1600<br>1606 | 实验测定[9]<br>计算(本书工作) |
| $U_1$ | $Liquid + Ti_5Si_3 \rightarrow \tau_1 + \tau_6$ | 1597<br>1604 | 实验测定[9]<br>计算(本书工作) |
| $U_2$ | $Liquid + \tau_6 \rightarrow \tau_1 + Ti_5Si_4$ | 1571<br>1577 | 实验测定[9]<br>计算(本书工作) |
| $P_2$ | $Liquid + \tau_1 + Ti_5Si_4 \rightarrow \tau_7$ | 1545<br>1541 | 实验测定[9]<br>计算(本书工作) |
| $P_3$ | $Liquid + \tau_7 + Ti_5Si_4 \rightarrow \tau_8$ | 1497<br>1512 | 实验测定[9]<br>计算(本书工作) |
| $U_3$ | $Liquid + \tau_7 \rightarrow \tau_1 + \tau_8$ | ~1470<br>1453 | 实验测定[9]<br>计算(本书工作) |
| $U_4$ | $Liquid + \tau_1 \rightarrow \tau_2 + \tau_8$ | 1353<br>1450 | 实验测定[9]<br>计算(本书工作) |
| $U_5$ | $Liquid + \tau_1 \rightarrow \tau_4 + \tau_5$ | 1395<br>1385 | 实验测定[9]<br>计算(本书工作) |
| $U_6$ | $Liquid + Ti_5Si_4 \rightarrow TiSi + \tau_8$ | 1452<br>1366 | 实验测定[9]<br>计算(本书工作) |
| $U_7$ | $Liquid + \tau_8 \rightarrow \tau_2 + TiSi$ | ~1320<br>1278 | 实验测定[9]<br>计算(本书工作) |
| $U_8$ | $Liquid + TiSi \rightarrow \tau_2 + TiSi_2$ | 1269<br>1275 | 实验测定[9]<br>计算(本书工作) |
| $E_1$ | $Liquid \rightarrow \tau_4 + Ni_3Ti + (Ni)$ | 1265 | 计算(本书工作) |
| $U_9$ | $Liquid + Ni_2Si\_L \rightarrow \tau_4 + Ni_2Si\_H$ | 1221 | 计算(本书工作) |
| $U_{10}$ | $Liquid + \tau_1 \rightarrow \tau_3 + \tau_4$ | 1259<br>1218 | 实验测定[9]<br>计算(本书工作) |
| $E_2$ | $Liquid \rightarrow Ni_5Si_2 + Ni_2Si\_L + \tau_4$ | 1206 | 计算(本书工作) |
| $U_{11}$ | $Liquid + \tau_1 \rightarrow \tau_2 + \tau_3$ | 1170<br>1199 | 实验测定[9]<br>计算(本书工作) |

**续表**

| 反应类型 | 零变量反应 | 温度(℃) | 来源 |
|---|---|---|---|
| $U_{12}$ | Liquid + $\tau_4$ → $\tau_5$ + $Ni_3Ti$ | 1180 | 实验测定[9] |
| | | 1195 | 计算(本书工作) |
| $U_{13}$ | Liquid + $\tau_4$ → $\tau_3$ + $Ni_2Si$_H | 1134 | 实验测定[9] |
| | | 1177 | 计算(本书工作) |
| $U_{14}$ | Liquid + $\tau_1$ → $\tau_5$ + $Ti_5Si_3$ | 1196 | 实验测定[9] |
| | | 1158 | 计算(本书工作) |
| $E_3$ | Liquid → $\tau_5$ + $Ti_5Si_3$ + NiTi | 1137 | 实验测定[9] |
| | | 1157 | 计算(本书工作) |
| $P_4$ | Liquid + $\tau_4$ + (Ni) → $Ni_3Si$-$L1_2$ | 1156 | 计算(本书工作) |
| $P_5$ | Liquid + $Ni_3Si$_H + $Ni_5Si_2$ → $Ni_3Si$-$L1_2$ | 1154 | 计算(本书工作) |
| $E_4$ | Liquid → $\tau_4$ + $Ni_3Si$_H + $Ni_5Si_2$ | 1094 | 实验测定[9] |
| | Liquid → $\tau_4$ + $Ni_3Si$-$L1_2$ + $Ni_5Si_2$ | 1152 | 计算(本书工作) |
| $E_5$ | Liquid → $Ni_3Si$_H + $Ni_3Si$-$L1_2$ + (Ni) | 1148 | 计算(本书工作) |
| $E_6$ | Liquid → $\tau_5$ + $Ni_3Ti$ + NiTi | 1068 | 实验测定[9] |
| | | 1103 | 计算(本书工作) |
| $U_{15}$ | Liquid + $TiSi_2$ → $\tau_2$ + (Si) | 1067 | 实验测定[9] |
| | | 1034 | 计算(本书工作) |
| $U_{16}$ | Liquid + NiTi → $Ti_5Si_3$ + $NiTi_2$ | 960 | 实验测定[9] |
| | | 977 | 计算(本书工作) |
| $U_{17}$ | Liquid + $\tau_3$ → $\tau_2$ + NiSi | 954 | 实验测定[9] |
| | Liquid + $\tau_2$ → $\tau_3$ + NiSi | 956 | 计算(本书工作) |
| $E_7$ | Liquid → NiSi + $Ni_2Si$_H + $\tau_3$ | 950 | 实验测定[9] |
| | | 954 | 计算(本书工作) |
| $U_{18}$ | Liquid → $Ti_5Si_3$ + $NiTi_2$ + (β-Ti) | 918 | 实验测定[9] |
| | | 920 | 实验测定[38] |
| | Liquid + $Ti_5Si_3$ → $NiTi_2$ + (β-Ti) | 953 | 计算(本书工作) |
| $U_{19}$ | Liquid + (Si) → $\tau_2$ + $NiSi_2$ | 945 | 实验测定[9] |
| | | 944 | 计算(本书工作) |

续表

| 反应类型 | 零变量反应 | 温度(℃) | 来源 |
| --- | --- | --- | --- |
| $E_8$ | Liquid→$\tau_2$ + $NiSi_2$ + NiSi | 935 | 实验测定[9] |
| | | 919 | 计算(本书工作) |
| | NiSi + $Ni_2Si$_H→$Ni_3Si_2$ + $\tau_3$ | 862 | 实验测定[9] |
| | | 851 | 计算(本书工作) |
| | $Ni_2Si$_H→$Ni_3Si_2$ + $\tau_3$ + $Ni_2Si$_L | 821 | 实验测定[9] |
| | | 820 | 计算(本书工作) |
| | $Ti_5Si_3$ + $\tau_5$→NiTi + $\tau_1$ | 1066 | 实验测定[9] |
| | | 1065 | 计算(本书工作) |
| | (β-Ti) + $Ti_5Si_3$→$Ti_3Si$ + $NiTi_2$ | ~890 | 实验测定[38] |
| | | 900 | 计算(本书工作) |
| | (β-Ti) + $Ti_3Si$→(αTi) + $NiTi_2$ | 780 | 实验测定[38] |
| | | 750 | 计算(本书工作) |

到目前为止,文献中还没有关于 Ti-Ni-Si 三元系热力学性质的报道。在本书工作中,为了辅助 CALPHAD 优化,使优化参数具有物理意义,采用第一性原理方法计算了三元化合物 $\tau_1$、$\tau_2$、$\tau_4$ 以及 $Ti_5Si_3$ 和 $Ni_3Ti$ 端际组元在 0 K 时的生成焓。最后得到的结果与 CALPHAD 计算结果之间的比较见表 2.4。

如表 2.4 所示,本书工作第一性原理计算的 $\tau_1$ 和 $\tau_2$ 生成焓与 Tokunaga 等[5]的计算结果相一致,但计算得到的 $\tau_4$ 的生成焓具有较大偏差。CALPHAD 的热力学参数优化过程表明,当使用 Tokunaga 得到的 $\tau_4$ 生成焓数据时,在 900 ℃ 等温截面时,$\tau_4$ 不能稳定存在,这与实验结果相矛盾。同时 Du 等[6]只通过 CALPHAD 优化得到的 $\tau_4$ 生成焓为 −64.6 kJ/(mol · atoms),与本书工作第一性原理计算值接近。因此认为本书工作第一性原理计算的化合物生成焓较 Tokunaga 计算得到的结果更为可靠。在第一性原理计算 $Ti_5Si_3$ 端际组元生成焓中,TiSiNi 生成焓最负,为 −48953 J/(mol · atoms),而 SiSiNi 生成焓最正,为 16341 J/(mol · atoms)。这与预想的结果不一致。预想中 SiTiNi 点阵具有最正的生成焓(计算的结果为 −18910 J/(mol · atoms)),因为每个点阵位置被缺陷原子占据。第一性原理计算结果表明在优化端际组元时,假设端际组元的生成焓很可能与实际结果不一致,需要以第一性原理结果作为参考。本书工作计算得到的第一性原理结果都用于辅助 CALPHAD 优化。通过第一性原理计算与 CALPHAD 计算的耦合,使本次优化得到的三元化合物参数以及端际组元参数更具有物理意义。计算三元化合物($\tau_6$~$\tau_8$)的生成焓约为 −72 kJ/(mol · atoms),这与 $Ti_5Si_4$ 的生成焓比较接近。

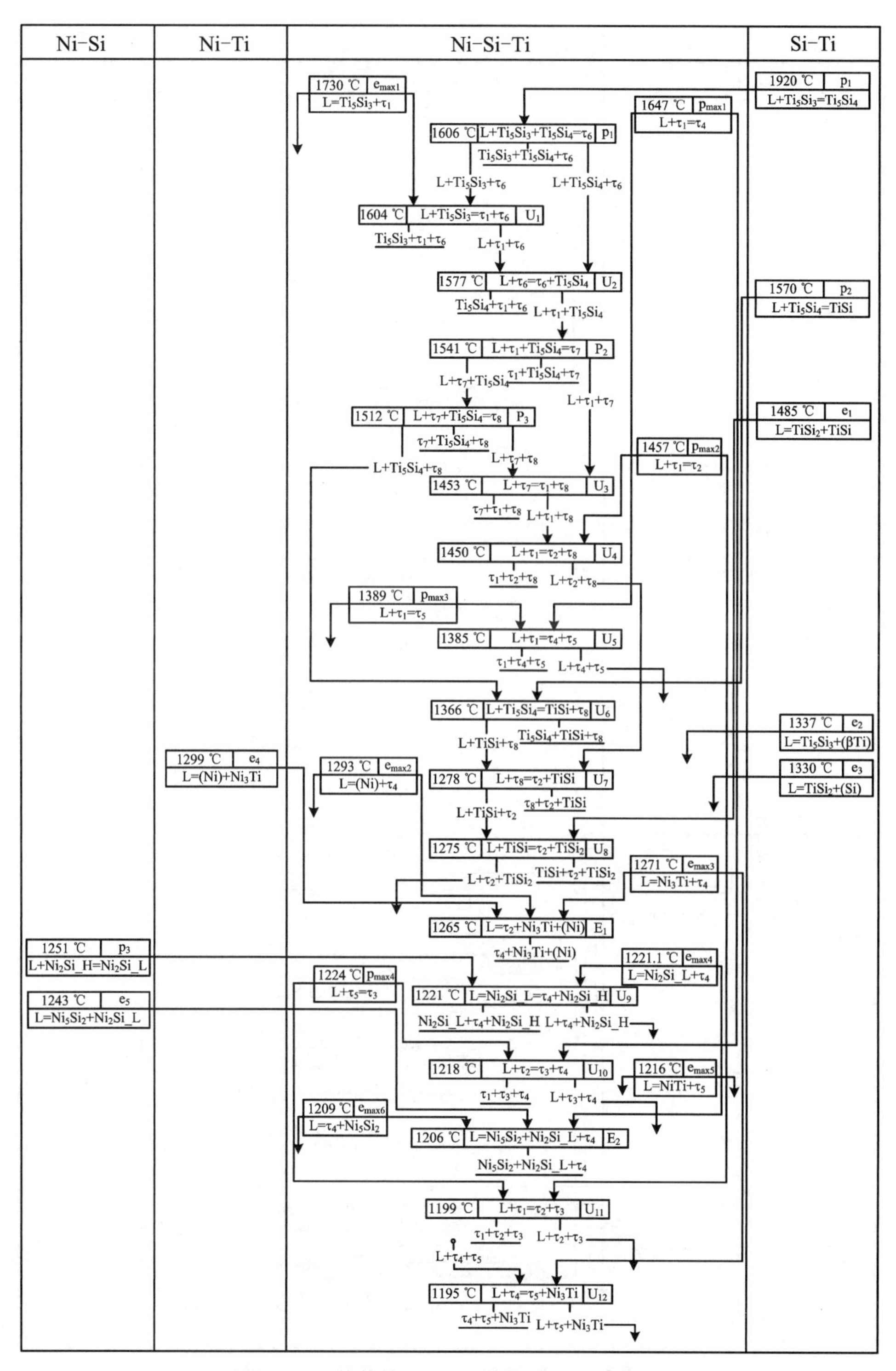


图 2.14　构筑的 Ti-Ni-Si 体系的希尔反应图

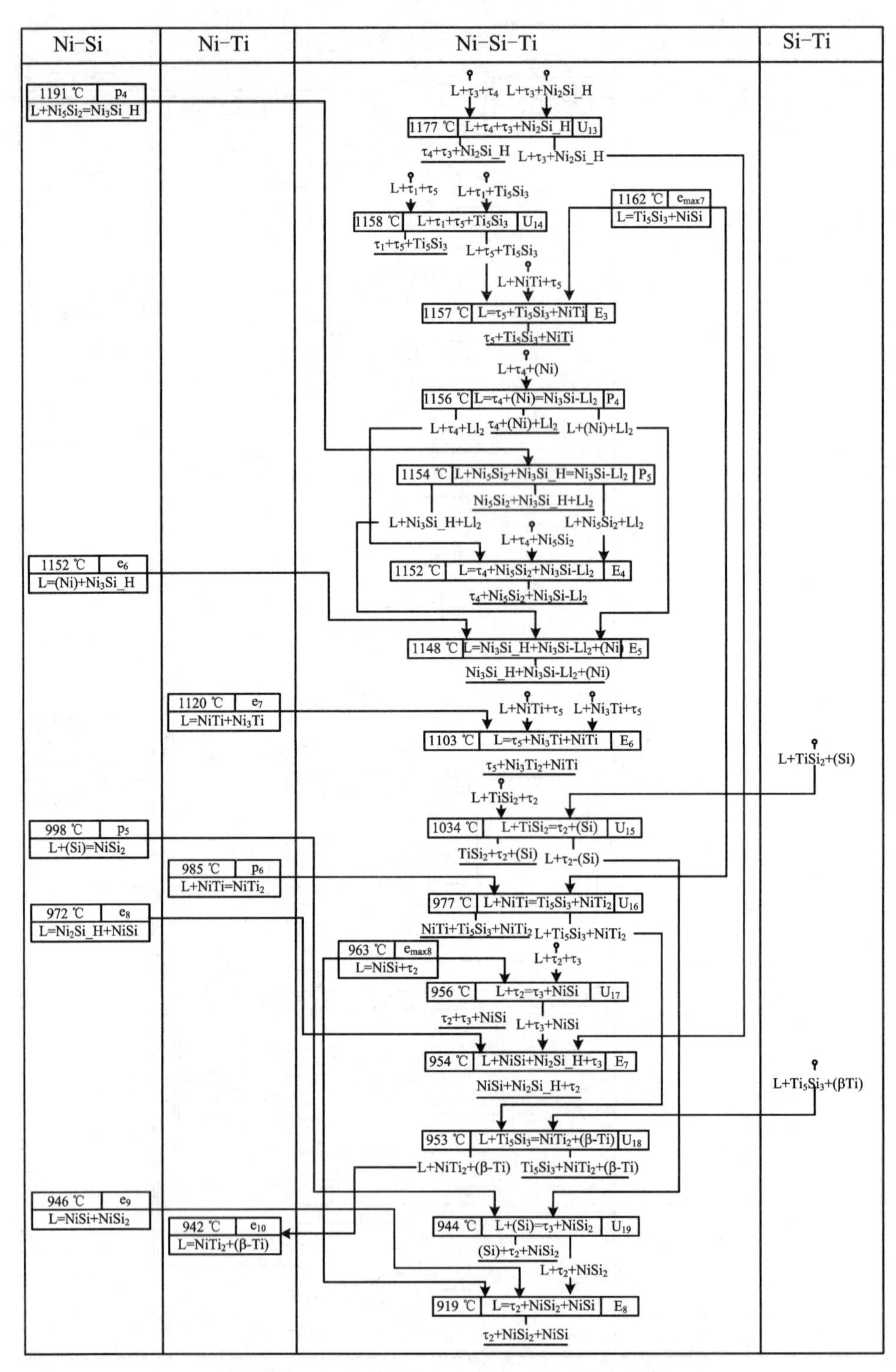


**续图 2.14　构筑的 Ti-Ni-Si 体系的希尔反应图**

**表 2.4　计算的 Ti-Ni-Si 体系三元化合物以及 $Ti_5Si_3$ 和 $Ni_3Ti$ 端际组元的生成焓与文献数据的比较[a]**

| 相/端际组元 | 第一性原理计算,0 K（本书工作） | CALPHAD, 298.15 K（本书工作） | 第一性原理计算[5], 0 K |
|---|---|---|---|
| $\tau_1$ | −80.563 | −75.992 | −81.860 |
| $\tau_2$ | −68.159 | −68.669 | −68.450 |
| $\tau_3$ | | −62.483 | |
| $\tau_4$ | −67.229 | −64.252 | −54.670 |
| $\tau_5$ | | −58.039 | −59.200 |
| $\tau_6$ | | −73.492 | |
| $\tau_7$ | | −72.801 | |
| $\tau_8$ | | −71.925 | |
| $H^{Ti_5Si_3}_{Si:Si:Ni}$ | 16.341 | 20.300 | |
| $H^{Ti_5Si_3}_{Si:Ti:Ni}$ | −18.910 | −15.000 | |
| $H^{Ti_5Si_3}_{Ti:Si:Ni}$ | −48.953 | −45.900 | |
| $H^{Ti_5Si_3}_{Ti:Ti:Ni}$ | −26.745 | −20.200 | |
| $H^{Ni_3Ti}_{Ni:Si}$ | −42.078 | −40.000 | |
| $H^{Ni_3Ti}_{Ti:Si}$ | −43.283 | −40.000 | |

注：a. 单位为 kJ/(mol · atoms)。

# 2.5　本章小结

1. 分析了双亚点阵模型和四亚点阵模型在描述 fcc 有序-无序转变上的关联性，并推导两模型参数之间的转换关系，得到了描述 $L1_2$ 和 $L1_0$ 双亚点阵模型与四亚点阵模型参数之间的关系。通过推导所得到的结果包含了 Ansara 等[45]报道的结果，几乎适用于所有的 fcc 有序-无序转变情况。因此，利用所得到的转换关系，可以方便地将以前所得到的双亚点阵模型转换为更为适用的四亚点阵模型。

2. 对 Ti-Ni-Si 体系的相图热力学数据进行了细致的评估，得出 Ti-Ni-Si 体系中含有 8 个三元化合物而非之前评估中认为的 5 个三元化合物的结论。此外本书工作还澄清了文献中关于有序相 $Ni_3Si$-$L1_2$ 的稳定性以及熔融行为。

3. 借助第一性原理计算，得到了三元化合物 $\tau_1$、$\tau_2$ 和 $\tau_4$ 以及 $Ti_5Si_3$ 和 $Ni_3Ti$ 端

际组元在 0 K 时的生成焓，用于热力学参数的优化，从而提高了本书工作热力学优化的精确度。

4. 对 Ti-Ni-Si 体系中整个成分和温度范围内进行了相图热力学优化，得到了一套自洽的热力学参数。通过与实验结果对比发现，本次 CALPHAD 计算结果与实验报道结果相一致。

5. 本书工作首次利用四亚点阵模型描述了 Ti-Ni-Si 三元系中存在的 fcc 有序-无序转变，得出 $Ni_3Si$-$L1_2$有序相在加入 2.7 at.% Ti 的情况下，在 1156 ℃可以直接由液相生成的结论，预测了 $Ni_3Si$-$L1_2$的相平衡。今后还需要进一步的实验来测定 $Ni_3Si$-$L1_2$的相关系，并测定相关零变量反应温度。

# 参考文献


[1] LIU Y. The superelastic anisotropy in a NiTi shape memory alloy thin sheet[J]. Acta Mater., 2015, 95: 411-427.

[2] WANG X B, HUMBEECK J V, VERLINDEN B, et al. Thermal cycling induced room temperature aging effect in Ni-rich NiTi shape memory alloy[J]. Scr. Mater., 2016, 113: 206-208.

[3] LUO J F, HE J J, WAN X Y, et al. Fracture properties of polycrystalline NiTi shape memory alloy[J]. Mater. Sci. Eng. A, 2016, 653: 122-128.

[4] HSIEH S F, WU S K, LIN H C. Transformation temperatures and second phases in Ti-Ni-Si ternary shape memory alloys with Si⩽2 at.%[J]. J. Alloys Compd., 2002, 339: 162-166.

[5] TOKUNAGA T, HASHIMA K, OHTANI H, et al. Thermodynamic analysis of the Ni-Si-Ti system using thermochemical properties determined from ab initio calculations[J]. Mater. Trans., 2004, 45: 1507-1514.

[6] DU Y, HE C Y, SCHUSTER J C, et al. Thermodynamic description of the Ni-Si-Ti ternary system[J]. Int. J. Mater. Res., 2006, 97: 543-555.

[7] WESTBROOK J H, DICERBO R K, PEAT A J. The nickel-titanium-silicon system[R]. GE Research Report 58-RL-2117, 1958.

[8] HU X H, CHEN G L, NI K Q. A probable new phase H ($Ni_2Ti_9Si_9$) in Ti-Ni-Si ternary system at 1100 ℃[J]. J. Univ. Sci. Technol. Beijing, 1997, 4: 5-7.

[9] WEITZER F, NAKA M, KRENDELSBERGER N, et al. The ternary

system nickel/silicon/titanium revisited[J]. Z. Anorg. Allg. Chem., 2010, 636: 982-990.

[10] DE KEYZER J, CACCIAMANI G, DUPIN N, et al. Thermodynamic modeling and optimization of the Fe-Ni-Ti system[J]. Calphad, 2009, 33: 109-123.

[11] PASTURAL A, COLINET C, NGUYEN M D, et al. Electronic structure and phase stability study in the Ni-Ti system[J]. Phys. Rev. B, 1995, 52: 15176-15190.

[12] SANTHY K, HARI KUMAR K C. Thermodynamic assessment of Mo-Ni-Ti ternary system by coupling first-principle calculations with CALPHAD approach[J]. Intermetallics, 2010, 18: 1713-1721.

[13] KUBASCHEWSKI O, VILLA H, DENCH W A. The reaction of titanium tetrachloride with hydrogen in contact with various refractories[J]. Trans. Faraday Soc., 1956, 52: 214-222.

[14] GACHON J C, NOTIN M, HERTZ J. The enthalpy of mixing of the intermediate phases in the systems FeTi, CoTi, and NiTi by direct reaction calorimetry[J]. Thermochimi. Acta, 1981, 48: 155-164.

[15] LEVSHIN G A, ALEKSEEV V I. Thermodynamic properties of nickel-titanium system alloys[J]. Russ. J. Phys. Chem., 1979, 53: 437-439.

[16] GOMOZOV P A, ZASYPALOV Y V, MOGUTNOV B M. Enthalpies of formation of intermetallic compounds with the CsCl structure (CoTi, CoZr, CoAl, NiTi)[J]. Russ. J. Phys. Chem., 1986, 60: 1122-1124.

[17] YI H C, MOORE J J. Combustion synthesis of TiNi intermetallic compounds Part 1: Determination of heat of fusion of TiNi and heat capacity of liquid TiNi[J]. J. Mater. Sci., 1989, 24: 3449-3455.

[18] GUO Q T, KLEPPA O J. Standard enthalpies of formation of some alloys formed between group Ⅳ elements and group Ⅷ elements, determined by high-temperature direct synthesis calorimetry Ⅱ. alloys of (Ti, Zr, Hf) with (Co, Ni)[J]. J. Alloys Compd., 1998, 269: 181-186.

[19] SEIFERT H J, LIANG P, LUKAS H L, et al. Computational phase studies in commercial aluminium and magnesium alloys[J]. Mater. Sci. Technol., 2000, 16(11-12): 1429-1433.

[20] COLINET C, TEDENAC J C. Structural stability of intermetallic phases in the Si-Ti system. Point defects and chemical potentials in $D8_8$-$Si_3Ti_5$ phase[J]. Intermetallics, 2010, 18: 1444-1454.

[21] SEIFERT H J, LUKAS H L, PETZOV G. Thermodynamic optimization

of the Ti-Si system[J]. Z. Metallkd., 1996, 87: 2-23.

[22] KEMATICK R J, MYERS C E. Thermodynamics of the phase formation of the titanium silicides[J]. Chem. Mater., 1996, 8: 287-291.

[23] MESCHEL S V, KLEPPA O J. Standard enthalpies of formation of some 3d transition metal silicides by high temperature direct synthesis calorimetry[J]. J. Alloys Compd., 1998, 267: 128-135.

[24] TOPOR L, KLEPPA O J. Standard enthalpies of formation of $TiSi_2$ and $VSi_2$ by high-temperature calorimetry[J]. Metall. Trans. A, 1986, 17: 1217-1221.

[25] YUAN X Y, ZHANG L J, DU Y, et al. A new approach to establish both stable and metastable phase equilibria for fcc ordered/disordered phase transition: application to the Al-Ni and Ni-Si systems[J]. Mater. Chem. Phys., 2012, 135: 94-105.

[26] OELSEN W, VON SAMSON-HIMMELSTJERNA H O. Heats of formation of nickel-silicon alloys and melts[J]. Mitt Kaiser-Wilhelm-Inst Eisenforsch Duesseldorf, 1936,18: 131-133.

[27] CONNéTABLE D, THOMAS O. First-principles study of nickel-silicides ordered phases[J]. J. Alloys Compd., 2011, 509: 2639-2644.

[28] JUNG W G, YOO M. Kleppa type calorimeter for the study of high temperature processes[J]. J. Chem. Thermodyn., 2003, 35: 2011-2020.

[29] CHART T G. Thermochemical data for transition metal-silicon systems [J]. High Temp. High Press., 1973, 5: 241-252.

[30] MESCHEL S V, KLEPPA O J. Standard enthalpies of formation of some 5d transition metal silicides by high temperature direct synthesis calorimetry[J]. J. Alloys Compd., 1998, 280: 231-239.

[31] TOPOR L, KLEPPA O J. Thermochemistry of the systems palladium-silicon and platinum-silicon at 1400 K[J]. Z. Metallkd., 1986, 77: 65-71.

[32] SCHUSTER J C, TAKASUGI H, NAKADE I, et al. The liquidus surface of the ternary system Ni-Si-Ti[M]//NAKA M. Designing of inetrfacial structures in advanced materials and their joints. Osaka: Osaka University, 2002.

[33] HU X, CHEN G, ION C, et al. The 1100 ℃ isothermal section of the Ti-Ni-Si ternary system[J]. J. Phase Equilib., 1999, 20: 508-514.

[34] XU H H, JIN Z P. Determination of 900 ℃ isothermal section of Ni-Ti-Si system[J]. Trans. Nonferrous Met. Soc. China, 1998, 8: 1-4.

[35] MARKIV V Y, GLADYSHEVSKII E I, KRIPYAKEVICH P I, et al. The system titanium-nickel-silicon[J]. Izv. Akad. Nauk SSSR, Neorg.

Mater., 1966, 2: 1317-1319.

[36] WILLIAMS K J. 1000 ℃ isotherm of the Ni-Si-Ti system from 0 to 16% Si and 0 to 16% Ti[J]. J. Inst. Metals, 1971, 99: 310-315.

[37] HU X, LIU Y, CHEN G, et al. A partial 1100 Deg isotherm of Ti-Ni-Si ternary system[J]. J. Mater. Sci. Technol, 1998, 14: 121-124.

[38] BUDBERG P B, ALISOVA S P, KOBYLKIN A N. Phase transformations in the titanium-titanium silicide-titanium nickelide ( $Ti$-$Ti_5Si_3$-$Ti_2Ni$)[J]. Dokl. Akad. Nauk SSSR, 1980, 250: 1137-1140.

[39] LUTSKAYA N V, ALISOVA S P. Phase structure of TiCu(TiNi,TiCo)-TiSi sections in the ternary titanium-copper(nickel, cobalt)-silicon systems[J]. Metally, 1992, 194-196.

[40] HAOUR G, MOLLARD F, LUX B, et al. New eutectics based on iron, cobalt and nickel. III. Results obtained for nickel-base alloys[J]. Z. Metallkd., 1978, 69: 149-154.

[41] WILLIAMS K J. Microstructure and tensile properties of nickel-rich nickel-silicon and nickel-silicon-titanium alloys[J]. J. Inst. Metals, 1969, 97: 112-118.

[42] TAKASUGI T, SHINDO D, IZUMI O, et al. Metallographic and structural observations in the pseudo-binary section $Ni_3Si$-$Ni_3Ti$ of the Ni-Si-Ti system[J]. Acta Metall. Mater., 1990, 38: 739-745.

[43] ANSARA I, SUNDMAN B, WILLEMIN P. Thermodynamic modeling of ordered phases in the Ni-Al system[J]. Acta Metall., 1988, 36: 977-982.

[44] HILLERT M. The compound energy formalism[J]. J. Alloys Compd., 2001, 320: 161-176.

[45] ANSARA I, DUPIN N, LUKAS H L, et al. Thermodynamic assessment of the Al-Ni system[J]. J. Alloys Compd., 1997, 247: 20-30.

[46] LU X-G, SUNDMAN B. Thermodynamic assessments of the Ni-Pt and Al-Ni-Pt systems[J]. CALPHAD, 2009, 33: 450-456.

[47] FRANKE P. An assessment of the ordered phases in Mn-Ni using two- and four-sublattice models[J]. Int. J. Mat. Res., 2007, 98: 954-960.

[48] HALLSTEDT B, KIM O. Thermodynamic assessment of the Al-Li system[J]. Int. Mat. Res., 2007, 98: 961-969.

[49] SUNDMAN B, FRIES S G, OATES W A. A thermodynamic assessment of the Au-Cu system[J]. Calphad, 1998, 22: 335-354.

[50] DINSDALE A T. SGTE data for pure elements[J]. Calphad, 1991, 15: 317-425.

# 第3章　四亚点阵模型描述bcc有序-无序转变在Ti-Cr-Ni体系中的应用

## 3.1 引　　言

由于Cr-Ni基合金是重要的高温抗腐蚀材料，而且Ti的加入可以增强相应合金的物理和（或）机械性能，因此人们对Ti-Cr-Ni合金的研究一直具有极大的兴趣。例如，被人熟知的45CT合金（55Ni-44Cr-1Ti，质量百分数）在高温下具有很好的抗酸性、抗腐蚀性[1]。目前，含有Cr和Ti的多组元Ni基高温合金，如617、718、625、X750、751、MA754等已广泛应用于飞机发动机和陆基涡轮机的部件。Ni基高温合金和Ti基合金相结合可以显著降低各种结构组件的重量。Ti-Cr-Ni合金也广泛应用于涂层。通过对不锈钢（AISI 304）、粉末冶金高速钢和热加工工具钢的Ti-Cr-Ni涂层（39.5Cr-28Ni-32.5Ti，质量百分数）的研究表明，这种类型的涂层即使在800 ℃ 也可以抵抗各种腐蚀介质和纯氧气氛下的氧化[2]。对Ti-Cr-Ni体系相平衡和热力学性质的研究为设计新型相关Ti基和Ni基高温合金提供了重要的理论指导。

除了实际应用的重要性外，Ti-Cr-Ni体系中含有bcc基有序-无序转变引起了人们对其研究的兴趣。目前，关于有序-无序转变的热力学描述主要基于fcc和bcc晶格的有序-无序转变。基于化合物能量理论[3]（Compound Energy Formalism，CEF）的双亚点阵模型[4]描述有序-无序转变在CALPHAD领域被普遍采用。然而，如前所述，双亚点阵模型不能同时描述bcc结构的有序相B2、B32和$D0_3$，也不能同时描述fcc结构的有序相$L1_2$、$L1_0$和F′。四亚点阵模型

$$(A,B,Va)_{0.25}(A,B,Va)_{0.25}(A,B,Va)_{0.25}(A,B,Va)_{0.25}$$

在描述fcc和bcc结构的有序-无序转变方面，比双亚点阵模型更具有优势，再加上目前计算机硬件设施的发展，使得四亚点阵模型越来越受到CALPHAD领域的欢迎[5-10]。

Ti-Cr-Ni体系是一个非常重要的三元系，因此对其的热力学研究是非常有必

要的。本书工作在文献评估的基础上，通过 CALPHAD 方法进行热力学优化，获得了一套在整个成分和温度范围内自洽的热力学参数。主要研究内容有：① 首次尝试使用四亚点阵模型描述三元系中的 bcc_A2/ bcc_B2 有序-无序转变，同时对 Ni-Ti二元系中的 bcc_A2/ bcc_B2 有序-无序转变的模型进行修改；② 在严格评估文献数据的基础上，获得一套自洽的描述 Ti-Cr-Ni 体系的热力学参数；③ 构筑整个成分和温度范围内的液相面投影图和希尔反应图。

## 3.2　Ti-Cr-Ni 体系的相图数据文献评估

Ti-Cr-Ni 体系中含有 10 个稳定的相，分别为 Liquid、(Cr，β-Ti)、(Ni)、(α-Ti)、$Ni_3Ti$、NiTi、$NiTi_2$、α-$Cr_2Ti$、β-$Cr_2Ti$ 和 γ-$Cr_2Ti$，没有三元化合物存在。为了便于阅读，表 3.1 列出了表示 Ti-Cr-Ni 体系中各相的符号。其中，具有 bcc_A2 结构的无序相（Cr，β-Ti）和具有 bcc_B2 结构的有序相 NiTi 处理为同一个相。

**表 3.1　Ti-Cr-Ni 体系中各相的表示符号和晶体结构**

| 相名称 | 原型 | 皮尔逊符号 | 空间群 | 相的描述 |
|---|---|---|---|---|
| (Ni) | Cu | cF4 | $Fm\bar{3}m$ | 固溶体 fcc_A1 Ni |
| (α-Ti) | Mg | hP2 | $P6_3/mmc$ | 固溶体 hcp_A3 Ti |
| (Cr，β-Ti) | W | cI2 | $Im\bar{3}m$ | 固溶体 bcc_A2 Cr 和 bcc_A2 Ti |
| NiTi | CsCl | cP2 | Pm3m | bcc_B2 结构的 NiTi 有序相 |
| $NiTi_2$ | $NiTi_2$ | cF96 | $Fd\bar{3}m$ | 二元化合物 $NiTi_2$ |
| $Ni_3Ti$ | $Ni_3Ti$ | hP16 | $P6_3/mmc$ | 二元化合物 $Ni_3Ti$ |
| α-$Cr_2Ti$ | $MgCu_2$ | cF24 | $Fd\bar{3}m$ | Laves_C15 结构的 $Cr_2Ti$ 相 |
| β-$Cr_2Ti$ | $MgNi_2$ | hP24 | $P6_3/mmc$ | Laves_C36 结构的 $Cr_2Ti$ 相 |
| γ-$Cr_2Ti$ | $MgZn_2$ | hP12 | $P6_3/mmc$ | Laves_C14 结构的 $Cr_2Ti$ 相 |

### 3.2.1　边际二元系

Murray[11,12]先后严格评估了 Cr-Ti 二元系，如图 3.1 所示。Cr-Ti 二元系中包含 6 个稳定相，分别为

Liquid， bcc_A2， hcp_A3， α-$Cr_2Ti$(Laves_C15)

β-$Cr_2Ti$(Laves_C36)， γ-$Cr_2Ti$(Laves_C14)

到目前为止，关于 Cr-Ti 二元系已经有多个版本的热力学优化参数[11-19]。根据与实验数据相符合的程度以及热力学参数的合理性，本书工作采用 Pavlů等[19]优化获得的 Cr-Ti 二元系参数。在 Pavlů等[19]的工作中，对 Cr-Ti 体系中的 3 个 Laves 相分别用 2 个和 3 个亚点阵进行了描述。而对于 Laves 相来说，用双亚点阵模型来描述已足够，用三亚点阵来描述无疑增加了数据库的复杂性。因此，本书工作采用了双亚点阵描述的热力学参数。

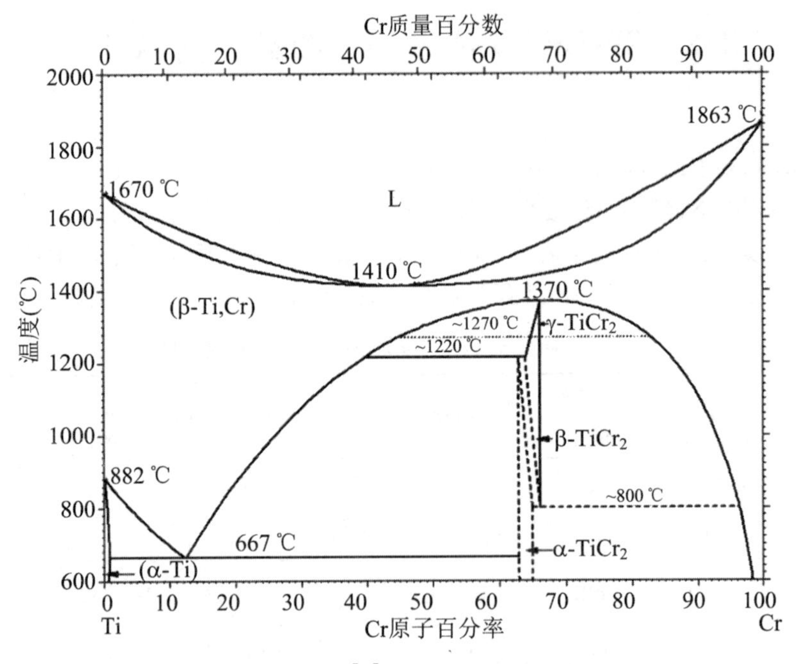


**图 3.1 Murray[12]评估的 Cr-Ti 二元相图**

Ni-Ti 合金是一种独特的形状记忆合金，与其他形状记忆合金相比，NiTi 形状记忆合金是材料性质的最佳组合，其具有最大的可回复应力应变、优异的耐腐蚀性和生物相容性。因此，对 Ni-Ti 二元系的研究一直是一个热点。Murray[20]于 1991 年详细评估了 Ni-Ti 二元相图，如图 3.2 所示。(β-Ti) 和(Ni)大约有 10 at.% 的固溶度，而(α-Ti) 则溶有很少的 Ni。在 Ni-Ti 二元系中有 3 个中间化合物稳定存在，分别为 $Ni_3T$、NiTi 和 $NiTi_2$。$Ni_3Ti$ 和 NiTi 通过一致固溶形成，而 $NiTi_2$ 则通过包晶反应形成。在低温下(小于 80 ℃)，等原子成分附近有一个 B19′ 结构的马氏体相形成，使得 Ni-Ti 合金具有形状记忆效应。目前，对 Ni-Ti 二元系优化的版本比较多[21-27]，其中，最近对 Ni-Ti 二元系进行热力学优化的有 3 组人员，分别为 Bellen 等[25]、Tang 等[26]和 Keyzer 等[27]。所有的研究者们均将 B2 相看成 A2 的有序相。Tang 等[26]的热力学描述还包括了 B19′相，但是与实验数据比较，Bellen

等[25]的结果符合度更好。然而在 Bellen 等[25]的热力学描述中，将 $Ni_3Ti$ 中的两个边际二元参数${}^oG^{Ni_3Ti}_{Ni:Ni}$和${}^oG^{Ni_3Ti}_{Ti:Ti}$描述成 hcp 相的吉布斯自由能表达式，然而这与 $Ni_3Ti$ 的结构不符，使得 $Ni_3Ti$ 在高温时变得稳定，趋于 Ni 的熔点。因此，Keyzer 等[27]在 Bellen 等[25]热力学描述的基础上对 Ni-Ti 二元系进行了修订。受到 $Ni_3Ti$ 参数改变的影响，对无序的（Ni）相也进行了修订，最终得到了一套能够很好描述 Ni-Ti 二元系的热力学参数。此外，Keyzer 在其博士论文[28]中用四亚点阵描述了 Ni-Ti 二元系中的 A2/B2 有序-无序转变，然而不幸的是用 Keyzer 博士论文中的热力学参数无法重复出 Ni-Ti 二元相图。通过邮件联系被告知用四亚点阵描述 Ni-Ti 二元系中的 A2/B2 有序-无序转变并没有获得成功，只是将优化得到的初步结果列在了其博士论文中。本书工作试图用四亚点阵模型来描述 Ti-Cr-Ni 三元系中 A2/B2 有序-无序转变，因此必须对现有的 Ni-Ti 二元系进行修订。本书工作在 Keyzer 等[27]对 Ni-Ti 二元系热力学描述的基础上，将 Ni-Ti 二元系中的A2/B2有序-无序转变由双亚点阵模型转换成用四亚点阵模型描述。

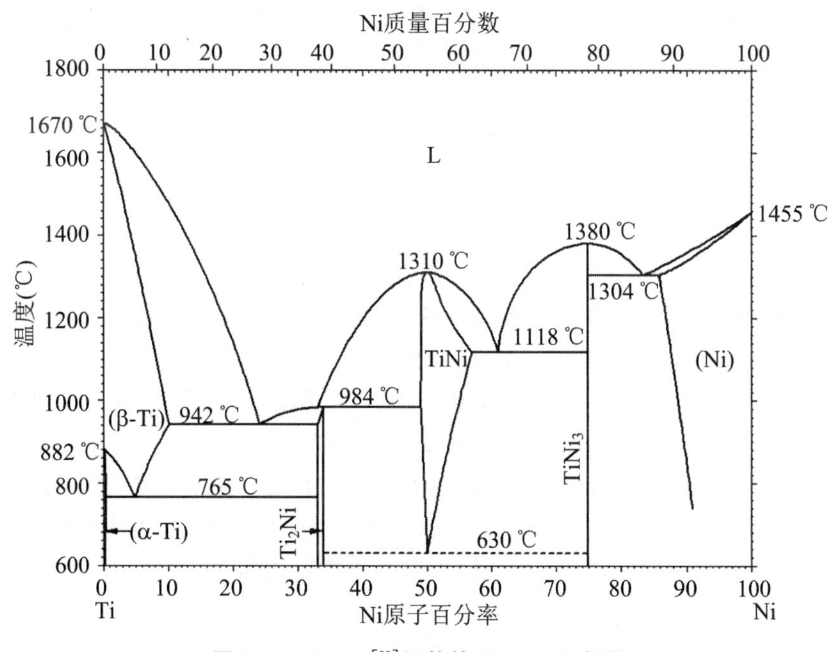


**图 3.2　Murray[20]评估的 Ni-Ti 二元相图**

由于 Cr-Ni 二元系具有非常重要的商业应用价值，对该体系的研究一直是一个热点，从 1908 年 Voss[29]开始至今一直都没有间断过。Nash[30]于 1986 年基于前人的实验数据[29,31-37]对该体系进行了全面的评估，如图 3.3 所示。到目前为止，已有多个研究小组的研究者对 Cr-Ni 二元系进行了热力学描述。本书工作采用的是 Lee 等[38]优化得到的 Cr-Ni 二元系的热力学参数。

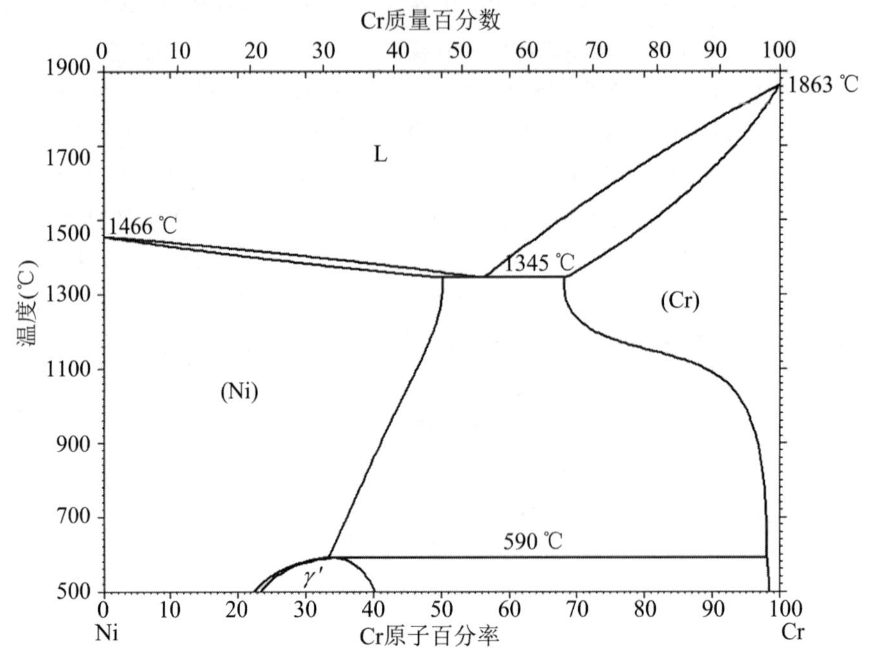


**图 3.3　Nash[30]评估的 Cr-Ni 二元相图**

### 3.2.2　Ti-Cr-Ni 三元系

Taylor 和 Floyd[39]通过配制 44 个合金，利用 X 射线衍射和光学显微镜首次测定了 Ti-Cr-Ni 体系富 Ni 角的 750 ℃、1000 ℃和 1150 ℃的等温截面。Kornilov 等[40]测定了低于 15 wt.% Ti 的 20 wt.% Cr 的垂直截面。通过对以上两组实验数据的比较，发现 fcc_A1/fcc_A1 + $Ni_3Ti$ 边界的实验数据存在一定的偏差。基于有限的实验数据，Kaufman 和 Nesor[41]对该三元系做了初步的热力学优化计算，并计算了 1027 ℃、1277 ℃和 1352 ℃下的部分等温截面。由于 Taylor 和 Floyd[39]测定的等温截面与边际 Cr-Ni 和 Ni-Ti 二元系吻合得很好，因此本书工作的优化计算中采用了该实验测定的结果。

通过 X 射线衍射和差热分析，Nartova 等[42]测定了低于 10 wt.% Cr 的 8 wt.% Ni的垂直截面。在其研究的成分范围内，在 650 ℃ 有一个共析反应 (Cr,β-Ti)→(α-Ti) + $NiTi_2$ + α-$Cr_2Ti$。本书工作不考虑其中(β-Ti)和(β-Ti) + $NiTi_2$的相边界的热反应峰，因为从这些热反应峰得到的边际 Ni-Ti 二元系中的(β-Ti)和(β-Ti) + $NiTi_2$的相边界比实际 Ni-Ti 二元系中的相边界高出 60 ℃。本书工作采用了 Nartova 等[42]测定的其他实验数据，但是在优化计算的过程中给予的权重较小。

Xu 和 Jin[43]利用扩散偶技术借助电子探针显微分析测定了 927 ℃局部的等

温截面。在该温度下没有发现三元化合物的存在。由于 Xu 和 Jin[43] 等测定的相边界数据非常分散，因此在本书工作热力学优化计算中没有考虑其实验数据。为了获得更为精准的 927 ℃的等温截面相平衡数据，Tan 等[44]通过配制 4 个扩散偶（$Cr_{15}Ni_{85}$/Ti、$Cr_{36}Ni_{64}$/Ti、$Cr_{18}Ti_{82}$/Ni 和 $Cr_{18}Ti_{82}$/$Cr_{36}Ni_{64}$，at. %）和 8 个三元关键合金，利用电子探针显微分析技术，成功构筑了 927 ℃完整的等温截面。相对于 Xu 和 Jin[43] 的结果，Tan 等[44] 得到的相平衡数据更为准确，因此为本书工作所采用。

与 Tan 等[44]的方法相似，Beek 等[45]通过配制扩散偶和关键合金，利用 X 射线衍射分析、光学显微镜、扫描电镜、电子探针显微分析和偏振光显微术等方法，精确地测定了 Ti-Cr-Ni 三元系 850 ℃ 的等温截面。同样在该温度下没有发现三元化合物的存在。其结果与 Tan 等[44]所构筑的 927 ℃ 的等温截面一致，因此被本书工作所采用。

通过查阅文献可以得知，关于 Ti-Cr-Ni 三元系，只有一个与液相有关的实验信息。Haour 等[46]利用差热分析技术发现了一个共晶温度为 1220 ℃和共晶成分为 $Cr_4Ni_{61}Ti_{35}$（at. %）的共晶点。然而相的显微结构并没有进行详细的鉴定，因此该实验信息的准确性值得探究，在本书工作中仅供参考。

最近，Krendelsberger 等[47]制备了 40 多个合金，利用扫描电镜、X 射线衍射分析以及差热分析等方法，系统研究了 Ti-Cr-Ni 三元系的固-液相平衡性质，最后构筑了液相面投影图和希尔反应图。图 3.4 所示的是 Krendelsberger 等[47]通过实验结果构筑的液相面投影图。从图中可以看出，Ti-Cr-Ni 体系包含 5 个与液相相关的零变量反应和 3 个极值反应。实验结果显示，具有六方结构的 C14 型 Laves 相 γ-$Cr_2$Ti 与液相共存，它是通过伪二元包晶反应 Liquid +（Cr，β-Ti）→γ-$Cr_2$Ti 在 1389 ℃生成。同时，在 1202 ℃还发现了另外一个伪二元共晶反应 Liquid→NiTi + γ-$Cr_2$Ti。在富 Cr 端，有 2 个三元共晶零变量反应，分别为

$$\text{Liquid}\rightarrow \text{Ni}_3\text{Ti} + (\text{Ni}) + (\text{Cr},\beta\text{-Ti}) \quad (1216\ ^\circ\text{C})$$

$$\text{Liquid}\rightarrow \text{Ni}_3\text{Ti} + \text{NiTi} + (\text{Cr},\beta\text{-Ti}) \quad (1100\ ^\circ\text{C})$$

在富 Ti 端，有 2 个三元包共晶零变量反应，分别为

$$\text{Liquid} + \gamma\text{-Cr}_2\text{Ti}\rightarrow \text{NiTi} + (\text{Cr},\beta\text{-Ti}) \quad (1043\ ^\circ\text{C})$$

$$\text{Liquid} + \text{NiTi}\rightarrow \text{NiTi}_2 + (\text{Cr},\beta\text{-Ti}) \quad (976\ ^\circ\text{C})$$

此外，Krendelsberger 等[47]证实了在低温下与 Ni-Ti 边界二元化合物共存的是具有六方结构的 C14 型 Laves 相 γ-$Cr_2$Ti 和具有立方结构的 C15 型 Laves 相 α-$Cr_2$Ti，并没有发现 C36 型 Laves 相 γ-$Cr_2$Ti。

几乎与此同时，Isomäki 等[48] 采用了 Beek 等[45] 测定的 850 ℃ 的等温截面、Tan 等[44]测定的 927 ℃ 的等温截面、Taylor 和 Floyd[39] 测定的 750 ℃和 1000 ℃的等温截面以及 Kornilov 等[40]测定的低于 15 wt. % Ti 的 20 wt. % Cr 的垂直截面，对 Ti-Cr-Ni 三元系进行了热力学优化。然而，Isomäki 等[48] 计算的结果与

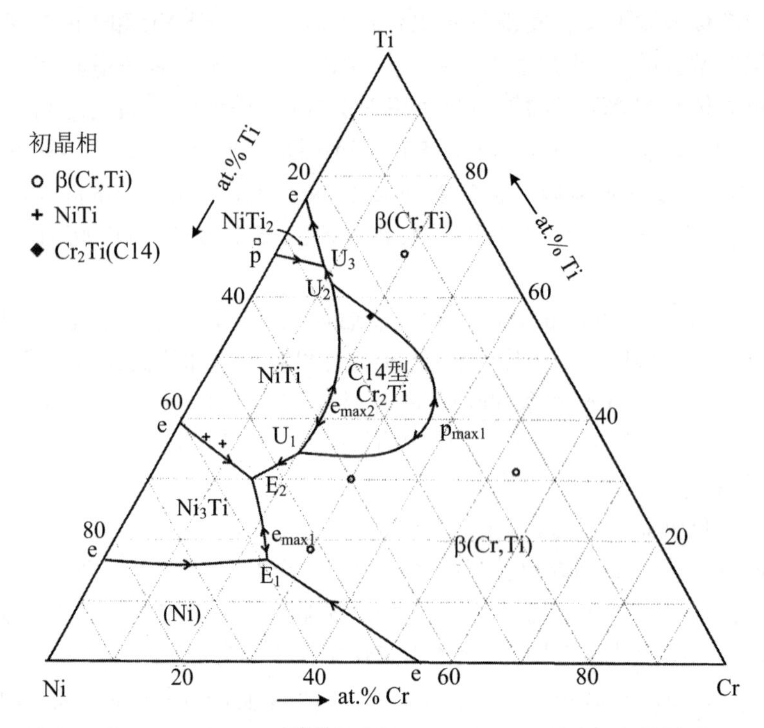


图 3.4 Krendelsberger 等[47]构筑的 Cr-Ni-Ti 三元系液相面投影图

Krendelsberger 等[47]最新测定的实验结果相比差别比较大，尤其是液相面投影图，而 Isomäki 等[48]得到的热力学参数是手调参数，其精确度有待考究。因此，在最新实验结果的基础上，重新优化 Ti-Cr-Ni 三元系是非常有必要的。本书工作在进行严格的文献评估之后，对 Cr-Ni-Ti 三元系进行热力学优化计算，得到了一套较为精确的能够描述该三元系整个成分范围内的热力学参数。与 Isomäki 等[48]的工作相比，本书工作的热力学参数的精确度有了很大的提高。

# 3.3 热力学模型

## 3.3.1 溶体相与金属间化合物相热力学模型

Ti、Cr 和 Ni 这 3 个纯元素的热力学参数同样采用的是 Dinsdale[49]编辑的 SGTE 纯组元晶格稳定性参数数据库。Cr-Ti 体系的热力学模型与参数取自Pavlů 等[19]的工作，其中 3 个 Laves 相的热力学模型均采用的是双亚点阵模型，如图 3.5

计算的 Cr-Ti 二元相图。除了有序相 NiTi 的热力学参数外，Ni-Ti 二元系其他相的热力学参数取自 Keyzer 等[27]的工作。本书工作在 Keyzer 等[27]工作的基础上，对 Ni-Ti 二元系中的有序相 NiTi 的模型进行修订，用四亚点阵模型来描述该体系中的 A2/B2 有序-无序转变，图 3.6 是本书工作计算的 Ni-Ti 二元相图(实线)与

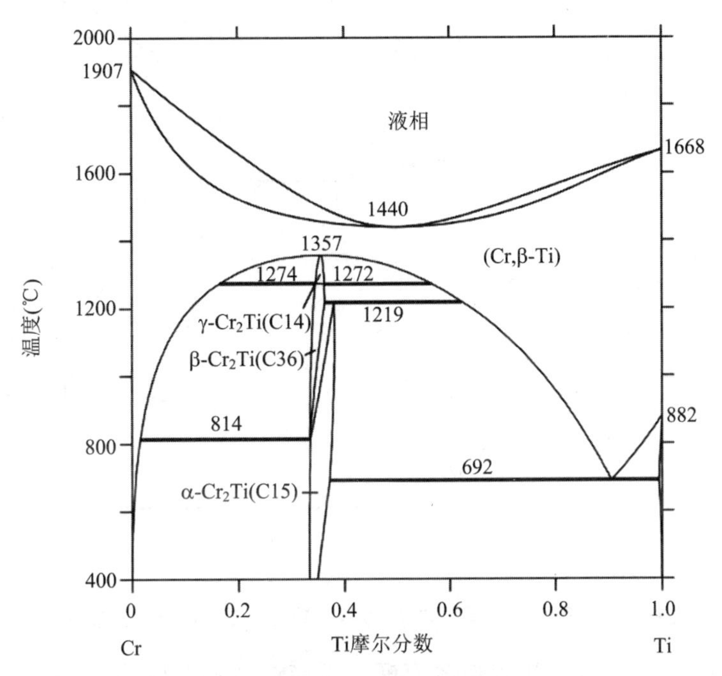


图 3.5　采用 Pavlů等[19]的热力学参数计算的 Cr-Ti 二元相图

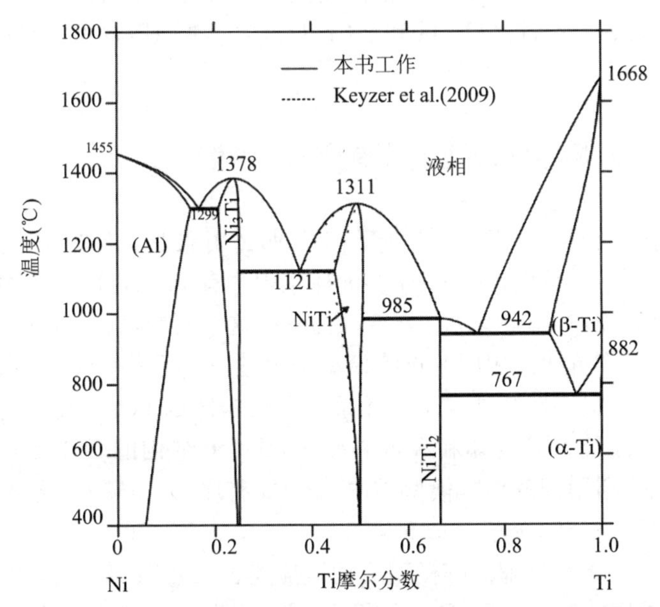


图 3.6　本书工作计算的 Ni-Ti 二元相图与 Keyzer 等[27]工作的比较

Keyzer等[27]工作(虚线)的比较。Cr-Ni 二元系的热力学描述取自 Lee 等[38]的工作,图3.7是计算的 Cr-Ni 二元相图。

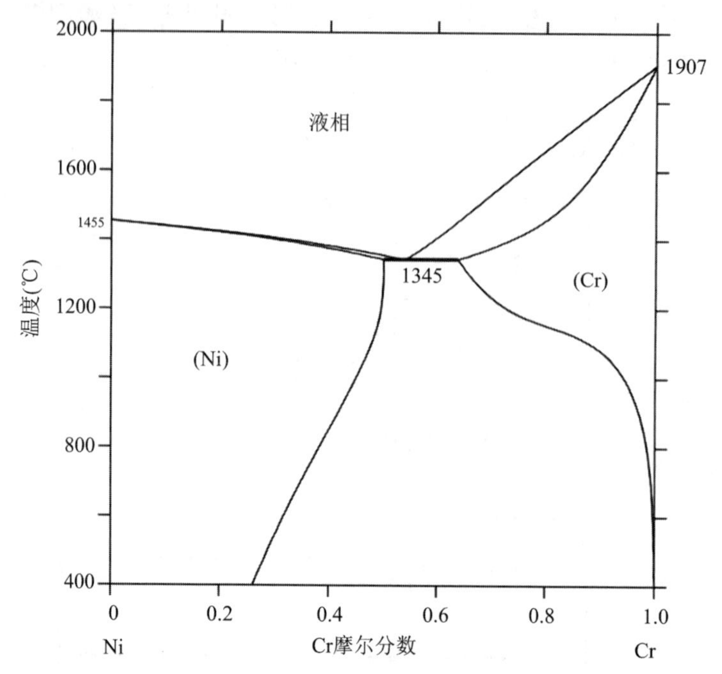


**图 3.7　采用 Lee 等[38]的热力学参数计算的 Cr-Ni 二元相图**

本书工作中,同样采用置换溶液模型来描述液相及固溶体相(如 fcc_A1 和 hcp_A3),如式(1.2)所示。采用亚点阵模型来描述具有溶解度的二元金属间合物(如$Ni_3Ti$、$NiTi_2$、$\alpha$-$Cr_2Ti$、$\beta$-$Cr_2Ti$ 和 $\gamma$-$Cr_2Ti$),关于亚点阵模型的具体情况可参见1.4.2小节。

## 3.3.2　bcc 晶格的四亚点阵有序-无序模型

如果一个多元体系中只含有有序相 B2,那么用双亚点阵模型来描述其有序-无序转变就足够了。然而,如果一个多元体系中含有 B32、$D0_3$等有序相时,双亚点阵模型就不足以描述其有序-无序转变。为解决这个问题,就必须用四亚点阵模型来描述。本书工作首次采用四亚点阵模型来描述三元系中 bcc 结构的有序-无序转变,该模型能够很好地被外推至多元系。由于构筑的 bcc 结构的四亚点阵模型具有不对称性,涉及了最近邻和次近邻原子,比 fcc 结构的四亚点阵模型更为复杂。下面详细介绍用四亚点阵模型描述 A2/B2 有序-无序转变,这是一个难点,也是本书工作中的一个创新点。

Kusoffsky 等[50]用四亚点阵模型成功地描述了二元系和三元系中基于 fcc_A1 晶格的有序-无序转变。随后,Dupin 和 Sundman[51]提出了相似的方法,用四亚点阵来描述基于 bcc_A2 晶格的有序-无序转变。

值得庆幸的是,用四亚点模型阵描述基于 bcc 晶格的有序-无序转变已成功应用于 Al-Fe[8] 和 Al-Li[9] 两个二元系。然而,目前该模型还没有在三元系中应用的文献报道。在本书工作中,第一次尝试使用四点阵模型来描述三元系中 bcc 点阵的有序-无序相转变。

在 Ti-Cr-Ni 体系中,本书工作用四亚点阵模型描述具有 bcc_B2 结构的 NiTi 相,即 $(Cr,Ni,Ti,Va)_{0.25}(Cr,Ni,Ti,Va)_{0.25}(Cr,Ni,Ti,Va)_{0.25}(Cr,Ni,Ti,Va)_{0.25}Va_3$。为了用一个热力学函数来描述 Ti-Cr-Ni 体系中的具有 bcc_B2 结构的 NiTi 相和具有 bcc_A2 结构的 (Cr, β-Ti) 相的有序-无序转变,用模型 $(Cr,Ni,Ti,Va)_1Va_3$ 来描述 (Cr, β-Ti) 相,其吉布斯自由能表达式可参见式(1.19)。4 个亚点阵分别对应的是所构筑的不规则四面体的 4 个顶点,如图 3.8 所示。由于所构筑的四面体是不规则四面体,因此所对应的 4 个亚点阵不是等价的,这与 fcc 点阵的情况不同。用四亚点阵模型描述 bcc 点阵的有序-无序转变,不仅考虑了最近邻(nearest neighbours)原子之间的键能,也考虑了次最近邻(next nearest neighbours)原子之间的键能。

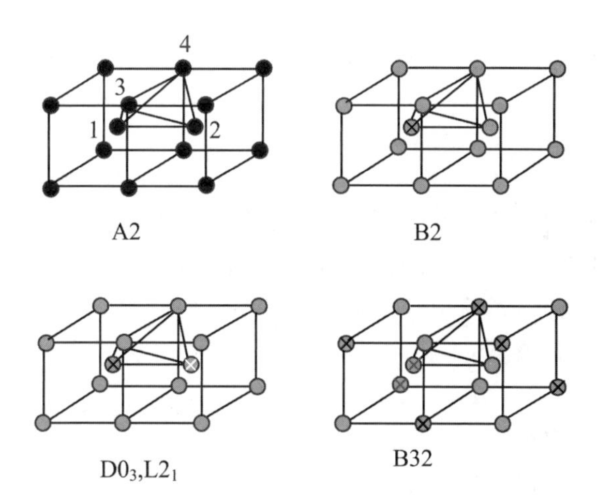


**图 3.8　基于 bcc 晶格可能存在的有序-无序结构示意图以及 4 个亚点阵**

用四亚点阵模型描述 NiTi 相,其摩尔吉布斯自由能可表示为

$$G = \sum_{ijkl} y_i^{(1)} y_j^{(2)} y_k^{(3)} y_l^{(4)} G_{ijkl}^{4sl} + RT\frac{1}{4}\sum_s \sum_i y_i^s \ln y_i^s + \sum_s \sum_{ij} y_i^s y_j^s L_{ij}^s + \sum_{sr} \sum_{ijkl} y_i^s y_j^s y_k^r y_l^r L_{ij:kl}^{sr} \tag{3.1}$$

式中,$y_i^s$ 表示组分 $i$ 在第 $s$ 个亚点阵中的点阵分数。当 $y_i^1 = y_i^2 = y_i^3 = y_i^4$ 时,为无序相;当 $y_i^1 = y_i^2 \neq y_i^3 = y_i^4$ 时,为有序相 B2;当 $y_i^1 = y_i^3 \neq y_i^2 = y_i^4$ 时,为有序相 B32;当 $y_i^1 = y_i^2 \neq y_i^3 \neq y_i^4$ 时,为有序相 $D0_3$ 或 $L2_1$。$G_{ijkl}^{4sl}$ 表示组元 $i$、$j$、$k$ 和 $l$ 分别占据 1、2、3 和 4 这 4 个亚点阵中的吉布斯自由能,它包含了 4 个最近邻原子之间的键能

(即 $ik$、$il$、$jk$ 和 $jl$)和两个次近邻原子之间的键能(即 $ij$ 和 $kl$)。

如图 3.8 所示,假设亚点阵 1 和 2 以及亚点阵 3 和 4 表示次近邻原子之间的键,那么亚点阵 1 和 3,1 和 4,2 和 3 以及 2 和 4 则表示最近邻原子之间的键。根据有序相的晶体学信息得到以下关系式:

$$G^{4sl}_{Ni:Ni:Ti:Ti} = G^{4sl}_{Ti:Ti:Ni:Ni} = G^{B_2}_{Ni_2Ti_2} = 4 \cdot u_{NiTi} \tag{3.2}$$

$$\begin{aligned} G^{4sl}_{Ni:Ti:Ni:Ti} &= G^{4sl}_{Ni:Ti:Ti:Ni} = G^{4sl}_{Ti:Ni:Ni:Ti} = G^{4sl}_{Ti:Ni:Ti:Ni} \\ &= G^{B_{32}}_{Ni_2Ti_2} = 2 \cdot u_{NiTi} + 3 \cdot v_{NiTi} \end{aligned} \tag{3.3}$$

$$\begin{aligned} G^{4sl}_{Ni:Ni:Ni:Ti} &= G^{4sl}_{Ni:Ni:Ti:Ni} = G^{4sl}_{Ni:Ti:Ni:Ni} = G^{4sl}_{Ti:Ni:Ni:Ni} = G^{4sl}_{Ni_3Ti} \\ &= 2 \cdot u_{NiTi} + 1.5 \cdot v_{NiTi} + \Delta G_{Ni_3Ti} \end{aligned} \tag{3.4}$$

$$\begin{aligned} G^{4sl}_{Ni:Ti:Ti:Ti} &= G^{4sl}_{Ti:Ni:Ti:Ti} = G^{4sl}_{Ti:Ti:Ni:Ti} = G^{4sl}_{Ti:Ti:Ti:Ni} = G^{4sl}_{NiTi_3} \\ &= 2 \cdot u_{NiTi} + 1.5 \cdot v_{NiTi} + \Delta G_{NiTi_3} \end{aligned} \tag{3.5}$$

$$\begin{aligned} G^{4sl}_{Cr:Cr:Ni:Ti} &= G^{4sl}_{Cr:Cr:Ti:Ni} = G^{4sl}_{Ni:Ti:Cr:Cr} = G^{4sl}_{Ti:Ni:Cr:Cr} = G^{L2_1}_{Cr_2NiTi} \\ &= 2 \cdot u_{CrNi} + 2 \cdot u_{CrTi} + 1.5 \cdot v_{NiTi} \end{aligned} \tag{3.6}$$

$$\begin{aligned} G^{4sl}_{Cr:Ni:Cr:Ti} &= G^{4sl}_{Cr:Ni:Ti:Cr} = G^{4sl}_{Ni:Cr:Cr:Ti} = G^{4sl}_{Ni:Cr:Ti:Cr} = G^{4sl}_{Cr:Ti:Cr:Ni} \\ &= G^{4sl}_{Cr:Ti:Ni:Cr} = G^{4sl}_{Ti:Cr:Cr:Ni} = G^{4sl}_{Ti:Cr:Ni:Cr} = G^{F\bar{4}3m}_{Cr_2NiTi} \\ &= u_{CrNi} + u_{CrTi} + u_{NiTi} + 1.5 \cdot v_{CrNi} + 1.5 \cdot v_{CrTi} \end{aligned} \tag{3.7}$$

式(3.2)~式(3.7)中,$u_{ij}$ 和 $v_{ij}$($i = \text{Cr}$、Ni;$j = \text{Ni}$、Ti;$i \neq j$)分别表示最近邻和次近邻原子之间的键能,$\Delta G_{Ni_3Ti}$ 和 $\Delta G_{NiTi_3}$ 表示修正参数,用于描述实际体系的非对称现象。

交互作用参数可以用来模拟体系中的短程有序现象。根据晶体结构的对称性,同样可以得到交互作用参数的关系式。由于四亚点阵模型并不对称,使得存在次近邻和最近邻两种不同的交互作用参数。

次近邻交互作用参数:

$$L_{Ni,Ti:Ni,Ti:*:*} = L_{*:*:Ni,Ti:Ni,Ti} \tag{3.8}$$

最近邻交互作用参数:

$$L_{Ni,Ti:*:Ni,Ti:*} = L_{Ni,Ti:*:*:Ni,Ti} = L_{*:Ni,Ti:*:Ni,Ti} = L_{*:Ni,Ti:Ni,Ti:*} \tag{3.9}$$

式(3.8)和式(3.9)中的"$*$"表示交互作用参数与所占据的亚点阵中的组元无关。

相似的,可以得到作用参数的关系式:

$$L_{Ni,Ti:*:*:*} = L_{*:Ni,Ti:*:*} = L_{*:*:Ni,Ti:*} = L_{*:*:*:Ni,Ti} \tag{3.10}$$

## 3.4 计算结果与讨论

在本次优化计算中,同样使用的是 Thermo-Calc 软件中的 PARROT 程序[52]

来完成的，同时采用了 Du 等[53]提出的分步（step-by-step）优化的方法。

本书工作中首先将 Ni-Ti 体系中 bcc_B2 结构的有序相 NiTi 由双亚点阵模型描述转变成由四亚点阵模型描述。由于所构筑的四面体模型具有不规则性，并不像 fcc 点阵的那样可以通过公式推导将双亚点转换成四亚点阵。因此，本书工作中用四亚点阵模型描述的热力学参数需要通过优化相平衡和热力学性质等实验数据获得。Ni-Ti 二元系中其他相的热力学参数参考的是 Keyzer 等[27]的工作。在优化之初，要通过试错法给需要优化的热力学参数一个初始值。在设置初始值过程中发现，交互作用参数是必需的，否则 NiTi 相的相区会非常窄，与实验结果相差较大。为了简化热力学优化，本书工作中将次近邻和最近邻交互作用参数设为相等。由于没有 $Ni_3Ti(D0_3)$，$NiTi_3(D0_3)$和 NiTi(B32)等一些亚稳相的实验信息，不能对这几个亚稳相的有序参数进行优化。然而，试错法证明这些有序参数对 NiTi 相的形状和对称性有很大的影响。

图 3.9 所示的是本书工作计算的 Ni-Ti 二元相图与实验数据[54-59]和 Keyzer 等[27]工作所得结果的比较。从图中可以看到，本书工作得到的热力学参数同样可以很好地描述实验数据。

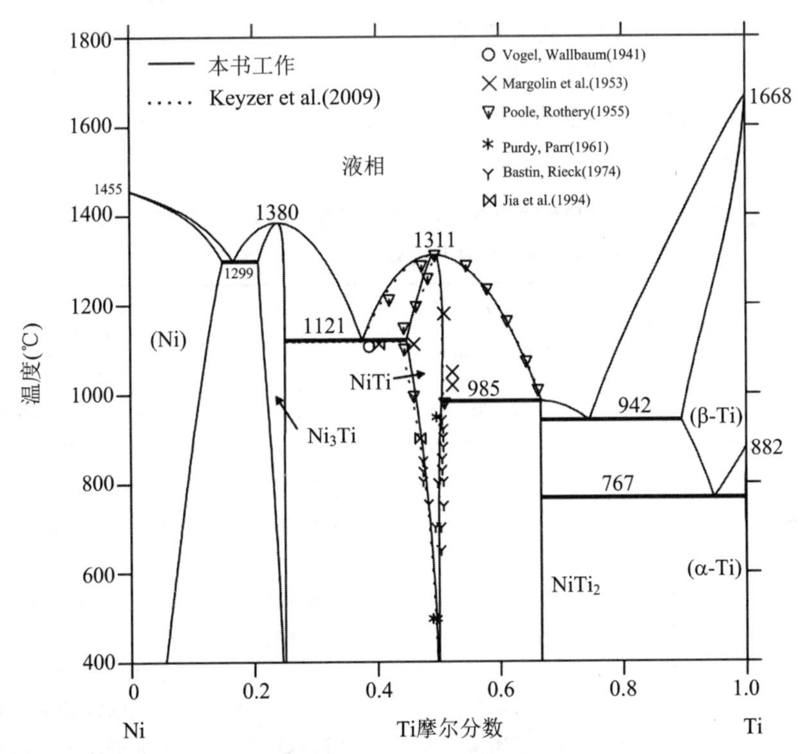


**图 3.9　本书工作计算的 Ni-Ti 二元相图与实验数据[54-59]和 Keyzer 等[27]工作所得结果的比较**

为了验证本书工作获得热力学参数的可靠性，借助第一性原理计算了 bcc 点阵可能存在的有序相 NiTi(B2)、NiTi(B32)、$Ni_3Ti(D0_3)$和 $NiTi_3(D0_3)$在 0 K 时的生成焓。表3.2列出了用CALPHAD方法计算的bcc点阵可能存在的有序相在298.15 K时的生成焓与本书工作按第一性原理计算的在0 K时的生成焓和实验数据[60-63]的比较。从表3.2可以看出，当前用CALPHAD计算的结果与第一性原理计算的结果非常一致。这说明本书工作计算的热力学参数具有较高的准确性，同时也说明用CALPHAD方法可以准确地评估某个体系的热力学性质。

对于Ti-Cr-Ni三元系，在优化的过程中不仅考虑了来自Krendelsberger等[47]最新的实验结果，也考虑了Taylor和Floyd[39]测定的富Ni角的750 ℃和1000 ℃的等温截面、Nartova等[42]测定的8 wt.% Ni的垂直截面、Tan等[44]测定的927 ℃的等温截面以及Beek等[45]测定的850 ℃的等温截面。

本书工作的优化从$Ni_3Ti$相开始。首先，根据文献[39,44,45]中报道的$Ni_3Ti$和(Ni)两相相边界的数据，评估了$Ni_3Ti$相的四个端际组元（$G^{Ni_3Ti}_{Ni:Cr}$，$G^{Ni_3Ti}_{Ti:Cr}$，$G^{Ni_3Ti}_{Cr:Ni}$和$G^{Ni_3Ti}_{Cr:Ti}$）与两个关键的作用参数${}^0L^{Ni_3Ti}_{Cr,Ni:Ti}$和${}^0L^{Ni_3Ti}_{Ni:Cr,Ti}$。其次，根据文献报道的实验数据[44,45,47]，优化中考虑了α-$Cr_2Ti$和γ-$Cr_2Ti$两个相。根据实验测定的Cr在$NiTi_2$中的溶解度数据，评估了$NiTi_2$的热力学参数。然后，将无序相(Cr,β-Ti)和有序相NiTi考虑到优化中，发现参数$u_{CrTi}$，$v_{CrTi}$，$u_{CrNi}$和$v_{CrNi}$以及(Cr,β-Ti)相的作用参数能够很好地描述文献报道的实验数据[39,42,44,45,47]。为了能够模拟Krendelsberger等[47]实验测定的零变量反应，加入了液相作用参数。最后将得到的各个相的热力学参数基于所选择的实验相图数据同时优化。表3.3列出了最终得到的一套Ti-Cr-Ni体系整个成分范围内的热力学参数。

**表3.2 实验和计算的Ni-Ti体系可能存在的bcc点阵有序相的生成焓(参考态为fcc_A1 Ni和hcp_A3 Ti)**

| 相名称 | 温度(℃) | $\Delta_f H$ (kJ/(mol-atoms)) | 方法[a] | 数据来源 |
|---|---|---|---|---|
| NiTi(B2) | — | −46.0 | TBB | Colinet，Pasturel[60] |
| | — | −40.9 | LMTO | Colinet，Pasturel[60] |
| | 1460 | −34.0 | 量热法 | Gachon et al.[61] |
| | 298.15 | −33.9 | 量热法 | Kubaschewski et al.[62] |
| | 999 | −34.15 | 量热法 | Gomozov et al.[63] |
| | 0 | −33.24 | 第一性原理 | 本书工作 |
| | 298.15 | −33.85 | CALPHAD | 本书工作 |
| NiTi(B32) | — | −36.5 | TBB | Colinet，Pasturel[60] |
| | — | −38.5 | LMTO | Colinet，Pasturel[60] |
| | 0 | −29.29 | 第一性原理 | 本书工作 |
| | 298.15 | −9.80 | CALPHAD | 本书工作 |

**续表**

| 相名称 | 温度(℃) | $\Delta_f H$ (kJ/(mol-atoms)) | 方法[a] | 数据来源 |
|---|---|---|---|---|
| $Ni_3Ti(D0_3)$ | — | −44.4 | TBB | Colinet，Pasturel[60] |
| | — | −46.8 | LMTO | Colinet，Pasturel[60] |
| | 0 | −29.5 | 第一性原理 | 本书工作 |
| | 298.15 | −30.68 | CALPHAD | 本书工作 |
| $NiTi_3(D0_3)$ | 0 | −12.11 | 第一性原理 | 本书工作 |
| | 298.15 | −13.68 | CALPHAD | 本书工作 |

注：a. TBB：Tight-Binding-Bond；LMTO：Linear Muffin-Tin Orbitals。

**表 3.3　本书工作计算得到的 Ti-Cr-Ni 体系的热力学参数[a]**

| 相名称 | 模型 | 热力学参数 |
|---|---|---|
| Liquid | $(Cr, Ni, Ti)_1$ | ${}^0L^{Liquid}_{Cr,Ni,Ti} = -61425.282 + 11.998 \cdot T$<br>${}^1L^{Liquid}_{Cr,Ni,Ti} = 20436.948 - 0.492 \cdot T$<br>${}^2L^{Liquid}_{Cr,Ni,Ti} = -21343.364$ |
| (Cr，β-Ti) | $(Cr, Ni, Ti, Va)_1 Va_3$ | ${}^0L^{(Cr,\beta\text{-}Ti)}_{Cr,Ni,Ti:Va} = -41956.674$<br>${}^1L^{(Cr,\beta\text{-}Ti)}_{Cr,Ni,Ti:Va} = 137331.978$<br>${}^2L^{(Cr,\beta\text{-}Ti)}_{Cr,Ni,Ti:Va} = -8270.623$ |
| NiTi | $(Cr,Ni,Ti,Va)_{0.25}$<br>$(Cr,Ni,Ti,Va)_{0.25}$<br>$(Cr,Ni,Ti,Va)_{0.25}$<br>$(Cr,Ni,Ti,Va)_{0.25}$<br>$Va_3$ | $u_{CrNi} = 45674.201$<br>$v_{CrNi} = 45393.541$<br>$u_{CrTi} = 17601.914$<br>$v_{CrTi} = 10365.184$<br>$u_{NiTi} = -8298.42 + 2.571 \cdot T$<br>$v_{NiTi} = -2148.766 + 9.819 \cdot T$<br>$\Delta G_{Ni_3Ti} = -20596.7895$<br>$\Delta G_{NiTi_3} = 42787.269 - 30.713 \cdot T$<br>${}^oG^{4sl}_{Cr:Cr:Cr:Cr:Va} = {}^oG^{4sl}_{Ni:Ni:Ni:Ni:Va} = {}^oG^{4sl}_{Ti:Ti:Ti:Ti:Va} = 0$<br>$L^{4sl}_{Ni,Ti:*:Ni,Ti:*} = L^{4sl}_{Ni,Ti:*:*:Ni,Ti}$<br>$= L^{4sl}_{*:Ni,Ti:Ni,Ti:*} = L^{4sl}_{*:Ni,Ti:*:Ni,Ti}$<br>$= -2447.1371 - 12.274 \cdot T$<br>$L^{4sl}_{Ni,Ti:Ni,Ti:*:*} = L^{4sl}_{*:*:Ni,Ti:Ni,Ti}$<br>$= -2447.1371 - 12.274 \cdot T$ |

续表

| 相名称 | 模型 | 热力学参数 |
|---|---|---|
| $NiTi_2$ | $(Ni, Ti)_2(Cr, Ni, Ti)_1Va_{0.5}$ | ${}^oG^{NiTi_2}_{Ni:Cr:Va} = -4000 + 2 \cdot {}^oG^{fcc\_A1}_{Ni} + {}^oG^{bcc\_A2}_{Cr}$<br>${}^oG^{NiTi_2}_{Ti:Cr:Va} = 500 + 2 \cdot {}^oG^{hcp\_A3}_{Ti} + {}^oG^{bcc\_A2}_{Cr}$ |
| $Ni_3Ti$ | $(Cr,Ni,Ti)_{0.75}(Cr,Ni,Ti)_{0.25}Va_{0.5}$ | ${}^oG^{Ni_3Ti}_{Cr:Ni:Va} = -500 + 0.75 \cdot {}^oG^{hcp\_A3}_{Cr} + 0.25 \cdot {}^oG^{hcp\_A3}_{Ni}$<br>${}^oG^{Ni_3Ti}_{Ni:Cr:Va} = -3000 + 0.75 \cdot {}^oG^{hcp\_A3}_{Ni} + 0.25 \cdot {}^oG^{hcp\_A3}_{Cr}$<br>${}^oG^{Ni_3Ti}_{Cr:Ti:Va} = 24000 + 0.75 \cdot {}^oG^{hcp\_A3}_{Cr} + 0.25 \cdot {}^oG^{hcp\_A3}_{Ti}$<br>${}^oG^{Ni_3Ti}_{Ti:Cr:Va} = 10000 + 0.75 \cdot {}^oG^{hcp\_A3}_{Ti} + 0.25 \cdot {}^oG^{hcp\_A3}_{Cr}$<br>${}^oG^{Ni_3Ti}_{Cr:Cr:Va} = + {}^oG^{hcp\_A3}_{Cr}$<br>${}^0L^{Ni_3Ti}_{Cr,Ni:Ti:Va} = -13955.820$<br>${}^0L^{Ni_3Ti}_{Ni:Cr,Ti:Va} = -3538.353$ |
| $\alpha$-$Cr_2Ti$(C15) | $(Cr, Ni, Ti)_{2/3}(Cr, Ti)_{1/3}$ | ${}^oG^{\alpha\text{-}Cr_2Ti}_{Ni:Cr} = +2/3 \cdot {}^oG^{fcc\_A1}_{Ni} + 1/3 \cdot {}^oG^{bcc\_A2}_{Cr}$<br>${}^oG^{\alpha\text{-}Cr_2Ti}_{Ni:Ti} = -18243.123 + 2/3 \cdot {}^oG^{fcc\_A1}_{Ni} + 1/3 \cdot {}^oG^{hcp\_A3}_{Ti}$<br>${}^0L^{\alpha\text{-}Cr_2Ti}_{Cr,Ni:Ti} = -10077.725$ |
| $\beta$-$Cr_2Ti$(C36) | $(Cr, Ni, Ti)_{2/3}(Cr, Ti)_{1/3}$ | ${}^oG^{\alpha\text{-}Cr_2Ti}_{Ni:Cr} = +2/3 \cdot {}^oG^{fcc\_A1}_{Ni} + 1/3 \cdot {}^oG^{bcc\_A2}_{Cr}$<br>${}^oG^{\alpha\text{-}Cr_2Ti}_{Ni:Ti} = +2/3 \cdot {}^oG^{fcc\_A1}_{Ni} + 1/3 \cdot {}^oG^{hcp\_A3}_{Ti}$ |
| $\gamma$-$Cr_2Ti$(C14) | $(Cr, Ni, Ti)_{2/3}(Cr, Ti)_{1/3}$ | ${}^oG^{\gamma\text{-}Cr_2Ti}_{Ni:Cr} = +2/3 \cdot {}^oG^{fcc\_A1}_{Ni} + 1/3 \cdot {}^oG^{bcc\_A2}_{Cr}$<br>${}^oG^{\gamma\text{-}Cr_2Ti}_{Ni:Ti} = -16938.266 - 6.6667 \cdot T + 2/3 \cdot {}^oG^{fcc\_A1}_{Ni} + 1/3 \cdot {}^oG^{hcp\_A3}_{Ti}$<br>${}^0L^{\gamma\text{-}Cr_2Ti}_{Cr,Ni:Ti} = -6136.709$ |

注：a. 所有参数的单位为 J/(mole-atoms)，温度单位为 K。纯元素的吉布斯自由能采用 Dinsdale 编辑的 SGTE 数据库[49]。Cr-Ti、Ni-Ti 和 Cr-Ni 体系的热力学参数分别采用 Pavlů等[19]、Keyzer 等[27]（NiTi 相的热力学模型采用四亚点阵模型，本书工作中重新优化）和 Lee 等[38]的研究结果。

图 3.10 所示的是本书工作计算的 1000 ℃等温截面与文献报道实验数据[39, 47]的比较。从图中可以看出，当前的热力学计算能够很好地描述目前存在的实验数据。

图 3.11 所示的是本书工作计算的 927 ℃等温截面与 Tan 等[44]实验数据的比较。本书工作的热力学计算结果与大部分的实验数据吻合得很好。测量的(β-Ti)/(β-Ti) + $NiTi_2$ 相边界和(Ni)/(Ni) + $Ni_3Ti$ 相边界中的 Ni 含量要比计算的低，这种差异主要是因为计算的 Ni-Ti 边界二元系中(β-Ti) + $NiTi_2$ 相区比测量的要窄以及(Ni) + $Ni_3Ti$ 相区比测量的要宽。

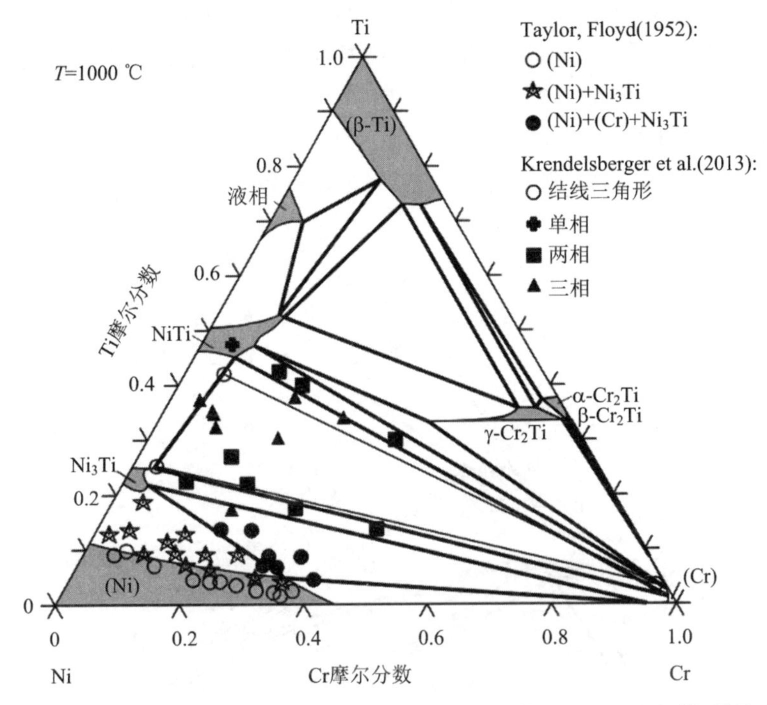


**图 3.10　本书工作计算的 Ti-Cr-Ni 体系 1000 ℃等温截面与实验数据[39, 47]的比较**

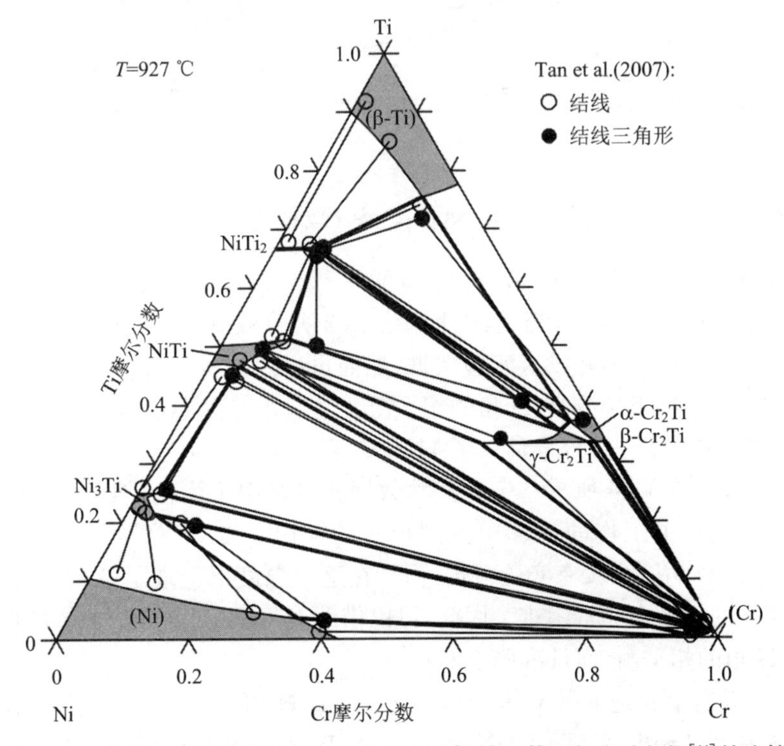


**图 3.11　本书工作计算的 Ti-Cr-Ni 体系 927 ℃等温截面与实验数据[44]的比较**

图 3.12 所示的是本书工作计算的 850 ℃等温截面与文献报道的实验数据[45,47]的比较。从图中可以看出,本书工作的计算同样能够很好地描述实验数据。在此值得一提的是,本书工作计算的与 Ni-Ti 边界二元化合物共存的 Laves 相是具有六方结构的 C14 型 Laves 相 γ-$Cr_2Ti$ 和具有立方结构的 C15 型 Laves 相 α-$Cr_2Ti$,计算结果与 Krendelsberger 等[47]报道的实验结果一致。

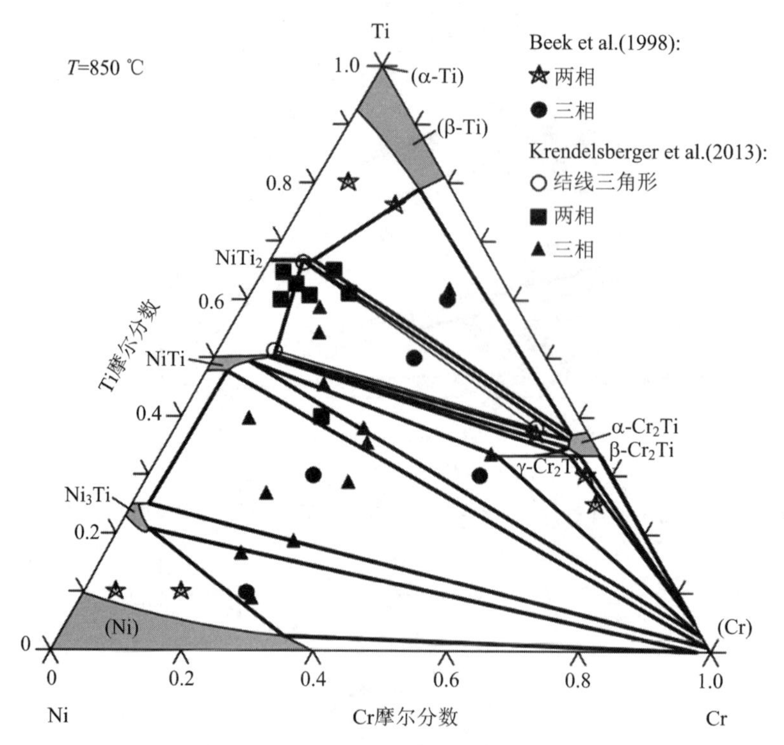


**图 3.12 本书工作计算的 Ti-Cr-Ni 体系 850 ℃等温截面与实验数据[45,47]的比较**

图 3.13 所示的是本书工作计算的 750 ℃等温截面与文献报道的实验数据[39]的比较。从图中可以看出,当前的计算结果与实验数据是相吻合的。在图 3.13 中,关于 750 ℃富 Ti 角并没有实验数据,然而可以通过优化计算现有的其他温度和成分的实验数据来预测富 Ti 角的相平衡。这充分说明了 CALPHAD 方法的优越性。此外,本书工作还外推计算了 1150 ℃等温截面,同时与富 Ni 角的实验数据进行了比较,如图 3.14 所示。这些实验数据并没有用于优化,然而大部分的实验数据都能够在本书工作的计算中得到很好的描述。与 750 ℃等温截面类似,在 1150 ℃时富 Ti 角同样没有实验数据,而且在这个温度下出现了液相,使得实验测定该温度下的相平衡非常困难。因此,可以借助 CALPAHD 方法的优越性来外推计算富 Ti 角的相平衡,而且准确度非常高。

图 3.15 所示的是本书工作计算的 8 wt.% Ni 垂直截面与实验数据[42]的比较。从图中可以看出,除了(β-Ti)/(β-Ti) + $NiTi_2$ 相边界的几个实验点吻合度不好

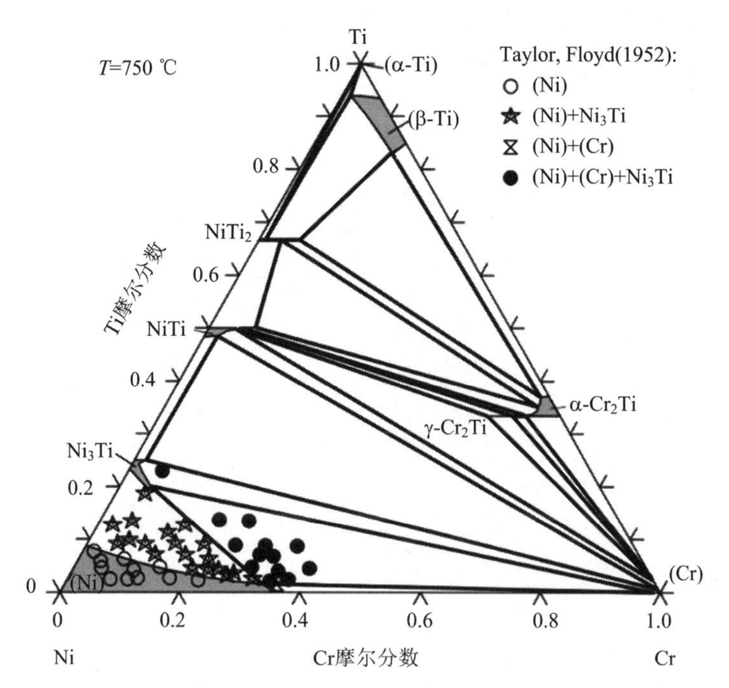


**图 3.13　本书工作计算的 Ti-Cr-Ni 体系 750 ℃等温截面与实验数据[39]的比较**

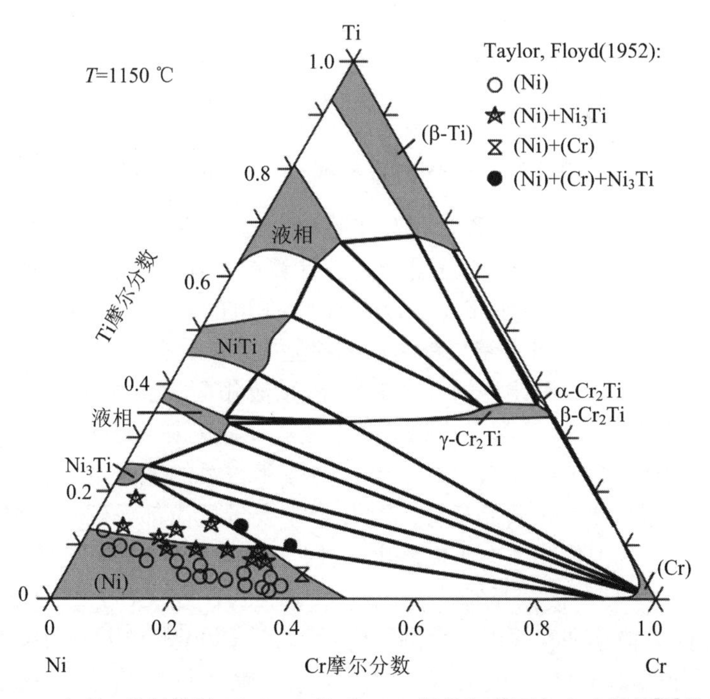


**图 3.14　本书工作计算的 Ti-Cr-Ni 体系 1150 ℃等温截面与实验数据[39]的比较**

外,其他的实验点均得到很好的描述。这是由于边际 Ni-Ti 二元系中(β-Ti)/(β-Ti) + $NiTi_2$相边界计算与实验不一致。前面已表明这些边界的实验点并没有用于优化中。

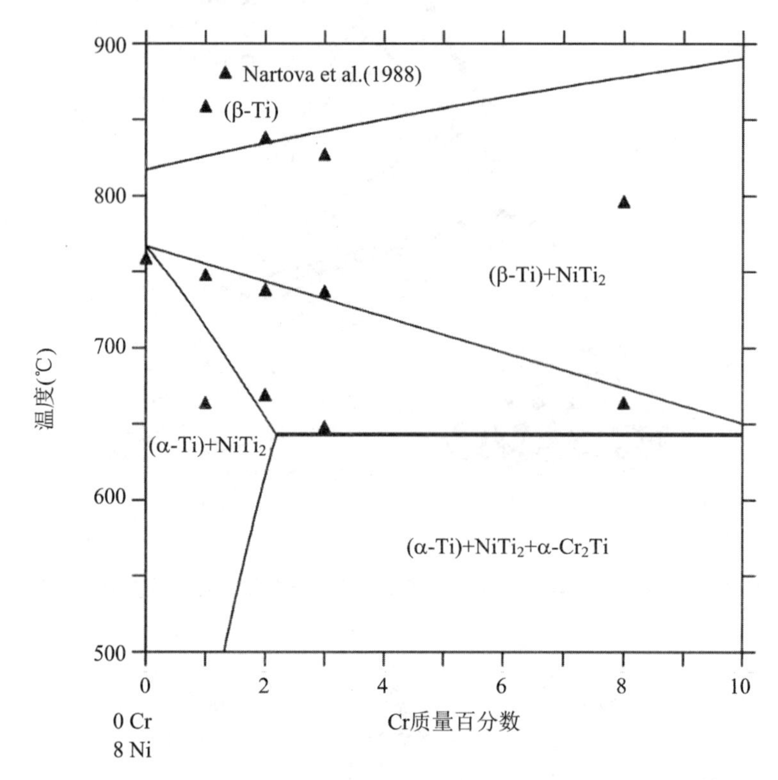


**图 3.15　本书工作计算的 Ti-Cr-Ni 体系 8 wt. % Ni 垂直截面与实验数据[42]的比较**

图 3.16 所示的是本书工作计算和实验测量的液相线温度[47]的比较。尽管这些液相线温度并没有用于优化,然而当前的计算结果显示实验和计算的值非常吻合。在本书工作中,只有 Krendelsberger 等[47]报道的零变量反应的 DTA 实验结果被用于优化,其他的 DTA 结果都是用来检验本书工作热力学计算的可靠性的。

图 3.17 是本书工作计算的 Ti-Cr-Ni 体系液相面投影图与实验数据[47]的比较。同时,将本书工作计算和实验测定的零变量反应列在了表 3.4 中。从图 3.17 和表3.4可以看出,Ti-Cr-Ni 三元系中包含与液相相关的零变量反应有 5 个,其中有 2 个共晶反应和 3 个包共晶反应。这几个零变量反应都得到了很好的描述,计算的温度和实验的温度相差在 1 K 之内。此外,该体系中还被测定有 3 个极值点,其中本书工作对两个极值反应 Liquid + (Cr,β-Ti)→$\gamma$-$Cr_2Ti$ 和 Liquid→(Cr,β-Ti) + $Ni_3Ti$ 的描述在实验误差范围之内,然而对 Liquid→NiTi + $\gamma$-$Cr_2Ti$ 的描述误差较大。如图 3.4 所示,根据 Krendelsberger 等[47]的实验结果,极值点 $e_{max2}$ 与零变量反应点 $U_1$ 非常接近,然而具有较大的温差,说明 $\gamma$-$Cr_2Ti$ + NiTi 的相边界非常陡,即温度随成分变化很大,对这种情况,很难用 DTA 技术测准。所以,

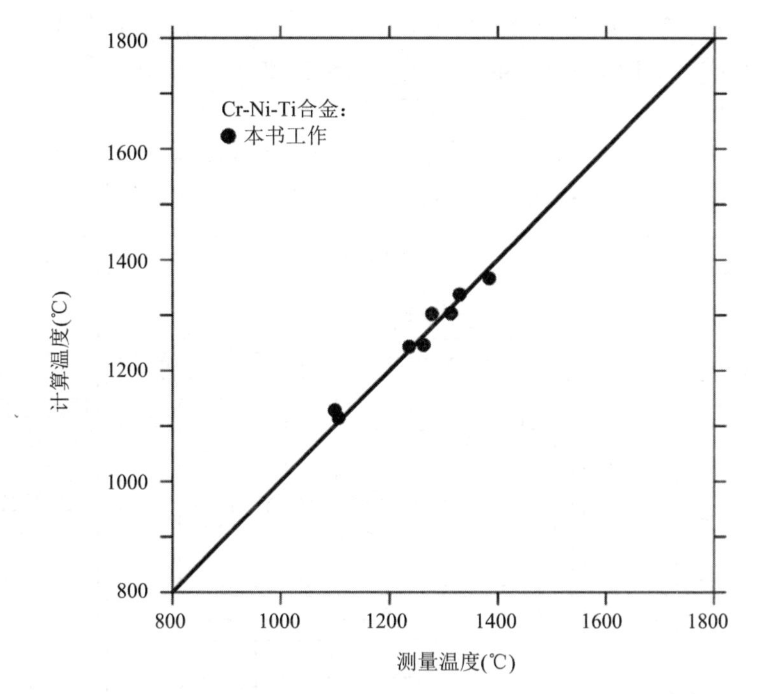


**图 3.16　本书工作计算与实验测量的 Ti-Cr-Ni 体系的液相线温度[47]的比较**

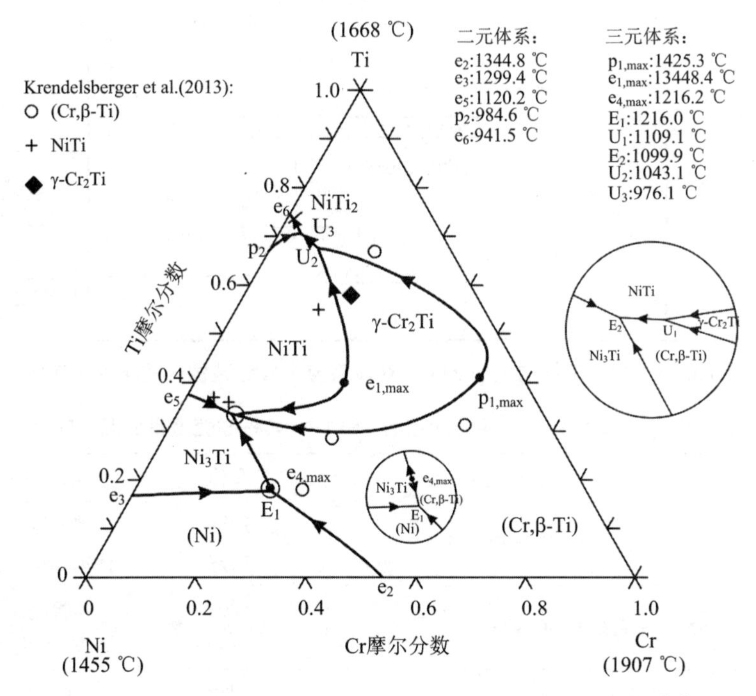


**图 3.17　本书工作计算的 Ti-Cr-Ni 体系液相面投影图与实验数据[47]的比较**

Krendelsberger 等[47]报道的极值反应 Liquid → NiTi + $\gamma$-$Cr_2Ti$ 的温度是值得怀疑的。此外，用 CALPHAD 不能描述所有的实验数据，除非每一个实验数据都非常准确。因此，可以认为本书工作计算的极值反应 Liquid → NiTi + $\gamma$-$Cr_2Ti$ 的温度是可以接受的。此外，本书工作还构筑了 Ti-Cr-Ni 体系整个成分范围内的希尔反应图，如图3.18所示，实践证明，希尔反应图是描述三元系非常有用的工具。

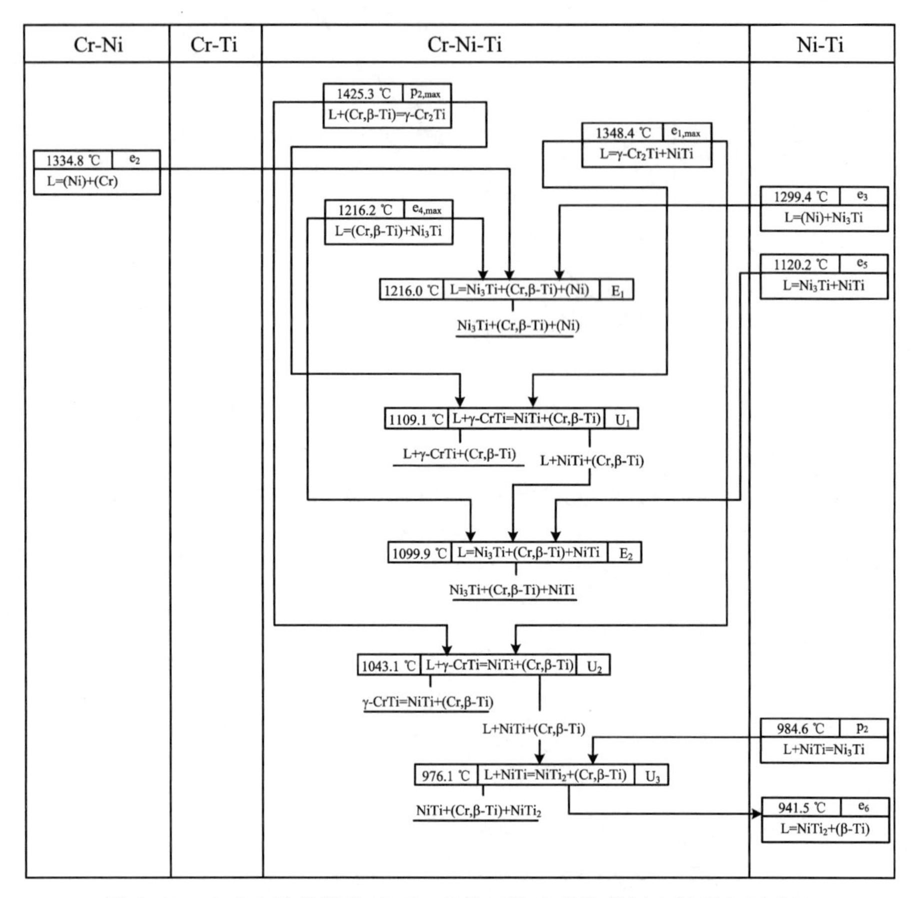


**图 3.18 本书工作构筑的 Ti-Cr-Ni 体系整个成分范围内的希尔反应图**

**表 3.4 本书工作计算和实验测定的 Ti-Cr-Ni 体系零变量反应温度的比较**

| 类型 | 零变量反应 | 温度(℃) | 数据来源 |
| --- | --- | --- | --- |
| $p_{1,max}$ | Liquid + (Cr, β-Ti)→$\gamma$-$Cr_2Ti$ | 1389 | 实验测定[47] |
| | | 1425 | 计算(本书工作) |
| $e_{1,max}$ | Liquid→NiTi + $\gamma$-$Cr_2Ti$ | 1202 | 实验测定[47] |
| | | 1348 | 计算(本书工作) |
| $e_{4,max}$ | Liquid→(Cr, β-Ti) + $Ni_3Ti$ | 1223 | 实验测定[47] |
| | | 1216 | 计算(本书工作) |

**续表**

| 类型 | 零变量反应 | 温度(℃) | 数据来源 |
|---|---|---|---|
| $E_1$ | Liquid→(Ni) + (Cr,β-Ti) + $Ni_3Ti$ | 1216 | 实验测定[47] |
| | | 1216 | 计算(本书工作) |
| $U_1$ | Liquid + γ-$Cr_2Ti$→NiTi + (Cr,β-Ti) | 1109 | 实验测定[47] |
| | | 1109 | 计算(本书工作) |
| $E_2$ | Liquid→$Ni_3Ti$ + NiTi + (Cr,β-Ti) | 1100 | 实验测定[47] |
| | | 1100 | 计算(本书工作) |
| $U_2$ | Liquid + γ-$Cr_2Ti$→NiTi + (Cr,β-Ti) | 1043 | 实验测定[47] |
| | | 1043 | 计算(本书工作) |
| $U_3$ | Liquid + NiTi→$NiTi_2$ + (Cr,β-Ti) | 976 | 实验测定[47] |
| | | 976 | 计算(本书工作) |
| E | (Cr,β-Ti)→(α-Ti) + $NiTi_2$ + α-$Cr_2Ti$ | 650±2 | 实验测定[42] |
| | | 643 | 计算(本书工作) |

图 3.19 所示的是计算的有序 B2 相在 850 ℃,50 at.% Ti 和 10 at.% Cr 时 4 个亚点阵的点阵占据分数。从该图中可以看出,第 1 个和第 2 个亚点阵占据的主要元素是 Ni,其次是 Cr 和 Ti,且 Ti 的点阵分数几乎为 0;第 3 个和第 4 个亚点阵

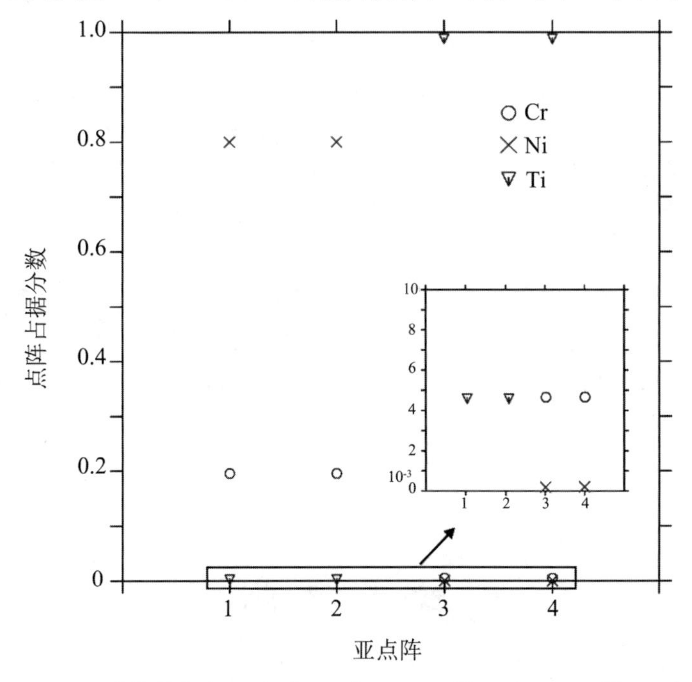


**图 3.19　计算的有序 B2 相在 850 ℃,50 at.% Ti 和 10 at.% Cr 时 4 个亚点阵中的点阵占据分数**

占据的主要元素是 Ti,其点阵分数几乎为 100%,Ni 和 Cr 的点阵分数几乎为 0。此外,各元素在第 1 个和第 2 个亚点阵中的点阵分数相等,在第 3 个和第 4 个亚点阵中的点阵分数亦相等。这说明对于四亚点阵模型,第 1 个和第 2 个亚点阵是等效的,第 3 个和第 4 个亚点阵是等效的,这是由于这 4 个亚点阵模型具有对称性。

通过以上计算的 Ti-Cr-Ni 体系一系列的相图可以看出,本书工作成功地将四亚点阵模型应用于描述 bcc_A2/bcc_B2 的有序-无序转变。期望可以将四亚点阵模型应用于描述其他体系中的有序-无序转变,以便对具有不同 bcc 基的有序-无序转变的多元体系建立可靠的热力学描述。

## 3.5 本章小结

1. 对 Ti-Cr-Ni 体系的 3 个二元系和三元系进行了严格的文献数据评估,分析了各组实验数据的准确性。

2. 根据 bcc 基有序相晶格点阵的对称性,推导了描述 bcc 基有序-无序转变的四亚点阵模型,并成功应用于描述 Ni-Ti 二元系中的 bcc_A2/bcc_B2 有序-无序转变,其计算的结果与双亚点阵模型计算的结果一致。

3. 首次成功地使用四亚点阵模型描述 Ti-Cr-Ni 三元系中的 bcc_A2/ bcc_B2 的有序-无序转变,通过优化计算获得了一套自洽的描述 Ti-Cr-Ni 体系的热力学参数。计算了 Ti-Cr-Ni 体系的一系列等温截面、垂直截面、液相面投影图,还构筑了该体系的希尔反应图。通过对比发现本书工作的计算能够准确地描述相图实验数据。

4. 通过计算各元素在四个亚点阵中的点阵分数可知,第 1 个和第 2 个亚点阵是等效的,第 3 个和第 4 个亚点阵是等效的,进一步说明这 4 个亚点阵模型具有对称性。四亚点阵模型成功应用于 Ti-Cr-Ni 三元系,也可将该模型推广应用于其他多元体系。

## 参考文献

[1] ZANCHUK W. The use of TAFALOY 45CT, an Ni-Cr-Ti alloy, as an arc sprayed corrosion barrier in high temperature sulfurous environments

[J]. Surf. Coat. Technol., 1989, 39: 65-69.

[2] NAVINŠEK B. Ni-Cr-Ti protective coating[J]. Surf. Coat. Technol., 1993, 60: 603-608.

[3] HILLERT M. The compound energy formalism[J]. J. Alloys Compd., 2001, 320: 161-176.

[4] ANSARA I, DUPIN N, LUKAS H L, et al. Thermodynamic assessment of the Al-Ni system[J]. J. Alloys Compd., 1997, 247: 20-30.

[5] SUNDMAN B, FRIES S G, OATES W A. A thermodynamic assessment of the Au-Cu system[J]. Calphad, 1998, 22: 335-354.

[6] LU X-G, SUNDMAN B. Thermodynamic assessments of the Ni-Pt and Al-Ni-Pt systems[J]. Calphad, 2009, 33: 450-456.

[7] YUAN X M, ZHANG L J, DU Y, et al. A new approach to establish both stable and metastable phase equilibria for fcc ordered/disordered phase transition: application to the Al-Ni and Ni-Si systems[J]. Mater. Chem. Phys., 2012, 135: 94-105.

[8] SUNDMAN B, OHNUMA I, DUPIN N, et al. An assessment of the entire Al-Fe system including $D0_3$ ordering[J]. Acta Mater., 2009, 57: 2896-2908.

[9] HALLSTEDT B, KIM O. Thermodynamic assessment of the Al-Li system[J]. Int. Mat. Res., 2007, 98: 961-969.

[10] SUNDMAN B, CHEN Q, DU Y. A review of Calphad modeling of ordered phases[J]. J. Phase Equilib. Diffus., 2018, 39: 678-693.

[11] MURRAY J L. The Cr-Ti (chromium-titanium) system[J]. Bull. Alloys phase diagrams, 1981, 2: 174-181.

[12] MURRAY J L. The Cr-Ti (chromium-titanium) system[M]//MURRAY J L. Phase diagrams of binary titanium alloys. Ohio: ASM International, 1987, 68-78.

[13] MOLOKANOV V V, BUDBERG P B, ALISOVA S P. Phase diagram of the Ti-Cr system[J]. Dokl. Akad. Nauk SSSR, 1975, 223: 1184-1186.

[14] KAUFMAN L, NESOR H. Coupled phase diagrams and thermochemical data for transition metal binary systems-I[J]. Calphad, 1978, 2: 55-80.

[15] SAUNDERS N. System Cr-Ti[M]//ANSARA I. Thermochemical database for light metal alloys. Brussels: European Commission, 1994, 103-105.

[16] LEE J Y, KIM J H, PARK S I, et al. Phase equilibrium of the Ti-Cr-V ternary system in the non-burning β-Ti alloy region[J]. J. Alloys

Compd., 1999, 291: 229-238.

[17] ZHUANG W D, SHEN J Y, LIU Y Q, et al. Thermodynamic optimization of the Cr-Ti system[J]. Z. Metallkd., 2000, 91: 121-127.

[18] GHOSH G. Thermodynamic and kinetic modeling of the Cr-Ti-V system [J]. J. Phase Equilib., 2002, 23: 310-328.

[19] PAVLŮ J, VŘEŠŤáL J, ŠOB M. Thermodynamic modeling of Laves phases in the Cr-Hf and Cr-Ti systems: reassessment using first-principles results[J]. Calphad, 2010, 34: 215-221.

[20] MURRAY J L. Ni-Ti (nickel-titanium)[M]//NASH P. Phase diagrams of binary nickel alloys. Ohio: ASM International, 1991, 342-355.

[21] KAUFMAN L, NESOR H. Coupled phase diagrams and thermochemical data for transition metal binary systems-Ⅱ[J]. Calphad, 1978, 2: 81-108.

[22] MURRAY J L. Phase diagrams of binary titanium alloys[M]. Ohil: ASM International, 1987.

[23] LIANG H Y, JIN Z P. A reassessment of the Ti-Ni system[J]. Calphad, 1993, 17: 415-426.

[24] SAUNDERS N. Ni-database[M]. Guildford: Thermo. Tech. Ltd., 1995.

[25] BELLEN P, HARI KUMAR K C, WOLLANTS P. Thermodynamic assessment of the Ni-Ti phase diagram[J]. Z. Metallkd., 1996, 87: 972-978.

[26] TANG W, SUNDMAN B, SANDSTRöM R, et al. New modelling of the B2 phase and its associated martensitic transformation in the Ti-Ni system[J]. Acta Mater., 1999, 47: 3457-3468.

[27] DE KEYZER J, CACCIAMANI G, DUPIN N, et al. Thermodynamic modeling and optimization of the Fe-Ni-Ti system[J]. Calphad, 2009, 33: 109-123.

[28] DE KEYZER J. Thermodynamic modeling of the Fe-Ni-Ti system: a multiple sublattice approach[D]. Belgium: Katholieke Universiteit Leuven, 2008.

[29] VOSS G. The chromium-nickel alloys[J]. Z. Anorg. Chem., 1908, 57: 58-61.

[30] NASH P. The Cr-Ni (chromium-nickel) system[J]. Bull. Alloys phase diagrams, 1986, 7: 466-476.

[31] JETTE E R, NORDSTROM V H, QUENEAU B, et al. X-ray studies on the nickel-chromium system[J]. Am. Inst. Mining Met. Eng., Inst.

Met. Div., Tech. Pub., 1934, 111: 361-371.
[32] JENKINS C H M, BUCKNALL E H, AUSTIN C R, et al. Some alloys for use at high temperatures: part Ⅳ: the constitution of the alloys of nickel, chromium and iron[J]. J. Iron and Steel Inst., 1937, 136: 187-220.
[33] BAER H G. Superstructure and K-state in the Cr-Ni system[J]. Z. Metallkd., 1958, 49: 614-622.
[34] SVECHNIKOV V N, PAN V M. On transformations in the Cr-Ni system[J]. Dop. Akad. Nauk Ukr. RSR, 1960, 7: 917-920.
[35] BECHTOLDT C J, VACHER H C. Redetermination of the chromium and nickel solvuses in the chromium-nickel system[J]. Trans. Met. Soc. AIME, 1961, 221: 14-18.
[36] SVECHNIKOV V N, PAN V M. Characteristics of the equilibrium siagram and processes of solution and precipitation in the Cr-Ni system[J]. Sb. Nauchn. Rabot. Inst. Metallofiz., Akad. Nauk. Ukr. SSR., 1962, 15: 164-178.
[37] KARMAZIN L. Lattice parameter studies of structure changes of Ni-Cr alloys in the region of $Ni_2Cr$[J]. Mater. Sci. Eng., 1982, 54: 247-256.
[38] LEE B J. On the stability of Cr carbides[J]. Calphad, 1992, 16: 121-149.
[39] TAYLOR A, FLOYD R W. The constitution of nickel-rich alloys of the nickel-chromium-titanium system[J]. J. Inst. Metals, 1951-1952, 80: 577-587.
[40] KORNILOV I I, OZHIMKOVA O V, PRYAKHINA L I. Composition, temperature, and heat resistance relation in the Ni-Cr-W-Ti-Al alloys [J]. Izv. Akad. Nauk SSSR, 1960, 5: 90-97.
[41] KAUFMAN L, NESOR H. Calculation of superalloy phase diagrams: part Ⅰ[J]. Met. Trans., 1974, 5: 1617-1621.
[42] NARTOVA T T, MOGUTOVA T V, VOLKOVA M A, et al. Phase equilibriums and corrosion stability of Ti-Ni-Cr alloys[J]. Izv. Akad. Nauk SSSR, Met., 1988, 3: 182-184.
[43] XU H H, JIN Z P. The determination of the isothermal section at 1200K of the Cr-Ni-Ti phase diagram[J]. Scripta Mater., 1997, 37: 147-150.
[44] TAN Y H, XU H H, DU Y. Isothermal section at 927 ℃ of Cr-Ni-Ti system[J]. Nonferrous Met. Soc. China, 2007, 17: 711-714.
[45] VAN BEEK J A, KODENTSOV A A, VAN LOO F J J. Phase equilibria in the Ni-Cr-Ti system at 850 ℃[J]. J. Alloys Compd., 1998, 270:

218-223.
[46] HAOUR G, MOLLARD F, LUX B, et al. New eutectics based on Fe, Co and Ni: 3. results obtained for Ni-base alloys[J]. Z. Metallkd., 1978, 69: 149-154.
[47] KRENDELSBERGER N, WEITZER F, DU Y, et al. Constitution of the ternary system Cr-Ni-Ti[J]. J. Alloys Compd., 2013, 575: 48-53.
[48] ISOMäKI I, HäMäLäINEN M, GASIK M. Thermodynamic assessment of the ternary Ni-Ti-Cr system[J]. J. Alloys Compd., 2012, 543: 12-18.
[49] DINSDALE A T. SGTE data for pure elements[J]. Calphad, 1991, 15: 317-425.
[50] KUSOFFSKY A, DUPIN N, SUNDMAN B. On the compound energy formalism applied to fcc ordering[J]. Calphad, 2001, 25: 549-565.
[51] DUPIN N, SUNDMAN B. Modeling of the bcc ordering using the sub-lattice formalism[R]. Vienna: Thermodynamics of Alloys TOFA, 2004.
[52] SUNDMAN B, JANSSON B, ANDERSSON J O. The Thermo-Calc data-bank system[J]. Calphad, 1985, 9: 153-190.
[53] DU Y, SCHMID-FETZER R, OHTANI H. Thermodynamic assessment of the V-N system[J]. Z. Metallkd., 1997, 88: 545-556.
[54] VOGEL R, WALLBAUM H S. Über eine beobachtung von erzwunger ausscheidungsrichtung in mischkristallen[J]. Z. Metallkd., 1941, 33: 376-377.
[55] MARGOLIN H, ENCE E, NIELSEN J P. Titanium-nickel phase diagram[J]. Trans. AIME, 1953, 197: 243-247.
[56] POOLE D M, HUME-ROTHERY W. The equilibrium diagram of the system nickel-titanium[J]. J. Inst. Met., 1955, 83: 473-480.
[57] PURDY E R, GORDON PARR J. A study of the titanium-nickel system between $Ti_2Ni$ and TiNi[J]. Trans. AIME, 1961, 221: 636-639.
[58] BASTIN G F, RIECK G D. Diffusion in the titanium-nickel system: Ⅰ. occurrence and growth of the various intermetallic compounds[J]. Metall. Mater. Trans. B, 1974, 5: 1817-1826.
[59] JIA C C, ISHIDA K, NISHIZAWA T. Partition of alloying elements between $\gamma$(A1), $\gamma'$($L1_2$), and $\beta$ (B2) phases in Ni-Al base systems[J]. Metall. Mater. Trans. A, 1994, 25: 473-485.
[60] COLINET C, PASTUREL A. Thermodynamics of the nickel-titanium system: a tight-binding-bond approach [J]. Phys. B, 1993, 192: 238-246.

［61］ GACHON J C，NOTIN M，HERTZ J．The enthalphy of mixing of the intermediate phases in the systems FeTi，CoTi，and NiTi by direct reaction calorimetry［J］．Thermochim．Acta，1981，48：155-164．

［62］ KUBASCHEWSKI O，VILLA H，DENCH W A．The reaction of titanium tetrachloride with hydrogen in contact with various refractories［J］．Trans．Faraday Soc.，1956，52：214-222．

［63］ GOMOZOV P A，ZASYPALOV Y V，MOGUTNOV B M．Enthalpies of formation of intermetal compounds with the CsCl（CoTi，CoZr，CoAl，NiTi）structure［J］．Russ．J．Phys．Chem.，1986，60：1122-1124．

# 第4章　Ti-V-M(M = Si,Nb,Ta)体系的相图热力学研究

## 4.1　引　　言

V是Ti合金中最常用的β同晶合金元素之一,能够提升Ti合金的塑性和强度[1]。尽管Ti和V在室温下是热力学不相溶的[2],但可以在固相线和相边界(β-Ti,V)/(α-Ti)+(β-Ti,V)之间形成完全互溶的β相,即体心立方bcc结构的(β-Ti,V)固溶体。bcc结构的Ti-V合金具有优异的储氢性能而有望成为储氢应用领域的候选材料[3-5]。Si、Nb、Ta等合金元素的加入,可使钛合金高温β相在快速冷却过程中稳定至室温。当在钛中添加适量的β稳定元素时,在热处理过程中通过控制β相向α相的转变,可以显著提高Ti合金的强度[6]。Ti-V基三元体系的相平衡对理解Ti合金在生产过程中形成的相及其组成具有重要作用,有必要对Ti-V-M(M = Si,Nb,Ta)三元体系进行全面准确的热力学评估,并获得一套可靠的热力学参数,以便对相关的更高组元体系进行热力学外推。

Ti-V-Si体系合金在很大的成分范围内都是具有重要技术意义的结构材料。例如,以Ti-Si为基体的合金材料具有良好的耐热性能;以V为基体的合金一直是核聚变装置结构材料的研究重点;硅化物薄膜材料在微电子领域也有很好的应用前景。大量的研究工作者[7-10]对Ti-V-Si三元系或以Ti-V-Si为基体的多元合金的微观结构、力学性能、耐腐蚀性能、催化性能以及其他与实际应用相关的性能进行了报道。Enomoto[11]以及Bulanova和Fartushna[12]对Ti-V-Si三元系的晶体结构、相图以及热力学性质进行了准确地评估。但其相平衡关系仍存在一些争议,本书工作通过设计关键实验对Ti-V-Si体系800 ℃等温截面的相关系进行系统研究,并结合第一性原理计算,采用CALPHAD方法,对Ti-V-Si三元系的相关系进行热力学优化,并期望获得一套能准确描述该体系的热力学参数,以便为Ti-V-Si三元系或以Ti-V-Si为基体的多元体系合金材料的成分设计提供理论指导,推动其在实际生产中的应用。

Ti-V-Nb和Ti-V-Ta体系是开发新型储氢材料的重要基础体系。将Nb、Ta、V元素加入钛合金中,可以提高(β-Ti)相从高温迅速冷却至室温时的稳定性[13]。此外,添加Nb和Ta元素进入钒合金中可以显著提高其高温硬度,而且Ti元素是钒合金中避免产生氢脆现象必不可少的元素之一[14]。因此,了解Ti-V-Nb和Ti-V-Ta体系的相平衡关系,对新型Ti基或V基合金材料的成分设计具有重大意义。所以,需要对Ti-V-Nb和Ti-V-Ta体系进行全面准确的热力学评估,为相关高组元体系的外推计算提供一组可靠的热力学参数。

根据详细的文献评估,关于Ti-V-M(M=Si,Nb,Ta)的热力学优化工作并未有文献报道,而且在商业数据库中也没有对其进行过热力学描述。在本章中,基于文献报道的边际二元系热力学参数和三元系的实验相平衡数据,采用CALPHAD方法,对Ti-V-M(M=Si,Nb,Ta)体系进行热力学优化计算,期望获得一套能准确描述Ti-V-M(M=Si,Nb,Ta)体系的热力学参数。

## 4.2 Ti-V-M(M=Si,Nb,Ta)体系的相图数据文献评估

为了方便对各相情况的理解,将Ti-V-M(M=Si,Nb,Ta)体系中存在的固相符号标识和晶体结构信息进行了总结,见表4.1。

表4.1 Ti-V-M(M=Si,Nb,Ta)体系中各相的符号标识和晶体结构信息

| 相名称 | 原型 | 皮尔逊符号 | 空间群 | 相的描述 |
|---|---|---|---|---|
| (α-Ti) | Mg | hp2 | $P6_3/mmc$ | 固溶体 hcp_A3 Ti |
| (β-Ti) | W | cI2 | $Im\bar{3}m$ | 固溶体 bcc_A2 Ti |
| (V) | W | cI2 | $Im\bar{3}m$ | 固溶体 bcc_A2 V |
| (Si) | C | cF8 | $Fd\bar{3}m$ | 固溶体 diamond_A4 Si |
| (Nb) | W | cI2 | $Im\bar{3}m$ | 固溶体 bcc_A2 Nb |
| (Ta) | W | cI2 | $Im\bar{3}m$ | 固溶体 bcc_A2 Ta |
| $TiSi_2$ | $TiSi_2$ | oF24 | Fddd | 二元化合物 $TiSi_2$ |
| TiSi | FeB | oP8 | Pnma | 二元化合物 TiSi |
| $Ti_5Si_4$ | $Zr_5Si_4$ | tP36 | $P4_12_12$ | 二元化合物 $Ti_5Si_4$ |
| $Ti_5Si_3$ | $Mn_5Si_3$ | hP16 | $P6_3/mcm$ | 二元化合物 $Ti_5Si_3$ |
| $Ti_3Si$ | $Ti_3P$ | tP32 | $P4_2/n$ | 二元化合物 $Ti_3Si$ |
| $VSi_2$ | $CrSi_2$ | hP9 | $P6_222$ | 二元化合物 $VSi_2$ |

续表

| 相名称 | 原型 | 皮尔逊符号 | 空间群 | 相的描述 |
|---|---|---|---|---|
| $V_6Si_5$ | $Ti_6Ge_5$ | oI44 | Ibam | 二元化合物 $V_6Si_5$ |
| $V_5Si_3$ | $W_5Si_3$ | tP32 | I4/mcm | 二元化合物 $V_5Si_3$ |
| $V_3Si$ | $Cr_3Si$ | cP8 | $Pm\bar{3}n$ | 二元化合物 $V_3Si$ |
| $\alpha$-$TaV_2$ | $MgZn_2$ | hP12 | $P6_3/mcm$ | 固溶体 Laves_C14 |
| $\beta$-$TaV_2$ | $MgCu_2$ | cF24 | $Fd\bar{3}m$ | 固溶体 Laves_C15 |
| $\tau$ | $TiVSi_2$ | oP44 | $P2_12_12$ | 三元化合物 $TiVSi_2$ |

### 4.2.1 边际二元系

为了便于理解 Ti-V-M(M＝Si,Nb,Ta)三元系,图 4.1 列出了根据文献报道的热力学参数计算的 Ti-V-M(M＝Si,Nb,Ta)体系中边际二元系相图。关于 Ti-V-M(M＝Si,Nb,Ta)体系中边际二元系的热力学参数,本书工作直接采用文献报道的结果。为了与我们建立的钛合金热力学数据库相一致,Ti-V、Ti-Si、Ti-Nb、Ti-Ta、V-Si、V-Nb 和 V-Ta 的热力学参数分别采用来自 Ghosh[2]、Seifert 等[15]、Saunders[16]、Saunders[17]、Zhang 等[18]、Kumar 等[19]以及 Danon 和 Servant[20]的研究结果。从图中可以看出,Ti-V、Ti-Nb、Ti-Ta 和 V-Nb 这几个二元系没有包含二元化合物,相关系较为简单,且在一定的温度下,两个元素完全互溶,形成体心立方结构的固溶体。Ti-Si、V-Si 和 V-Ta 体系均包含数量不等的二元化合物,相关系较为复杂。关于各体系的具体情况在此不再赘述,请参考对应的参考文献。

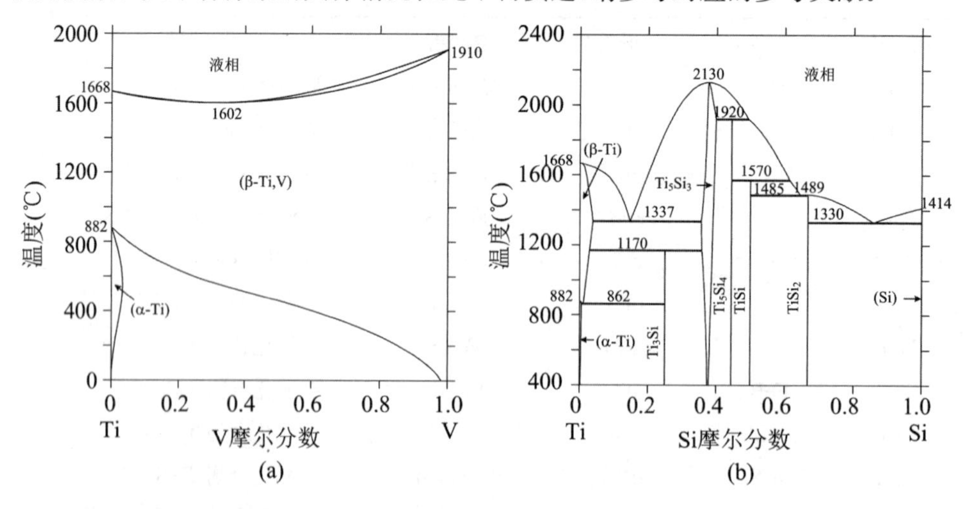


**图 4.1 根据文献报道的热力学参数计算的 Ti-V-M(M＝Si,Nb,Ta)体系边际二元系的相图**

(a) Ti-V;(b) Ti-Si;(c) Ti-Nb;(d) Ti-Ta;(e) V-Si;(f) V-Nb;(g) V-Ta

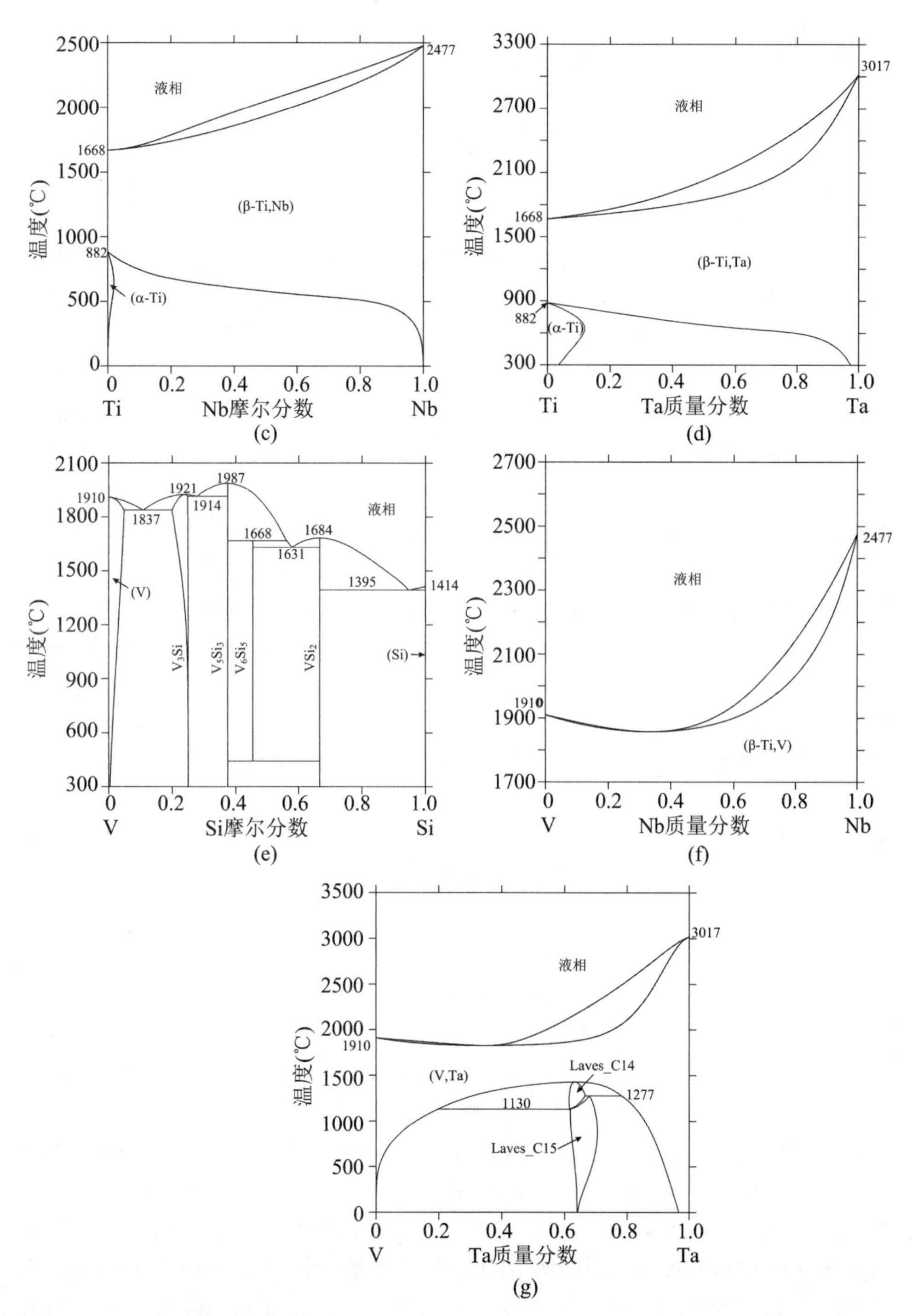


**续图 4.1　根据文献报道的热力学参数计算的 Ti-V-M(M=Si,Nb,Ta)体系边际二元系的相图**

(a) Ti-V;(b) Ti-Si;(c) Ti-Nb;(d) Ti-Ta;(e) V-Si;(f) V-Nb;(g) V-Ta

### 4.2.2 Ti-V-Si 三元系

1954 年，Nowotny 等[21]采用 XRD 首次对 Ti-V-Si 三元系中 $TiSi_2$-$VSi_2$ 垂直截面进行了研究。实验结果显示在 1300 ℃时约有 5 at.% $TiSi_2$ 溶解于 $VSi_2$ 和 85 at.% $VSi_2$ 溶解于 $TiSi_2$。$TiSi_2$-$VSi_2$ 垂直截面是共晶型伪二元系。Komjathy[22]通过对制备的合金分别在 1000 ℃和 1500 ℃下进行热处理，采用金相和 XRD 分析方法，研究了 Si 在（β-Ti，V）中的最大溶解度，并对 Ti-V-Si 三元系在 50～100 wt.% V 成分范围内的 1000 ℃等温截面的相关系进行了试探性构筑，实验结果表明，随着温度的升高，Si 在（β-Ti，V）中的溶解度逐渐减小。在 Ti 的成分区间为 10～20 at.%，温度为 1500 ℃时其溶解度为 0.09～0.9 at.% Si，而在 1000 ℃时，溶解度为 0.09 at.% Si。同时，Komjathy[21]报道了 1000 ℃等温截面上存在一个三相区，即 $V_5Si_3$ + $V_3Si$ +（β-Ti，V），且 Ti 在 $V_5Si_3$ 和 $V_3Si$ 中的溶解度可以忽略不计。随后，Gladyshevsky 等[23]根据 Nowotny 等[21]和 Komjathy[21]的研究结果，配置了大约 50 个三元合金，采用金相和 XRD 分析技术对 Ti-V-Si 体系 800 ℃等温截面的相关系进行了系统研究，发现了一个三元化合物 $\tau$：$(Ti_xV_{1-x})Si$，并给出一个大概的成分范围，在 800 ℃时化学计量比为 $TiVSi_2$，同时报道了 V 在 $Ti_5Si_3$ 和 $TiSi_2$ 相中的最大溶解度分别约为 30 at.%和 2 at.% V 以及 Ti 在 $V_3Si$、$V_5Si_3$ 和 $VSi_2$ 相中的最大溶解度分别为 18 at.%、12 at.%和 28.5 at.% Ti。Gladyshevsky 等[23]根据其研究结果，绘制了 Ti-V-Si 体系 800 ℃等温截面，确定了 8 个三相区，即

$$(Si) + TiSi_2 + VSi_2$$
$$TiSi_2 + VSi_2 + \tau$$
$$TiSi_2 + TiSi + \tau$$
$$TiSi + Ti_5Si_3 + \tau$$
$$Ti_5Si_3 + V_5Si_3 + \tau$$
$$V_5Si_3 + VSi_2 + \tau$$
$$Ti_5Si_3 + V_5Si_3 + V_3Si$$
$$V_3Si + Ti_5Si_3 + (\beta\text{-}Ti, V)$$

根据第三组元在二元化合物中的溶解度，Ti 和 V 在点阵中相互替代。根据 Ti-Si（图 4.1(b)）和 V-Si（图 4.1(e)）二元相图，$Ti_5Si_4$、$Ti_3Si$ 和 $V_6Si_5$ 相在 800 ℃稳定存在，然而在 Gladyshevsky 等[23]的等温截面中并未有发现。值得注意的是，对于 Ti 在 $V_3Si$ 相中的溶解度，还有其他学者也进行了实验测定。Savitsky 等[24]在 800 ℃时测定的 Ti 在 $V_3Si$ 相中的溶解度为 15 at.%；Sozontova 和 Shtolts[25]在 800 ℃和 1000 ℃时测定的 Ti 在 $V_3Si$ 相中的溶解度为分别为 14 at.%和 10 at.%；Nowotny 等[21]在 1300 ℃时测定的 Ti 在 $V_3Si$ 相中的最大溶解度为 15 at.%。

Savitsky 等[24]以及 Sozontova 和 Shtolts[25]测得的溶解度与 Gladyshevsky 等[23]测得的结果差不多，但均与 Komjathy[21]报道的结果不一致。Markiv 等[26]采用 XRD 对单晶粉末进行分析研究了 $\tau$ 的晶体结构，$\tau$ 具有斜方结构，空间群为 $P2_12_12$，点阵参数为 $a = 4.95$ Å、$b = 16.18$ Å 和 $c = 7.64$ Å。

Godden[27]、Koss 等[28-30]和 Tuominen 等[31]在对(β-Ti, V)硬质合金的性能进行研究时，对于设计成分为 Ti-(38～45)V-1Si(质量百分数)的合金，首先在 1300～1350 ℃进行均匀化热处理，然后在 570 ℃和 650 ℃进行时效，发现了另一个三元化合物$(Ti,V)_xSi_y$。根据他们的描述，该三元化合物$(Ti,V)_xSi_y$为一个“过渡相”，在成分范围为 Ti-(30～40) V-1Si 的合金中，$(Ti,V)_xSi_y$与 $Ti_3Si$ 相一起出现；而在 Ti-45V-1Si 合金中，$(Ti,V)_xSi_y$与 $Ti_5Si_3$ 相一起出现。但根据 Chaix 等[32]在对 Ti-30V-1Si的合金研究中，认为三元化合物$(Ti,V)_xSi_y$为一个亚稳相，其出现可能是 Ti 与 Si 元素的位错运动造成的。除此之外，对于三元化合物$(Ti,V)_xSi_y$的具体成分和晶体学信息，直到目前为止，尚未有报道。Bulanova 和 Fartushna[12]在对 Ti-V-Si 三元系的最新评估中，认为三元化合物$(Ti,V)_xSi_y$可能是一个低温相的化合物，其存在机理可能与 Bulanova 等[33]报道的关于 Ti-Zr-Si 体系中$(Ti,Zr)_2Si$ 化合物的反应类型类似。但事实上，Gladyshevsky 等[23]在对 Ti-V-Si 体系的 800 ℃等温截面的相关系进行实验测定时，并未发现该三元化合物，这一现象又与 Ti-Zr-Si 体系中$(Ti,Zr)_2Si$ 化合物的反应类型相悖。因此，Bulanova 和 Fartushna[12]在对 Ti-V-Si三元系的评估中，建议该三元化合物的存在温度为 650～800 ℃。针对此处的疑问，本次工作将通过设计关键实验和热力学计算相结合的方法，予以验证。

基于以上提到的实验数据和可能与 $Ti_5Si_4$ 和 $Ti_3Si$ 两相存在的相关系，Enomoto[11]首次对 Ti-V-Si 体系的相关系进行了评估，构筑了 Ti-V-Si 体系 800 ℃完整的等温截面。与 Gladyshevskii 等报道的等温截面相比，Enomoto[11]另外预测了 3 个三相区，即

$$Ti_5Si_4 + TiSi + Ti_5Si_3$$

$$Ti_3Si + Ti_5Si_3 + (\beta\text{-}Ti, V)$$

$$Ti_3Si + (\alpha\text{-}Ti) + (\beta\text{-}Ti, V)$$

最近，Bulanova 和 Fartushna[12]重新详细评估了 Ti-V-Si 体系 800 ℃的相平衡。除了 2 个三相区 $Ti_5Si_4 + TiSi + Ti_5Si_3$ 和 $Ti_3Si + Ti_5Si_3 + (\beta\text{-}Ti, V)$外，Bulanova 和 Fartushna[12]评估的结果与 Enomoto[11]的研究结果相似。另外，Bulanova 和 Fartushna[12]基于有限的实验数据，外推了 3 个零变量反应：

$$Liquid \rightarrow V_3Si + Ti_5Si_3 + (\beta\text{-}Ti, V) \quad (1365\ ℃)$$

$$Liquid + V_5Si_3 \rightarrow Ti_5Si_3 + (\beta\text{-}Ti, V) \quad (高于\ 1345\ ℃)$$

$$Liquid \rightarrow VSi_2 + TiSi_2 + (Si) \quad (低于\ 1300\ ℃)$$

以及 3 个极值反应：

$$Liquid \rightarrow Ti_5Si_3 + V_5Si_3 \quad (低于 2010 ℃)$$

$$Liquid \rightarrow V_5Si_3 + (\beta\text{-}Ti, V) \quad (约 1500 ℃)$$

$$L \rightarrow VSi_2 + TiSi_2 \quad (低于 1500 ℃)$$

并试探性地绘制了该体系的部分希尔反应图。Enomoto[11]以及 Bulanova 和 Fartushna[12]均未报道二元化合物 $V_6Si_5$。关于 Ti-V-Si 体系的热力学数据尚未有报道。

通过对文献报道的 Ti-V-Si 体系实验数据进行详细评估后发现仍然存在一些问题需要解决。一方面，需要进行关键实验来确定与 $Ti_5Si_4$、$Ti_3Si$ 和 $V_6Si_5$ 相相关的相平衡以及三元化合物 $\tau$ 的成分范围。另一方面，需要采用第一性原理计算二元化合物端际组元的生成焓，从而为 CALPHAD 优化提供必要的热力学数据，然后，结合文献中可获得的实验数据以及本书工作的实验数据和第一性原理计算结果，对Ti-V-Si体系进行热力学优化。

### 4.2.3 Ti-V-Nb 三元系

根据 Kornilov 和 Vlasov[34, 35]、Sobolevd 等[36]和 Enomoto[37]对 Ti-V-Nb 体系相平衡关系的实验研究，该体系不存在三元化合物。Kornilov 和 Vlasov[34]第一次采用差热分析方法配制了 54 个三元合金，对 Ti-V-Nb 体系的固相面投影图进行了实验测定。随后，根据第一次的实验结果，Kornilov 和 Vlasov[35]重新制备了 87 个三元合金，通过 XRD 和金相分析，研究了 Ti-V-Nb 体系 600 ℃、700 ℃、800 ℃和 1000 ℃的等温截面，并且第二次的实验结果能够很好地解释第一次实验得出的结论。实验结果表明，Ti-V-Nb 体系的相平衡关系非常简单，只有($\alpha$-Ti)和($\beta$-Ti, V, Nb)两个固溶体稳定。因此，Kornilov 和 Vlasov[34,35]报道的实验数据在本书工作的优化计算中予以采用。

Enomoto[37]基于 Kornilov 和 Vlasov[34,35]的实验结果以及边际二元系的相平衡，构筑了 Ti-V-Nb 体系的液相面和固相面投影图以及 600 ℃和 700 ℃的等温截面。1994 年，Kumar 等[19]基于报道的 Ti-Nb、Nb-V 和 Ti-V 3 个二元系的热力学参数对 Ti-V-Nb 体系进行了热力学外推计算。然而，计算的 600 ℃和 700 ℃相边界($\beta$-Ti, V, Nb)/($\alpha$-Ti) + ($\beta$-Ti, V, Nb)与 Kornilov 和 Vlasov[34,35]报道的实验数据不一致。

Sobolevd 等[36]基于 Ti-V-Nb-Mo 四元系的研究，报道了关于 Ti-V-Nb 体系的固相面投影图，但其研究结果与其他研究者报道的固相面投影图相悖，可能是由于难熔金属 Mo 加入到 Ti-V 基合金中，对 Ti-V-Nb 三元合金的微观组织演变产生影响。因此，对于 Sobolevd 等[36]报道的 Ti-V-Nb 三元系的固相面投影图，在本书工作的热力学参数优化中未被采用。

### 4.2.4 Ti-V-Ta三元系

同Ti-V-Nb三元系一样，文献中也没有关于Ti-V-Ta体系的三元化合物或热力学参数的报道。Komjathy[7]研究了Ti-V-Ta三元系在成分为0～40 wt.% Ti的近Ti-V端的800 ℃、1000 ℃和1200 ℃等温截面的相平衡关系。采用金相和XRD分析方法对配制的22个三元合金，在800 ℃、1000 ℃和1200 ℃等温截面的相组成进行了物相分析。Mikheyev和Nikitin[38]根据Komjathy[7]的研究成果，继续对Ti-V-Ta三元系在成分为40～100 wt.% Ti范围内的相平衡关系进行了研究，绘制了Ti-V-Ta三元系的固相面投影图和Ta与V的质量比分别为1∶3、1∶1和3∶1的垂直截面。考虑到关于Ti-V-Ta体系的实验数据相对较少和根据边际二元系外推其相关系较为简单，并且结合上述实验结果，本书工作在热力学参数优化中给予Mikheyev和Nikitin[38]报道的3个垂直截面和固相面投影图与Komjathy[7]报道的800 ℃和1200 ℃等温截面的实验数据较大权重。而Komjathy[7]报道的1000 ℃等温截面的实验数据，由于与本书工作中使用的边际二元系相关系相差较大，因此在本书工作的优化过程中给予较小的权重。

## 4.3 Ti-V-Si体系相平衡的实验测定

### 4.3.1 实验过程

本书工作根据文献报道的实验数据，结合CALPHAD方法外推计算的结果，设计8个关键合金样品。以纯金属Ti(99.995%)、V(99.99%)和Si(99.999%)为原料，在高纯惰性气体(Ar)氛围下，采用WK-Ⅰ型非自耗真空电弧熔炼炉，制备了8个重约1.5 g的三元合金。为了保证合金成分与设计成分一致，对每个熔炼好的合金样品进行重新称重，对质量损失超过0.5 wt.%的样品进行重新配样，再次熔炼。随后将得到的样品用高纯Mo丝包裹，使用MRVS-1002型单工位真空封管机，将合金样品抽真空密封于石英管中，放入已升温至800 ℃的KSL-1200X型箱式炉中进行均匀化退火。采用Mo丝包裹的目的是为了防止合金样品与石英管直接接触，避免发生反应。为了保证合金的均匀性，保温时间设置为45天，使合金进行充分的扩散。之后在800 ℃时将合金取出，立即投入冷水中进行淬火处理，使合金在800 ℃时的相平衡关系能够保留下来。最后，将退火后的每个合金样品使用

SYJ-150 型低速金刚石切割机分割成大小合适、形状规整的两块样品，一块样品用于 XRD 进行物相分析，另一块样品用于 EPMA 进行显微组织及相成分分析。

本实验对退火后的平衡态合金采用 X 射线粉末衍射方法进行物相分析。为了防止样品外层已被污染，影响 XRD 结果的分析。在对退火后的合金样品进行挫粉时，首先将外面一层使用锉刀打磨掉，再使用均匀的力道慢慢地挫粉。另外，针对挫粉中大块脱落的样品，也需要清除出去。为保证所得粉末都是细粉，需要将挫得的试样进行充分研磨、过筛至手摸无颗粒感。然后将粉末试样制备成一个表面十分平整的试片。XRD 仪器型号为 Rigaku D-max/2550 VBX，操作条件为 Cu 靶，$K\alpha 1$ 谱，加速电压为 40 kV，电流为 50 mA。

对于需要做显微组织及相成分分析的样品，首先通过镶嵌、粗磨、细磨、抛光等处理手段对样品进行处理后，利用金相显微镜观察样品的处理情况，然后利用 EPMA观察合金中的微观组织形态、相分布以及各相的化学成分。使用的 EPMA 型号为 JXA-8800R，操作条件为 15 kV 和 WD 10.9 mm。

### 4.3.2 实验结果与讨论

通过配置 Ti-V-Si 三元合金来测定与 $Ti_5Si_4$、$Ti_3Si$ 和 $V_6Si_5$ 相关的相平衡以及三元化合物 $\tau$ 的成分范围。采用 XRD 对物相进行鉴定，采用 EPMA 测定相的成分和合金的微观组织。表 4.2 列出了本书工作的实验数据，包括所制备的 Ti-V-Si 三元合金的设计成分、采用 XRD 分析出的每个合金中所包含的物相以及利用 EPMA分析的各物相化学成分的结果。通过表 4.2 可以看出，样品 1 为两相区，样品 2～8 为三相区。此外，合金 1～5 和合金 7 中都包含三元化合物 $\tau$ 相。

**表 4.2　Ti-V-Si 体系合金样品在 800 ℃退火 45 天的 XRD 和 EPMA 实验结果**

| 序号 | 名义成分(原子百分数(%)) | | | 相 | 相成分(原子百分数(%)) | | |
|---|---|---|---|---|---|---|---|
| | Ti | V | Si | | Ti | V | Si |
| 1 | 30.30 | 9.10 | 60.60 | $TiSi_2$ | 30.70 | 4.26 | 65.04 |
| | | | | $\tau$ | 35.41 | 15.42 | 49.17 |
| 2 | 37.50 | 7.50 | 55.00 | $TiSi_2$ | 30.64 | 4.83 | 64.53 |
| | | | | TiSi | 47.57 | 2.45 | 49.98 |
| | | | | $\tau$ | 33.51 | 16.64 | 49.85 |
| 3 | 46.80 | 5.20 | 48.00 | TiSi | 49.45 | 2.15 | 48.40 |
| | | | | $Ti_5Si_4$ | 53.60 | 1.59 | 44.81 |
| | | | | $\tau$ | 29.02 | 19.45 | 51.53 |

**续表**

| 序号 | 名义成分(原子百分数(%)) | | | 相 | 相成分(原子百分数(%)) | | |
|---|---|---|---|---|---|---|---|
| | Ti | V | Si | | Ti | V | Si |
| 4 | 40.40 | 15.40 | 44.20 | $Ti_5Si_3$ | 49.08 | 14.18 | 36.74 |
| | | | | $Ti_5Si_4$ | 53.88 | 2.31 | 43.81 |
| | | | | $\tau$ | 33.98 | 16.26 | 49.76 |
| 5 | 22.60 | 34.90 | 42.50 | $Ti_5Si_3$ | 32.46 | 30.86 | 36.68 |
| | | | | $V_5Si_3$ | 13.21 | 48.62 | 38.17 |
| | | | | $\tau$ | 19.26 | 32.43 | 48.31 |
| 6 | 15.80 | 49.60 | 34.60 | $Ti_5Si_3$ | 33.53 | 29.97 | 36.50 |
| | | | | $V_5Si_3$ | 11.29 | 52.16 | 36.55 |
| | | | | $V_3Si$ | 12.71 | 60.53 | 26.76 |
| 7 | 6.00 | 44.00 | 50.00 | $V_6Si_5$ | 4.38 | 50.49 | 45.13 |
| | | | | $VSi_2$ | 1.48 | 32.30 | 66.22 |
| | | | | $\tau$ | 11.65 | 39.59 | 48.76 |
| 8 | 71.10 | 5.00 | 23.90 | $Ti_5Si_3$ | 59.78 | 3.56 | 36.66 |
| | | | | $Ti_3Si$ | 72.57 | 5.64 | 21.79 |
| | | | | (β-Ti,V) | 77.15 | 19.25 | 3.60 |

图 4.2 和图 4.3 分别是围绕三元化合物 $\tau$ 设计的合金 1、4、5 和 7 的 X 射线衍射结果和显微组织背散射电子图像。从图中可以看出，X 射线衍射谱图分析结果与背散射电子图像显微组织显示的结果相一致。图 4.2(a) 和图 4.3(a)分别为合金 1($Ti_{30.30}V_{9.10}Si_{60.60}$)的 XRD 和 BSE 实验结果，从图中可以看出合金 1 由 $TiSi_2$ + $\tau$ 两相区构成，其中灰白色长条带状区域为 $\tau$ 相，暗灰色的基底为 $TiSi_2$ 相。在合金 1 中，所测量的 V 在 $TiSi_2$ 中的溶解度为 4.26 at.%，三元化合物 $\tau$ 的成分为 35.41 at.% Ti、15.42 at.% V 和 49.17 at.% Si。图 4.2(b)和图 4.3(b)分别为合金 4($Ti_{40.40}V_{15.40}Si_{44.20}$)的 XRD 和 BSE 实验结果，其位于 $Ti_5Si_3$ + $Ti_5Si_4$ + $\tau$ 三相区。这个三相区在 Gladyshevsky 等[23]的工作中并没有报道。在合金 4 中，实验测定的 V 在 $Ti_5Si_3$ 和 $Ti_5Si_4$ 相中的溶解度分别为 14.18 at.%和 2.31 at.%，三元化合物 $\tau$ 的成分为 33.98 at.% Ti、16.26 at.% V 和 49.76 at.% Si。图 4.2(c)和图 4.2(d)分别显示的是合金 5($Ti_{22.60}V_{34.90}Si_{42.50}$)和合金 7($Ti_{6.00}V_{44.00}Si_{50.00}$)的 XRD 结果。从图中可以看出，合金 5 和合金 7 分别由 $Ti_5Si_3$ + $V_5Si_3$ + $\tau$ 和 $V_6Si_5$ + $VSi_2$ + $\tau$ 三相区所组成，而 BSE 图片中也显示有 3 种不同的衬度，如图 4.3(c) 和图 4.3(d)所示。在合金 7 中，实验测定的 800 ℃时 Ti 在 $V_6Si_5$ 和 $VSi_2$ 相中的溶

解度分别为 4.38 at.% 和 1.48 at.%，三元化合物 $\tau$ 的成分为 11.65 at.% Ti、39.59 at.% V 和 48.76 at.% Si。

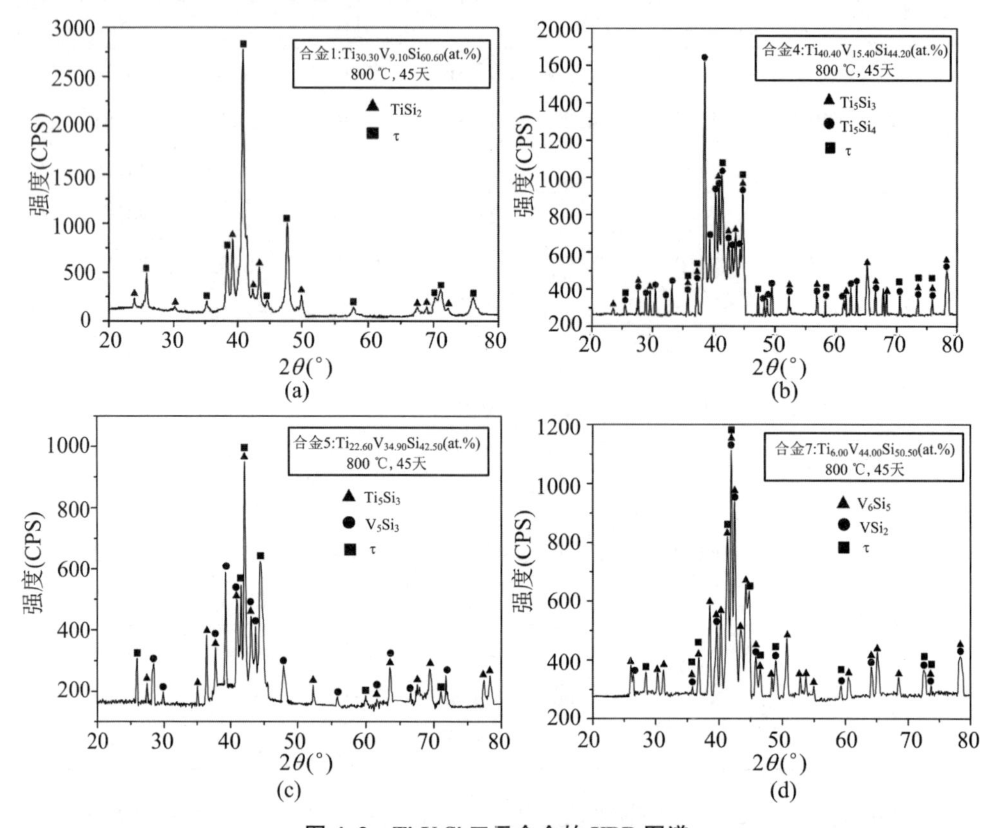


**图 4.2 Ti-V-Si 三元合金的 XRD 图谱**

(a) 合金 1($Ti_{30.30}V_{9.10}Si_{60.60}$)；(b) 合金 4($Ti_{40.40}V_{15.40}Si_{44.20}$)；(c) 合金 5($Ti_{22.60}V_{34.90}Si_{42.50}$)；(d) 合金 7($Ti_{6.00}V_{44.00}Si_{50.00}$)

类似地，根据 XRD 和 EPMA 的测量结果，对合金 2、3、5、6 和 8 的相组成和各相的成分进行了分析，分析结果列于表 4.2 中。从表中可以看出，合金 2、3、5、6 和 8 分别位于三相区 $TiSi_2+TiSi+\tau$、$TiSi+Ti_5Si_4+\tau$、$Ti_5Si_3+V_5Si_3+\tau$、$Ti_5Si_3+V_5Si_3+V_3Si$ 和 $Ti_5Si_3+Ti_3Si+$(β-Ti, V)，获得了与 $Ti_5Si_4$、$Ti_3Si$ 和 $V_6Si_5$ 相的相平衡关系。Enomoto[11] 以及 Bulanova 和 Fartushna[12] 预测的两个三相区 $TiSi+Ti_5Si_3+\tau$ 和 $TiSi+Ti_5Si_3+Ti_5Si_4$ 在本次实验中被确定为三相区 $TiSi+Ti_5Si_4+\tau$ 和 $Ti_5Si_3+Ti_5Si_4+\tau$。在合金 7 中确定了 $V_6Si_5$ 相，并与 $VSi_2$ 和 $\tau$ 两相达到平衡。根据合金 5 的三相区 $Ti_5Si_3+V_5Si_3+\tau$ 和合金 7 的三相区 $V_6Si_5+VSi_2+\tau$ 以及相图相律，可以外推出三相区 $V_6Si_5+V_5Si_3+\tau$。因此，将 Gladyshevskii 等[23] 报道的三相区 $V_5Si_3+VSi_2+\tau$ 修改为两个三相区 $V_6Si_5+VSi_2+\tau$ 和 $V_6Si_5+V_5Si_3+\tau$。在合金 8 中确定了 $Ti_3Si$ 相，并与 $Ti_5Si_3$ 和(β-Ti, V)两相达到平衡。本书工作

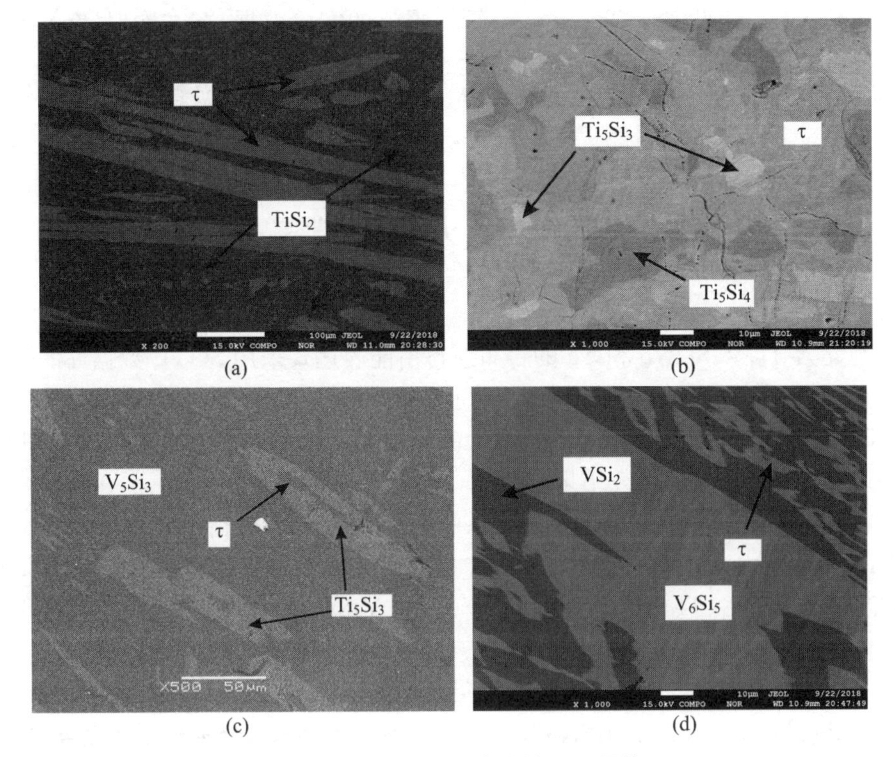


**图 4.3　Ti-V-Si 三元合金的 BSE 图像**

(a) 合金 1($Ti_{30.30}V_{9.10}Si_{60.60}$)；(b) 合金 4($Ti_{40.40}V_{15.40}Si_{44.20}$)；(c) 合金 5($Ti_{22.60}V_{34.90}Si_{42.50}$)；(d) 合金 7($Ti_{6.00}V_{44.00}Si_{50.00}$)

确定的三相区 $Ti_3Si + Ti_5Si_3 +$ (β-Ti, V)与 Enomoto[11] 以及 Bulanova 和 Fartushna[12] 预测的一致。结合 Gladyshevskii 等[23] 报道的实验数据和本书工作的实验结果，可知 Ti-V-Si 三元系的 800 ℃ 等温截面包含 12 个三相区，即

$$(Si) + TiSi_2 + VSi_2,\quad TiSi_2 + VSi_2 + \tau$$
$$TiSi_2 + TiSi + \tau,\quad TiSi + Ti_5Si_4 + \tau$$
$$Ti_5Si_4 + Ti_5Si_3 + \tau,\quad Ti_5Si_3 + Ti_3Si + (\beta\text{-}Ti, V)$$
$$Ti_3Si + (\alpha\text{-}Ti) + (\beta\text{-}Ti, V),\quad V_3Si + Ti_5Si_3 + (\beta\text{-}Ti, V)$$
$$Ti_5Si_3 + V_5Si_3 + V_3Si,\quad Ti_5Si_3 + V_5Si_3 + \tau$$
$$V_6Si_5 + V_5Si_3 + \tau,\quad V_6Si_5 + VSi_2 + \tau$$

三元化合物 τ 的成分范围也通过实验得以确定。根据表 4.2 的 EPMA 的测定结果，τ 具有较大的成分范围，大约为 11.7～33.0 at.% Ti、17.0～39.6 at.% V 和 48.5～50.1 at.% Si，测量结果基本与 Gladyshevskii 等[23] 报道的实验结果一致。

根据本次实验的结果分析，Tuominen 等[31] 报道的位于 $Si_3Ti_5$ 和 $SiTi_3$ 相附近所谓的"过渡相"$(Ti, V)_xSi_y$ 并没有观察到。另外，Gladyshevsky 等[23] 在对 Ti-V-Si 三元系 800 ℃ 等温截面的相关系进行实验测定的时候，同样也未发现这一"过渡相"$(Ti,V)_xSi_y$，因此对于 Tuominen 等[31]报道的实验数据，在本次对 Ti-V-Si 体系的热力学优化中不予采用。

## 4.4 热力学模型

纯元素 Ti、V、Si、Nb 和 Ta 的吉布斯自由能表达式采用 SGTE 数据库[39]。边际二元系 Ti-V、Ti-Si、Ti-Nb、Ti-Ta、V-Si、V-Nb 和 V-Ta 的热力学参数分别采用 Ghosh[2]、Seifert 等[15]、Saunders[16]、Saunders[17]、Zhang 等[18]、Kumar 等[19]以及 Danon 和 Servant[20]的研究结果。

在 Ti-V-M(M=Si,Nb,Ta)三元系中需要优化的相包括 2 个固溶体相(hcp(α-Ti)和 bcc(β-Ti,V,Nb,Ta))、9 个具有第三组元溶解度的二元化合物($TiSi_2$、TiSi、$Ti_5Si_4$、$Ti_5Si_3$、$Ti_3Si$、$VSi_2$、$V_6Si_5$、$V_5Si_3$和 $V_3Si$)和 1 个包含成分为 $TiVSi_2$的三元化合物 $\tau$。

关于固溶体相的热力学模型可参见式(1.2)～式(1.5)。对于二元化合物 $TiSi_2$、TiSi、$Ti_5Si_4$、$Ti_5Si_3$、$Ti_3Si$、$VSi_2$、$V_6Si_5$、$V_5Si_3$和 $V_3Si$，分别采用亚点阵模型

$$(Ti,V)_1Si_2,\quad (Ti,V)_1(Si)_1,\quad (Ti,V)_5(Si)_4$$

$$(Si,Ti,V)_2(Si,Ti)_3(Ti,V)_3Va_1,\quad (Ti,V)_3(Si)_1,\quad (Ti,V)_1(Si)_2$$

$$(Ti,V)_6(Si)_5,\quad (Ti,V)_5(Si)_3,\quad (Ti,V,Si)_{0.75}(Ti,V,Si)_{0.25}$$

进行描述。根据 Gladyshevskii 等[23]报道的和本书工作获得的三元化合物 $\tau$ 的成分区间，Ti 和 V 相互替换，且包含成分 $TiVSi_2$，因此，采用亚点阵模型$(Ti,V)_1(Ti,V)_1Si_2$来描述三元化合物 $\tau$。关于亚点阵模型可参见式(1.7)～式(1.11)。

## 4.5 计算结果与讨论

基于文献报道的实验数据和本书工作的实验结果，采用 Thermo-Calc 软件中的 Parrot 模块[40]对 Ti-V-M(M=Si,Nb,Ta)三元系的热力学参数进行优化计算。在优化过程中，根据实验数据的准确性来选择和设置权重，对每一个实验信息给予不同的权重。最终得到的 Ti-V-M(M=Si,Nb,Ta)体系的热力学参数列于表 4.3 中，并计算了 Ti-V-M(M=Si,Nb,Ta)体系一系列代表性的相图。

**表 4.3　优化得到的 Ti-V-M(M＝Si，Nb，Ta)体系的热力学参数**[a]

| 体系 | 相/模型 | 热力学参数 |
| --- | --- | --- |
| | bcc_A2：(Si，Ti，V)$_1$Va$_3$ | $^{1}L^{bcc\_A2}_{Si,Ti,V:Va} = -180092$ |
| | $TiSi_2$：(Ti，V)$_1$Si$_2$ | $^{o}G^{TiSi_2}_{V:Si} = -132069 + 20\cdot T + {}^{o}G^{bcc}_{V} + 2\cdot {}^{o}G^{diamond}_{Si}$ |
| | TiSi：(Ti，V)$_1$Si$_1$ | $^{o}G^{TiSi}_{V:Si} = -88000 + {}^{o}G^{bcc}_{V} + {}^{o}G^{diamond}_{Si}$ |
| | $Ti_5Si_4$：(Ti，V)$_5$Si$_4$ | $^{o}G^{Ti_5Si_4}_{V:Si} = -380000 + 5\cdot {}^{o}G^{bcc}_{V} + 4\cdot {}^{o}G^{diamond}_{Si}$ |
| | $Ti_5Si_3$：(Si，Ti，V)$_2$(Si，Ti)$_3$(Ti，V)$_3$Va$_1$ | $^{o}G^{Ti_5Si_3}_{Si:Si:V:Va} = +214372 + 5\cdot {}^{o}G^{diamond}_{Si} + 3\cdot {}^{o}G^{bcc}_{V}$ |
| | | $^{o}G^{Ti_5Si_3}_{V:Si:Ti:Va} = -564736 + 2\cdot {}^{o}G^{bcc}_{V} + 3\cdot {}^{o}G^{diamond}_{Si} + 3\cdot {}^{o}G^{hcp}_{Ti}$ |
| | | $^{o}G^{Ti_5Si_3}_{V:Si:V:Va} = -236997 + 5\cdot {}^{o}G^{bcc}_{V} + 3\cdot {}^{o}G^{diamond}_{Si}$ |
| | | $^{o}G^{Ti_5Si_3}_{Ti:Si:V:Va} = -306408 + 2\cdot {}^{o}G^{hcp}_{Ti} + 3\cdot {}^{o}G^{diamond}_{Si} + 3\cdot {}^{o}G^{bcc}_{V}$ |
| | | $^{o}G^{Ti_5Si_3}_{Si:Ti:V:Va} = +13048 + 2\cdot {}^{o}G^{diamond}_{Si} + 3\cdot {}^{o}G^{hcp}_{Ti} + 3\cdot {}^{o}G^{bcc}_{V}$ |
| | | $^{o}G^{Ti_5Si_3}_{Ti:Ti:V:Va} = +215461 + 5\cdot {}^{o}G^{hcp}_{Ti} + 3\cdot {}^{o}G^{bcc}_{V}$ |
| | | $^{o}G^{Ti_5Si_3}_{V:Ti:Ti:Va} = +132158 + 2\cdot {}^{o}G^{bcc}_{V} + 6\cdot {}^{o}G^{hcp}_{Ti}$ |
| | | $^{o}G^{Ti_5Si_3}_{V:Ti:V:Va} = +121768 + 5\cdot {}^{o}G^{bcc}_{V} + 3\cdot {}^{o}G^{hcp}_{Ti}$ |
| | | $^{0}L^{Ti_5Si_3}_{Si,V:Si:Ti:Va} = -103571$ |
| | | $^{0}L^{Ti_5Si_3}_{Ti:Si:Ti,V:Va} = -201844$ |
| | | $^{0}L^{Ti_5Si_3}_{Ti,V:Si:Ti:Va} = -15318$ |
| | | $^{0}L^{Ti_5Si_3}_{V:Si:Ti,V:Va} = -136526$ |
| Ti-V-Si | $Ti_3Si$：(Ti，V)$_3$Si$_1$ | $^{o}G^{Ti_3Si}_{V:Si} = -133000 + 3\cdot {}^{o}G^{bcc}_{V} + {}^{o}G^{diamond}_{Si}$ |
| | $VSi_2$：(Ti，V)$_1$Si$_2$ | $^{o}G^{VSi_2}_{Ti:Si} = -154686 + {}^{o}G^{hcp}_{Ti} + 2\cdot {}^{o}G^{diamond}_{Si}$ |
| | $V_6Si_5$：(Ti，V)$_6$Si$_5$ | $^{o}G^{V_6Si_5}_{Ti:Si} = -550330 + 6\cdot {}^{o}G^{hcp}_{Ti} + 5\cdot {}^{o}G^{diamond}_{Si}$ |
| | | $^{0}L^{V_6Si_5}_{Ti,V:Si} = -385110$ |
| | $V_5Si_3$：(Ti，V)$_5$Si$_3$ | $^{o}G^{V_5Si_3}_{Ti:Si} = -421720 + 5\cdot {}^{o}G^{hcp}_{Ti} + 3\cdot {}^{o}G^{diamond}_{Si}$ |
| | | $^{0}L^{V_5Si_3}_{Ti,V:Si} = -296728$ |
| | $V_3Si$：(Si，Ti，V)$_{0.75}$(Si，Ti，V)$_{0.25}$ | $^{o}G^{V_3Si}_{Si:Ti} = +4133 + 0.75\cdot {}^{o}G^{diamond}_{Si} + 0.25\cdot {}^{o}G^{hcp}_{Ti}$ |
| | | $^{o}G^{V_3Si}_{V:Ti} = +8479 + 0.75\cdot {}^{o}G^{bcc}_{V} + 0.25\cdot {}^{o}G^{hcp}_{Ti}$ |
| | | $^{o}G^{V_3Si}_{Ti:Si} = -46237 + 0.75\cdot {}^{o}G^{hcp}_{Ti} + 0.25\cdot {}^{o}G^{diamond}_{Si}$ |
| | | $^{o}G^{V_3Si}_{Ti:V} = +16144 + 0.75\cdot {}^{o}G^{hcp}_{Ti} + 0.25\cdot {}^{o}G^{bcc}_{V}$ |
| | | $^{o}G^{V_3Si}_{Ti:Ti} = +15557 + {}^{o}G^{hcp}_{Ti}$ |
| | | $^{0}L^{V_3Si}_{Ti,V:Si} = -10293$ |
| | τ：(Ti，V)$_1$(Ti,V)$_1$Si$_2$ | $^{o}G^{\tau}_{Ti:V:Si} = -252198 + {}^{o}G^{hcp}_{Ti} + {}^{o}G^{bcc}_{V} + 2\cdot {}^{o}G^{diamond}_{Si}$ |
| | | $^{o}G^{\tau}_{V:Ti:Si} = + {}^{o}G^{hcp}_{Ti} + {}^{o}G^{bcc}_{V} + 2\cdot {}^{o}G^{diamond}_{Si}$ |
| | | $^{o}G^{\tau}_{Ti:Ti:Si} = -260143 + 2\cdot {}^{o}G^{hcp}_{Ti} + 2\cdot {}^{o}G^{diamond}_{Si}$ |
| | | $^{o}G^{\tau}_{V:V:Si} = -162102 + 2\cdot {}^{o}G^{bcc}_{V} + 2\cdot {}^{o}G^{diamond}_{Si}$ |
| | | $^{0}L^{\tau}_{Ti,V:V:Si} = -50000$ |

续表

| 体系 | 相/模型 | 热力学参数 |
| --- | --- | --- |
| Ti-V-Nb | bcc_A2：(Nb，Ti，V)$_1$Va$_3$ | ${}^{0}L^{bcc\_A2}_{Nb,Ti,V:Va} = -77000$ |
| Ti-V-Ta | bcc_A2：(Ta，Ti，V)$_1$Va$_3$ | ${}^{0}L^{bcc\_A2}_{Ta,Ti,V:Va} = +18000$ |
| | | ${}^{2}L^{bcc\_A2}_{Ta,Ti,V:Va} = +28000$ |
| | hcp_A3：(Ta，Ti，V)$_1$Va$_{0.5}$ | ${}^{1}L^{hcp\_A3}_{Ta,Ti,V:Va} = +170000$ |

注：a. 吉布斯自由能的单位为 J/(mol・atoms)，温度的单位为 K。纯元素 Ti、V、Si、Nb 和 Ta 的吉布斯自由能表达式采用 SGTE 数据库[39]。边际二元系 Ti-V、Ti-Si、Ti-Nb、Ti-Ta、V-Si、V-Nb 和 V-Ta 的热力学参数分别采用 Ghosh[2]、Seifert 等[15]、Saunders[16]、Saunders[17]、Zhang 等[18]、Kumar 等[19] 以及 Danon 和 Servant[20] 的研究结果。

### 4.5.1 Ti-V-Si 三元系

根据本书工作获得的 800 ℃等温截面的实验结果，以及 Enomoto[11]、Bulanova 和 Fartushna[12] 的评估结果，对 Ti-V-Si 体系进行热力学优化。对于 Ti-V-Si 体系来说，800 ℃等温截面的相关系已准确测定，1000 ℃和 1500 ℃等温截面只有富 V 角的实验数据。除此之外，再无其他关于 Ti-V-Si 体系等温截面报道的实验数据。因此，本书工作首先优化 Ti-V-Si 体系 800 ℃等温截面的相平衡关系，随后根据边际二元系相关系以及 1000 ℃和 1500 ℃等温截面的实验数据，优化 1000 ℃和 1500 ℃等温截面的平衡相关系。为了使优化参数的初始值具有物理意义，本书工作采用第一性原理计算了 $TiSi_2$、TiSi、$Ti_5Si_4$、$Ti_5Si_3$、$Ti_3Si$、$VSi_2$、$V_5Si_3$ 和 $V_3Si$ 相的端际组元在 0 K 时的生成焓，用于后面的优化。

Ti-V-Si 体系 800 ℃等温截面包含 12 个三相区，分别为

$$(Si) + TiSi_2 + VSi_2,\quad TiSi_2 + VSi_2 + \tau$$
$$TiSi_2 + TiSi + \tau,\quad TiSi + Ti_5Si_4 + \tau$$
$$Ti_5Si_4 + Ti_5Si_3 + \tau,\quad Ti_5Si_3 + Ti_3Si + (\beta\text{-}Ti,V)$$
$$Ti_3Si + (\alpha\text{-}Ti) + (\beta\text{-}Ti,V),\quad V_3Si + Ti_5Si_3 + (\beta\text{-}Ti,V)$$
$$Ti_5Si_3 + V_5Si_3 + V_3Si,\quad Ti_5Si_3 + V_5Si_3 + \tau$$
$$V_6Si_5 + V_5Si_3 + \tau,\quad V_6Si_5 + VSi_2 + \tau$$

首先优化第一个三相区 $(Si) + TiSi_2 + VSi_2$，为了与文献报道的关于 Ti 在 $VSi_2$ 相中的溶解度和 Si 在 $VSi_2$ 相中的溶解度的实验数据相拟合，加入热力学参数 ${}^{0}L^{TiSi_2}_{Si:V}$ 和 ${}^{0}L^{VSi_2}_{Ti:Si}$ 进行优化；随后根据加入的 ${}^{0}L^{TiSi_2}_{Si:V}$ 和 ${}^{0}L^{VSi_2}_{Ti:Si}$ 参数，尝试优化计算三相区 $TiSi_2 + VSi_2 + \tau$ 和 $TiSi_2 + TiSi + \tau$，发现文献报道的关于 τ、$TiSi_2$、$VSi_2$ 和 TiSi 相在 800 ℃等温截面中的溶解度，随着三相平衡的加入，相关系出现了新的变化。为了重现正确的相关系和各相的最大溶解度，参数 ${}^{0}L^{\tau}_{Ti:V:Si}$、${}^{0}L^{\tau}_{Ti:Ti:Si}$、${}^{0}L^{\tau}_{V:V:Si}$ 和 ${}^{0}L^{TiSi}_{Si:V}$ 相继

加入;接下来,对

$$TiSi + Ti_5Si_4 + \tau,\quad Ti_5Si_4 + Ti_5Si_3 + \tau$$

$$Ti_5Si_3 + Ti_3Si + (\beta\text{-}Ti, V),\quad Ti_3Si + (\alpha\text{-}Ti) + (\beta\text{-}Ti, V)$$

$$V_3Si + Ti_5Si_3 + (\beta\text{-}Ti, V),\quad Ti_5Si_3 + V_5Si_3 + V_3Si$$

$$Ti_5Si_3 + V_5Si_3 + \tau,\quad V_6Si_5 + V_5Si_3 + \tau,\quad V_6Si_5 + VSi_2 + \tau_2$$

三相区的相关系和各相的最大溶解度皆按照上述方法,加入相应的各相的热力学参数进行优化计算;最后,针对每个三相平衡加入的参数,同时对所有的三相平衡和加入的参数进行优化,获得一套能合理描述 Ti-V-Si 体系 800 ℃等温截面的相关系的热力学参数。随后,相继考虑 1000 ℃和 1500 ℃等温截面的实验数据。最后,考虑所有实验数据和加入的所有热力学参数进行同时优化,获得了一套能合理描述 Ti-V-Si 体系的所有相关系的热力学参数,如表 4.3 所示。

表 4.4 为本书工作采用第一性原理计算的 $TiSi_2$、TiSi、$Ti_5Si_4$、$Ti_5Si_3$、$Ti_3Si$、$VSi_2$、$V_5Si_3$和 $V_3Si$ 的端际组元在 0 K 时的生成焓与 CALPHAD 方法计算结果的比较分析。为了能够重现实验测定的 TiSi 和 $Ti_3Si$ 两相的溶解度,需要使 VSi 和 $V_3Si$ 的端际组元的生成焓比第一性原理计算的值更负。从表 4.4 可以看出,采用 CALPHAD 和第一性原理计算的生成焓值总体上是一致的。此外,在第一性原理计算的不确定性范围内,通过第一性原理计算得出的钛化硅和钒化硅的生成焓与 Colinet 和 Tedenac[41,42] 的计算焓吻合得很好。这些结果表明,第一性原理计算是一种有效而强大的技术,可有效地为 CALPHAD 评估提供必要的热力学信息,尤其是在无法获得实验数据时。总之,借助第一性原理计算,使本书工作中获得的热力学参数更具有物理意义。

图 4.4 是本书工作计算的 Ti-V-Si 体系 800 ℃等温截面与 Gladyshevskii 等[23]实验数据的比较。通过对比可以发现,计算结果与大部分实验数据均相吻合。考虑到三元化合物 $\tau$ 的成分范围 11.7～33.0 at.% Ti、17.0～39.6 at.% V 和 48.5～50.1 at.% Si,采用亚点阵模型$(Ti, V)_1(Ti, V)_1Si_2$对其进行描述,将其看成是线性化合物。本书工作计算的 $\tau$ 的成分为 20.2～36.8 at.% V 和 50 at.% Si,同时包含成分 $TiVSi_2$,与实验数据相一致。以上测定的 Ti-V-Si 体系 800 ℃等温截面的 12 个三相区,在本书工作的计算中也能很好地描述。Ti-V-Si 体系 800 ℃等温截面的特征是二元化合物具有较大的溶解度,且 Ti 与 V 相互取代。计算的 V 在 $Ti_5Si_3$以及 Ti 在 $VSi_2$、$V_5Si_3$和 $V_3Si$ 中的溶解度分别为 28.2 at.%、25.5 at.%、13.2 at.%和 14.3 at.%,这些计算结果与 Gladyshevskii 等[23]测量的溶解度 30 at.%、28.5 at.%、12 at.%和 18 at.%基本一致。

**表 4.4　计算的 Ti-V-Si 体系二元化合物端际组元的生成焓[a]**

| 相 | 端际组元 | 第一性原理,0 K（本书工作） | 第一性原理,0 K（参考[41,42]） | CALPHAD,298.15 K（本书工作） | CALPHAD,298.15 K（参考[15,18]） |
|---|---|---|---|---|---|
| $TiSi_2$ | $H^{TiSi_2}_{Ti:Si}$ | −53104 | −49870 | | −52186 |
| | $H^{TiSi_2}_{V:Si}$ | −37167 | | −44023 | |
| TiSi | $H^{TiSi}_{Ti:Si}$ | −73184 | −72230 | | −68482 |
| | $H^{TiSi}_{V:Si}$ | −27750 | | −44000 | |
| $Ti_5Si_4$ | $H^{Ti_5Si_4}_{Ti:Si}$ | −74995 | −74630 | | −73164 |
| | $H^{Ti_5Si_4}_{V:Si}$ | −32495 | | −42222 | |
| $Ti_5Si_3$ | $H^{Ti_5Si_3}_{Si:Si:Ti}$ | −12699 | | | −24463 |
| | $H^{Ti_5Si_3}_{Ti:Si:Ti}$ | −73136 | −72530 | | −72956 |
| | $H^{Ti_5Si_3}_{Si:Ti:Ti}$ | −12017 | | | +54239 |
| | $H^{Ti_5Si_3}_{Ti:Ti:Ti}$ | +28103 | | | +5745 |
| | $H^{Ti_5Si_3}_{Si:Si:V}$ | +22172 | | +26797 | |
| | $H^{Ti_5Si_3}_{V:Si:Ti}$ | −67864 | | −70592 | |
| | $H^{Ti_5Si_3}_{V:Si:V}$ | −34589 | | −29625 | |
| | $H^{Ti_5Si_3}_{Ti:Si:V}$ | −42817 | | −38301 | |
| | $H^{Ti_5Si_3}_{Si:Ti:V}$ | +1749 | | +1631 | |
| | $H^{Ti_5Si_3}_{Ti:Ti:V}$ | +33228 | | +26933 | |
| | $H^{Ti_5Si_3}_{V:Ti:Ti}$ | +19966 | | +16520 | |
| | $H^{Ti_5Si_3}_{V:Ti:V}$ | +29418 | | +15221 | |
| $Ti_3Si$ | $H^{Ti_3Si}_{Ti:Si}$ | −46502 | −47110 | | −49223 |
| | $H^{Ti_3Si}_{V:Si}$ | −7174 | | −33250 | |
| $VSi_2$ | $H^{VSi_2}_{V:Si}$ | −45944 | −46600 | | −54103 |
| | $H^{VSi_2}_{Ti:Si}$ | −44136 | | −51562 | |
| $V_5Si_3$ | $H^{V_5Si_3}_{V:Si}$ | −55163 | −56500 | | −53427 |
| | $H^{V_5Si_3}_{Ti:Si}$ | −51577 | | −52715 | |
| $V_3Si$ | $H^{V_3Si}_{Si:Si}$ | +57683 | | | +52000 |
| | $H^{V_3Si}_{Si:V}$ | +55452 | | | +52345 |
| | $H^{V_3Si}_{V:Si}$ | −45235 | −44600 | | −42245 |
| | $H^{V_3Si}_{V:V}$ | +4835 | | | +5000 |
| | $H^{V_3Si}_{V:Ti}$ | +10383 | | +8479 | |

续表

| 相 | 端际组元 | 第一性原理,0 K (本书工作) | 第一性原理,0 K (参考[41,42]) | CALPHAD,298.15 K (本书工作) | CALPHAD,298.15 K (参考[15,18]) |
|---|---|---|---|---|---|
| $V_3Si$ | $H^{V_3Si}_{Si:Ti}$ | −2919 | | +4133 | |
| | $H^{V_3Si}_{Ti:Si}$ | −44483 | | −46237 | |
| | $H^{V_3Si}_{Ti:V}$ | +18180 | | +16144 | |
| | $H^{V_3Si}_{Ti:Ti}$ | +17626 | | +15557 | |

注:a. 单位为 kJ/(mol · atoms)。

图 4.5 所示的是本书工作计算的 Ti-V-Si 体系 1000 ℃和 1500 ℃等温截面富 V 角与 Komjathy[7]报道的实验数据的比较。从图中可以看出,除了图 4.5(a)中 16.67 at.% Si 处的几个实验点外,Komjathy[7]报道的实验数据均能被很好地描述。Komjathy[7]在 1000 ℃测定的三相区 $V_5Si_3$ + $V_3Si$ + (β-Ti, V)与 800 ℃ 时的相平衡不一致,即这个三相区并不存在,因此这几个实验点在本书工作中并没有描述。此外,计算的(β-Ti, V)相区与 Komjathy[7]报道的非常一致。

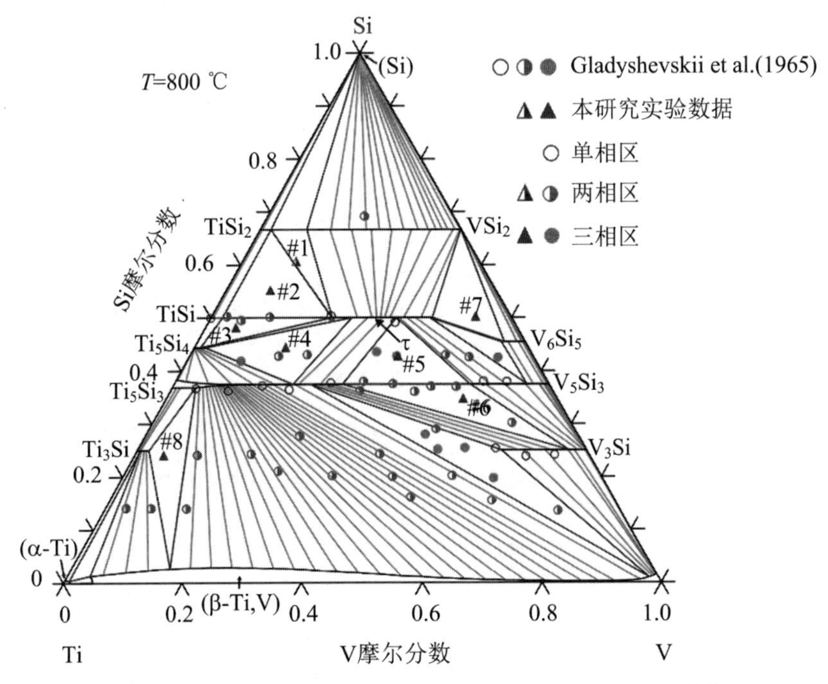


**图 4.4　本书工作计算的 Ti-V-Si 体系 800 ℃等温截面与 Gladyshevskii 等[23]实验数据的比较**

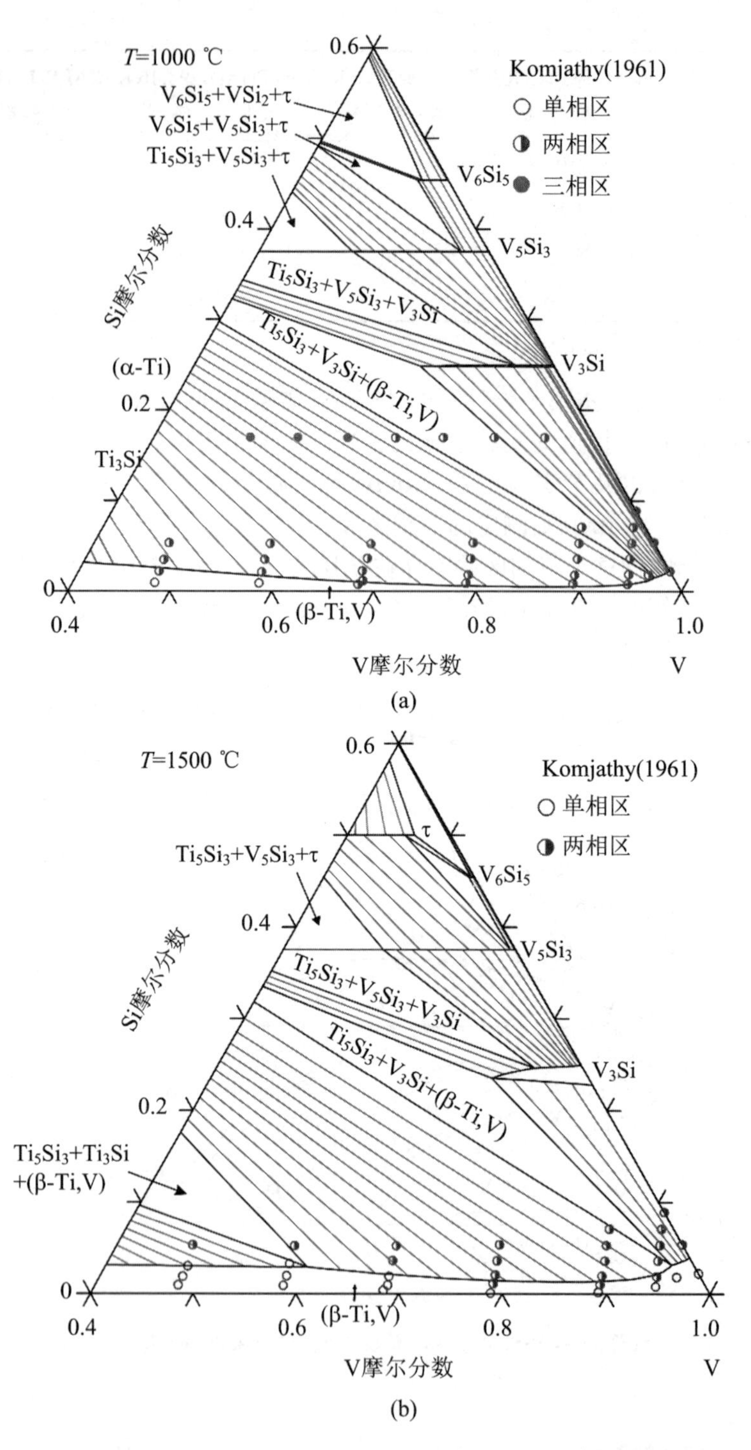


**图 4.5　本书工作计算的 Ti-V-Si 体系富 V 角等温截面与 Komjathy[7] 报道的实验数据的比较**

(a) 1000 ℃；(b) 1500 ℃

图4.6是根据本书工作获得的热力学参数计算的Ti-V-Si体系在整个成分范围的液相面投影图，计算了11个初晶相区，10个零变量反应以及5个极值反应。$VSi_2$、τ、$Ti_5Si_3$和(β-Ti,V)具有较大的初晶凝固区。表4.5列出了计算的零变量反应和极值反应的温度和成分以及Bulanova和Fartushna[12]外推的几个零变量反应。图4.7是构筑的Ti-V-Si体系希尔反应图。通过对比发现，计算的零变量反应为文献外推的在温度和反应类型上存在一定的差异。计算的零变量反应为

Liquid + $V_3Si$→$Ti_5Si_3$ + (β-Ti,V)　(1794 ℃)

Liquid + $VSi_2$→$TiSi_2$ + (Si)　(1333 ℃)

Liquid + $Ti_5Si_3$→$V_5Si_3$　(2114 ℃)

Liquid + $VSi_2$→$TiSi_2$　(1498 ℃)

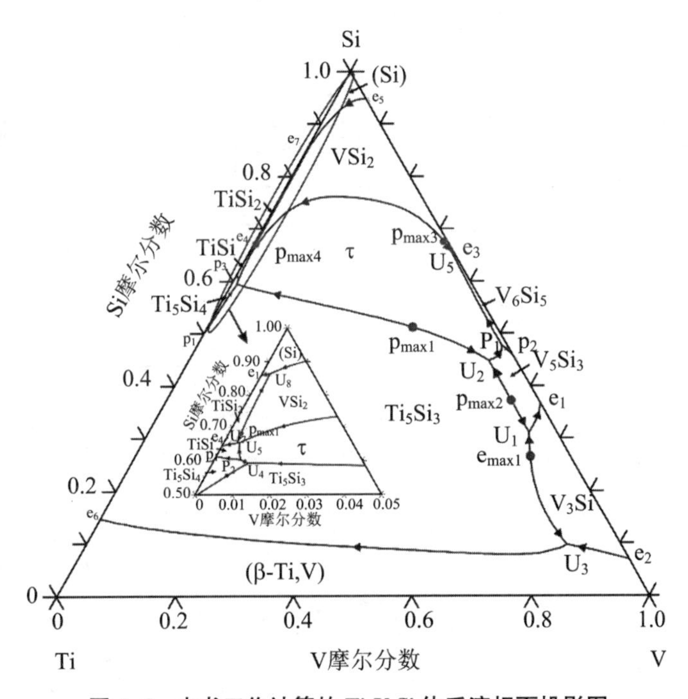


**图4.6　本书工作计算的Ti-V-Si体系液相面投影图**

而对应文献外推的零变量反应分别为

Liquid→$V_3Si$ + $Ti_5Si_3$ + (β-Ti,V)　(1365 ℃)

Liquid→$VSi_2$ + $TiSi_2$ + (Si)　(<1300 ℃)

Liquid→$Ti_5Si_3$ + $V_5Si_3$　(<2010 ℃)

Liquid→$VSi_2$ + $TiSi_2$　(<1500 ℃)

此外，根据本书工作的计算，Bulanova和Fartushna[12]外推的零变量反应Liquid + $V_5Si_3$→$Ti_5Si_3$ + (β-Ti,V)(>1345 ℃)和极值反应Liquid→$V_5Si_3$ + (β-Ti,V)(1500 ℃)是不存在的，这是因为在$V_5Si_3$和(β-Ti,V)之间存在两个相，即$Ti_5Si_3$和

$V_3Si$,使得 $V_5Si_3$ 和(β-Ti,V)不可能存在平衡关系。鉴于 Bulanova 和 Fartushna[12]报道的零变量反应是试探性的,为了进一步证实这些零变量反应和极值反应的温度和反应类型,需要进一步的实验。当前计算的液相面投影图和构筑的希尔反应图可以作为描述三元和更高组元体系的重要参考。

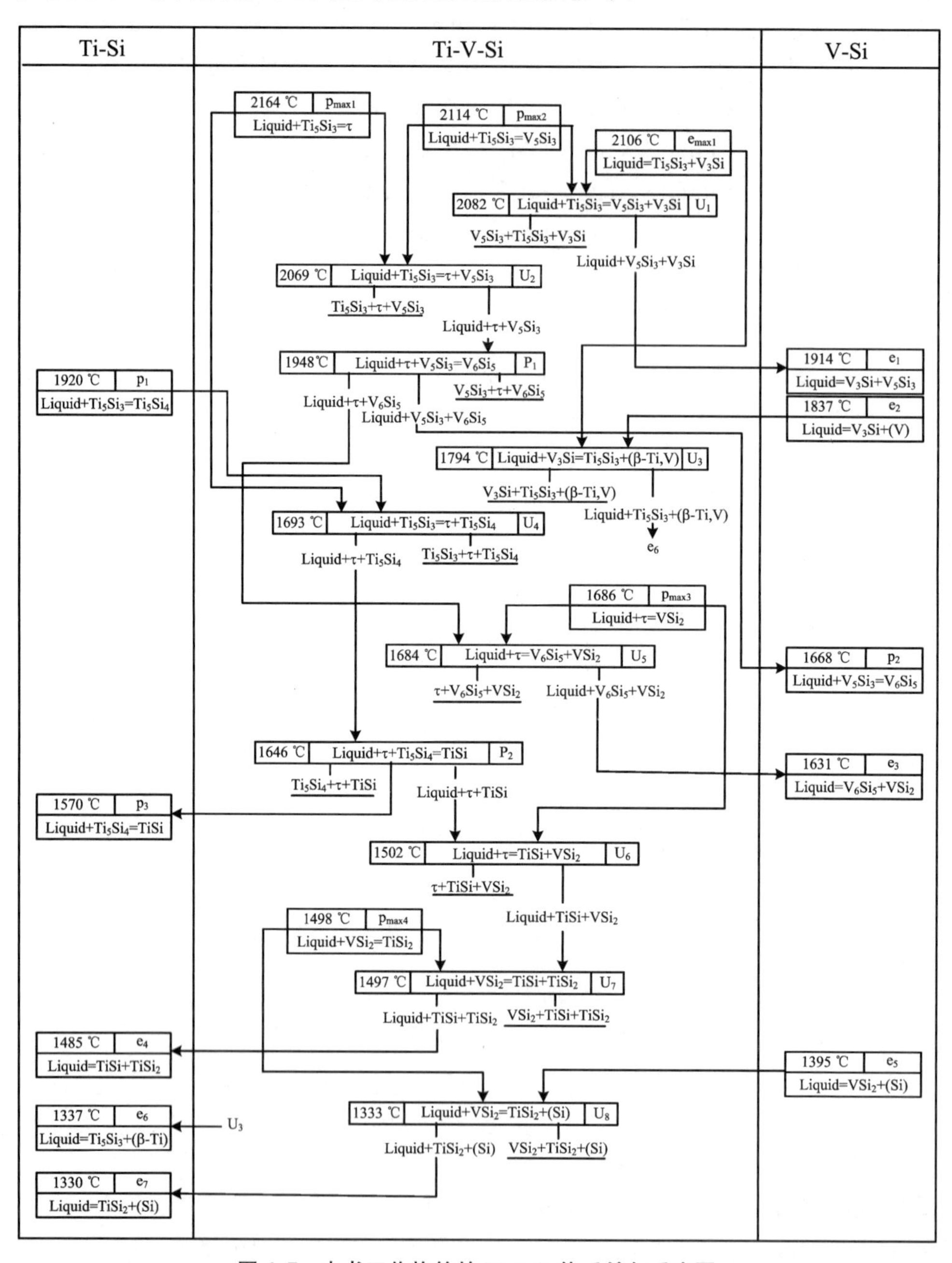


**图 4.7　本书工作构筑的 Ti-V-Si 体系希尔反应图**

**表 4.5　计算的 Ti-V-Si 体系的零变量反应**

| 反应类型 | 零变量反应 | 温度(℃) | at.% V | at.% Si | 数据来源 |
| --- | --- | --- | --- | --- | --- |
| $U_1$ | $Liquid + Ti_5Si_3 \rightarrow V_5Si_3 + V_3Si$ | 2082 | 64.12 | 31.14 | 本书工作 |
| $U_2$ | $Liquid + Ti_5Si_3 \rightarrow \tau + V_5Si_3$ | 2069 | 50.66 | 44.82 | 本书工作 |
| $P_1$ | $Liquid + \tau + V_5Si_3 \rightarrow V_6Si_5$ | 1948 | 51.35 | 47.72 | 本书工作 |
| $U_3$ | $Liquid + V_3Si \rightarrow Ti_5Si_3 + (\beta\text{-}Ti, V)$ | 1794 | 81.23 | 9.74 | 本书工作 |
|  | $Liquid \rightarrow V_3Si + Ti_5Si_3 + (\beta\text{-}Ti, V)$ | 1365 | — | — | Bulanovaand,Fartushna[12] |
| $U_4$ | $Liquid + Ti_5Si_3 \rightarrow \tau + Ti_5Si_4$ | 1693 | 0.97 | 59.39 | 本书工作 |
| $U_5$ | $Liquid + \tau \rightarrow V_6Si_5 + VSi_2$ | 1684 | 34.18 | 65.48 | 本书工作 |
| $P_2$ | $Liquid + \tau + Ti_5Si_4 \rightarrow TiSi$ | 1646 | 0.71 | 60.43 | 本书工作 |
| $U_6$ | $Liquid + \tau \rightarrow TiSi + VSi_2$ | 1502 | 0.43 | 65.52 | 本书工作 |
| $U_7$ | $Liquid + VSi_2 \rightarrow TiSi + TiSi_2$ | 1497 | 0.37 | 65.50 | 本书工作 |
| $U_8$ | $Liquid + VSi_2 \rightarrow TiSi_2 + (Si)$ | 1333 | 0.21 | 86.28 | 本书工作 |
|  | $Liquid \rightarrow TiSi_2 + VSi_2 + (Si)$ | <1300 | — | — | Bulanova, Fartushna[12] |
| $p_{max1}$ | $Liquid + Ti_5Si_3 \rightarrow \tau$ | 2164 | 34.80 | 51.18 | 本书工作 |
| $p_{max2}$ | $Liquid + Ti_5Si_3 \rightarrow V_5Si_3$ | 2114 | 58.13 | 37.22 | 本书工作 |
|  | $Liquid \rightarrow Ti_5Si_3 + V_5Si_3$ | <2010 | — | — | Bulanova, Fartushna[12] |
| $e_{max1}$ | $Liquid \rightarrow Ti_5Si_3 + V_3Si$ | 2106 | 66.65 | 26.54 | 本书工作 |
| $p_{max3}$ | $Liquid + \tau \rightarrow VSi_2$ | 1686 | 31.58 | 67.72 | 本书工作 |
| $p_{max4}$ | $Liquid + VSi_2 \rightarrow TiSi_2$ | 1498 | 0.34 | 67.10 | 本书工作 |
|  | $Liquid \rightarrow VSi_2 + TiSi_2$ | <1500 | — | — | Bulanova, Fartushna[12] |

### 4.5.2　Ti-V-Nb 三元系

Ti-V-Nb 体系是一个只包含 hcp(α-Ti)和 bcc(β-Ti,V,Nb)两个固溶体相的简单体系,不存在三元化合物。对该体系进行优化计算时,首先从 600 ℃等温截面中的相边界(α-Ti)+(β-Ti,V,Nb)/(β-Ti,V,Nb)开始优化,先尝试性的优化参数 ${}^0L^{bcc}$和${}^0L^{hcp}$,研究发现,来自(β-Ti,V,Nb)相的参数 $a_0$ 对相边界(α-Ti)+(β-Ti,V,Nb)/(β-Ti,V,Nb)具有很大的影响,而来自(β-Ti,V,Nb)相的参数 $b_0$ 和 hcp(α-Ti)相的参数${}^0L^{hcp}$对该相边界几乎没有影响。随后,将 700 ℃、800 ℃和 1000 ℃等温截面中的相边界(α-Ti)+(β-Ti,V,Nb)/(β-Ti,V,Nb)实验数据加入优化,并增加参数${}^1L^{bcc}$、${}^2L^{bcc}$、${}^1L^{hcp}$和${}^2L^{hcp}$,发现随着实验数据和更高阶参数的加入,并未发生改变。根据此现象,仅将优化过程的重点放在优化(β-Ti,V,Nb)相的参数 $a_0$

上,并将液相面和固相面投影图的实验数据加入进来进行优化计算,最终获得了一组能够准确描述 Ti-V-Nb 三元系的热力学参数,见表 4.3。

图 4.8 是本书工作计算的 Ti-V-Nb 体系 600 ℃、700 ℃、800 ℃和 1000 ℃的等温截面与 Kornilov 和 Vlasov[35] 报道的实验数据的比较。从图中可以看出,随着温度的升高,两相区（β-Ti, V, Nb）+（α-Ti）越来越小,单相区（β-Ti, V, Nb）越来越大,在 1000 ℃时,仅有单相区（β-Ti, V, Nb）稳定存在。通过对比发现,本书工作计算的结果能够很好地重复实验数据。另外,通过本书工作的计算,进一步证实了 Kumar 等[19] 的报道,在 882～1594 ℃温度范围内,Ti-V-Nb 体系的等温截

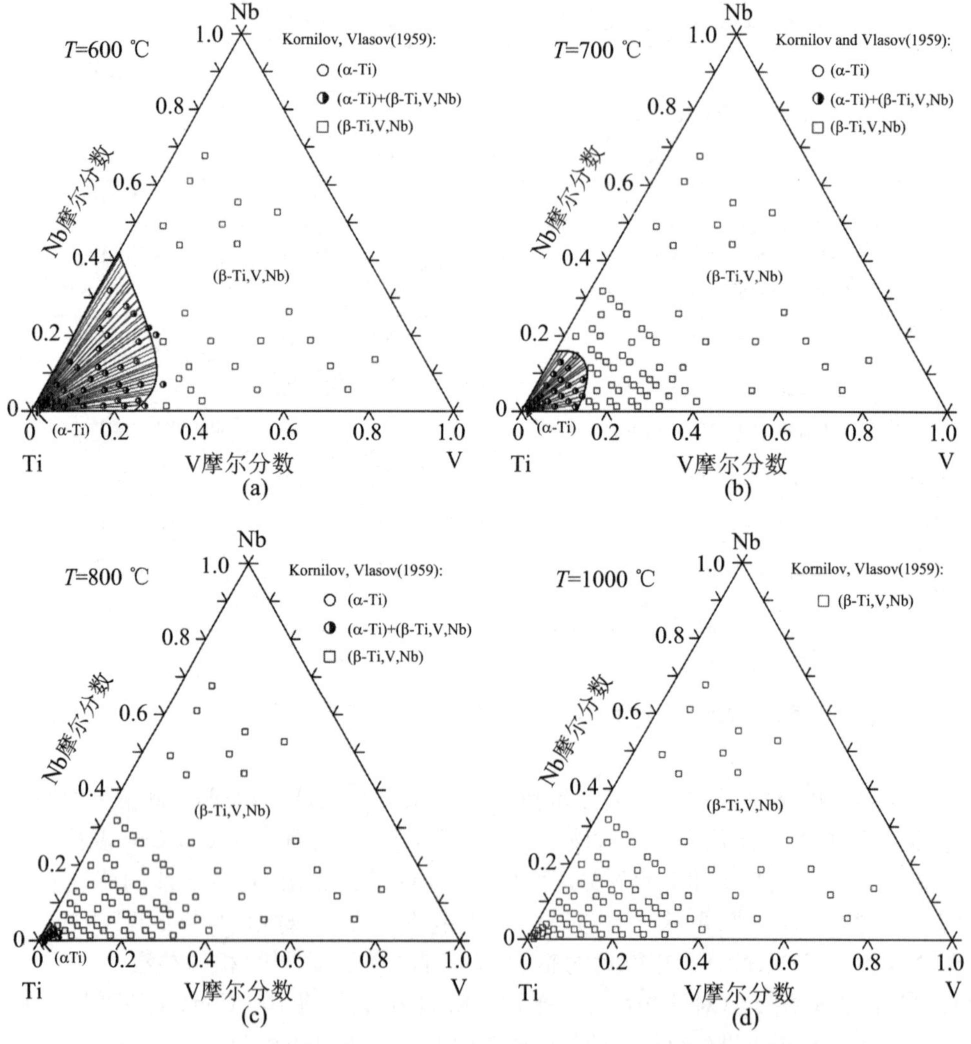


**图 4.8　本书工作计算的 Ti-V-Nb 体系等温截面与实验数据的比较[35]**

(a) 600 ℃;(b) 700 ℃;(c) 800 ℃;(d) 1000 ℃

面只有单相区(β-Ti,V,Nb)的实验结果。

图4.9是本书工作计算的Ti-V-Nb体系的液相面投影图和固相面投影图。从图中可以看出,液相面和固相面均由液相和(β-Ti,V,Nb)相两相组成。朝着Nb含量增加的方向,液相线和固相线的温度逐渐增加,这与Kumar等[19]报道的液相线和固相线趋势是一致的,进一步证实了本书工作的计算能够很好地重复实验数据,说明本书工作获得的描述Ti-V-Nb体系的热力学参数是准确的。

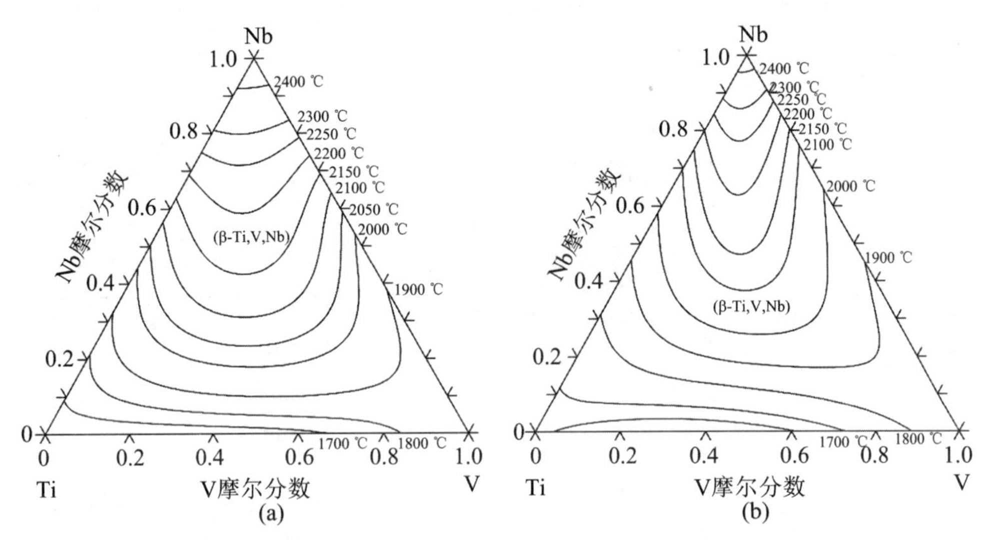


**图4.9　计算的Ti-V-Nb体系的(a) 液相面投影图和(b) 固相面投影图**

## 4.5.3　Ti-V-Ta三元系

在本书工作中,为了能够合理描述Komjathy[22]以及Mikheyev和Nikitin[38]报道的实验数据,加入(β-Ti, V, Ta)和(α-Ti)相的三元作用参数对Ti-V-Ta体系进行热力学优化,并计算了一些代表性的等温截面和垂直截面以及液相面投影图和固相面投影图。图4.10为本书工作计算的Ti-V-Ta体系800 ℃、1000 ℃和1200 ℃的等温截面与Komjathy[22]的实验数据的比较。从图中可以看出,除了图4.10(b)中的一些实验点,大部分的实验数据可以准确地描述。根据Komjathy[22]报道的实验数据,两相区(β-Ti,V,Ta)+β-$TaV_2$在800 ℃和1000 ℃时比在1200 ℃时大很多。根据Ta-V二元相图[20],温度从800 ℃升至1200 ℃时,两相区(β-Ti,V)+β-$TaV_2$是减小的。在Ti-V-Ta三元系中,两相区(β-Ti,V)+β-$TaV_2$应该同样是随着温度升高而减小的。因此,这个两相区在1000 ℃时应该比800 ℃时小,但比1200 ℃大。另外,Komjathy[22]仅仅试探性地测定了相边界(β-Ti,V,Ta)/(β-Ti,V,Ta)+β-$TaV_2$,并用虚线表示该相边界。因此,本书工作计算的在1000 ℃时的两相区(β-Ti,V)+β-$TaV_2$是可以接受的。在Komjathy[22]的工作中没有区分高温

C14 型的 α-$TaV_2$和低温 C15 型的 β-$TaV_2$ Laves 相。根据 Ta-V 二元相图，这两种类型的 Laves 相在 1200 ℃都是稳定的。因此，在计算的 Ti-V-Ta 三元系 1200 ℃等温截面中存在三相区(β-Ti，V，Ta) + α-$TaV_2$ + β-$TaV_2$，如图 4.10(d)所示。

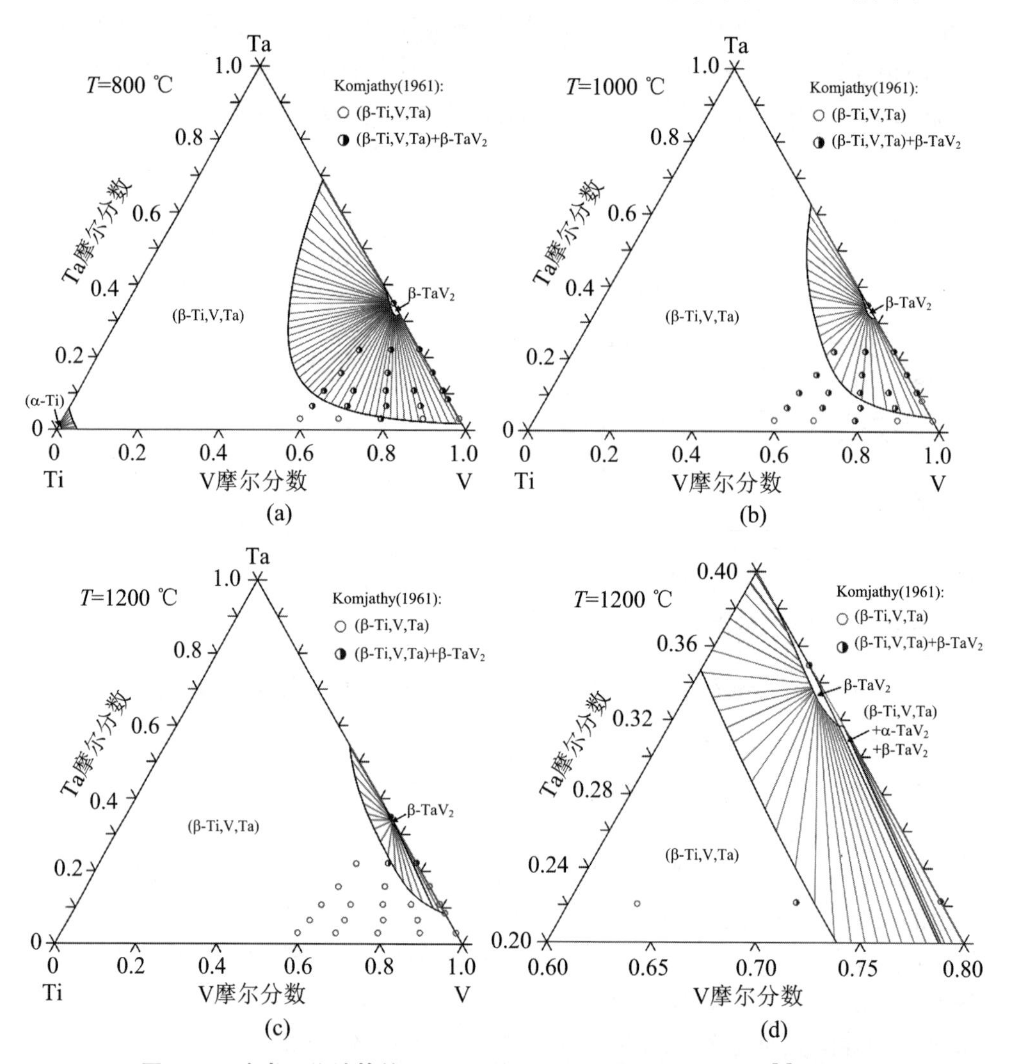


**图 4.10　本书工作计算的 Ti-V-Ta 体系的等温截面与实验数据[7]的比较**

(a) 800 ℃；(b) 1000 ℃；(c) 1200 ℃；(d) 对图(c)的放大

图 4.11 是本书工作计算的 Ti-V-Ta 体系 Ta 与 V 质量比为 1∶3、1∶1 和 3∶1 时的垂直截面与 Mikheyev 和 Nikitin[38] 报道的实验数据的比较。从这些垂直截面中可以看出，本书工作可以很好地重复大部分的实验数据。然而，有些处在两相区(α-Ti) + (β-Ti，V，Ta)的数据点计算时处在了单相区(β-Ti，V，Ta)。一方面，两相区(α-Ti) + (β-Ti，V，Ta)在 800 ℃时较窄且相边界(β-Ti，V，Ta)/(α-Ti) + (β-Ti，V，Ta)通常取决于 Ti-Ta 和 Ti-V 边际二元系。另一方面，在低温时，β-$TaV_2$ +

(β-Ti, V, Ta)会使相边界(β-Ti, V, Ta)/(α-Ti) + (β-Ti, V, Ta)向富 Ti 角偏移。根据 Komjathy[22]报道的实验数据，两相区 β-$TaV_2$ + (β-Ti, V, Ta)从高温到低温变得更大，导致相边界(β-Ti, V, Ta)/(α-Ti) + (β-Ti, V, Ta)向富 Ti 角偏移。因此，Mikheyev 和 Nikitin[38]报道的几个处在两相区(α-Ti) + (β-Ti, V, Ta)的数据点计算时处在了单相区(β-Ti, V, Ta)。

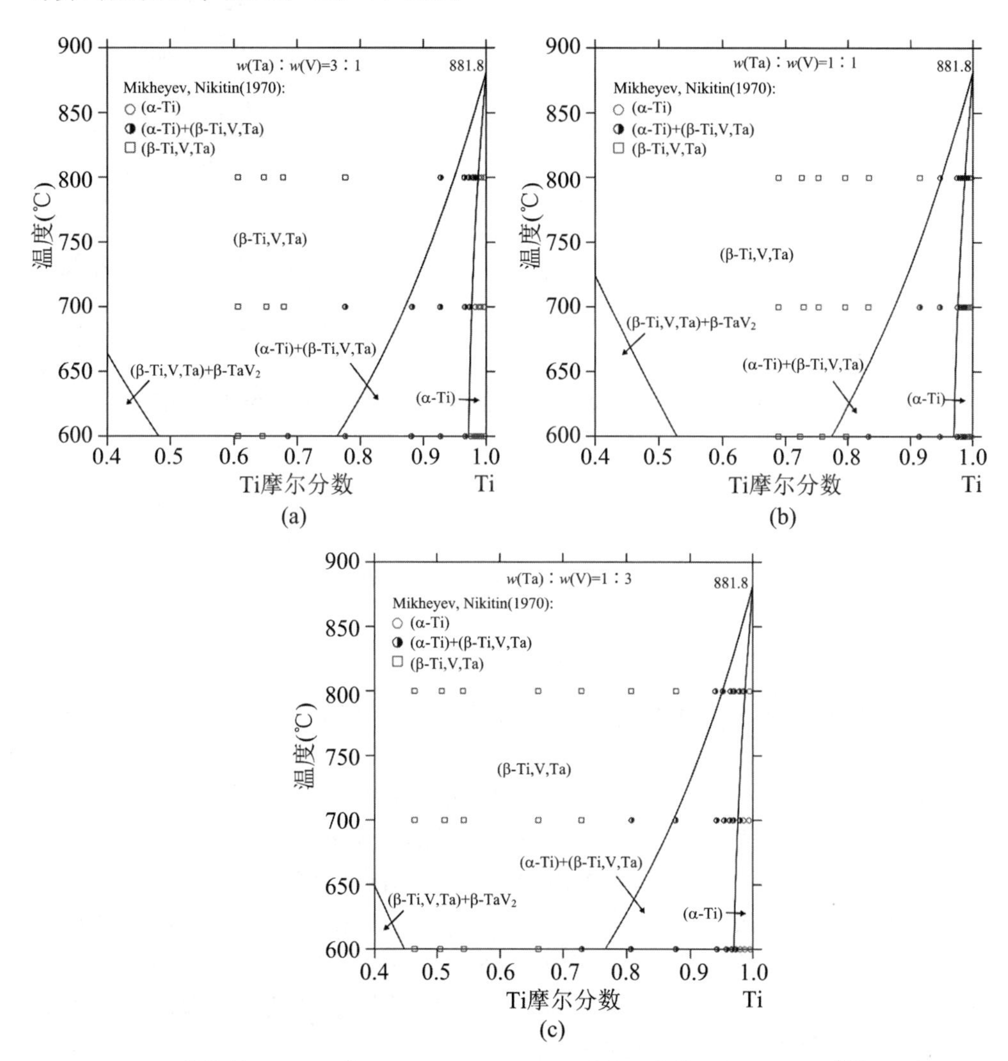


**图 4.11　计算的 Ti-V-Ta 体系不同 $w$(Ta) : $w$(V)时的垂直截面与实验数据[38]的比较**

(a) 1 : 3; (b) 1 : 1; (c) 3 : 1

图 4.12 是本书工作计算的 Ti-V-Ta 体系的液相面投影图和固相面投影图。从图中可以看出，液相面和固相面均由液相和(β-Ti, V, Ta)相两相组成。朝着 Ta 含量增加的方向，液相线和固相线的温度逐渐增加，这与 Mikheyev 和 Nikitin [38]报道的液相线和固相线趋势是一致的，进一步证实了本书工作的计算能够很好地重

复实验数据，说明本书工作获得的描述 Ti-V-Ta 体系的热力学参数是准确的。

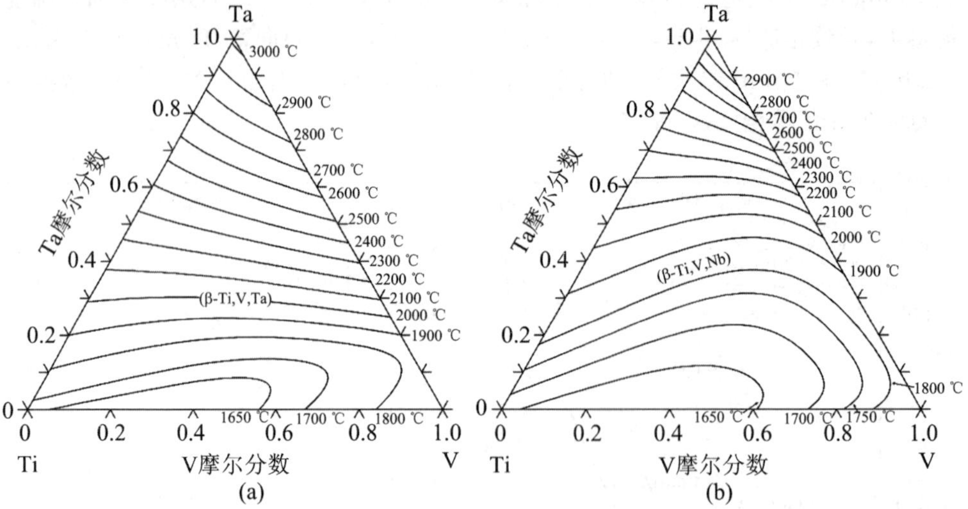

**图 4.12　计算的 Ti-V-Ta 体系的(a) 液相面投影图和(b) 固相面投影图**

## 4.6　本 章 小 结

1. 对 Ti-V-M(M = Si，Nb，Ta)三元系进行了严格的文献数据评估，分析了各组实验数据的准确性。

2. 设计关键实验，采用 XRD 和 EPMA 测定了 Ti-V-Si 体系 800 ℃等温截面，确定了与 $Ti_5Si_4$、$Ti_3Si$ 和 $V_6Si_5$ 相关的相平衡，即 TiSi + $Ti_5Si_4$ + τ、$Ti_5Si_4$ + $Ti_5Si_3$ + τ、$Ti_5Si_3$ + $Ti_3Si$ + (β-Ti，V)和 $V_6Si_5$ + $VSi_2$ + τ，同时确定了三元化合物 τ 的成分区间为 11.7～33.0 at.% Ti，17.0～39.6 at.% V 和 48.5～50.1 at.% Si。

3. 采用第一性原理计算了 $TiSi_2$、TiSi、$Ti_5Si_4$、$Ti_5Si_3$、$Ti_3Si$、$VSi_2$、$V_5Si_3$ 和 $V_3Si$相的端际组元在 0 K 时的生成焓，为热力学模型提供必要的热力学数据，使优化得到的热力学参数更具有物理意义。

4. 基于文献报道的实验数据和本书工作的实验结果，采用 CALPHAD 方法，对 Ti-V-M(M = Si，Nb，Ta)进行了热力学优化，获得了一套能准确描述 Ti-V-M(M = Si，Nb，Ta)体系的热力学参数。计算了一些代表性的等温截面、垂直截面、液相面投影图和固相面投影图。本书工作获得的热力学参数可以很好地描述实验数据。

5. 本书工作采用关键实验、第一性原理计算和 CALPHAD 方法对 Ti-V-Si 体系的相平衡进行了研究,而只采用 CALPHAD 方法对 Ti-V-Nb 和 Ti-V-Ta 的相平衡进行了研究。因此,在研究合金相平衡时,根据各合金体系的相平衡情况以及文献报道的实验数据,可以选择合适的方法进行研究,以快速获得各合金体系的相平衡。

# 参 考 文 献

[1] YANG Y, MAO H, CHEN H L, et al. An assessment of the Ti-V-O system[J]. J. Alloys Compd., 2017, 722: 365-374.

[2] GHOSH G. Thermodynamic and kinetic modeling of the Cr-Ti-V system [J]. J. Phase Equilib., 2002, 23: 310-328.

[3] SUWARNO S, SOLBERG J K, KROGH B, et al. High temperature hydrogenation of Ti-V alloys: the effect of cycling and carbon monoxide on the bulk and surface properties[J]. Int. J. Hydrogen Energy, 2016, 41: 1699-1710.

[4] BALCERZAK M. Structure and hydrogen storage properties of mechanically alloyed Ti-V alloys[J]. Int. J. Hydrogen Energy, 2017, 42: 23698-23707.

[5] ULMER U, DIETERICH M, POHL A, et al. Study of the structural, thermodynamic and cyclic effects of vanadium and titanium substitution in laves-phase $AB_2$ hydrogen storage alloys[J]. Int. J. Hydrogen Energy, 2017, 42: 20103-20110.

[6] ZHANG H, LIN J P, LIANG Y F, et al. Phase equilibria of Ti-Al-V system at 1300 ℃[J]. Intermetallics, 2019, 115: 106609.

[7] KOMJATHY S. The constitution of some vanadium-base binary and ternary systems and the ageing characteristics of selected ternary alloys[J]. J. Less-Common Met., 1961, 3: 468-488.

[8] DIAS C R, PORTELA M F, BAñARES M A, et al. Selective oxidation of oxylene over ternary V-Ti-Si catalysts[J]. Appl. Catal. A: Gen., 2002, 224: 141-151.

[9] JAZAYERI-G A, DAVIES H A, BUCKLEY R A. Microstructure of rapidly solidified Ti-Al-V and Ti-Al-Si-V alloys[J]. Mater. Sci. Eng. A, 2004, 375-377: 512-515.

[10] LIN C H, DUH J G, YEH J W. Multi-component nitride coatings derived from Ti-Al-Cr-Si-V target in RF magnetron sputter[J]. Surf. Coat. Technol., 2007, 201: 6304-6308.

[11] ENOMOTO M. The Si-Ti-V system (silicon-titanium-vanadium)[J]. J. Phase Equilib., 1992, 13: 201-205.

[12] BULANOVA M, FARTUSHNA J. Silicon-titanium-vanadium [M]// EFFENBERG G, ILYENKO S. Ternary alloy systems, group Ⅳ, vol. 11. Berlin: Springer, 2010, 625-635.

[13] LUTJERING G, WILLIAMS J C. Titanium [M]. New York: Springer, 2007.

[14] CHEN J M, MUROGA T, QIU S Y, et al. The development of advanced vanadium alloys for fusion applications[J]. J. Nucl. Mater., 2004, 329-333: 401-405.

[15] SEIFERT H J, LIANG P, LUKAS H L, et al. Computational phase studies in commercial aluminium and magnesium alloys[J]. Mater. Sci. Technol., 2000, 16(11-12): 1429-1433.

[16] SAUNDERS N. System Nb-Ti[M]//ANSARA I, DINSDALE A T, RAND M H. COST 507: thermochemical database for light metal alloys. Luxembourg: Office for Official Publications of the European Communities, 1998, 256-260.

[17] SAUNDERS N. System Ta-Ti[M]//ANSARA I, DINSDALE A T, RAND M H. COST 507: thermochemical database for light metal alloys [M]. Luxembourg: Office for Official Publications of the European Communities, 1998, 293-296.

[18] ZHANG C, DU Y, XIONG W, et al. Thermodynamic modeling of the V-Si system supported by key experiments[J]. Calphad, 2008, 32: 320-325.

[19] HARI KUMAR K C, WOLLANTS P, DELAEY L. Thermodynamic calculation of Nb-Ti-V phase diagram[J]. Calphad, 1994, 18: 71-79.

[20] DANON C A, SERVANT C. A thermodynamic evaluation of the Ta-V system [J]. J. Alloys Compd., 2004, 366: 191-200.

[21] NOWOTNY H, MACHENSCHALK R, KIEFFER R, et al. Investigation of the silicides systems[J]. Monatsh. Chem., 1954, 85: 241-244.

[22] KOMJATHY S. The constitution of some vanadium-base binary and ternary systems and the ageing characteristics of selected ternary alloys[J]. J. Less-Common Met., 1961, 3: 468-488.

[23] GLADYSHEVSKII E I, MARKIV V Y, EFIMOV Y V, et al. The titanium-vanadium-silicom system[J]. Inorg. Mater., 1965, 1: 1023-1027.

[24] SAVITSKY E M, BARON V V, EFIMO Y F, et al. The solubility of some transition metals in the compound $V_3Si$ and the effect of transition to the superconducting state[J]. Inorg. Mater., 1965, 1: 327-333.

[25] SOZONTOVA G N, SHTOLTS A K. Solubility of cobalt and titanium in vanadium silicide ($V_3Si$) and vanadium gallium ($V_3Ga$), and of titanium in (vanadium, chromium) silicide ($(V,Cr)_3Si$) and (vanadium, chromium) gallium ($(V,Cr)_3Ga$)[J]. Fiz. Svoistva Met. Splavov, 1976, 1: 37-40.

[26] MARKIV V Y, GLADYSHEVSKY E I, SKOLOZDRA R V, et al. Ternary compounds of the $RX'X''_2$ type in the Ti-V(Fe, Co, Ni)-Si and similar systems[J]. Dopov. Akad. Nauk Ukrain. RSR (A), 1967, 3: 266-269.

[27] GODDEN M J. Precipitation and strengthening effects in some Ti-45% V alloys containing silicon[J]. Mater. Sci. Eng., 1977, 28: 257-262.

[28] FRANTI G W, KOSS D A. On the equilibrium silicide in beta Ti-V alloys containing Si[J]. Metall. Trans. A, 1977, 8: 1639-1641.

[29] GRAHAM D E, KOSS D A. Structure-property relations in a metastable β Ti alloy containing Si[J]. Metall. Trans. A, 1978, 9: 1435.

[30] TUOMINEN S M, KOSS D A. Asymmetrical mechanical behavior of a precipitation hardened beta titanium alloy[J]. Metall. Trans. A, 1975, 6: 1737-1740.

[31] TUOMINEN S M, FRANTI G W, KOSS D A. The influence of Si on precipitation phenomena and age hardening of a beta Ti alloy[J]. Metall. Trans. A, 1977, 8: 457-463.

[32] CHAIX C, DIOT C, LASALMONIE A. The structure of silicon rich precipitates in Ti-30V-$x$Si alloys-influence of the precipitation on the mechanical properties[J]. Acta Metall., 1980, 28: 1537-1547.

[33] BULANOVA M, FIRSTOV S, GORNAYA I, et al. The melting diagram of the Ti-corner of the Ti-Zr-Si system and mechanical properties of as-cast compositions[J]. J. Alloys Compd., 2004, 384: 106-114.

[34] KORNILOV I I, VLASOV V Z. Fusion diagram of the system titanium-vanadium-niobium[J]. Russ. J. Inorg. Chem., 1957, 2: 127-134.

[35] KORNILOV I I, VLASOV V Z. Phase diagram of titanium-vanadium-niobium system[J]. Russ. J. Inorg. Chem., 1959, 4: 734-738.

[36] SOBOLEV N N, LEVANOV V I, ELYUTIN O P, et al. Construction of fusibility diagrams for Ti-V-Nb-Mo system by simple lattice method [J]. Russ. Metall., 1974, 2: 128-131.

[37] ENOMOTO M. The Nb-Ti-V system (niobium-titanium-vanadium)[J]. J. Phase Equilib., 1991, 12: 359-362.

[38] MIKHEYEV V S, NIKITIN P N. Investigation of part of Ti-Ta-V phase diagram[J]. Russ. Metall., 1970, 1: 189-192.

[39] DINSDALE A T. SGTE data for pure elements[J]. Calphad, 1991, 15: 317-425.

[40] SUNDMAN B, JANSSON B, ANDERSSON J O. The Thermo-Calc databank system[J]. Calphad, 1985, 9: 153-190.

[41] COLINET C, TEDENAC J C. Structural stability of intermetallic phases in the Si-Ti system. Point defects and chemical potentials in $D_{88}$-$Si_3Ti_5$ phase[J]. Intermetallics, 2010, 18: 1444-1454.

[42] COLINET C, TEDENAC J C. First principles calculations in V-Si system. Defects in A15-$V_3Si$ phase[J]. Comput. Mater. Sci., 2014, 85: 94-101.

# 第5章　Ti-W-M(M＝B,Si,Zr,Mo,Nb)体系的相图热力学研究

## 5.1　引　　言

难熔金属因具有高熔点、高热稳定性、良好的机械性能和在高温下优异的耐磨性而被广泛用于制造高温金属加工工具、金属丝、铸模以及腐蚀性环境中的化学反应容器等[1]。Ti、W、Zr、Mo和Nb是常见的难熔元素[2]。B和Si元素与Ti和W结合可形成许多具有广泛应用范围的高熔点硼化物或硅化物。硼化钛具有高熔点、高硬度、低电阻和出色的导热性，是抗冲击装甲、切削工具、耐磨零件、晶粒细化剂和各种高温结构材料的极佳候选材料[3]。硼化钨由于其出色的特性，如化学惰性、高硬度、耐磨性、高温电阻和电子传导性，已被应用于精密冶金的磨料、耐腐蚀和电极材料、坩埚和铸锭模具中[4-6]。硅化钛由于其较高的熔化温度和良好的抗氧化性而成为高温结构材料中常见的添加剂[7-9]。在高于800 ℃时与高温合金相比，含有接近等原子比例的难熔元素的高熵合金(High Entropy Alloys，HEAs)因具有更优的高温强度和抗蠕变性能而引起了人们的兴趣[10]。通常，这些难熔HEAs具有体心立方晶体结构[11-14]。根据二元Ti-W相图，在固相线和溶解度间隙的临界温度之间，Ti和W形成完全互溶的体心立方结构的固溶体。因此，Ti-W是研究新型难熔HEAs的理想体系。新的高温难熔合金的设计需要有关Ti-W基三元体系的相平衡和热力学性质的信息。因此，有必要对Ti-W-M(M＝B，Si，Zr，Mo，Nb)体系进行全面准确的热力学评估，以提供一组可靠的热力学参数，用于对相关更高组元体系进行热力学外推。

目前，尚未有文献报道Ti-W-M(M＝B，Si，Zr，Mo，Nb)体系的热力学描述。本书工作首先对Ti-W-M(M＝B，Si，Zr，Mo，Nb)体系进行严格的文献评估，获得各体系的实验相平衡数据。然后基于文献报道的实验相平衡数据，采用CALPHAD方法对这些体系进行热力学优化，获得一套能准确描述这些钛合金三元系的热力学参数，为设计相关新型合金提供重要的相平衡和热力学性质信息。

## 5.2 Ti-W-M(M = B,Si,Zr,Mo,Nb)体系相图数据文献评估

为了方便对各相情况的了解，将 Ti-W-M(M = B,Si,Zr,Mo,Nb)体系中存在的固相符号标识和晶体结构信息进行了总结，见表 5.1。

**表 5.1　Ti-W-M(M=B,Si,Zr,Mo,Nb)体系中各相的符号标识和晶体结构信息**

| 相名称 | 原型 | 皮尔逊符号 | 空间群 | 相的描述 |
|---|---|---|---|---|
| (α-Ti) | Mg | hP2 | $P6_3/mmc$ | 固溶体 hcp_A3 Ti |
| (β-Ti) | W | cI2 | $Im\bar{3}m$ | 固溶体 bcc_A2 Ti |
| (W) | W | cI2 | $Im\bar{3}m$ | 固溶体 bcc_A2 W |
| (β-Zr) | W | cI2 | $Im\bar{3}m$ | 固溶体 bcc_A2 Ti |
| (Mo) | W | cI2 | $Im\bar{3}m$ | 固溶体 bcc_A2 Mo |
| (Nb) | W | cI2 | $Im\bar{3}m$ | 固溶体 bcc_A2 Nb |
| (β-B) | β-B | hR111 | $R\bar{3}m$ | 固溶体 beta_Rhombo B |
| (Si) | C | cF8 | $Fd\bar{3}m$ | 固溶体 diamond_A4 Si |
| TiB | FeB | oP8 | Pnma | 二元化合物 TiB |
| $Ti_3B_4$ | $Ta_3B_4$ | oI14 | Immm | 二元化合物 $Ti_3B_4$ |
| $TiB_2$ | $AlB_2$ | hP3 | P6/mmm | 二元化合物 $TiB_2$ |
| $W_2B$ | $Al_2Cu$ | tI12 | I4/mcm | 二元化合物 $W_2B$ |
| α-WB | α-MoB | tI16 | $I4_1/amd$ | 二元化合物 α-WB |
| β-WB | CrB | oC8 | Cmcm | 二元化合物 β-WB |
| $W_2B_5$ | $W_2B_5$ | hP12 | $P6_3/mmc$ | 二元化合物 $W_2B_5$ |
| $W_2B_9$ | $Mo_{1-x}B_3$ | hP16 | $P6_3/mmc$ | 二元化合物 $W_2B_9$ |
| $TiSi_2$ | $TiSi_2$ | oF24 | Fddd | 二元化合物 $TiSi_2$ |
| TiSi | FeB | oP8 | Pnma | 二元化合物 TiSi |
| $Ti_5Si_4$ | $Si_4Zr_5$ | tP36 | $P4_12_12$ | 二元化合物 $Ti_5Si_4$ |
| $Ti_5Si_3$ | $Mn_5Si_3$ | hP16 | $P6_3/mcm$ | 二元化合物 $Ti_5Si_3$ |
| $Ti_3Si$ | $PTi_3$ | tP32 | $P4_2/n$ | 二元化合物 $Ti_3Si$ |
| $W_5Si_3$ | $W_5Si_3$ | tI32 | I4/mcm | 二元化合物 $W_5Si_3$ |

续表

| 相名称 | 原型 | 皮尔逊符号 | 空间群 | 相的描述 |
| --- | --- | --- | --- | --- |
| $WSi_2$ | $MoSi_2$ | tI6 | I4/mmm | 二元化合物 $WSi_2$ |
| $W_2Zr$ | $MgCu_2$ | cF24 | $Fd\bar{3}m$ | 二元化合物 $W_2Zr$ |
| τ | CrB | oC8 | Cmcm | 三元化合物$(Ti_{1-x}W_x)B$ |
| $Ti_3W_2Si_{10}$ | $CrSi_2$ | hP9 | $P6_222$ | 三元化合物 $Ti_3W_2Si_{10}$ |

## 5.2.1　边际二元系

为了便于理解Ti-W-M(M=B,Si,Zr,Mo,Nb)三元系,图5.1列出了根据文献报道的热力学参数计算的Ti-W-M(M=B,Si,Zr,Mo,Nb)体系中边际二元系相图。从图中可以看出,Ti-W、Ti-Zr、Ti-Mo、Ti-Nb、W-Mo和W-Nb这几个二元系没有包含二元化合物,相关系较为简单,且在一定的温度下,两个元素完全互溶,形成体心立方结构的固溶体。Ti-B、Ti-Si、W-B、W-Si和W-Zr体系均包含数量不等的二元化合物,相关系较为复杂。关于Ti-W-M(M=B,Si,Zr,Mo,Nb)体系中边际二元系的热力学参数,本书工作直接采用文献报道的数据。为了与本研究建立的钛合金热力学数据库相一致,Ti-W、Ti-B、Ti-Si、Ti-Zr、Ti-Mo、Ti-Nb、W-B、W-Si、W-Zr、W-Mo和W-Nb的热力学参数分别采用来自Jonsson[15]、Batzner[16]、Seifert等[17]、Kumar和Wollants[18]、Saunders[19]、Saunders[20]、Duschanek和Rogl[21]、Li等[22]、Zhou等[23]、Gustafson[24]以及Huang和Selleby[25]的研究结果。关于各体系的具体情况在此不再赘述,请参考对应的参考文献。

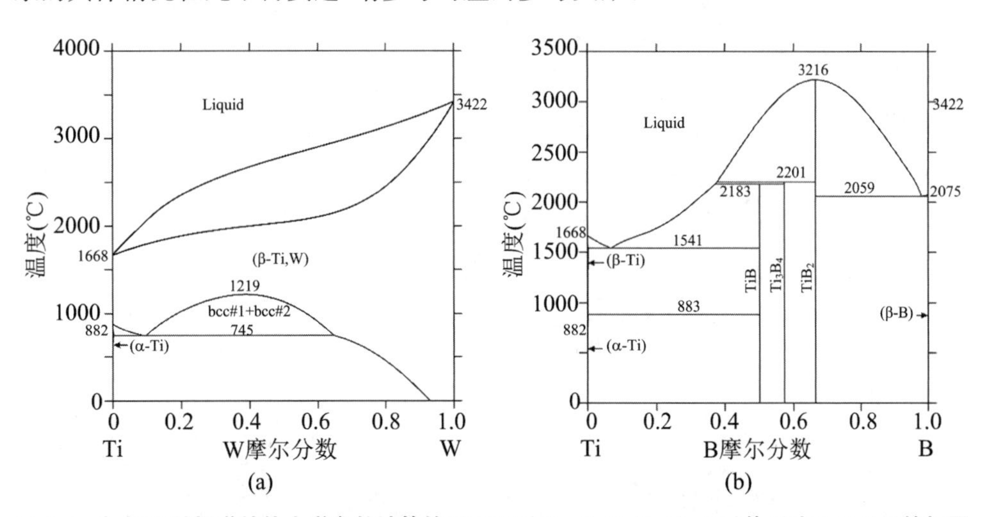


**图5.1　根据文献报道的热力学参数计算的Ti-W-M(M=B,Si,Zr,Mo,Nb)体系边际二元系的相图**

(a) Ti-W[15];(b) Ti-B[16];(c) Ti-Si[17];(d) Ti-Zr[18];(e) Ti-Mo[19];(f) Ti-Nb[20];(g) W-B[21];(h) W-Si[22];(i) W-Zr[23];(j) W-Mo[24];(k) W-Nb[25]

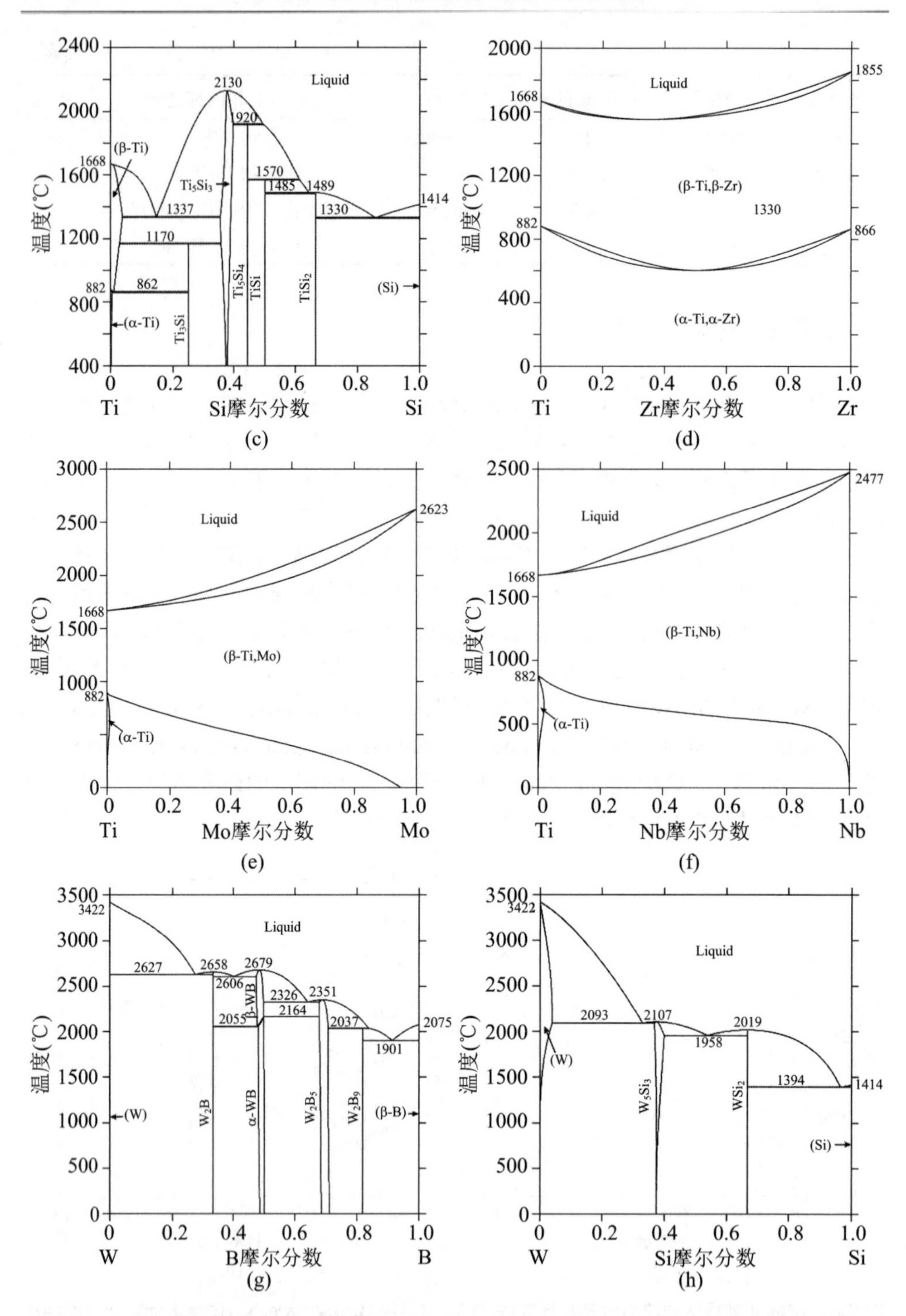


**续图 5.1　根据文献报道的热力学参数计算的 Ti-W-M(M=B,Si,Zr,Mo,Nb)体系边际二元系的相图**

(a) Ti-W[15]；(b) Ti-B[16]；(c) Ti-Si[17]；(d) Ti-Zr[18]；(e) Ti-Mo[19]；(f) Ti-Nb[20]；(g) W-B[21]；(h) W-Si[22]；(i) W-Zr[23]；(j) W-Mo[24]；(k) W-Nb[25]

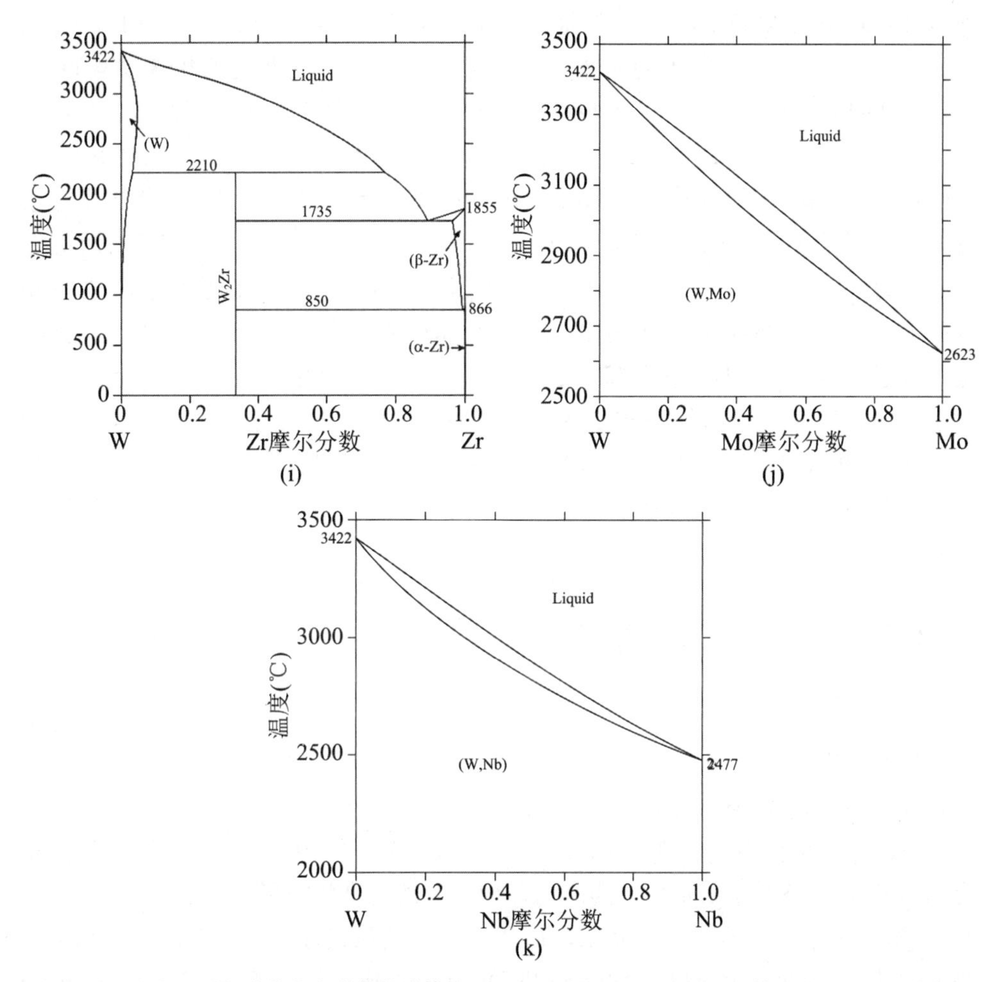


**续图 5.1　根据文献报道的热力学参数计算的 Ti-W-M(M═B,Si,Zr,Mo,Nb)体系边际二元系的相图**

(a) Ti-W[15];(b) Ti-B[16];(c) Ti-Si[17];(d) Ti-Zr[18];(e) Ti-Mo[19];(f) Ti-Nb[20];(g) W-B[21];(h) W-Si[22];(i) W-Zr[23];(j) W-Mo[24];(k) W-Nb[25]

### 5.2.2　Ti-W-B 三元系

Ariel 等[26]通过化学方法、光学金相学、电子微探针和 X 射线衍射研究了室温下 Ti-W-B 体系的亚稳态相图。Ariel 等没有测量 Ti 和 W 分别在硼化钨和硼化钛中的溶解度。Kuz'ma 等[27]通过制备 50 多个三元合金样品并用 XRD 和金相学首次构建了 Ti-W-B 体系 1400 ℃ 的等温截面。W 在 TiB 相中的溶解度较大,可达 15 at.%,而 W在 $TiB_2$ 中的溶解度不超过 3 at.%。Ti 在硼化钨中的溶解度小于 5 at.%。在 1400 ℃下未发现 $Ti_3B_4$ 相。实验中发现一个正交 CrB 型结构的三元化合物 $\tau$:(Ti,W)B,其成分范围为 50 at.% B、10～20 at.% Ti 和 40～30 at.% W。

随后，Kosterova 和 Ordan'yan[28]通过实验也构建了 Ti-W-B 体系 1400 ℃的等温截面，并证实 Kuz'ma 等[27]的大部分实验结果。Kuz'ma 等报道的 TiB+(β-Ti)+(W)与 Ti-W 二元系不一致，Kosterova 和 Ordan'yan[28]对其进行了修订。Yasinskaya 和 Groisberg[29]通过 XRD 和金相方法试探性地建立了 $TiB_2$-W 垂直截面。$TiB_2$-W 截线穿过三元化合物 τ，显示 τ 在 2680 ℃具有一致共熔性质。提出了在接近 τ 成分附近存在两个准共晶反应：Liquid→τ+(W)和 Liquid→τ+$TiB_2$，反应温度分别为 2390 ℃和 2560 ℃。Telle 等[30]构建了 $TiB_2$-$WB_2$垂直截面，然后被 Pohl 等[31]证实。根据 W-B 二元相图，Telle 等[30]标记的熔点为 2365 ℃的 $WB_2$相其实是 $W_2B_5$相。$TiB_2$-$W_2B_5$截面的特征是 $W_2B_5$在 $TiB_2$中的溶解度很大（在 2230±40 ℃时，大约为 63 at.%），而 $TiB_2$在 $W_2B_5$中的溶解度很小（在相同温度下，大约为 3 at.%）。低于 1700 ℃时，(Ti，W)$B_2$固溶体区域随温度降低而明显变窄，并且 $TiB_2$在 $W_2B_5$中的溶解度几乎恒定为 1 at.%。Perrot[32]对以上的实验数据进行了严格的文献评估。

### 5.2.3 Ti-W-Si 三元系

Ti-W-Si 三元系的相平衡实验数据主要来自 Maksimov 和 Shamray[33]的研究。他们研究了 800 ℃、1000 ℃和 1200 ℃的等温截面、$Ti_5Si_3$-$W_5Si_3$和 $TiSi_2$-$WSi_2$的垂直截面以及 Ti-W-Si 体系的液相面投影图。测定的 W 在 $Ti_5Si_3$中的溶解度和 Ti 在 $W_5Si_3$中的溶解度分别为 10 at.%和 30 at.%。W 在 Ti-Si 二元系中其他化合物以及 Ti 在 W-Si 二元系中其他化合物中的溶解度均很低，可以忽略不计。在 Ti-W-Si 三元系中发现一个三元化合物 $Ti_3W_2Si_{10}$，其成分区间较小。该三元化合物在 1680 ℃下通过反应（L+$WSi_2$→$Ti_3W_2Si_{10}$）生成。除了 Ti-W-Si 三元系富 Ti 角的(β-Ti)固溶体外，该三元系的 1000 ℃等温截面与 800 ℃的类似。在 1200 ℃的等温截面中，未发现 $Ti_3Si$ 相，其他相关系与 1000 ℃等温截面类似。Maksimov 和 Shamray[33]采用热分析，构建了两个准二元共晶型 $Ti_5Si_3$-$W_5Si_3$和 $TiSi_2$-$WSi_2$垂直截面。共晶 $Ti_5Si_3$+$W_5Si_3$在约 2000 ℃和 56 at.% $Ti_5Si_3$时熔融。由于三元化合物 $Ti_3W_2Si_{10}$的存在，不会形成 $TiSi_2$-$WSi_2$的连续固溶体。Maksimov 和 Shamray[33]还通过热分析绘制了液相面投影图，该投影图包括固溶体(β-Ti，W)、(Si)以及中间化合物等 9 个初晶区。Gas 等[34]也研究了成分区间为 20～100 at.% $WSi_2$和温度范围为 550～1300 ℃的 $TiSi_2$-$WSi_2$垂直截面。该截面在低于 550 ℃时存在一个六方结构的连续固溶体。在约 550 ℃时，富 $WSi_2$的合金分为两相，即具有非常低的 $TiSi_2$溶解度的 $WSi_2$相和具有随温度升高而 $WSi_2$溶解度降低的六方相。此外，Ball 等[35]研究了 Ti-W-Si 体系的非晶相的形成和稳定性，发现只有含有低于 10 at.% Si 的合金是结晶型的。

### 5.2.4 Ti-W-Zr 三元系

经过详细的文献调研，只有一组来自 Zakharov 和 Savitskiy[36]的工作报道了 Ti-W-Zr 体系的实验相平衡数据。通过制备 63 个三元合金样品，利用显微镜、XRD 和显微硬度测量研究了 1000 ℃和 1500 ℃的等温截面、10 wt.%和 30 wt.% Ti 以及重量比 $w$(W)：$w$(Zr)为 4：1 和 1：1 的垂直截面。1000 ℃和 1500 ℃的等温截面中，Zakharov 和 Savitskiy[36]测定了 1 个三相区 $W_2Zr$ + (β-Ti,β-Zr) + (W)、3 个两相区 $W_2Zr$ + (β-Ti,β-Zr)、$W_2Zr$ + (W)和(β-Ti,β-Zr) + (W)以及 1 个三相区(β-Ti,β-Zr)Ti 在 $W_2Zr$ 中的溶解度可忽略不计。1000 ℃和 1500 ℃的等温截面相关系相似。Zakharov 和 Savitskiy[36]未测定垂直截面的液相线，仅仅对其做了外推。Blazina 等[37]通过 XRD 和金相方法研究了 $Ti_xZr_{1-x}W_2$($x=0\sim0.75$)合金的晶胞参数、晶胞体积和显微硬度。实验结果显示随着 Ti 含量的增加，$W_2Zr$ 相的晶胞参数、晶胞体积和显微硬度都有所下降。这表明，Ti 在 $W_2Zr$ 相的溶解度是一定的。

### 5.2.5 Ti-W-Mo 三元系

与 Ti-W-Zr 体系类似，Zakharov 和 Savitskiy[38]通过制备 49 个二元和三元 Ti-W-Mo 合金，借助显微镜、XRD 和显微硬度测量对 Ti-W-Mo 体系的相平衡进行了研究，构筑了 1000 ℃和 1500 ℃的等温截面、10 wt.%和 30 wt.% Mo 以及重量比 $w$(W)：$w$(Ti)为 4：1 和 3：2 的垂直截面。研究发现，1000 ℃和 1500 ℃的等温截面存在一个溶解度间隙(β-Ti,W,Mo)＃1 + (β-Ti,W,Mo)＃2，这两个等温截面非常相似。同样，Zakharov 和 Savitskiy[38]未测定 Ti-W-Mo 体系垂直截面的液相线，仅仅对其做了外推。根据这些等温截面和垂直截面，Ti 和 W 在(Mo)中的固溶度随着温度的降低而略有降低。Kaufman 和 Nesor[39]初步计算了 Ti-W-Mo 体系在 2227 ℃和 1000 ℃的等温截面，但在他们的工作中并没有提供相应的热力学参数。

### 5.2.6 Ti-W-Nb 三元系

Ti-W-Nb 体系的相平衡数据主要由 Levanov 等[40]通过实验测定。通过使用显微镜、XRD、硬度和电阻率测量，测定了 600 ℃等温截面和重量比 $w$(Nb)：$w$(W)为 3：1、1：1 和 1：3 的 3 个垂直截面。构建的 600 ℃等温截面包含 1 个三相区(α-Ti) + (β-Ti,Nb,W)＃1 + (β-Ti,Nb,W)＃2、3 个两相区(α-Ti) + (β-Ti,Nb,W)＃1、(α-Ti) + (β-Ti,Nb,W)＃2 和(β-Ti,Nb,W)＃1 + (β-Ti,Nb,W)＃2 以

及2个单相区(α-Ti)和(β-Ti,Nb,W)。根据垂直截面,W含量的增加引起共析分解温度的提升。Zakharov等[41]构建了Ti-W-Nb体系成分为80～100 at.% Nb的部分固相面投影图。固相线温度随着Nb含量的增加而增加。Kaufman和Nesor[39]还初步计算了Ti-W-Nb体系在2227 ℃和1000 ℃下的等温截面,但未提供热力学参数。

## 5.3 热力学模型

纯元素Ti、W、B、Si、Zr、Mo和Nb的吉布斯自由能表达式采用SGTE数据库[42]。边际二元系Ti-W、Ti-B、Ti-Si、Ti-Zr、Ti-Mo、Ti-Nb、W-B、W-Si、W-Zr、W-Mo和W-Nb的热力学参数直接采用文献报道的数据。

在Ti-W-M (M=B, Si, Zr, Mo, Nb)三元系中需要优化的相包括固溶体相(液相和bcc (β-Ti, W, Zr, Mo, Nb))、9个具有第三组元溶解度的二元化合物($TiB_2$、TiB、$W_2B$、α-WB、$W_2B_5$、$W_2B_9$、$Ti_5Si_3$、$W_5Si_3$和$W_2Zr$)和2个三元化合物(成分为$(Ti_{1-x}W_x)B$的τ和$Ti_3W_2Si_{10}$)。采用不同的热力学模型对它们进行描述。

关于固溶体相的热力学模型可见式(1.2)～式(1.5)。对于二元化合物$TiB_2$、TiB、$W_2B$、α-WB、$W_2B_5$、$W_2B_9$、$Ti_5Si_3$、$W_5Si_3$和$W_2Zr$,分别采用亚点阵模型

$(Ti,W)_1B_2$, $(Ti,W)_1B_1$, $(Ti,W)_2B_1$

$(Ti,W)_1(B,Va)_1$, $(Ti,W)_2(B,Va)_5$, $(Ti,W)_2B_9$

$(Si,Ti,W)_2(Si,Ti)_3(Ti,W)_3$, $(Ti,W)_4(Si,Ti,W)_1(Si,W)_3$

$(Ti,V,Si)_{0.75}(Ti,V,Si)_{0.25}$

进行描述。两个三元化合物τ和$Ti_3W_2Si_{10}$分别采用亚点阵模型$(Ti,W)_1B_1$和$(Ti,W)_1Si_2$进行描述。关于亚点阵模型可参见式(1.7)～式(1.11)。

## 5.4 计算结果与讨论

基于文献报道的实验数据,通过Thermo-Calc软件中的PARROT模块优化Ti-W-M(M=B,Si,Zr,Mo,Nb)体系的热力学参数。实验相图数据作为输入数据,并且根据实验数据的准确性,为其设置一定的权重。在优化过程中,通过反复

进行误差尝试,直到获得的热力学参数能够重复大部分的实验数据。最终将获得的 Ti-W-M(M=B,Si,Zr,Mo,Nb)体系的热力学参数列于表 5.2,并计算了 Ti-W-M(M=B,Si,Zr,Mo,Nb)体系一些代表性的相图。

### 5.4.1 Ti-W-B 三元系

图 5.2 所示的是本书工作计算的 Ti-W-B 体系 1400 ℃等温截面与 Kuz'ma 等[27]以及 Kosterova 和 Ordan'yan[28]的实验数据的比较。从图中可以看出,本书工作的计算能够准确描述大部分的实验数据。计算的在低 B 含量的两相平衡 TiB+(β-Ti,W)与 Kosterova 和 Ordan'yan[28]的实验结果一致,而与 Kuz'ma 等[27]报道的三相区 TiB+(β-Ti)+(W)不一致。考虑到这个三相区与边际 Ti-W 二元相图冲突,Kuz'ma 等[27]报道的低 B 含量的相平衡在本书工作的优化中没有考虑。计算的 Ti 在硼化钨中的溶解度和 W 在硼化钛中的溶解度都是有限的,这与文献数据是一致的。因为在 Kuz'ma 等[27]以及 Kosterova 和 Ordan'yan[28]的实验研究中未发现 $Ti_3B_4$ 相,因此在本书工作优化时,没有考虑 W 在 $Ti_3B_4$ 相中的溶解度。另外,将三元化合物 τ:(Ti,W)B 描述为线型化合物,计算的成分范围为 50 at.% B和 20～32 at.% W,计算结果同样与报道的实验数据一致。

**表 5.2　本书工作优化的 Ti-W-M(M=B,Si,Zr,Mo,Nb)体系的热力学参数[a]**

| 体系 | 相/模型 | 热力学参数 |
|---|---|---|
| Ti-W-B | $TiB_2$:(Ti, W)$_1$$B_2$ | $^{o}G^{TiB_2}_{W:B} = -67939 + {^{o}G^{bcc}_{W}} + 2 \cdot {^{o}G^{beta\text{-}rho}_{B}}$ |
| | | $^{0}L^{TiB_2}_{Ti,W:B} = -41973$ |
| | TiB:(Ti, W)$_1$$B_1$ | $^{o}G^{TiB}_{W:B} = -63062 + {^{o}G^{bcc}_{W}} + {^{o}G^{beta\text{-}rho}_{B}}$ |
| | | $^{0}L^{TiB}_{Ti,W:B} = -107328$ |
| Ti-W-B | $W_2B$:(Ti, W)$_2$$B_1$ | $^{o}G^{W_2B}_{Ti:B} = -123517 + 14 \cdot T + 2 \cdot {^{o}G^{hcp}_{Ti}} + {^{o}G^{beta\text{-}rho}_{B}}$ $^{0}L^{W_2B}_{Ti,W:B} = -158321$ |
| | α-WB:(Ti, W)$_1$(B, Va)$_1$ | $^{o}G^{\alpha\text{-}WB}_{Ti:B} = -109856 + {^{o}G^{hcp}_{Ti}} + {^{o}G^{beta\text{-}rho}_{B}}$ |
| | | $^{o}G^{\alpha\text{-}WB}_{Ti:Va} = 5000 + {^{o}G^{hcp}_{Ti}}$ |
| | | $^{0}L^{\alpha\text{-}WB}_{Ti,W:B} = -101294$ |
| | $W_2B_5$:(Ti, W)$_2$(B, Va)$_5$ | $^{o}G^{W_2B_5}_{Ti:B} = -564964 + 2 \cdot {^{o}G^{hcp}_{Ti}} + 5 \cdot {^{o}G^{beta\text{-}rho}_{B}}$ |
| | | $^{o}G^{W_2B_5}_{Ti:Va} = 10000 + 2 \cdot {^{o}G^{hcp}_{Ti}}$ |
| | $W_2B_9$:(Ti, W)$_2$$B_9$ | $^{o}G^{W_2B_9}_{Ti:B} = -535000 + 2 \cdot {^{o}G^{hcp}_{Ti}} + 9 \cdot {^{o}G^{beta\text{-}rho}_{B}}$ |
| | τ:(Ti, W)$_1$$B_1$ | $^{o}G^{\tau}_{Ti:B} = -123933 + {^{o}G^{hcp}_{Ti}} + {^{o}G^{beta\text{-}rho}_{B}}$ |
| | | $^{o}G^{\tau}_{W:B} = -61187 + {^{o}G^{bcc}_{W}} + {^{o}G^{beta\text{-}rho}_{B}}$ |
| | | $^{0}L^{\tau}_{Ti,W:B} = -238431 + 6 \cdot T$ |

**续表**

| 体系 | 相/模型 | 热力学参数 |
|---|---|---|
| Ti-W-Si | Liquid：$(Si, Ti, W)_1$ | ${}^{0}L^{Liquid}_{Si,Ti,W} = -40000$ |
| | bcc_A2：$(Si, Ti, W)_1Va_3$ | ${}^{1}L^{bcc\_A2}_{Si,Ti,W} = -200000$ |
| Ti-W-Si | $Ti_5Si_3$：$(Si, Ti, W)_2(Si, Ti)_3(Ti, W)_3$ | ${}^{\circ}G^{Ti_5Si_3}_{Si:Si:W} = 40000 + 5 \cdot {}^{\circ}G^{diamond}_{Si} + 3 \cdot {}^{\circ}G^{bcc}_{W}$ |
| | | ${}^{\circ}G^{Ti_5Si_3}_{Si:Ti:W} = 40000 + 2 \cdot {}^{\circ}G^{diamond}_{Si} + 3 \cdot {}^{\circ}G^{hcp}_{Ti} + 3 \cdot {}^{\circ}G^{bcc}_{W}$ |
| | | ${}^{\circ}G^{Ti_5Si_3}_{Ti:Si:W} = -245011 + 3 \cdot {}^{\circ}G^{diamond}_{Si} + 2 \cdot {}^{\circ}G^{hcp}_{Ti} + 3 \cdot {}^{\circ}G^{bcc}_{W}$ |
| | | ${}^{\circ}G^{Ti_5Si_3}_{Ti:Ti:W} = 40000 + 5 \cdot {}^{\circ}G^{hcp}_{Ti} + 3 \cdot {}^{\circ}G^{bcc}_{W}$ |
| | | ${}^{\circ}G^{Ti_5Si_3}_{W:Si:Ti} = 40000 + 3 \cdot {}^{\circ}G^{diamond}_{Si} + 3 \cdot {}^{\circ}G^{hcp}_{Ti} + 2 \cdot {}^{\circ}G^{bcc}_{W}$ |
| | | ${}^{\circ}G^{Ti_5Si_3}_{W:Si:W} = 40000 + 3 \cdot {}^{\circ}G^{diamond}_{Si} + 5 \cdot {}^{\circ}G^{bcc}_{W}$ |
| | | ${}^{\circ}G^{Ti_5Si_3}_{W:Ti:Ti} = 40000 + 6 \cdot {}^{\circ}G^{hcp}_{Ti} + 2 \cdot {}^{\circ}G^{bcc}_{W}$ |
| | | ${}^{\circ}G^{Ti_5Si_3}_{W:Ti:W} = 40000 + 3 \cdot {}^{\circ}G^{diamond}_{Ti} + 5 \cdot {}^{\circ}G^{bcc}_{W}$ |
| | | ${}^{0}L^{Ti_5Si_3}_{Ti:Si:Ti,W} = -184912$ |
| | $W_5Si_3$：$(Ti, W)_4(Si, Ti, W)_1(Si, W)_3$ | ${}^{\circ}G^{W_5Si_3}_{W:Ti:Si} = 40000 + 4 \cdot {}^{\circ}G^{bcc}_{W} + {}^{\circ}G^{hcp}_{Ti} + 3 \cdot {}^{\circ}G^{diamond}_{Si}$ |
| | | ${}^{\circ}G^{W_5Si_3}_{W:Ti:W} = 40000 + 7 \cdot {}^{\circ}G^{bcc}_{W} + {}^{\circ}G^{hcp}_{Ti}$ |
| | | ${}^{\circ}G^{W_5Si_3}_{Ti:Si:Si} = 40000 + 4 \cdot {}^{\circ}G^{hcp}_{Ti} + 4 \cdot {}^{\circ}G^{diamond}_{Si}$ |
| | | ${}^{\circ}G^{W_5Si_3}_{Ti:Si:W} = 40000 + 3 \cdot {}^{\circ}G^{bcc}_{W} + 4 \cdot {}^{\circ}G^{hcp}_{Ti} + {}^{\circ}G^{diamond}_{Si}$ |
| | | ${}^{\circ}G^{W_5Si_3}_{Ti:W:Si} = -517017 + {}^{\circ}G^{bcc}_{W} + 4 \cdot {}^{\circ}G^{hcp}_{Ti} + 3 \cdot {}^{\circ}G^{diamond}_{Si}$ |
| | | ${}^{\circ}G^{W_5Si_3}_{Ti:W:W} = 40000 + 4 \cdot {}^{\circ}G^{bcc}_{W} + 4 \cdot {}^{\circ}G^{hcp}_{Ti}$ |
| | | ${}^{\circ}G^{W_5Si_3}_{Ti:Ti:Si} = 40000 + 5 \cdot {}^{\circ}G^{hcp}_{Ti} + 3 \cdot {}^{\circ}G^{diamond}_{Si}$ |
| | | ${}^{\circ}G^{W_5Si_3}_{Ti:Ti:W} = 40000 + 3 \cdot {}^{\circ}G^{bcc}_{W} + 5 \cdot {}^{\circ}G^{hcp}_{Ti}$ |
| | | ${}^{0}L^{W_5Si_3}_{Ti,W:W:Si} = 5000 + 35 \cdot T$ |
| | $Ti_3W_2Si_{10}$：$(Ti, W)_1Si_2$ | ${}^{\circ}G^{Ti_3W_2Si_{10}}_{Ti:Si} = -149624 + 19.8 \cdot T + {}^{\circ}G^{hcp}_{Ti} + 2 \cdot {}^{\circ}G^{diamond}_{Si}$ |
| | | ${}^{\circ}G^{Ti_3W_2Si_{10}}_{W:Si} = 60656 + {}^{\circ}G^{bcc}_{W} + 2 \cdot {}^{\circ}G^{diamond}_{Si}$ |
| | | ${}^{0}L^{Ti_3W_2Si_{10}}_{Ti,W:Si} = -420242 + 33 \cdot T$ |
| Ti-W-Zr | bcc_A2：$(Ti, W, Zr)_1Va_3$ | ${}^{0}L^{bcc\_A2}_{Ti,W,Zr} = -79996$ |
| | | ${}^{1}L^{bcc\_A2}_{Ti,W,Zr} = 36844$ |
| | | ${}^{2}L^{bcc\_A2}_{Ti,W,Zr} = -35125$ |
| | $W_2Zr$：$(Ti, W)_2Zr_1$ | ${}^{\circ}G^{W_2Zr}_{Ti:Zr} = 30773 + 2 \cdot {}^{\circ}G^{hcp}_{Ti} + {}^{\circ}G^{bcc}_{Zr}$ |
| Ti-W-Mo | bcc_A2：$(Mo,Ti,W)_1(Va)_3$ | ${}^{0}L^{bcc\_A2}_{Mo,Ti,W} = -52000 + 64 \cdot T$ |

**续表**

| 体系 | 相/模型 | 热力学参数 |
|---|---|---|
| Ti-W-Nb | bcc_A2：(Nb,Ti,W)$_1$(Va)$_3$ | ${}^{0}L^{bcc\_A2}_{Nb,Ti,W} = 30000$<br>${}^{1}L^{bcc\_A2}_{Nb,Ti,W} = -20000$<br>${}^{2}L^{bcc\_A2}_{Nb,Ti,W} = -120000$ |

注：a. 温度单位为 K，吉布斯自由能单位 J/(mol-atoms)，纯元素的吉布斯自由能采用 SGTE 数据库。二元系 Ti-W、Ti-B、Ti-Si、Ti-Zr、Ti-Mo、Ti-Nb、W-B、W-Si、W-Zr、W-Mo 和 W-Nb 的热力学参数分别采用Jonsson[15]、Batzner[16]、Seifert 等[17]、Kumar 和 Wollants[18]、Saunders[19]、Saunders[20]、Duschanek 和Rogl[21]、Li 等[22]、Zhou 等[23]、Gustafson[24] 以及 Huang 和 Selleby[25] 的研究结果。

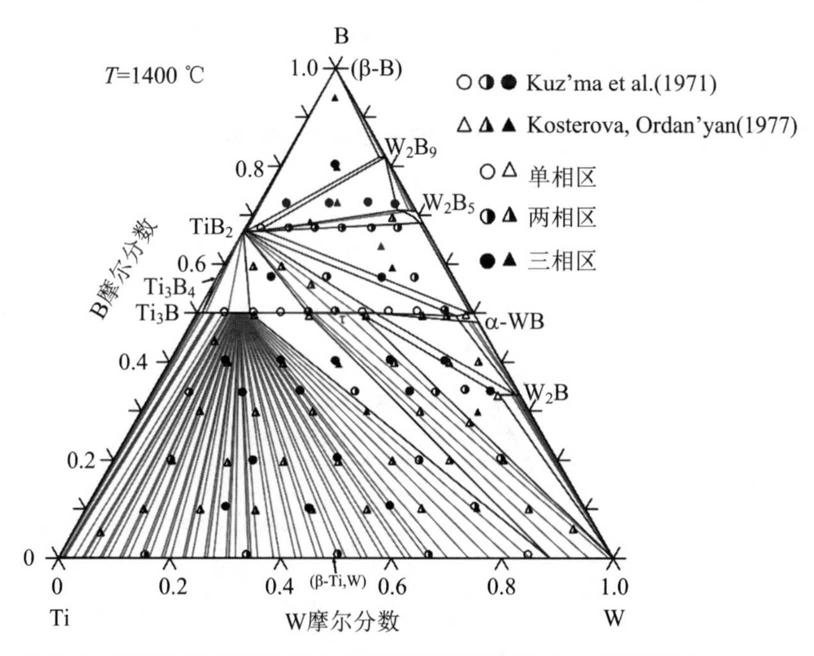


**图 5.2　计算的 Ti-W-B 体系 1400 ℃等温截面与 Kuz'ma 等[27] 以及 Kosterova 和 Ordan'yan[28] 的实验数据的比较**

图 5.3 是本书工作计算的 Ti-W-B 体系的 $TiB_2$-W 和 $TiB_2$-$W_2B_5$ 垂直截面。与 Yasinskaya 和 Groisberg[29] 报道的垂直截面 $TiB_2$-W 相比，本书工作计算的截面中也包含了 $W_2B$ 相。三元化合物 $\tau$ 能够稳定存在于 2691 ℃，与文献报道的稳定温度 2680 ℃[29] 一致。对于垂直截面 $TiB_2$-$W_2B_5$，与 Telle 等[30] 报道的相比，本书工作计算的还包括 $W_2B_9$ 相。

图 5.4 是根据本书工作优化得到的热力学参数计算的 Ti-W-B 体系的液相面投影图。表 5.3 列出了计算的 Ti-W-B 体系零变量反应和极值反应的温度和成分。从图 5.4 和表 5.3 可以看出，该体系存在 7 个初晶相区、11 个零变量反应和 5 个极

值反应。液相面投影图已被证明是描述三元合金凝固路径的有用工具。

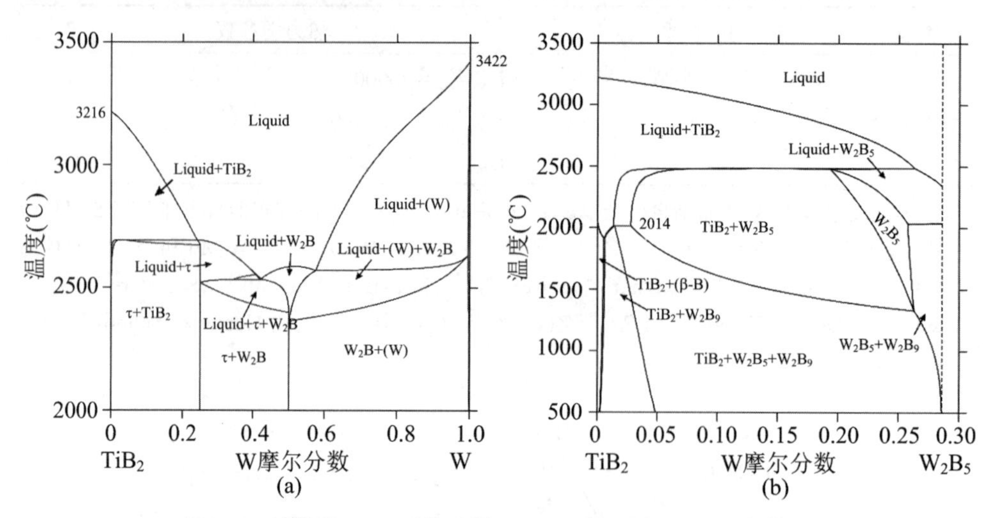


**图 5.3　计算的 Ti-W-B 体系的 $TiB_2$-W 和 $TiB_2$-$W_2B_5$ 垂直截面**

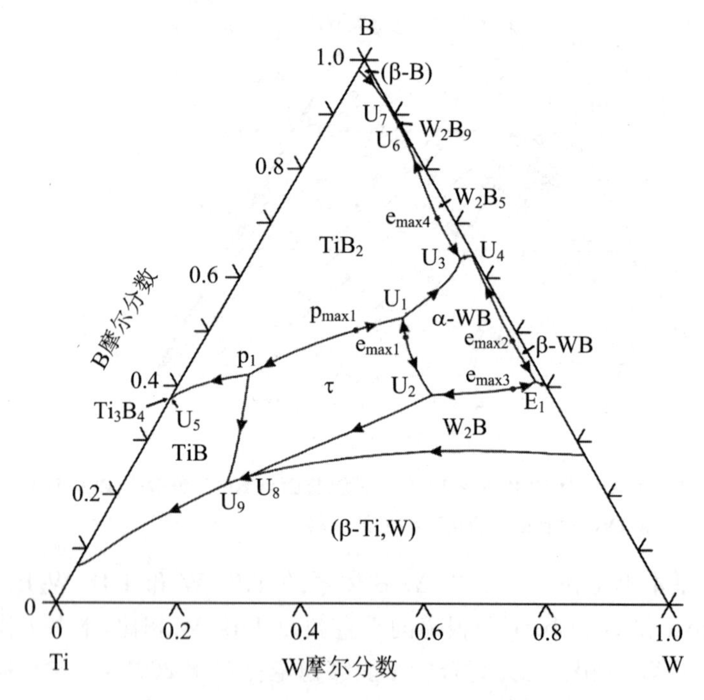


**图 5.4　计算的 Ti-W-B 体系的液相面投影图**

**表 5.3　计算的 Ti-W-B 体系零变量反应的温度和成分**

| 反应类型 | 零变量反应 | 温度(℃) | at.% W | at.% B |
|---|---|---|---|---|
| $U_1$ | Liquid + $\tau$→$\alpha$-WB + $TiB_2$ | 2648 | 30.04 | 52.66 |
| $E_1$ | Liquid→$\alpha$-WB + $\beta$-WB + $W_2B$ | 2595 | 57.66 | 40.99 |
| $U_2$ | Liquid + $\alpha$-WB→$\tau$ + $W_2B$ | 2532 | 41.98 | 38.44 |
| $P_1$ | Liquid + $\tau$ + $TiB_2$→TiB | 2441 | 10.47 | 42.08 |
| $U_3$ | Liquid + $TiB_2$→$\alpha$-WB + $W_2B_5$ | 2396 | 33.99 | 63.51 |
| $U_4$ | Liquid + $\alpha$-WB→$\beta$-WB + $W_2B_5$ | 2332 | 35.70 | 64.04 |
| $U_5$ | Liquid + $TiB_2$→TiB + $Ti_3B_4$ | 2199 | 0.13 | 37.72 |
| $U_6$ | Liquid + $W_2B_5$→$TiB_2$ + $W_2B_9$ | 2014 | 12.72 | 86.93 |
| $U_7$ | Liquid + $TiB_2$→($\beta$-B) + $W_2B_9$ | 1913 | 8.01 | 91.67 |
| $U_8$ | Liquid + $W_2B$→($\beta$-Ti,W) + $\tau$ | 1861 | 20.19 | 23.49 |
| $U_9$ | Liquid + $\tau$→($\beta$-Ti,W) + TiB | 1778 | 17.03 | 21.92 |
| $p_{max1}$ | Liquid + $\tau$→$TiB_2$ | 2692 | 23.61 | 50.30 |
| $e_{max1}$ | Liquid→$\alpha$-WB + $\tau$ | 2662 | 32.33 | 49.06 |
| $e_{max2}$ | Liquid→$\alpha$-WB + $\beta$-WB | 2656 | 50.08 | 48.47 |
| $e_{max3}$ | Liquid→$\alpha$-WB + $W_2B$ | 2611 | 54.58 | 39.67 |
| $e_{max4}$ | Liquid→$TiB_2$ + $W_2B_5$ | 2483 | 26.49 | 70.92 |

## 5.4.2　Ti-W-Si 三元系

图 5.5 是本书工作计算的 Ti-W-Si 体系 800 ℃、1000 ℃和 1200 ℃的等温截面。在 800 ℃时计算的 W 在 $Ti_5Si_3$ 中的溶解度和 Ti 在 $W_5Si_3$ 中的溶解度分别为 12.5 at.%和 28.9 at.%,这与 Maksimov 和 Shamray[33] 测量的溶解度 10 at.%和 30 at.%非常一致。考虑到 Ti 和 W 的成分范围,本书工作将三元化合物相 $Ti_3W_2Si_{10}$ 视为线性化合物。除了富 Ti 角的($\beta$-Ti)相外,计算的 1000 ℃等温截面的相平衡与 800 ℃的相同。除了 $Ti_3Si$ 相在 1200 ℃不稳定外,计算的 1200 ℃的相关系与 1000 ℃的相同。本书工作的计算结果与 Maksimov 和 Shamray[33] 报道的实验数据非常一致。

图 5.6 是本书工作计算的 Ti-W-Si 体系的垂直截面 $Ti_5Si_3$-$W_5Si_3$ 和 $TiSi_2$-$WSi_2$,与 Maksimov 和 Shamray[33] 报道的垂直截面 $Ti_5Si_3$-$W_5Si_3$ 相比,计算的截面中多了($\beta$-Ti,W)相,致使计算截面的相关系与文献报道的不一致。Maksimov 和 Shamray[33] 测得的 $Ti_5Si_3$ 和 $W_5Si_3$ 的熔点分别为 2290 ℃和 2330 ℃,远高于公认的

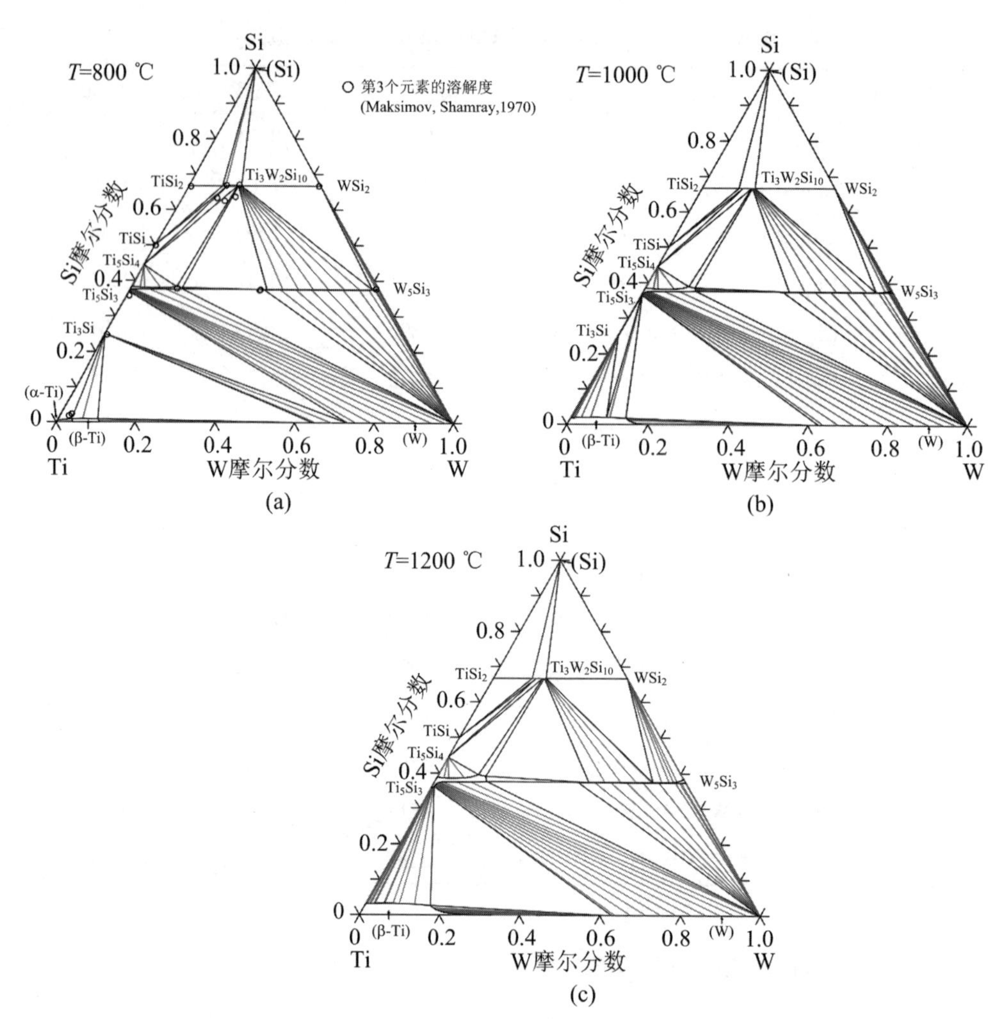


**图 5.5　计算的 Ti-W-Si 体系的等温截面**

(a) 800 ℃；(b) 1000 ℃；(c) 1200 ℃

2130 ℃[17] 和 2107 ℃[22]。因此，Maksimov 和 Shamray[33] 报道的垂直截面 $Ti_5Si_3$-$W_5Si_3$的准确性是值得怀疑的。本书工作没有将 Maksimov 和 Shamray[33] 报道的实验数据与计算的垂直截面 $Ti_5Si_3$-$W_5Si_3$进行比较。另外，从图 5.6(a)可以看出，计算的溶解度间隙 $W_5Si_3$ + $W_5Si_3$ ♯2 在一个很窄的成分范围内稳定存在。根据图 5.5(c)，$W_5Si_3$ 的形状是凹形的，这导致在垂直截面处出现溶解度间隙 $W_5Si_3$ + $W_5Si_3$ ♯2。$W_5Si_3$相分离现象是违反实际的，这就需要更多的实验来验证 $W_5Si_3$相的成分范围。从图 5.6(b)所示的垂直截面 $TiSi_2$-$WSi_2$中可以看出，三元化合物 $Ti_3W_2Si_{10}$在 1683 ℃以下是稳定的，这与实验测定的稳定温度 1680 ℃[33]是一致的。另外，应该指出的是，根据实验报道，$Ti_5Si_3$-$W_5Si_3$和 $TiSi_2$-$WSi_2$垂直截面均为准二元系。在本书工作中，将 $TiSi_2$和 $WSi_2$视为化学计量化合物并且 $Ti_5Si_3$的富 Ti 的溶解度极限为 $x(\mathrm{Si}) = 0.375$。问题是在于,Thermo-Calc 软件无法计算化学计量化合物的单相区域。这是因为在 Thermo-Calc 中由于无法独立确定化学势和其他一些量,对严格的化学计量相不能建立单相平衡。图 5.6(b)中手动添加了虚线,以定性表示 Liquid + $Ti_3W_2Si_{10}$ 和 $Ti_3W_2Si_{10}$ 之间的相界。

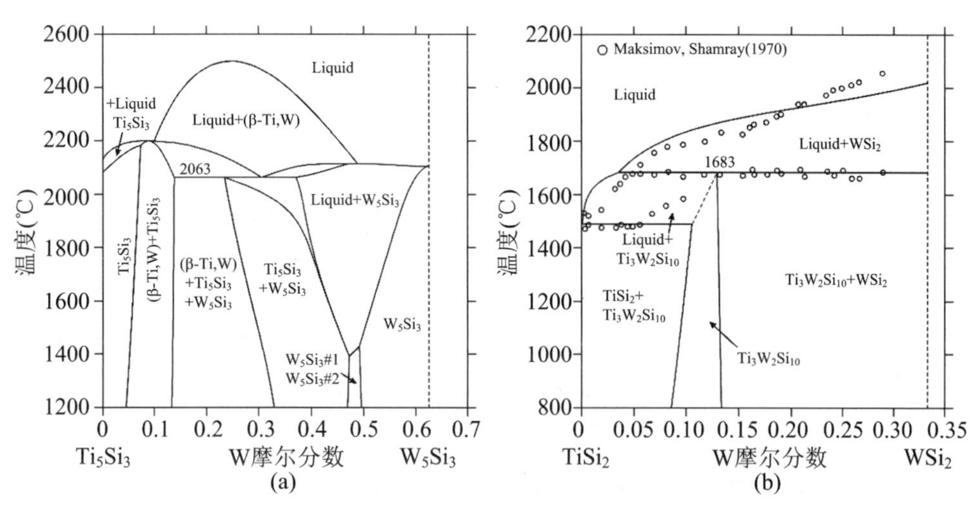


**图 5.6　计算的 Ti-W-Si 体系的垂直截面**

(a) $Ti_5Si_3$-$W_5Si_3$;(b) $TiSi_2$-$WSi_2$

图 5.7(a)是根据本书工作获得的热力学参数计算的 Ti-W-Si 体系在整个成分范围的液相面投影图。图 5.7(b)是对图 5.7(a)中 Ti-Si 边界的放大图。表 5.4 列出了 Ti-W-Si 体系的零变量反应和极值反应与实验数据的比较[33]。从图 5.7 和表 5.4 可以看出,该体系存在 8 个初晶区、8 个零变量反应和 5 个极值反应。通过对比可以发现计算结果与实验数据在整体上较吻合,但存在一些不一致的地方。首先,Maksimov 和 Shamray[33]报道了在 1510 ℃发生反应 Liquid + (W)→$Ti_5Si_3$ + (β-Ti),将初晶区(β-Ti,W)分为两个初晶区(W)和(β-Ti),这与 Ti-W 二元系在整个成分范围内形成(β-Ti,W)完全固溶体不符。因此,在 Ti-W 二元边界处的初晶区应该是连续的(β-Ti,W)固溶体相,而不是分开的(W)和(β-Ti)相。其次,在 Maksimov 和 Shamray[33]的工作中,并没有测定 $Ti_5Si_4$ 相的初晶区。根据 Ti-Si 二元相图和 Ti-W-Si 相图,$Ti_5Si_4$ 相是稳定存在的,因此 Maksimov 和 Shamray[33]报道的 $Ti_5Si_4$ 相附近的零变量反应是有问题的。再次,本书工作计算的和实验测定的与液相、(β-Ti,W)、$Ti_5Si_3$ 和 $W_5Si_3$ 相关的零变量反应的反应类型和温度不一致,计算的为包晶反应 Liquid + (β-Ti,W)→$Ti_5Si_3$ + $W_5Si_3$(2063 ℃),而实验的为共晶反应 Liquid→$Ti_5Si_3$ + $W_5Si_3$ + (β-Ti,W)(约 1890 ℃)。考虑到在如此高的温度下进行热分析实验具有较大的挑战,本书工作未考虑这个实验数据。因此,需要进一步的实验来验证零变量反应的类型和温度。

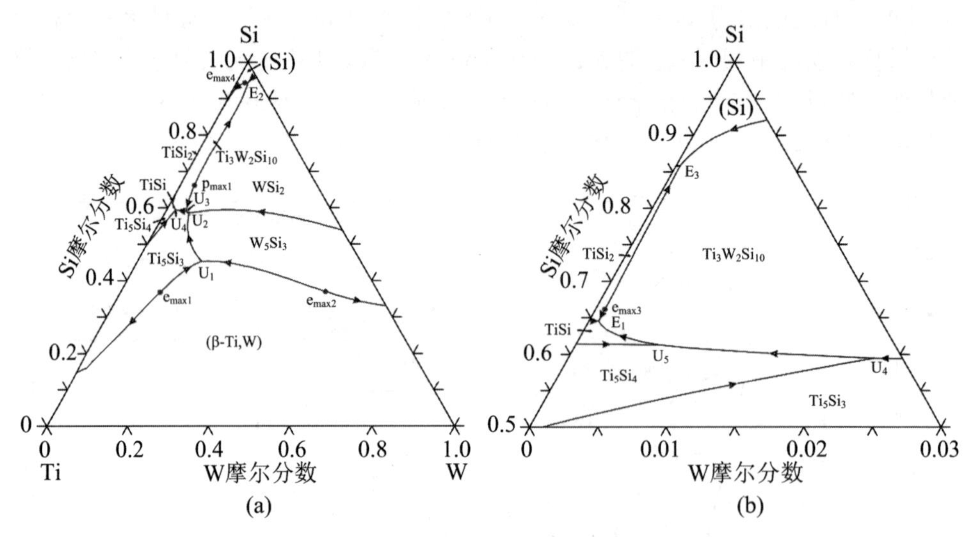


**图 5.7 计算的 Ti-W-Si 体系的液相面投影图**

(a) 整个成分;(b) 对(a)中 Ti-Si 边界的放大

**表 5.4 计算的 Ti-W-Si 体系零变量反应温度和成分与实验数据[33]的比较**

| 反应类型 | 零变量反应 | 温度(℃) | at.% W | at.% Si | 数据来源 |
|---|---|---|---|---|---|
| $U_1$ | Liquid + (β-Ti,W)→$Ti_5Si_3$ + $W_5Si_3$ | 2063 | 15.87 | 45.23 | 本书工作 |
| | Liquid→$Ti_5Si_3$ + $W_5Si_3$ + (β-Ti,W) | ~1890 | | | Maksimov, Shamray[33] |
| $U_2$ | Liquid + $W_5Si_3$→$Ti_5Si_3$ + $WSi_2$ | 1665 | 6.08 | 58.64 | 本书工作 |
| | | 1715 | | | Maksimov, Shamray[33] |
| $U_3$ | Liquid + $WSi_2$→$Ti_5Si_3$ + $Ti_3W_2Si_{10}$ | 1648 | 5.15 | 59.05 | 本书工作 |
| | | 1660 | | | Maksimov, Shamray[33] |
| $U_4$ | Liquid + $Ti_5Si_3$→$Ti_5Si_4$ + $Ti_3W_2Si_{10}$ | 1612 | 2.23 | 59.45 | 本书工作 |
| $U_5$ | Liquid + $Ti_5Si_4$→TiSi + $Ti_3W_2Si_{10}$ | 1566 | 0.62 | 61.28 | 本书工作 |
| $E_1$ | Liquid→TiSi + $TiSi_2$ + $Ti_3W_2Si_{10}$ | 1485 | 0.07 | 64.58 | 本书工作 |
| | | 1440 | | | Maksimov, Shamray[33] |
| $E_2$ | Liquid→$Ti_3W_2Si_{10}$ + $Si_2W$ + (Si) | 1380 | 2.79 | 94.42 | 本书工作 |
| $E_3$ | Liquid→$Ti_3W_2Si_{10}$ + $Si_2Ti$ + (Si) | 1330 | 0.03 | 85.84 | 本书工作 |
| $e_{max1}$ | Liquid→$Ti_5Si_3$ + (β-Ti,W) | 2200 | 9.75 | 36.85 | 本书工作 |
| $e_{max2}$ | Liquid→$W_5Si_3$ + (β-Ti,W) | 2115 | 50.41 | 37.00 | 本书工作 |

**续表**

| 反应类型 | 零变量反应 | 温度(℃) | at. % W | at. % Si | 数据来源 |
|---|---|---|---|---|---|
| $p_{max1}$ | $Liquid + WSi_2 \rightarrow Ti_3W_2Si_{10}$ | 1683 | 3.62 | 66.17 | 本书工作 |
| | | 1680 | | | Maksimov, Shamray[33] |
| $e_{max3}$ | $Liquid \rightarrow TiSi_2 + Ti_3W_2Si_{10}$ | 1488 | 0.07 | 66.20 | 本书工作 |
| | | 1480 | | | Maksimov, Shamray[33] |
| $e_{max4}$ | $Liquid \rightarrow Ti_3W_2Si_{10}$ + (Si) | 1381 | 2.19 | 94.40 | 本书工作 |

## 5.4.3　Ti-W-Zr 三元系

图 5.8 是本书工作计算的 Ti-W-Zr 体系 1000 ℃ 和 1500 ℃ 等温截面与 Zakharov和 Savitskiy[36] 报道的实验数据的比较。从这两个等温截面可以看出,除了 1500℃ 等温截面 Ti-W 边际外,本书工作还能够很好地描述其他实验数据。Zakharov和 Savitskiy 报道了 1500 ℃ 时存在一个两相区(β-Ti,β-Zr) + (W)。然而,根据 Ti-W 二元相图,在该温度下和整个成分范围内,稳定存在的是连续固溶体(β-Ti,W),而不是溶解度间隙(β-Ti) + (W),因此,Zakharov 和 Savitskiy[36] 报道的两相区(β-Ti,β-Zr) + (W)应该是处在单相区(β-Ti,β-Zr,W)。计算的三相区 $W_2Zr$ + (β-Ti,β-Zr) + (W)的成分也与实验数据偏离,这是由报道的错误的两相区(β-Ti,β-Zr) + (W)导致的。此外,尽管 Zakharov 和 Savitskiy[36] 忽略了 Ti 在 $W_2Zr$ 的溶解度,但是考虑了 Blazina 等[37] 的实验数据,计算的溶解度为 3.4 at. % Ti。

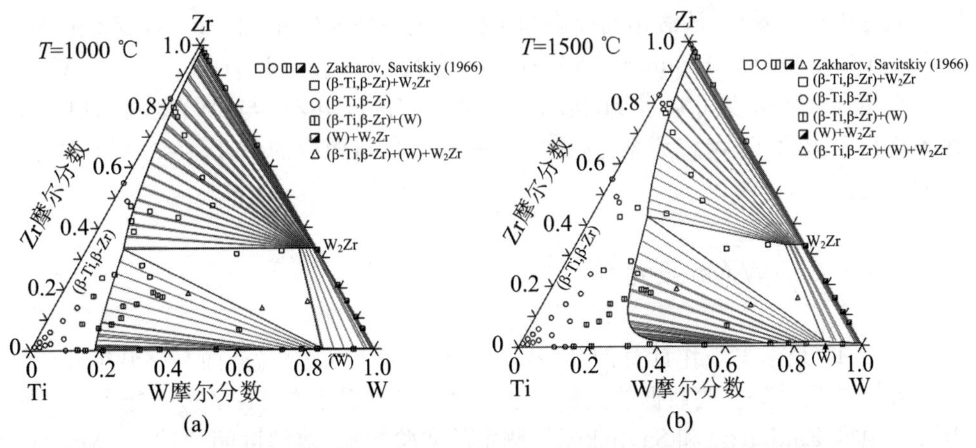


**图 5.8　计算的 Ti-W-Zr 体系的等温截面与实验数据[36]的比较**

(a) 1000 ℃;(b) 1500 ℃

图 5.9 是本书工作计算的 Ti-W-Zr 体系 10 wt. % Ti 和 $w$(W) : $w$(Zr) =

1∶1的垂直截面与实验数据[36]的比较。从图中可以看出，计算的结果与实验数据吻合得很好。对于 10 wt.% Ti 的垂直截面，计算的三相区(β-Ti, β-Zr) + $W_2Zr$ + (W)的成分稍微偏离实验数据，这是由于 Zakharov 和 Savitskiy[36]报道的错误的两相区(β-Ti, β-Zr) + (W)导致的。对于 $w(W)$ ∶ $w(Zr)$ = 1∶1 的垂直截面，计算结果显示存在一个非常窄的三相区(β-Ti,β-Zr) + $W_2Zr$ + (W)。然而在 Zakharov 和 Savitskiy[36]的工作中并没有测到这个三相区，因此需要进一步的实验对其进行验证。

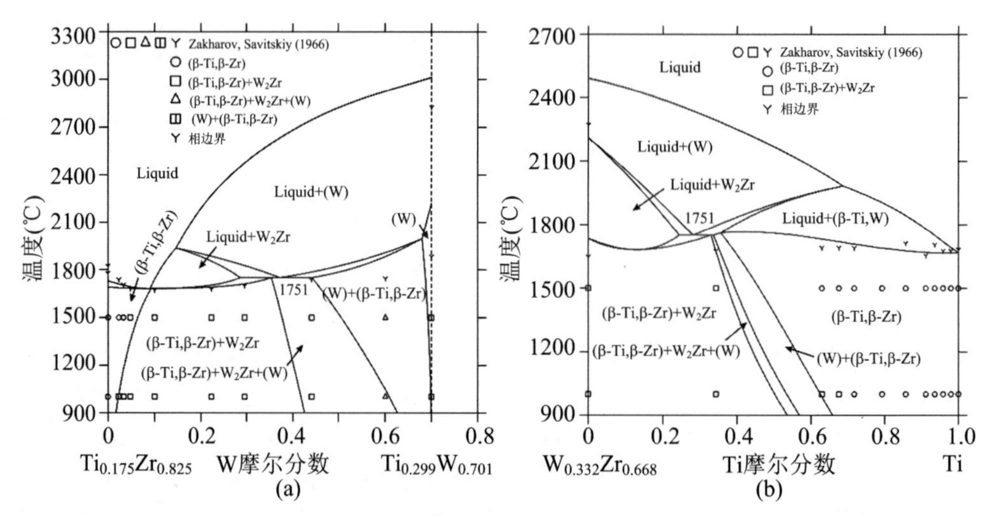


**图 5.9 计算的 Ti-W-Zr 体系的垂直截面与实验数据[36]的比较**

(a) 10 wt.% Ti; (b) $w(W)$ ∶ $w(Zr)$ = 1∶1

图 5.10 是根据本书工作获得的热力学参数计算的 Ti-W-Zr 体系液相面投影图。从图中可以看出，该液相面投影图包括 3 个初晶区(β-Ti,β-Zr)、$W_2Zr$ 和(W)以及 1 个零变量反应 Liquid + (W)→(β-Ti,β-Zr) + $W_2Zr$(1751 ℃)。在 Ti-W-Zr 三元系中存在溶解度间隙(β-Ti,β-Zr) + (W)。(β-Ti,β-Zr)与(W)之间的单变量线不终止于边际 Ti-W 二元系，这是由于液相不参与随后的(β-Ti,β-Zr)与(W)之间的相变。

## 5.4.4 Ti-W-Mo 三元系

图 5.11 是本书工作计算的 Ti-W-Mo 体系 1000 ℃等温截面与 Zakharov 和 Savitskiy[38]报道的实验数据的比较。通过对比可以看出在 Ti-W 边际处存在一些差异。根据 Zakharov 和 Savitskiy[38]测定的实验数据，溶解度间隙(β-Ti,Mo,W)♯1 + (β-Ti,Mo,W)♯2 的成分区间在 1000 ℃时比 Ti-W 边际二元系的宽，这与 Ti-W 二元相图中的成分范围 19～56 at.% W 不一致。Zakharov 和 Savitskiy 也报道了 1500 ℃等温截面，在 Ti-W 边际也存在(β-Ti,Mo,W)♯1 + (β-Ti,Mo,W)

＃2溶解度间隙。Ti-W-Mo体系中的3个边际二元系，在1500 ℃时只存在bcc结构的连续固溶体。因此，Zakharov和Savitskiy报道的1500 ℃等温截面中Ti-W边际也存在(β-Ti，Mo，W)＃1＋(β-Ti，Mo，W)＃2溶解度间隙是有问题的。根据本书工作的计算可知在1500 ℃等温截面的中心存在这个溶解度间隙。

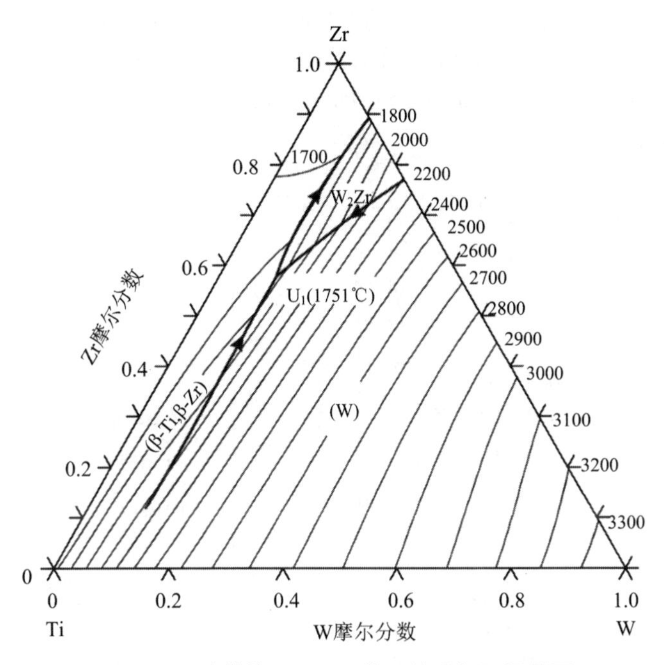


**图5.10　计算的Ti-W-Zr体系的液相面投影图**

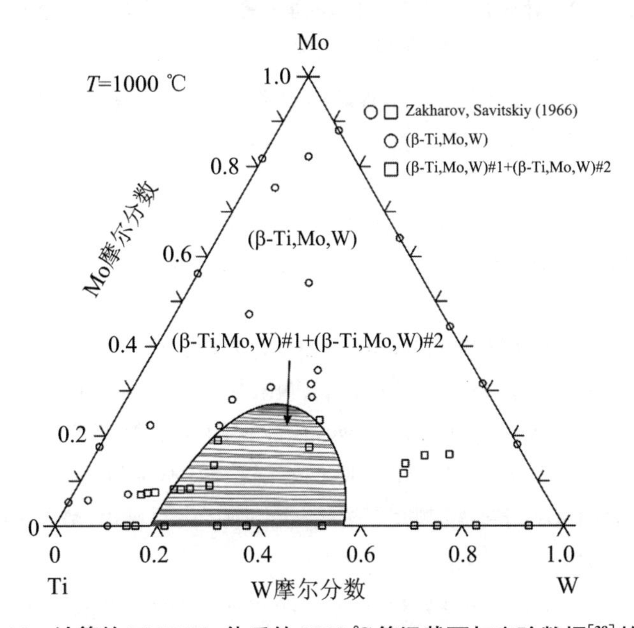


**图5.11　计算的Ti-W-Mo体系的1000 ℃等温截面与实验数据[38]的比较**

图5.12所示的是本书工作计算的Ti-W-Mo体系10 wt.% Mo和$w$(W)：$w$(Ti)=4：1垂直截面与实验数据[38]的比较。从图中可以看出，本书工作的计算结果与大部分的实验数据吻合得很好。对于10 wt.% Mo垂直截面，计算的溶解度间隙(β-Ti, Mo, W)#1 + (β-Ti, Mo, W)#2比实验报道的窄，这是由于上面提到的实验数据存在问题。对于$w$(W)：$w$(Ti)=4：1垂直截面，在Ti-W边际上存在一个单相区(β-Ti,Mo,W)#1，该单相区在Zakharov和Savitskiy[38]的工作中没有检测到，需要进一步的实验来确定这些垂直截面的相位关系并验证当前计算结果的准确性。

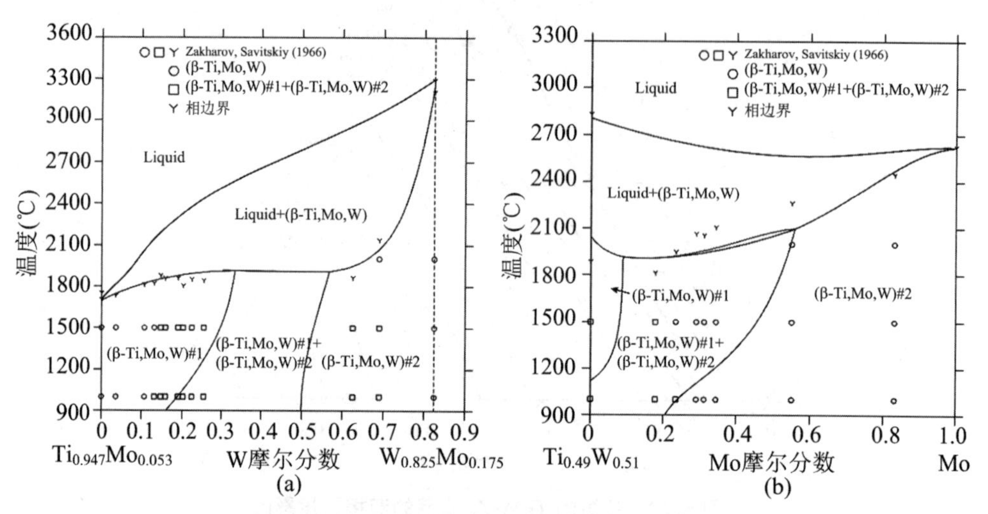


**图5.12 计算的Ti-W-Mo体系的垂直截面与实验数据[38]的比较**

(a) 10 wt.% Mo；(b) $w$(W)：$w$(Ti)=4：1

图5.13是本书工作计算的Ti-W-Mo体系液相面投影图。从图中可以看出，液相面由液相和(β-Ti,Mo,W)相两相组成。朝着W含量增加的方向，液相线的温度逐渐增加。

### 5.4.5 Ti-W-Nb三元系

图5.14是本书工作计算的Ti-W-Nb体系的600 ℃等温截面。计算结果显示在等温截面上存在一个溶解度间隙(β-Ti, Nb, W)#1 + (β-Ti, Nb, W)#2，这与Levanov等[40]报道的实验数据一致。然而，计算的这个溶解度间隙的成分与报道的有些偏差。Levanov等[40]测定的600 ℃等温截面中(β-Ti, Nb, W)相区的形状非常奇怪，因此，Levanov等实验测定的溶解度间隙(β-Ti, Nb, W)#1 + (β-Ti, Nb, W)#2的成分是值得怀疑的。

图5.15是本书工作计算的Ti-W-Nb体系$w$(Nb)：$w$(W)为3：1、1：1和1：3时的垂直截面与Levanov等[40]报道的实验数据的比较。从图中可以看出本

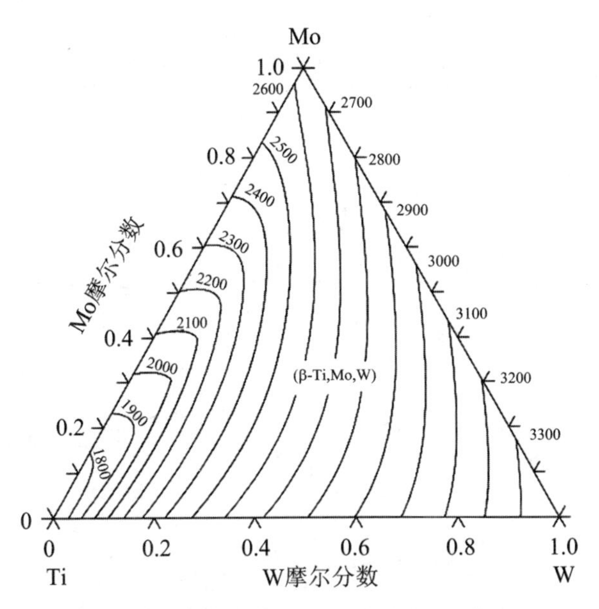


**图 5.13　计算的 Ti-W-Mo 体系的液相面投影图**

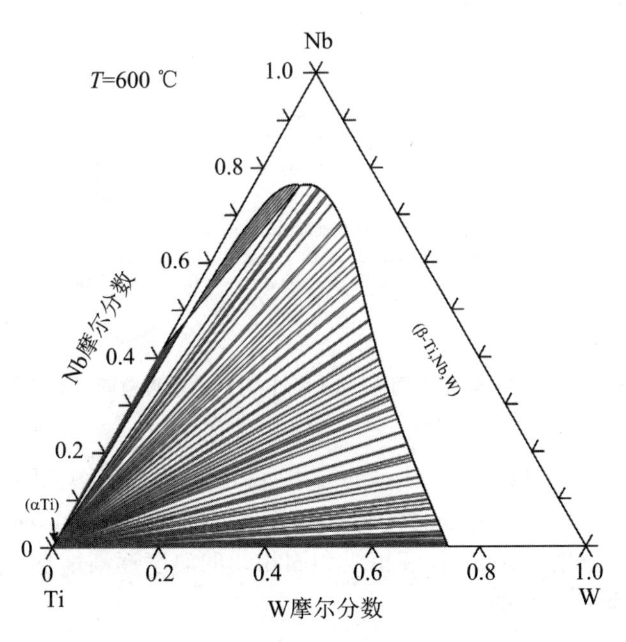


**图 5.14　计算的 Ti-W-Nb 体系的 600 ℃等温截面**

书工作能够很好地热力学描述大部分的实验数据。然而，在 Levanov 等的工作中，为检测出溶解度间隙(β-Ti,Nb,W)＃1+(β-Ti,Nb,W)＃2，使得计算和实验的单相区(β-Ti,Nb,W)存在一定的差异。出现这个差异的原因是测量的溶解度间隙(β-Ti,Nb,W)＃1+(β-Ti,Nb,W)＃2 的成分是值得怀疑的。

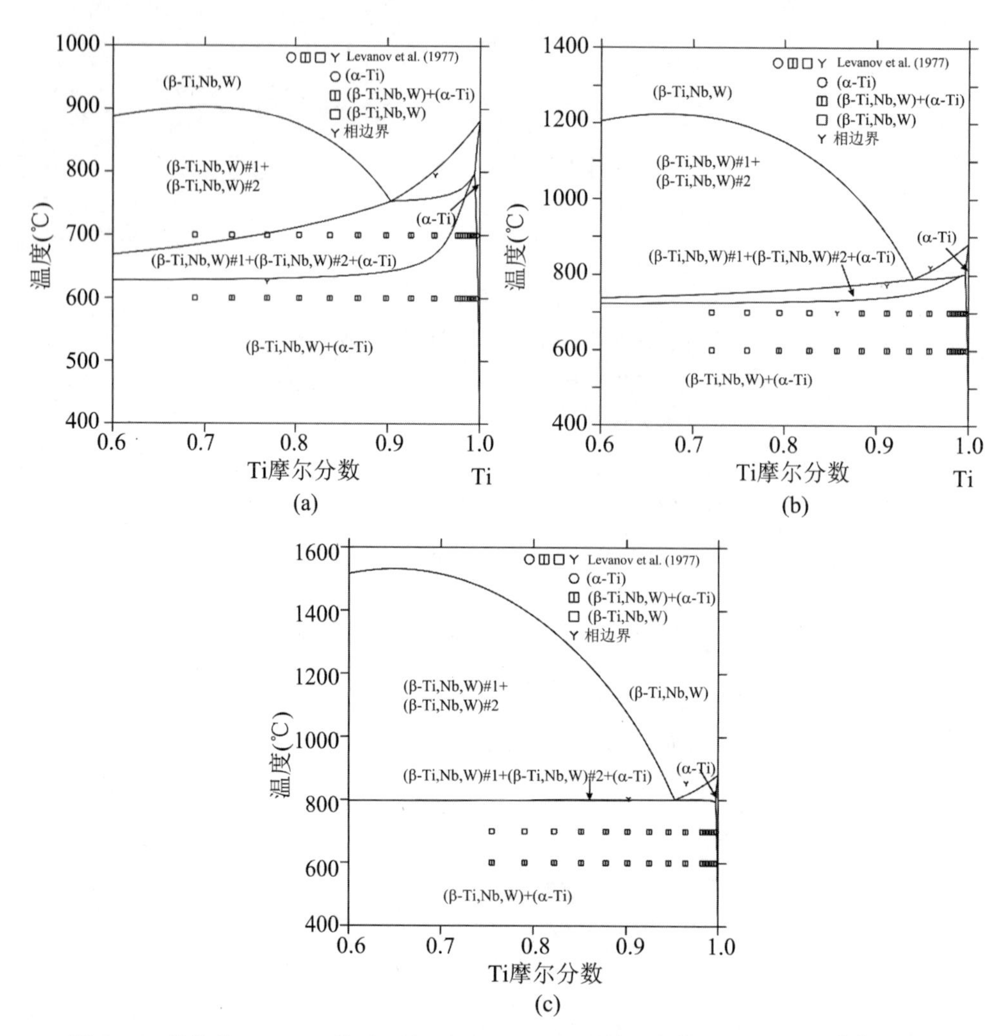


**图 5.15　计算的 Ti-W-Nb 体系不同 $w$(Nb)：$w$(W)时的垂直截面与实验数据[40]的比较**

(a) 3∶1；(b) 1∶1；(c) 1∶3

本书工作计算的 Ti-W-Nb 体系的液相面和固相面投影图如图 5.16 所示。从图中可以看出，液相面和固相面均由液相和(β-Ti, Nb, W)相两相组成。与 Ti-W-Mo 类似，朝着 W 含量增加的方向，液相线和固相线的温度逐渐增加，这与 Zakharov 等[41]报道的结果是一致的。

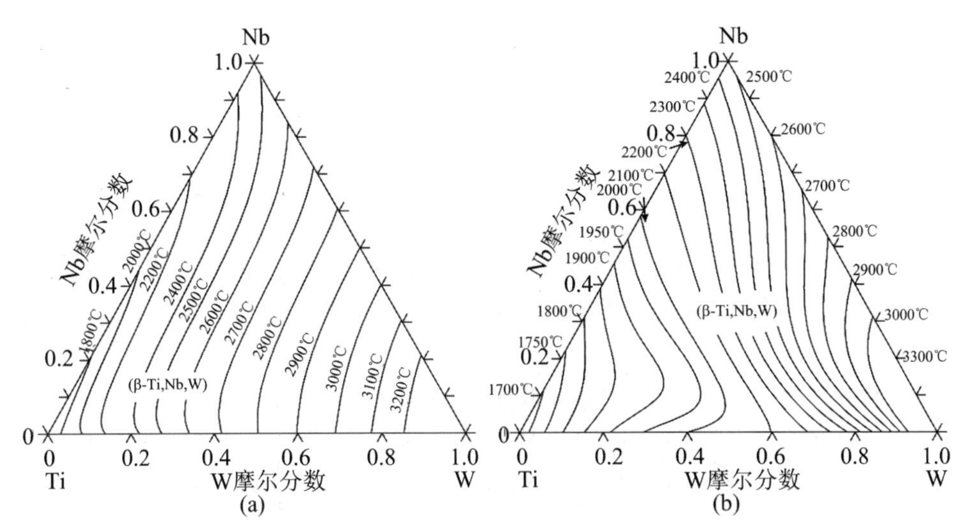


**图5.16　计算的Ti-W-Nb体系的(a) 液相面投影图和(b) 固相面投影图**

# 5.5　本章小结

1. 对Ti-W-M(M=B,Si,Zr,Mo,Nb)体系的边际二元和三元系进行了严格的文献数据评估,确定了边际二元系热力学参数的来源并直接用于构筑三元系的热力学数据库,分析了各体系实验数据和热力学参数的准确性,并选择性用于本书工作的优化计算中。

2. 基于文献报道的实验数据和本书工作的实验结果,采用CALPHAD方法,对Ti-W-M(M=B,Si,Zr,Mo,Nb)体系进行了热力学优化,获得了一套能准确描述Ti-W-M(M=B,Si,Zr,Mo,Nb)体系的热力学参数。计算了一些代表性的等温截面、垂直截面、液相面投影图和固相面投影图。本书工作获得的热力学参数可以很好地描述实验数据。

3. 对于文献报道的实验数据较少的三元系来说,如果只凭实验方法测定其相平衡不仅耗资巨大,而且时间冗长。本书工作根据有限的实验数据,采用CALPHAD方法,可以高效地获得描述各体系的热力学参数,从而可以计算各三元系在整个温度和成分范围内的相平衡。通过计算结果与实验数据的比较可以发现文献报道的相平衡存在一些不合理的地方,可配置关键合金进行验证。

# 参 考 文 献


[1] GOODWIN F，GURUSWAMY S，KAINER K U，et al. Springer handbook of condensed matter and materials data[M]. Berlin：Springer，2005.

[2] POLETTI M G，MCCAUGHEY C M，FIORE G，et al. Refractory high entropy alloys：CrMoNbTiVWZr and $Al_xCr_yNbMoTiV_zZr_y$（$x=0.06$；$y=0.3$；$z=0.06$）[J]. Int. J. Refract. Met. Hard Mater.，2018，76：128-133.

[3] SUN L，GAO Y M，XIAO B，et al. Anisotropic elastic and thermal properties of titanium borides by first-principles calculations[J]. J. Alloys Compd.，2013，579：457-467.

[4] USTA M，OZBEK I，IPEK M，et al. The characterization of borided pure tungsten[J]. Surf. Coat. Technol.，2005，194：330-334.

[5] ZHAO E，JIAN M，MA Y M，et al. Phase stability and mechanical properties of tungsten borides from first principles calculations[J]. Phys. Chem. Chem. Phys.，2010，12：13158-13165.

[6] FAN C，LIU C J，PENG F，et al. Phase stability and incompressibility of tungsten boride（WB）researched by in-situ high pressure X-ray diffraction[J]. Physica B，2017，521：6-12.

[7] WILLIAMS J J，AKINC M. Oxidation resistance of $Ti_5Si_3$ and $Ti_5Si_3Z_x$ at 1000 ℃（Z =C,N,or O）[J]. Oxid. Met.，2002，58：57-71.

[8] VOJTĚCH D，BáRTOVá B，KUBATíK T. High temperature oxidation of titanium-silicon alloys[J]. Mater. Sci. Eng. A，2003，361：50-57.

[9] KIM W，KWAK S M，SUH C Y，et al. Mechanochemical synthesis and high-frequency induction heated consolidation of nanostructured $Ti_5Si_3$ and its mechanical properties[J]. Res. Chem. Intermed.，2013，39：2339-2349.

[10] SENKOV O N，WOODWARD C F. Microstructure and properties of a refractory $NbCrMo_{0.5}Ta_{0.5}TiZr$ alloy[J]. Mater. Sci. Eng. A，2011，529：311-320.

[11] SENKOV O N，WILKS G B，SCOTT J M，et al. Mechanical properties

of $Nb_{25}Mo_{25}Ta_{25}W_{25}$ and $V_{20}Nb_{20}Mo_{20}Ta_{20}W_{20}$ refractory high entropy alloys[J]. Intermetallics, 2011, 19: 698-706.

[12] SENKOV O N, ZHANG F, MILLER J D. Phase composition of a $CrMo_{0.5}NbTa_{0.5}TiZr$ high entropy alloy: comparison of experimental and simulated data[J]. Entropy, 2013, 15: 3796-3809.

[13] GUO N N, WANG L, LUO L S, et al. Microstructure and mechanical properties of refractory MoNbHfZrTi high-entropy alloy[J]. Mater. Des., 2015, 81: 87-94.

[14] MAITI S, STEURER W. Structural-disorder and its effect on mechanical properties in single-phase TaNbHfZr high-entropy alloy[J]. Acta Mater., 2016, 106: 87-97.

[15] JONSSON S. Reevaluation of the Ti-W system and prediction of the Ti-W-N phase diagrm[J]. Z. Metallkd., 1996, 87: 784-787.

[16] BATZNER C. System B-Ti[M]//ANSARA I, DINSDALE A T, RAND M H. COST 507: thermochemical database for light metal alloys. Luxembourg: Office for Official Publications of the European Communities, 1998, 129-131.

[17] SEIFERT H J, LIANG P, LUKAS H L, et al. Computational phase studies in commercial aluminium and magnesium alloys[J]. Mater. Sci. Technol., 2000, 16(11-12): 1429-1433.

[18] HARI KUMAR K C, WOLLANTS P, DELAEY L. Thermodynamic assessment of the Ti-Zr system and calculation of the Nb-Ti-Zr phase diagram[J]. J. Alloys Compd., 1994, 206: 121-127.

[19] SAUNDERS N. System Ti-Mo[M]//ANSARA I, DINSDALE A T, RAND M H. COST 507: thermochemical database for light metal alloys. Luxembourg: Office for Official Publications of the European Communities, 1998, 249-252.

[20] SAUNDERS N. System Nb-Ti[M]//ANSARA I, DINSDALE A T, RAND M H. COST 507: thermochemical database for light metal alloys. Luxembourg: Office for Official Publications of the European Communities, 1998, 256-260.

[21] DUSCHANEK H, ROGL P. Critical assessment and thermodynamic calculation of the binary system boron-tungsten (B-W)[J]. J. Phase Equilib., 1995, 16: 150-161.

[22] LI Y, LI C R, DU Z M, et al. Thermodynamic optimization of the Nb-Si-W ternary system[J]. Calphad, 2013, 43: 112-123.

[23] ZHOU P, PENG Y B, DU Y, et al. Thermodynamic modeling of the C-W-Zr system[J]. Int. J. Refract. Met. Hard Mater., 2015, 50: 274-281.

[24] GUSTAFSON P. An experimental study and a thermodynamic evaluation of the Fe-Mo-W system[J]. Z. Metallkd., 1988, 79: 388-396.

[25] HUANG W, SELLEBY M. Thermodynamic assessment of the Nb-W-C system[J]. Z. Metallkd., 1997, 88: 55-62.

[26] ARIEL E, BARTA J, NIEDZWIEDZ S. Tungsten-titanium-boron metastable phase diagram at room temperature[J]. J. Less-Common Met., 1970, 20: 199-206.

[27] KUZ'MA Y B, SVARICHEVSKAYA S I, TELEGUS V S. Systems titanium-tungsten-boron, hafnium-tantalum-boron, and tantalum-tungsten-boron[J]. Powder Metall. Met. Ceram., 1971, 10: 478-481.

[28] KOSTEROVA N V, ORDAN'YAN S S. The system Ti-B-W at 1400 ℃[J]. Inorg. Mater., 1977, 13: 1140-1143.

[29] YASINSKAYA G A, GROISBERG M S. Interaction of titanium boride with niobium and tungsten[J]. Powder Metall. Met. Ceram., 1963, 3: 457-458.

[30] TELLE R, FENDLER E, PETTSOV G. Quasiternary system $TiB_2$-$W_2B_5$-$CrB_2$ and its possibilities in evolution of ceramic hard materials[J]. Powder Metall. Met. Ceram., 1993, 32: 2440-2248.

[31] POHL A, TELLE P, ALDINGER F. EXAFS studies of $(Ti,W)B_2$ compounds[J]. Z. Metallkd., 1994, 85: 658-663.

[32] PERROT P. Boron-titanium-tungsten[M]//EFFENBERG G, ILYENKO S. Refractory metal systems, part 2. Berlin: Springer, 2010, 194-201.

[33] MAKSIMOV V A, SHAMRAY F I. Phase diagram of W-Ti-Si system[J]. Izv. Akad. Nauk SSSR, Met., 1970, 1: 129-133.

[34] GAS P, TARDY F J, D'HEURLE F M. Disilicide solid solutions, phase diagram, and resistivities. Ⅰ. $TiSi_2$-$WSi_2$[J]. J. Appl. Phys., 1986, 61: 193-200.

[35] BALL R K, FREEMAN W G, TAYLOR A J, et al. Amorphous phase formation and stability in W-Ti-Si metallization materials[J]. J. Mater. Sci., 1986, 21: 4029-4034.

[36] ZAKHAROV A M, SAVITSKIY E M. The constitution diagram of the ternary W-Zr-Ti syetem[J]. Izv. Akad. Nauk SSSR, Met., 1966, 5: 87-

93.

[37] BLAZINA Z, TROJKO R, BAN Z. High temperature equilibria in the $Zr_{1-x}Hf_xM_2$, $Zr_{1-x}Ti_xM_2$ and $Hf_{1-x}Ti_xM_2$ (M = Mo or W) systems[J]. J. Less-Common Met., 1982, 83: 175-183.

[38] ZAKHAROV A, SAVITSKI E M. Investigation of the phase diagram of the ternary W-Mo-Ti system[J]. Izv. Akad. Nauk SSSR, Met., 1966, 6: 70-72.

[39] KAUFMAN L, NESOR H. Calculation of superalloy phase diagrams: part Ⅳ[J]. Metall. Trans. A, 1975, 6: 2123-2131.

[40] LEVANOV V I, MIKHEYEV V S, CHERNITSYN A I. Investigation of Ti-Nb-W system (Nb + W up to 50 wt.%)[J]. Izv. Akad. Nauk SSSR, Met., 1977, 1: 186-191.

[41] ZAKHAROV A M, NOVIK F S, DANELIYA E P. Construction of the solidus volume in the Nb-W-Ti-Zr system by a simple lattice design[J]. Izv. Akad. Nauk SSSR, Met., 1970, 5: 155-162.

[42] DINSDALE A T. SGTE data for pure elements[J]. Calphad, 1991, 15: 317-425.

# 第6章 Ti-Al-Mo-V-Cr 体系的相图热力学研究及其在凝固过程中的应用

## 6.1 引 言

β型钛合金是发展高强度钛合金潜力最大的合金，具有良好的冷热加工性能，易锻造，可轧制、焊接，可通过固溶-时效处理获得较高的机械性能、良好的环境抗力以及强度与断裂韧性的良好结合。在350 ℃以下工作的零件，主要用于制造各种整体热处理的板材冲压件和焊接件，如压气机叶片、轮盘、轴类等重载荷旋转件以及飞机的构件等。这类合金的主要合金元素是Mo、V、Cr等β稳定化元素，在正火时很容易将高温β相保留到室温，获得稳定或亚稳的β单相组织，故称β型钛合金。钛合金中的各种合金元素可以对钛合金进行强化，改善钛合金性能。Al是工业上应用非常广泛的元素之一，同时也是钛合金中最主要的强化元素，具有显著的固溶强化作用，它在α-Ti中的固溶度大于在β-Ti中的固溶度，它可以提高α-β相互转变的温度，扩大α相区，属于α稳定化元素。当合金中Al的质量分数在7%以下时，随Al含量的增加，合金的强度提高，而塑性无明显降低。而当Al的质量分数超过7%后，由于合金组织中出现脆性的$Ti_3Al$化合物，使塑性显著降低，故Al在钛合金中的质量分数一般不超过7%。V和Mo是钛合金中广泛应用的合金元素，它与β-Ti属于同晶元素，具有β稳定化作用。这两个元素在β-Ti中无限固溶，而在α-Ti中也有一定的固溶度，具有显著的固溶强化作用，在提高合金强度的同时，能保持良好的塑性。V和Mo还能提高钛合金的热稳定性。Cr强化效果大，稳定β相能力强，密度比Mo小，故应用较多，是高强亚稳定β型钛合金的主要添加剂。但Cr与Ti形成慢共析，在高温条件下长期工作，组织不稳定，蠕变抗力低。当同时添加β同晶型元素，特别是Mo元素时，有抑制共析反应的作用。

钛合金在凝固过程中的显微偏析现象严重影响着钛合金的组织和性能，因此精确地预测钛合金在凝固过程中的相变序列就显得尤为重要。在实际的凝固过程中绝大多数为非平衡凝固，此时可以通过Scheil-Gulliver模型对实际凝固过程进行模型预测。Ti-Al-Mo-V-Cr 体系是高强 Ti 合金中关键的合金体系[1]，而且是当前 β 型 Ti 合金设计与工艺过程研究的热点。设计基于 Ti-Al-Mo-V-Cr 的新型钛合金的成分时，需要有关 Ti-Al-Mo-V-Cr 五元系的相平衡的信息。

然而，到目前为止，国际上尚没有关于 Ti-Al-Mo-V-Cr 五元系热力学描述的报道。本章首先对该五元系的边际二元、三元、四元和五元系的实验相平衡数据和热力学数据进行文献评估，然后采用关键实验和相图计算的方法，先后构筑边际二元、三元和四元系的热力学数据库，从而构筑 Ti-Al-Mo-V-Cr 五元系的热力学数据库。最后利用五元系的热力学数据库来计算任意温度和成分下的相平衡、等温截面和垂直截面，并模拟多组元钛合金中某些合金在平衡和非平衡条件下凝固过程中的相变序列，为新型 Ti-Al-Mo-V-Cr 基钛合金的开发提供重要的理论指导。

## 6.2 Ti-Al-Mo-V-Cr 体系的相图数据文献评估

Ti-Al-Mo-V-Cr 五元系中包含 10 个二元系、10 个三元系以及 5 个四元系，其中二元系和三元系的热力学参数来源见表 6.1。为了方便对各相情况的了解，表 6.2 列出了表示 Ti-Al-Mo-V-Cr 体系中各相的符号和晶体结构信息。

**表 6.1 Ti-Al-Mo-V-Cr 体系中各二元和三元系热力学参数来源**

| 类型 | 序号 | 体系 | 数据来源 |
|---|---|---|---|
| 二元系 | 1 | Ti-Al | Witusiewicz et al.[2] |
| | 2 | Ti-Mo | Saunders[3] |
| | 3 | Ti-V | Ghosh[4] |
| | 4 | Ti-Cr | Ghosh[4] |
| | 5 | Al-Mo | Peng et al.[5] |
| | 6 | Al-V | Gong et al.[6] |
| | 7 | Al-Cr | Hu et al.[7] |
| | 8 | Mo-V | Zheng et al.[8] |
| | 9 | Mo-Cr | Frisk，Gustafson[9] |
| | 10 | V-Cr | Ghosh[4] |

续表

| 类型 | 序号 | 体系 | 数据来源 |
|---|---|---|---|
| 三元系 | 1 | Ti-Al-Mo | Witusiewicz et al.[2] |
| | 2 | Ti-Al-V | Lu et al.[10] |
| | 3 | Ti-Al-Cr | Chen et al.[11]（本书工作作了修订） |
| | 4 | Ti-Mo-V | 本书工作 |
| | 5 | Ti-Mo-Cr | 本书工作 |
| | 6 | Ti-V-Cr | Ghosh[4]（本书工作作了修订） |
| | 7 | Al-Mo-V | 本书工作 |
| | 8 | Al-Mo-Cr | 本书工作作出的推断 |
| | 9 | Al-V-Cr | 本书工作作出的推断 |
| | 10 | Mo-V-Cr | 本书工作作出的推断 |

**表 6.2　Ti-Al-Mo-V-Cr 体系中各相的符号标识和晶体结构信息**

| 相/温度范围(℃) | 原型 | 皮尔逊符号 | 空间群 | 相的描述 |
|---|---|---|---|---|
| (α-Ti)，<882 | Mg | hP2 | $P6_3/mmc$ | 固溶体 hcp_A3 Ti |
| (β-Ti)，882～1668 | W | cI2 | $Im\bar{3}m$ | 固溶体 bcc_A2 Ti |
| (Al)，< 660 | Cu | cF4 | $Fm\bar{3}m$ | 固溶体 fcc_A1 Al |
| (Mo)，< 2623 | W | cI2 | $Im\bar{3}m$ | 固溶体 bcc_A2 Mo |
| (V)，< 1910 | W | cI2 | $Im\bar{3}m$ | 固溶体 bcc_A2 V |
| (Cr)，< 1907 | W | cI2 | $Im\bar{3}m$ | 固溶体 bcc_A2 Cr |
| $Al_3Ti$_L，< 932 | $Al_3Ti$(l) | tI32 | I4/mmm | 固溶体 $Al_3Ti$_L |
| $Al_3Ti$_H，733～1396 | $Al_3Ti$(h) | tI8 | I4/mmm | 固溶体 $Al_3Ti$_H |
| $Al_5Ti_2$，975～1432 | $Al_5Ti_2$ | tI28 | P4/mmm | 二元化合物 $Al_5Ti_2$ |
| $Al_2Ti$，< 1224 | $HfGa_2$ | tI24 | $I4_1/amd$ | 二元化合物 $Al_2Ti$ |
| $Al_5Ti_3$，< 810 | $Al_5Ti_3$ | tP32 | P4/mmm | 二元化合物 $Al_5Ti_3$ |
| AlTi，<1456 | AuCu | tP4 | P4/mbm | 二元化合物 AlTi |
| $AlTi_3$，<1189 | $Ni_3Sn$ | hP8 | $P6_3/mmc$ | 二元化合物 $AlTi_3$ |
| α-$Cr_2Ti$，< 1220 | $MgCu_2$ | cF24 | $Fd\bar{3}m$ | 低温 Laves 相，C15 |
| β-$Cr_2Ti$，801～1272 | $MgNi_2$ | hP24 | $P6_3/mmc$ | 中温 Laves 相，C36 |
| γ-$Cr_2Ti$，1272～1370 | $MgZn_2$ | hP12 | $P6_3/mmc$ | 高温 Laves 相，C14 |

续表

| 相/温度范围(℃) | 原型 | 皮尔逊符号 | 空间群 | 相的描述 |
|---|---|---|---|---|
| $Al_{12}Mo$，< 712 | $Al_{12}W$ | cI26 | $Im\bar{3}$ | 二元化合物 $Al_{12}Mo$ |
| $Al_5Mo$，< 845 | $Al_5W$ | hP12 | $P6_3$ | 二元化合物 $Al_5Mo$ |
| $Al_{22}Mo_5$，< 940 | $Al_{22}Mo_5$ | oF216 | Fdd2 | 二元化合物 $Al_{22}Mo_5$ |
| $Al_{17}Mo_4$，< 997 | $Al_{17}Mo_4$ | mC84 | C2 | 二元化合物 $Al_{17}Mo_4$ |
| $Al_4Mo$，941～1152 | $Al_4W$ | mC30 | Cm | 二元化合物 $Al_4Mo$ |
| $Al_3Mo$，791～1222 | $Al_3Mo$ | mC32 | C2/m | 二元化合物 $Al_3Mo$ |
| $Al_8Mo_3$，< 1528 | $Al_8Mo_3$ | mC22 | C2/m | 二元化合物 $Al_8Mo_3$ |
| $Al_{63}Mo_{37}$，1489～1569 | — | — | — | 二元化合物 $Al_{63}Mo_{37}$ |
| AlMo，1470～1721 | W | cI2 | $Im\bar{3}m$ | 固溶体 bcc_A2 |
| $AlMo_3$，< 2148 | $Cr_3Si$ | cP8 | $Pm\bar{3}n$ | 二元化合物 $AlMo_3$ |
| $Al_{21}V_2$，< 688 | $Al_{21}V_2$ | cF176 | $Fd\bar{3}m$ | 二元化合物 $Al_{21}V_2$ |
| $Al_{45}V_7$，< 719 | $Al_{45}V_7$ | mC104 | C2/m | 二元化合物 $Al_{45}V_7$ |
| $Al_{23}V_4$，< 734 | $Al_{23}V_4$ | hP54 | $P6_3/mmc$ | 二元化合物 $Al_{23}V_4$ |
| $Al_3V$，< 1222 | $Al_3Ti$ | tI8 | I4/mmm | 二元化合物 $Al_3V$ |
| $Al_8V_5$，< 1413 | $Cu_5Zn_8$ | cI52 | $I\bar{4}3m$ | 二元化合物 $Al_8V_5$ |
| $Al_{45}Cr_7$，< 790 | $Al_{45}V_7$ | mC104 | C2/m | 二元化合物 $Al_{45}Cr_7$ |
| $Al_5Cr$，< 902 | — | mP48 | P2 | 二元化合物 $Al_5Cr$ |
| $Al_4Cr$，< 1030 | $\mu Al_4Mn$ | hP574 | $P6_3/mmc$ | 二元化合物 $Al_4Cr$ |
| γ_H，1054～1315 | $Zn_8Cu_5$ | I52 | $I\bar{4}3m$ | 二元化合物 α-$Al_8Cr_5$ |
| γ_L，< 1142 | $Al_8Cr_5$ | hR26 | R3m | 二元化合物 β-$Al_8Cr_5$ |
| $AlCr_2$，< 906 | $MoSi_2$ | tI6 | I4/mmm | 二元化合物 $AlCr_2$ |
| $Ti_{25}Al_{67}Cr_8$ | $AuCu_3$ | cP4 | $Pm\bar{3}m$ | 三元化合物 $Ti_{25}Al_{67}Cr_8$ |

### 6.2.1　边际二元系

为了便于理解 Ti-Al-Mo-V-Cr 五元系，图 6.1 列出了根据文献报道的热力学参数计算的 Ti-Al-Mo-V-Cr 体系中边际二元系相图。从图中可以看出，Ti-Al、Ti-Cr、Al-Mo、Al-V 和 Al-Cr 体系均包含数量不等的二元化合物，相关系较为复杂。Ti-Mo、Ti-V、Mo-V、Mo-Cr 和 V-Cr 这几个二元系没有包含二元化合物，相关系较为简单，且在一定的温度下，两个元素完全互溶，形成体心立方结构的固溶体。本书工作直接采用文献报道的 Ti-Al-Mo-V-Cr 体系中边际二元系的热力学参数，见表 6.1。关于各体系的具体情况在此不再赘述，请参考对应的参考文献。

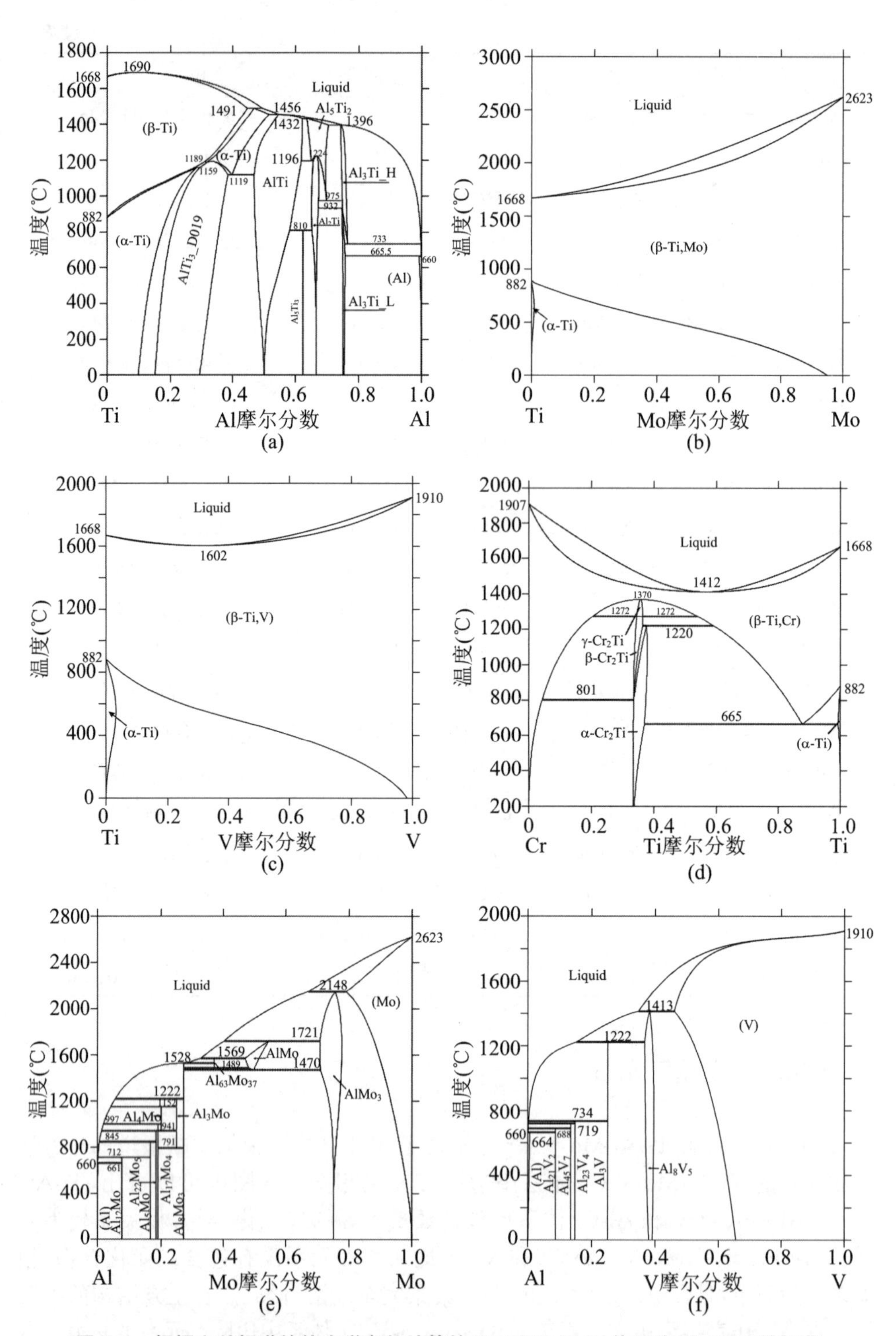


**图 6.1　根据文献报道的热力学参数计算的 Ti-Al-Mo-V-Cr 体系边际二元系的相图**

(a) Ti-Al；(b) Ti-Mo；(c) Ti-V；(d) Ti-Cr；(e) Al-Mo；(f) Al-V；(g) Al-Cr；(h) Mo-V；(i) Mo-Cr；(j) V-Cr

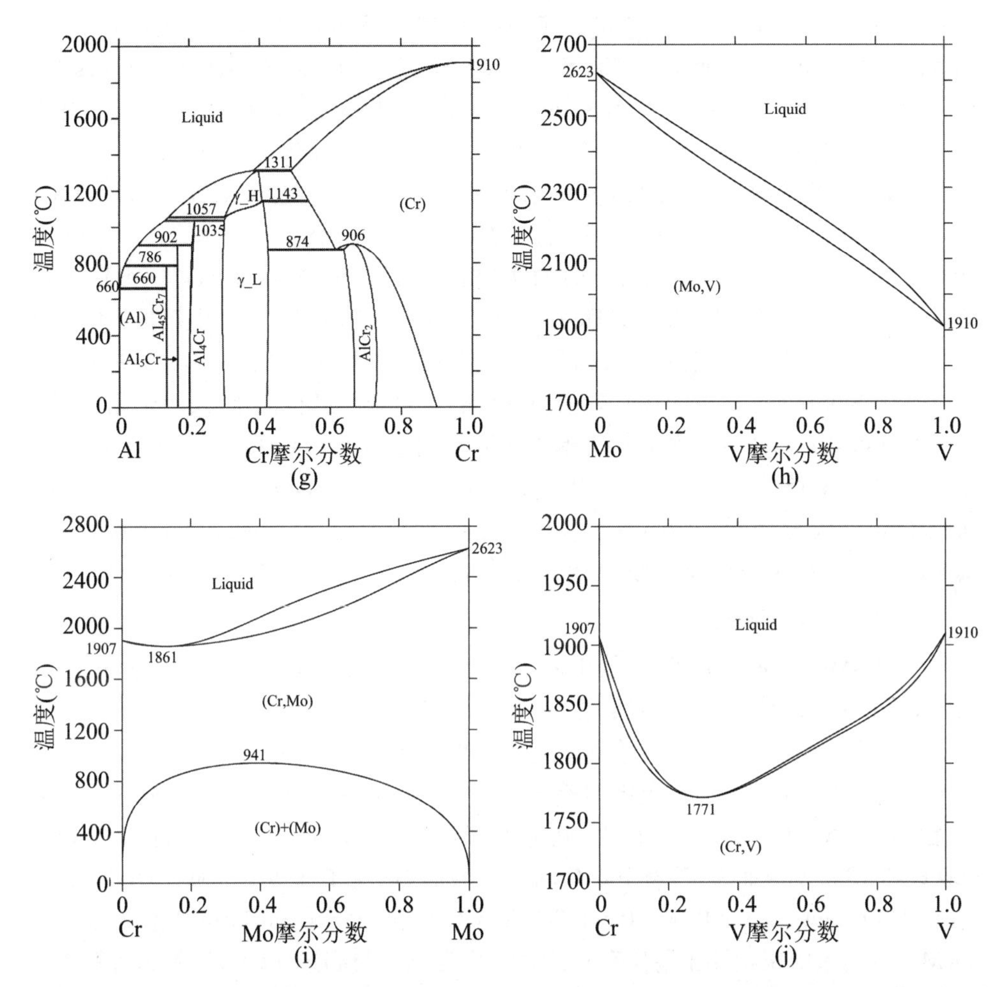


**续图6.1　根据文献报道的热力学参数计算的Ti-Al-Mo-V-Cr体系边际二元系的相图**

(a) Ti-Al;(b) Ti-Mo;(c) Ti-V;(d) Ti-Cr;(e) Al-Mo;(f) Al-V;(g) Al-Cr;(h) Mo-V;(i) Mo-Cr;(j) V-Cr

### 6.2.2　边际三元系

Ti-Al-Mo-V-Cr 五元系包含 10 个三元系，下面对这些三元系做一个简单的文献评估。

**1. Ti-Mo-V 体系**

目前，文献中尚无关于 Ti-Mo-V 体系热力学数据的报道。同时，该体系中无稳定存在的三元化合物。Ti-Mo-V 体系的相关系较简单，只包含两个固溶体相，即 bcc(β-Ti, Mo, V)和 hcp(α-Ti)。Ti-Mo-V 体系的相平衡数据只有两组研究者[12,13]进行了实验研究。Kornilov 和 Poliakova[12]在整个成分范围内制备了大约

50个三元合金，通过热分析研究了Ti-Mo-V三元系的固相面投影图，并构筑了Ti-Mo-V体系的8个垂直截面（即10 wt.%、20 wt.%、30 wt.%、40 wt.%、50 wt.%、60 wt.%、70 wt.%和80 wt.% V）和固相面投影图。本书工作采用了Kornilov和Poliakova[12]报道的实验数据对该体系进行优化。

Khaled等[13]研究了Ti-Mo-V体系300～600 ℃相边界(β-Ti,Mo,V)/(α-Ti)+(β-Ti,Mo,V)以及氧含量对相平衡的影响，测定了两组氧含量分别为0.07 wt.%和0.12 wt.%在600 ℃和450 ℃时的相边界(β-Ti,Mo,V)/(α-Ti)+(β-Ti,Mo,V)。同时，他们也测定了300 ℃和0.12 wt.% O的亚稳相边界。由于报道的沿边际Ti-Mo和Ti-V二元系的成分与目前采用的二元相图不一致，因此本书工作并没有采用Khaled等报道的450 ℃和600 ℃的等温截面进行优化，仅用于比较。

Komjathy[14]研究了900 ℃下退火170小时的9个Ti-Mo-V三元合金，并验证了Ti-Mo-V体系中不存在第二相。Taylor[15]通过XRD和配置大约70个合金研究了整个成分范围内的(β-Ti, Mo, V)固溶体的晶格常数。Enomoto[16]和Lukas[17]先后对Ti-Mo-V系统进行了文献综述。

**2. Ti-Mo-Cr体系**

与Ti-Mo-V体系类似，文献中尚无关于Ti-Mo-Cr体系热力学数据的报道。Ti-Mo-Cr体系的实验相平衡数据主要来自3组研究者[18-21]。1953年，Elliott等[18]首次制备了60多个三元合金，利用X射线衍射、显微镜和非接触式热分析，研究了Ti-Mo-Cr体系成分范围为40～100 wt.% Ti和温度范围为550～1300 ℃的相平衡。在Elliott等的工作中，确定了550 ℃和900 ℃之间每间隔50 ℃以及900 ℃和1300 ℃之间每间隔100 ℃的等温截面，构建了4 wt.%和8 wt.% Mo、4 wt.%和8 wt.% Cr以及70 wt.%、80 wt.%和90 wt.% Ti的垂直截面。在Ti-Mo-Cr体系中未检测出稳定存在的三元化合物。与固溶体(β-Ti, Mo, Cr)相相反，忽略了Mo和Cr在低温(α-Ti)相中的溶解度。Elliott等也构建了Ti-Mo-Cr体系富含Ti角的液相面投影图。

Grum-Grizhimailo和Gromova[19]通过制备39个三元合金研究了Ti-Mo-Cr体系的固相投影图。在固相线温度下，Ti、Mo和Cr在整个成分范围内形成了连续的固溶体。随后，他们[20]又测定了600 ℃、900 ℃和1200 ℃整个成分的等温截面。在富Ti角，测量的结果与Elliott等[18]报道的结果非常吻合。在Ti-Cr边际体系中的Laves相$Cr_2Ti$具有8 wt.% Mo的溶解度，并形成两相平衡$Cr_2Ti$ +(β-Ti, Mo, Cr)。然而，在Grum-Grizhimailo和Gromova[20]的工作中，高温和低温Laves相在900 ℃和1200 ℃时并没有进行区分。另外，在Mo-Cr边际二元系中的溶解度间隙应该伸到Ti-Mo-Cr三元系中，在Grum-Grizhimailo和Gromova[20]测定的600 ℃的等温截面中忽略了这一点。因此，本书工作采用Grum-Grizhimailo和Gromova报道的实验数据，但在优化过程中给予较低的权重。

Samsonova和Budberg[21]研究了Ti-Mo-Cr体系的垂直截面$Cr_2Ti$-Mo。他

们在该工作中，区分了两个Laves相：α-$Cr_2Ti$和γ-$Cr_2T$，低温的α-$Cr_2Ti$在1285±10℃下由高温γ-$Cr_2Ti$和(β-Ti,Mo,Cr)通过准二元包析反应生成。Mo在高温γ-$Cr_2Ti$和低温α-$Cr_2Ti$中的最大溶解度分别为6 wt.%和9 wt.%。然而，准二元包析反应很难与Ti-Cr二元相图(图6.1(d))相联系，因为在Ti-Cr二元相图中有3个Laves相α-$Cr_2Ti$、β-$Cr_2Ti$和γ-$Cr_2Ti$稳定存在。此外，$Cr_2Ti$-Mo垂直截面忽略了在低于900℃ Mo-Cr边际二元系附近的溶解度间隙(β-Ti,Mo,Cr)。因此，高温和低温$Cr_2Ti$的实验点以及相边界(β-Ti,Mo,Cr)/(β-Ti,Mo,Cr)+α-$Cr_2Ti$是试探性的。本书工作没有采用Samsonova和Budberg[21]报道的实验数据，仅用于与计算的结果进行比较。

Chen等[22]研究了Laves相$Cr_2Ti$的化学计量、非化学计量和添加第三组元的机械性能以提升其作为结构材料的潜力。Mo同时加入到$Cr_2Ti$相的两个点阵中可以提高其韧性。Iwase等[23]采用XRD研究了Ti-$(55-x)$Cr-$x$Mo($5\leqslant x\leqslant 20$)合金的氢化性能和晶体结构。实验结果表明，随着Mo含量的增加，平衡压力增加；这些淬火合金中bcc相的晶格参数$a$与Mo含量呈线性关系。Lukas[24]对Ti-Mo-Cr体系进行了文献评估。

**3. Al-Mo-V体系**

Sperner[25]和Raman[26]对Al-Mo-V体系的实验相平衡数据做了主要贡献。1959年，Sperner[25]测定了6个等温截面，分别为1200℃、1000℃、750℃、715℃、675℃和630℃。这些等温截面的实验结果表明，在Al-Mo-V体系中没有稳定存在的三元化合物。Sperner[25]的工作测定了Al-Mo二元系中的$AlMo_3$、$Al_8Mo_3$、$Al_3Mo$、$Al_5Mo$和$Al_{12}Mo$以及Al-V二元系中的$Al_8V_5$、$Al_3V$、$Al_6V$(或称为$Al_{23}V_4$、$Al_{45}V_7$)和$Al_{21}V_2$。Mo在$Al_8V_5$和$Al_3V$中的溶解度以及V在$AlMo_3$和$Al_8Mo_3$中的溶解度随着温度从1200℃到630℃略有减小。Mo在$Al_6V$和$Al_{21}V_2$中的溶解度以及V在$Al_3Mo$、$Al_5Mo$和$Al_{12}Mo$中的溶解度在整个温度范围内几乎不变。在温度区间1200～630℃内，Mo在$Al_8V_5$、$Al_3V$、$Al_6V$和$Al_{21}V_2$中的平均溶解度分别为30 wt.%、25 wt.%、10 wt.%和6.5 wt.%。V在$AlMo_3$、$Al_8Mo_3$、$Al_3Mo$、$Al_5Mo$和$Al_{12}Mo$中的平均溶解度分别为20 wt.%、11 wt.%、6 wt.%、3 wt.%和1.5 wt.%。总之，Mo在Al-V二元化合物中的溶解度和V在Al-Mo中的溶解度随着温度的降低而减小。基于这些等温截面的实验数据，Sperner[25]报道了9个零变量反应，即

$$\text{Liquid}+(\text{Mo},\text{V})\rightarrow Al_8V_5+AlMo_3\quad (\sim 1600\ ℃)$$

$$\text{Liquid}+AlMo_3\rightarrow Al_8V_5+Al_8Mo_3\quad (1450\ ℃)$$

$$\text{Liquid}+Al_8V_5\rightarrow Al_3V+Al_8Mo_3\quad (1300\ ℃)$$

$$\text{Liquid}+Al_8Mo_3\rightarrow Al_3V+Al_3Mo\quad (1100\ ℃)$$

$$\text{Liquid}+Al_3Mo\rightarrow Al_3V+Al_5Mo\quad (720\ ℃)$$

$$\text{Liquid} + Al_3V \rightarrow Al_6V + Al_5Mo \quad (700\ ℃)$$

$$\text{Liquid} + Al_5Mo \rightarrow Al_6V + Al_{12}Mo \quad (690\ ℃)$$

$$\text{Liquid} + Al_6V \rightarrow Al_{21}V_2 + Al_{12}Mo \quad (680\ ℃)$$

$$\text{Liquid} \rightarrow Al_{12}Mo + Al_{21}V_2 + (Al) \quad (656\ ℃)$$

并试探性地构筑了 Al-Mo-V 体系的希尔反应图。由于 Sperner[25] 报道的等温截面实验数据相互一致，在本书工作的优化中予以采用。

Raman[26] 通过制备 20 个 Al-Mo-V 三元合金测定了该体系 1000 ℃等温截面。在该等温截面上，Al-Mo 边际二元化合物 $AlMo_3$、$Al_8Mo_3$、$Al_4Mo$ 和 $Al_5Mo$ 以及 Al-V 边际二元化合物 $Al_8V_5$ 和 $Al_3V$ 稳定存在。Raman[26] 在接近二元化合物 $Al_8Mo_3$ 处发现一个三元化合物 $Al_{14}Mo_5V$。Virkar 和 Raman[27] 进行了晶体学研究，结果表明 $Al_{14}Mo_5V$ 相与 $Al_8Mo_3$ 相具有相似的结构，并认为所谓的三元相 $Al_{14}Mo_5V$ 是合金元素 V 溶解到 $Al_8Mo_3$ 中形成的固溶体。因此，本书工作并没有考虑 $Al_{14}Mo_5V$ 相。此外，Raman[26] 报道的 1000 ℃的等温截面的相关系与 Sperner[25] 报道的相关系不一致。因此，Raman[26] 报道的实验相图数据未用于本书工作的热力学优化，而仅用于与计算结果进行比较。

**4. Ti-V-Cr 体系**

Ghosh[4] 基于文献报道的实验数据[28-30] 对 Ti-V-Cr 体系进行了热力学描述，并得到了一套描述该体系的热力学参数。除了 500 ℃和 600 ℃等温截面，该热力学参数都能很好地描述实验数据。根据 Ghosh[4] 报道的热力学参数计算 500 ℃和 600 ℃等温截面，在接近 Ti-V 边际处出现一个 bcc 相的溶解度间隙。这可能是由于 Ghosh[4] 优化 Ti-V-Cr 体系时使用了较早版本的计算软件得到的热力学参数。因此，本书工作对 bcc 相的热力学参数进行微调，并且采用 Ghosh[4] 报道的 Ti-V-Cr 体系其他相的热力学参数。

**5. Ti-Al-Cr 体系**

Chen 等[11] 和 Cupid 等[31] 几乎同时根据文献报道的实验数据对 Ti-Al-Cr 体系进行了热力学优化。在 Chen 等[11] 的工作中，3 个边际二元系 Ti-Al、Ti-Cr 和 Al-Cr 的热力学参数分别采用来自 Witusiewicz 等[2]、Ghosh[4] 和 Chen 等[32] 的工作。在 Cupid 等[31] 的工作中，重新优化了 Ti-Cr 二元系，边际二元系 Ti-Al 和 Al-Cr的热力学参数均采用 COST507 数据库。尽管 Chen 等[11] 和 Cupid 等[31] 通过优化获得的热力学参数就能很好地描述实验数据，但他们采用的边际二元系的热力学参数与本书工作中采用的不一致。通过比较，Chen 等[11] 的工作中只有 Al-Cr 的热力学参数与本书工作采用的不一致，因此，本书工作基于 Chen 等[11] 的工作对描述 Ti-Al-Cr 体系的热力学参数进行修订。

**6. Mo-V-Cr、Al-Mo-Cr、Al-V-Cr 体系**

Mo-V-Cr 体系的相关系非常简单，仅包含 2 个固溶体相，即液相和 bcc 相。目前，文献中尚无关于该体系的实验相平衡数据的报道。因此，本书工作假定 Mo-V-Cr三元系中的液相和 bcc 相是理想固溶体，即根据 Mo-V-Cr 体系的 3 个边际二元系对该体系进行外推计算。类似地，关于 Al-Mo-Cr 和 Al-V-Cr 体系的实验相平衡数据，文献中尚无报道。鉴于本书工作研究的重点是 Ti-Al-Mo-V-Cr 五元系富 Ti 角的相平衡和热力学数据，因此，依然基于边际二元系的热力学参数对 Al-Mo-Cr 和 Al-V-Cr 体系进行外推计算。

**7. Ti-Al-Mo 和 Ti-Al-V 体系**

Witusiewicz 等[2]和 Lu 等[10]分别对 Ti-Al-Mo 和 Ti-Al-V 体系进行了细致的热力学优化，他们报道的热力学参数在本书工作中直接采用。

### 6.2.3　边际四元系

Ti-Al-Mo-V-Cr 五元系中包含 5 个四元系，分别为 Ti-Al-Mo-V、Ti-Al-V-Cr、Ti-Mo-V-Cr、Ti-Al-Mo-Cr 和 Al-Mo-V-Cr。关于四元系的研究文献报道的非常少。在此对这些四元系做一个简单的文献评估。

**1. Ti-Al-Mo-Cr 体系**

Miura[33]采用电弧熔炼炉制备了成分为 48～52 at.% Al、8～20 at.% Cr、8～20 at.% Mo 和 20～24 at.% Ti 的 10 个 Ti-Al-Mo-Cr 四元合金，合金样品在 1200～950 ℃下退火 18～48 小时，采用扫描电子显微镜、X 射线衍射和波长色散 X 射线光谱学研究了相平衡，利用差示热分析确定了相变温度。在研究的成分和温度范围内，bcc 相的成分范围为 $Al_{42\sim47}Cr_{9\sim20}Mo_{17\sim20}Ti_{21\sim25}$，$TiAl_3(D0_{22})$相的成分范围为 $Al_{62\sim63}Cr_{2\sim3}Mo_{11\sim12}Ti_{21\sim24}$，在较低温度下发现的 $Ti(Al,Cr)_3(L1_2)$相的成分为 $Al_{61}Cr_9Mo_4Ti_{26}$。Ti 在这 3 个相中的含量几乎相同，为 25 at.%。Miura 根据实验数据构建了不完整的立体的相关系示意图。随着温度降低，bcc 区域的边界向 Cr 角移动。三相区 bcc + $TiAl_3$ + $Ti(Al,Cr)_3$ 在一定程度上受到限制。Miura[33]推测了可能存在的(bcc + $AlMo_3$ + $TiAl_3$)三相平衡和(bcc + $AlMo_3$ + $TiAl_3$ + $Ti(Al,Cr)_3$)四面体截线。随后，Raghavan[34]对 Ti-Al-Mo-Cr 四元系进行了文献评估。

**2. Ti-Al-V-Cr 体系**

Li 等[35]采用中子衍射和透射电镜研究了 Al 对 β-Ti-V-Cr 合金有序性的影响。最近，Wang 等[36]基于边际二元和三元系的热力学参数，采用 CALPHAD 方法，对 Ti-Al-V-Cr 四元系的有序 B2 相进行了热力学描述，并计算了 4 个垂直截面 Ti-15Cr-(25, 30, 32, 37) V-$x$Al($x$ = 0～60 wt.%)。随后，Raghavan[37]对

Ti-Al-V-Cr 四元系进行了文献评估。

**3. Ti-Mo-V-Cr 体系**

基于 Samsonova 和 Budberg[21]报道的 2 个垂直截面 $Cr_2Ti$-Mo 和 $Cr_2Ti$-V，Budberg 和 Samsonova[38]制备了 12 个 Ti-Mo-V-Cr 四元合金，并构筑了 600 ℃、900 ℃、1200 ℃和 1300 ℃ 4 个 $Cr_2Ti$-Mo-V 等温截面。600 ℃、900 ℃和 1200 ℃等温截面具有相同的相区，即 α-$Cr_2Ti$、α-$Cr_2Ti$ +（β-Ti，Mo，Cr，V）和（β-Ti，Mo，Cr，V）。两相区 α-$Cr_2Ti$ +（β-Ti，Mo，Cr，V）随着温度的降低而减小，而单相区α-$Cr_2Ti$随着温度的变化几乎保持不变。对于 1300 ℃等温截面，高温 Laves 相 γ-$Cr_2Ti$ 替代了低温 α-$Cr_2Ti$ 相。正如前面提到的那样，Samsonova 和 Budberg[21]构筑的垂直截面 $Cr_2Ti$-Mo 与边际二元系 Cr-Ti 不一致，$Cr_2Ti$-V 垂直截面具有类似的问题。根据 Ghosh[4]报道的 Cr-Ti 二元相图，$Cr_2Ti$ 成分处包括 3 个相：α-$Cr_2Ti$、β-$Cr_2Ti$和 γ-$Cr_2Ti$，而根据 Budberg 和 Samsonova[38]报道的 $Cr_2Ti$-Mo 和 $Cr_2Ti$-V 垂直截面，在 $Cr_2Ti$ 成分处仅有 2 个相：α-$Cr_2Ti$ 和 γ-$Cr_2Ti$。因此在优化的过程中，对 Budberg 和 Samsonova[38]报道的实验数据给予较低的权重。

Khaled 等[39]研究了 Ti-Mo-V-Cr 体系中（β-Ti，Mo，Cr，V）相的稳定性并构筑了成分为 8 wt.% Cr 的 400 ℃、500 ℃和 600 ℃等温截面。在这些等温截面中，并没有检测到 α-$Cr_2Ti$。此外，沿着 Ti-Mo-8 wt.% Cr 和 Ti-V-8 wt.% Cr 边际三元系端的相关系与 Ti-Mo-Cr[18]和 Ti-V-Cr[4]体系不一致。因此，Khaled 等[39]报道的在 400 ℃、500 ℃和 600 ℃下含 8 wt.% Cr 的等温截面的实验数据未用于本书工作的热力学优化，仅用于比较。

Lee 等[40]基于他们报道的 Ti-Mo-Cr、Ti-Mo-V 和 Ti-V-Cr 热力学参数对 Ti-Mo-V-Cr四元系进行了外推计算。在 Lee 等[40]的工作中选用的二元系热力学参数是存在问题的。对 Ti-Mo 二元系，他们选用的参数来自 Kaufman 和 Nesor[41]的工作。然而 Kaufman 和 Nesor[41]采用的纯元素的热力学参数与其他体系的不一致。对 Ti-V 二元系，Lee 等[40]选用的参数来自他们之前的工作[42]。然而该套热力学参数计算的 V 在（α-Ti）中的溶解度低于实验测定的值。对于 Lee 等[40]采用的 Ti-Cr 和 Mo-V 二元系热力学参数已分别被 Ghosh[4]和 Zheng 等[8]进行了更新。Lee 等[40]对 Ti-Mo-Cr 和 Ti-Mo-V 两个体系的 bcc 相分别加了 3 个三元作用参数，计算的等温截面和垂直截面几乎与外推计算的结果一致，这说明这些三元作用参数对各体系相平衡的影响很小，在数据库建立时可以不用。综上，完全有必要对 Ti-Mo-V-Cr 四元系及其边际三元系进行重新优化，获得一套更准确的热力学参数。

**4. Ti-Al-Mo-V 和 Al-Mo-V-Cr 体系**

关于 Ti-Al-Mo-V 和 Al-Mo-V-Cr 两个四元系，文献中尚无实验相平衡数据的报道。本书工作通过配置关键 Ti-Al-Mo-V 四元合金，对其相平衡进行研究。

鉴于本书工作研究的重点是 Ti-Al-Mo-V-Cr 五元系富 Ti 角的相平衡和热力学数据，因此，依然基于边际二元系和三元系的热力学参数对 Al-Mo-V-Cr 体系进行外推计算。

### 6.2.4　Ti-Al-Mo-V-Cr 五元系

Ti-Al-Mo-V-Cr 体系是高强 Ti 合金中关键的合金体系[1]，而且是当前 β 型 Ti 合金设计与工艺过程研究的热点。该合金体系中的 Ti-5Al-5Mo-5V-3Cr(Ti-5553)合金是继 Ti-10V-2Fe-3Al(Ti-1023)合金之后最新被研发并应用于制造波音 787 和空客 A380 关键部件的高强近 β 型 Ti 合金[43-45]。目前，国内外对该合金体系的组织结构和性能做了大量研究工作[46-49]，但有关该五元系的相平衡研究报道非常有限，国际上尚无 Ti-Al-Mo-V-Cr 体系完整的热力学描述。本书工作将基于边际二元系、三元系和四元系建立 Ti-Al-Mo-V-Cr 体系的热力学数据库，计算 Ti-5553 合金的凝固曲线。

## 6.3　Ti-Al-Mo-V、Ti-Al-Mo-Cr 和 Ti-Al-V-Cr 体系相平衡的实验测定

### 6.3.1　实验过程

基于建立的边际二元和三元系的热力学数据库，外推计算 Ti-Al-Mo-V、Ti-Al-Mo-Cr 和 Ti-Al-V-Cr 体系成分为 20 at.% Al 的 700 ℃和 800 ℃等温截面。根据外推计算的等温截面的相关系，在每个截面不同相区设计 12 个四元合金来研究 Ti-Al-Mo-V、Ti-Al-Mo-Cr 和 Ti-Al-V-Cr 3 个四元系的相平衡。本实验以纯金属 Ti(99.995 wt.%)、Al(99.996 wt.%)、Mo(99.95 wt.%)、V(99.99 wt.%)和 Cr(99.95 wt.%)为原料。根据设计的合金成分，利用 FA2204B 电子天平称量出各组分的质量，每个样品保持在总质量约为 1.5 g，称量误差保持在 ±0.001 g。在高纯 Ar 气(99.999 %)的保护下，使用 WK-Ⅰ型非自耗真空电弧炉对样品进行熔炼。为保证每个样品的均匀性，将样品反复熔炼至少 4 次，且每次熔炼结束需将样品翻转再进行下一次熔炼。熔炼后的合金经过称量，质量损失均在 0.5 wt.%之内，没有进行化学成分分析。将熔炼好的合金用高纯 Mo 丝包裹，以防止样品与石英管反应而污染样品。采用 MRVS-1002 真空封管机将样品真空封装在石英管

中，然后置于 700 ℃和 800 ℃ 的 KSL-1200X 型箱式炉中分别进行均匀化退火 21 天和 14 天，最后投入冷水中淬火。

将退火后的平衡合金样品使用 SYJ-150 低速金刚石切割机分割成两块。将其中一块制成粉末样品，采用 X 射线粉末衍射分析方法进行物相鉴定，加入少量的 Si 粉作为内标。仪器型号为 D8 ADVANCE，具体参数如下：辐射源：Cu K-α；测量电压：40 kV；测量电流：40 mA；测量模式：步进扫描；测量角度：20°～80°；步长：0.02°；时间：0.25 s。另一块样品先后通过镶嵌、打磨、抛光等过程制备，利用金相显微镜和扫描电子显微镜背散射电子成像模式观察合金的微观组织形态，并用能谱仪分析合金中各相的化学成分。扫描电镜的型号和相关操作参数为：FEI Helios NanoLab 600i 扫描电镜，采用背散射电子在 BSE 模式下进行相成分分析，其中加速电压为 20 kV，扫描速率为 10 μs，工作距离为 4.5 mm 或 4.6 mm。

### 6.3.2 实验结果与讨论

#### 1. Ti-Al-Mo-V 体系

基于本书工作获得的或文献报道的边际二元或三元系的热力学参数，建立 Ti-Al-Mo-V四元系的热力学数据库。采用 CALPHAD 方法，对 Ti-Al-Mo-V 四元系进行外推计算。为了验证建立的热力学数据库的准确性，亦即外推计算的准确性，本书工作通过关键实验进行验证。根据建立的 Ti-Al-Mo-V 四元系的热力学数据库，外推计算 20 at.% Al 时 700 ℃和 800 ℃等温截面，基于外推结果分别在不同的相区设计 12 个四元关键合金成分。表 6.3 列出了 Ti-Al-Mo-V 合金在 700 ℃退火 21 天的 XRD 和 SEM/EDX 实验分析结果。通过表 6.3 可以看出，样品 A2、A3 和 A6～A11 处于单相区，样品 A1、A4、A5 和 A12 处于两相区。

**表 6.3 Ti-Al-Mo-V 合金在 700 ℃退火 21 天的 XRD 和 SEM/EDX 实验结果**

| 序号 | 名义成分(原子百分数(%)) | | | | 相 | 组分(原子百分数(%)) | | | |
|---|---|---|---|---|---|---|---|---|---|
| | Ti | Al | Mo | V | | Ti | Al | Mo | V |
| A1 | 60 | 20 | 10 | 10 | $AlTi_3$ | 60.13 | 21.79 | 1.94 | 16.13 |
| | | | | | bcc_A2 | 64.30 | 14.20 | 7.01 | 14.49 |
| A2 | 40 | 20 | 30 | 10 | bcc_A2 | 45.30 | 17.14 | 25.35 | 12.22 |
| A3 | 30 | 20 | 40 | 10 | bcc_A2 | 37.40 | 18.96 | 29.52 | 14.13 |
| A4 | 15 | 20 | 55 | 10 | $AlMo_3$ | 16.83 | 16.45 | 52.19 | 14.53 |
| | | | | | bcc_A2 | 15.26 | 14.90 | 55.59 | 14.24 |

续表

| 序号 | 名义成分(原子百分数(%)) | | | | 相 | 组分(原子百分数(%)) | | | |
|---|---|---|---|---|---|---|---|---|---|
| | Ti | Al | Mo | V | | Ti | Al | Mo | V |
| A5 | 55 | 20 | 5 | 20 | $AlTi_3$ | 60.77 | 21.81 | 1.93 | 15.48 |
| | | | | | bcc_A2 | 54.97 | 20.41 | 2.98 | 21.63 |
| A6 | 40 | 20 | 20 | 20 | bcc_A2 | 44.98 | 21.98 | 12.70 | 20.34 |
| A7 | 25 | 20 | 35 | 20 | bcc_A2 | 32.66 | 25.29 | 21.41 | 20.64 |
| A8 | 35 | 20 | 15 | 30 | bcc_A2 | 41.94 | 21.21 | 14.38 | 22.47 |
| A9 | 10 | 20 | 40 | 30 | bcc_A2 | 12.02 | 21.49 | 34.12 | 32.37 |
| A10 | 30 | 20 | 10 | 40 | bcc_A2 | — | — | — | — |
| A11 | 10 | 20 | 30 | 40 | bcc_A2 | — | — | — | — |
| A12 | 10 | 20 | 20 | 50 | bcc_A2＃1 | 13.17 | 24.44 | 17.90 | 44.50 |
| | | | | | bcc_A2＃2 | 9.29 | 17.78 | 29.53 | 43.40 |

图 6.2 和图 6.3 分别是 Ti-Al-Mo-V 合金 A1($Ti_{60}Al_{20}Mo_{10}V_{10}$)和 A6($Ti_{40}Al_{20}Mo_{20}V_{20}$)在 700 ℃退火 21 天时的 XRD 和 SEM 检测结果。从 XRD 和 SEM 图中可以看出,A1 合金是由 $AlTi_3$ 和 bcc_A2 两相组成的,A6 合金处于单相区 bcc_A2。其他合金的 XRD 和 SEM/EDX 的分析结果见表 6.3。

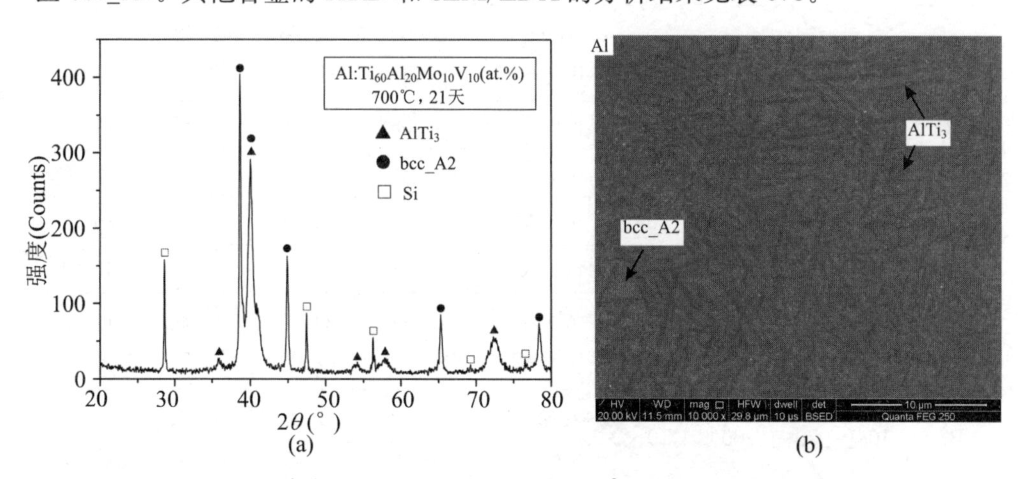


**图 6.2　Ti-Al-Mo-V 合金 A1($Ti_{60}Al_{20}Mo_{10}V_{10}$)在 700 ℃退火 21 天的 XRD 和 SEM 结果**

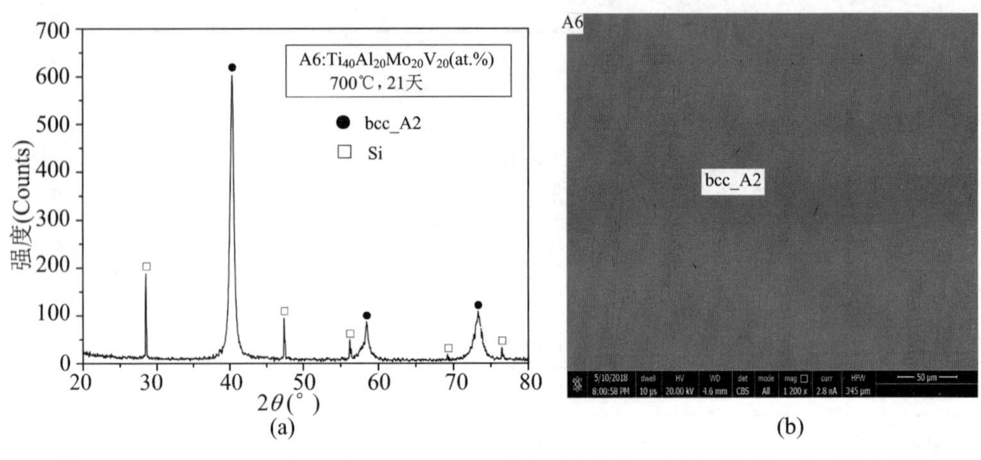


**图 6.3　Ti-Al-Mo-V 合金 A6($Ti_{40}Al_{20}Mo_{20}V_{20}$)在 700 ℃退火 21 天的 XRD 和 SEM 结果**

表 6.4 列出了 Ti-Al-Mo-V 合金在 800 ℃退火 14 天的 XRD 和 SEM/EDX 实验分析结果。通过表 6.4 可以看出，样品 B2～B5 和 B8 处于单相区，样品 B1、B6、B7 和 B9～B12 处于两相区。

**表 6.4　Ti-Al-Mo-V 合金在 800 ℃退火 14 天的 XRD 和 SEM/EDX 实验结果**

| 序号 | 名义成分(原子百分数(%)) | | | | 相名称 | 组分(原子百分数(%)) | | | |
|---|---|---|---|---|---|---|---|---|---|
| | Ti | Al | Mo | V | | Ti | Al | Mo | V |
| B1 | 65 | 20 | 5 | 10 | $AlTi_3$ | 66.56 | 21.26 | 2.72 | 9.46 |
| | | | | | bcc_A2 | 67.31 | 20.01 | 2.78 | 9.90 |
| B2 | 40 | 20 | 30 | 10 | bcc_A2 | 48.05 | 24.08 | 16.60 | 11.27 |
| B3 | 40 | 20 | 20 | 20 | bcc_A2 | 44.54 | 21.88 | 12.75 | 20.83 |
| B4 | 40 | 20 | 10 | 30 | bcc_A2 | 42.48 | 20.91 | 6.73 | 29.88 |
| B5 | 30 | 20 | 10 | 40 | bcc_A2 | 31.61 | 21.42 | 6.26 | 40.71 |
| B6 | 20 | 20 | 50 | 10 | $AlMo_3$ | 22.64 | 20.07 | 45.46 | 11.82 |
| | | | | | bcc_A2 | 28.38 | 27.00 | 32.52 | 12.09 |
| B7 | 10 | 20 | 60 | 10 | $AlMo_3$ | 11.30 | 17.25 | 60.71 | 10.73 |
| | | | | | bcc_A2 | 13.55 | 21.28 | 53.55 | 11.61 |
| B8 | 20 | 20 | 40 | 20 | bcc_A2 | 21.46 | 20.33 | 36.03 | 22.19 |
| B9 | 5 | 20 | 50 | 25 | $AlMo_3$ | 4.46 | 15.22 | 47.70 | 32.62 |
| | | | | | bcc_A2 | 6.62 | 20.56 | 38.45 | 34.37 |

续表

| 序号 | 名义成分(原子百分数(%)) | | | | 相名称 | 组分(原子百分数(%)) | | | |
|---|---|---|---|---|---|---|---|---|---|
| | Ti | Al | Mo | V | | Ti | Al | Mo | V |
| B10 | 10 | 20 | 40 | 30 | bcc_A2#1 | 11.95 | 19.01 | 22.53 | 46.51 |
| | | | | | bcc_A2#2 | — | — | — | — |
| B11 | 5 | 20 | 35 | 40 | bcc_A2#1 | 7.21 | 17.59 | 21.75 | 53.45 |
| | | | | | bcc_A2#2 | — | — | — | — |
| B12 | 5 | 20 | 20 | 55 | bcc_A2#1 | 6.85 | 16.04 | 9.02 | 68.08 |
| | | | | | bcc_A2#2 | — | — | — | — |

Ti-Al-Mo-V 合金 B1($Ti_{65}Al_{20}Mo_5V_{10}$)和 B5($Ti_{30}Al_{20}Mo_{10}V_{40}$)在 800 ℃退火 14 天时的 XRD 和 SEM 检测结果分别如图 6.4 和图 6.5 所示。从 XRD 和 SEM 图中可以看出,B1 合金是由 $AlTi_3$ 和 bcc_A2 两相组成,B5 合金处于单相区 bcc_A2。其他合金的 XRD 和 SEM/EDX 的分析结果见表 6.4。

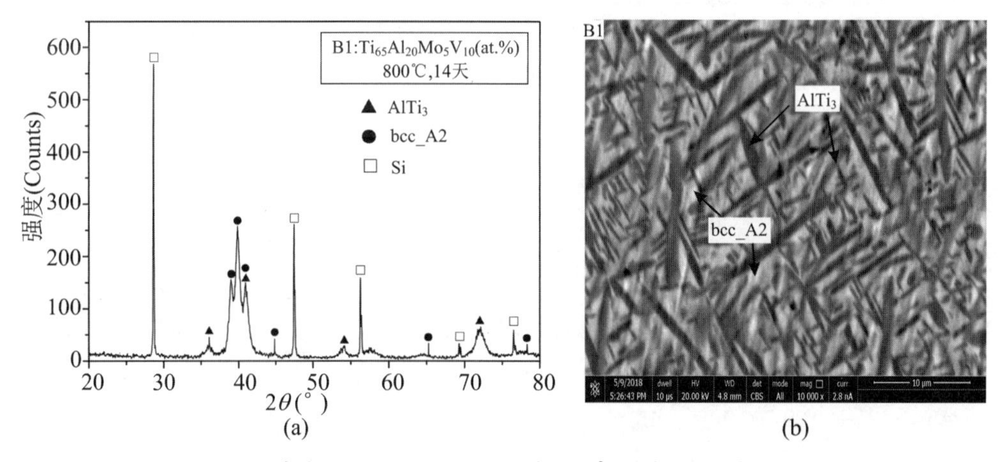


**图 6.4　Ti-Al-Mo-V 合金 B1($Ti_{65}Al_{20}Mo_5V_{10}$)在 800 ℃退火 14 天的 XRD 和 SEM 结果**

## 2. Ti-Al-Mo-Cr 体系

本书工作对 Ti-Al-Mo-Cr 体系的研究过程类似于 Ti-Al-Mo-V 体系。基于本书工作获得的或文献报道的边际二元和三元系的热力学参数,建立 Ti-Al-Mo-Cr 四元系的热力学数据库。采用 CALPHAD 方法,对 Ti-Al-Mo-Cr 四元系进行外推计算,计算 20 at.% Al 时 700 ℃和 800 ℃等温截面,基于外推结果分别在不同的相区设计 12 个四元关键合金成分。表 6.5 列出了 Ti-Al-Mo-Cr 合金在 700 ℃退火 21 天的 XRD 和 SEM/EDX 实验分析结果。通过表 6.5 可以看出,样品 A2 和 A6 处于单相区,样品 A1、A3、A4、A8、A11 和 A12 处于两相区,样品 A5、A9 和 A10 处于三相区,样品 A7 处于四相区。

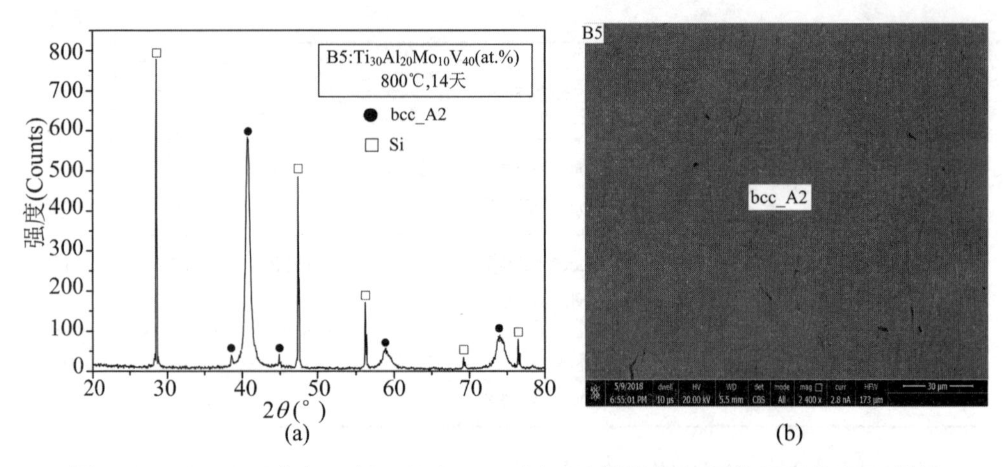


图 6.5 Ti-Al-Mo-V 合金 B5($Ti_{30}Al_{20}Mo_{10}V_{40}$)在 800 ℃退火 14 天的 XRD 和 SEM 结果

表 6.5 Ti-Al-Mo-Cr 合金在 700 ℃退火 21 天 XRD 和 SEM/EDX 实验结果

| 序号 | 名义成分(原子百分数(%)) | | | | 相名称 | 组分(原子百分数(%)) | | | |
|---|---|---|---|---|---|---|---|---|---|
| | Ti | Al | Mo | Cr | | Ti | Al | Mo | Cr |
| A1 | 65 | 20 | 10 | 5 | $AlTi_3$ | 64.22 | 20.62 | 10.33 | 4.83 |
| | | | | | bcc_A2 | 69.47 | 21.46 | 6.10 | 2.96 |
| A2 | 50 | 20 | 25 | 5 | bcc_A2 | 52.01 | 20.69 | 22.64 | 4.66 |
| A3 | 35 | 20 | 40 | 5 | $AlMo_3$ | 34.19 | 15.80 | 46.49 | 3.52 |
| | | | | | bcc_A2 | 41.29 | 23.38 | 29.34 | 5.99 |
| A4 | 45 | 20 | 20 | 15 | bcc_A2 | 47.61 | 21.25 | 15.77 | 15.37 |
| | | | | | Laves_C14 | 48.32 | 21.71 | 16.47 | 13.51 |
| A5 | 25 | 20 | 40 | 15 | $AlMo_3$ | — | — | — | — |
| | | | | | bcc_A2 | 30.82 | 23.70 | 28.15 | 17.33 |
| | | | | | Laves_C14 | 31.36 | 24.54 | 25.15 | 18.96 |
| A6 | 55 | 20 | 5 | 20 | bcc_A2 | — | — | — | — |
| A7 | 5 | 20 | 55 | 20 | $AlMo_3$ | 6.47 | 18.48 | 56.37 | 18.68 |
| | | | | | bcc_A2#1 | 5.88 | 15.93 | 62.02 | 16.17 |
| | | | | | bcc_A2#2 | 7.89 | 24.41 | 38.96 | 28.74 |
| | | | | | Laves_C14 | 6.69 | 19.98 | 52.58 | 20.75 |
| A8 | 40 | 20 | 10 | 30 | bcc_A2 | 40.86 | 20.54 | 9.79 | 28.80 |
| | | | | | Laves_C14 | 41.47 | 21.02 | 6.16 | 31.35 |

续表

| 序号 | 名义成分(原子百分数(%)) | | | | 相名称 | 组分(原子百分数(%)) | | | |
|---|---|---|---|---|---|---|---|---|---|
| | Ti | Al | Mo | Cr | | Ti | Al | Mo | Cr |
| A9 | 30 | 20 | 20 | 30 | $AlMo_3$ | — | — | — | — |
| | | | | | bcc_A2 | 34.98 | 16.69 | 14.36 | 33.97 |
| | | | | | Laves_C14 | 38.21 | 18.15 | 4.88 | 38.76 |
| A10 | 10 | 20 | 30 | 40 | $AlMo_3$ | — | — | — | — |
| | | | | | bcc_A2 | 11.22 | 16.95 | 24.24 | 47.58 |
| | | | | | Laves_C14 | 15.48 | 20.63 | 12.18 | 51.70 |
| A11 | 20 | 20 | 10 | 50 | bcc_A2 | 19.99 | 13.58 | 7.49 | 58.94 |
| | | | | | Laves_C14 | 26.54 | 16.47 | 3.27 | 53.72 |
| A12 | 10 | 20 | 5 | 65 | bcc_A2<br>Laves_C14 | — | — | — | — |

图 6.6 和图 6.7 分别是 Ti-Al-Mo-Cr 合金 A1($Ti_{65}Al_{20}Mo_{10}Cr_5$)和 A4($Ti_{45}Al_{20}Mo_{20}Cr_{15}$)在 700 ℃退火 21 天时的 XRD 和 SEM 检测结果。从 XRD 和 SEM 图中可以看出,A1 合金由 $AlTi_3$ 和 bcc_A2 两相组成,A4 合金由 bcc_A2 和 Laves_C14 两相组成。其他合金的 XRD 和 SEM/EDX 实验结果见表 6.5。

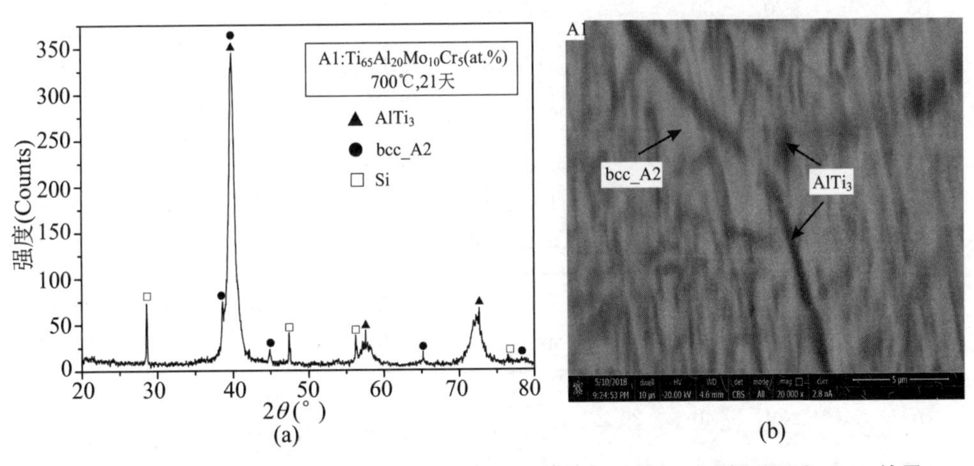


**图 6.6　Ti-Al-Mo-Cr 合金 A1($Ti_{65}Al_{20}Mo_{10}Cr_5$)在 700 ℃退火 21 天的 XRD 和 SEM 结果**

表 6.6 列出了 Ti-Al-Mo-Cr 合金在 800 ℃退火 14 天的 XRD 和 SEM/EDX 实验分析结果。通过表 6.6 可以看出,样品 B2、B3 和 B12 处于单相区,样品 B1、B3、B6～B9 和 B11 处于两相区,样品 B10 处于三相区。

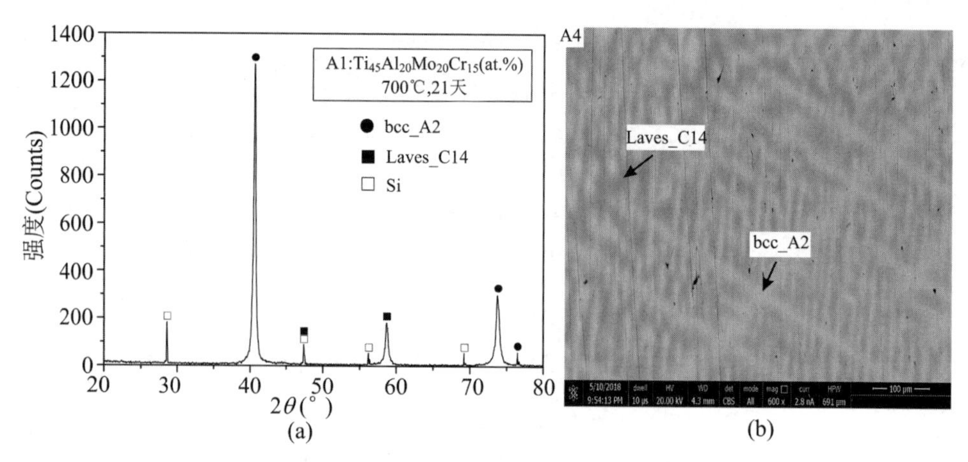


图 6.7 Ti-Al-Mo-Cr 合金 A4($Ti_{45}Al_{20}Mo_{20}Cr_{15}$)在 700 ℃退火 21 天的 XRD 和 SEM 结果

表 6.6 Ti-Al-Mo-Cr 合金在 800 ℃退火 14 天的 XRD 和 SEM/EDX 实验结果

| 序号 | 名义成分(原子百分数(%)) | | | | 相名称 | 组分(原子百分数(%)) | | | |
|---|---|---|---|---|---|---|---|---|---|
| | Ti | Al | Mo | Cr | | Ti | Al | Mo | Cr |
| B1 | 70 | 20 | 5 | 5 | $AlTi_3$ | 72.42 | 21.83 | 2.32 | 3.42 |
| | | | | | bcc_A2 | 67.69 | 18.52 | 5.68 | 8.12 |
| B2 | 55 | 20 | 20 | 5 | bcc_A2 | 55.88 | 21.45 | 16.76 | 5.90 |
| B3 | 45 | 20 | 30 | 5 | bcc_A2 | 44.73 | 18.74 | 32.14 | 4.39 |
| B4 | 35 | 20 | 40 | 5 | $AlMo_3$ | 35.87 | 17.86 | 42.31 | 3.97 |
| | | | | | bcc_A2 | 42.91 | 25.11 | 24.73 | 7.25 |
| B5 | 58 | 20 | 2 | 20 | $AlTi_3$ | 63.80 | 21.58 | 1.36 | 13.26 |
| | | | | | bcc_A2 | 56.47 | 16.78 | 1.19 | 25.56 |
| | | | | | Laves_C14 | 58.72 | 22.33 | 1.73 | 17.22 |
| B6 | 50 | 20 | 10 | 20 | bcc_A2 | 46.20 | 13.60 | 4.08 | 36.12 |
| | | | | | Laves_C14 | 51.90 | 21.04 | 6.76 | 20.30 |
| B7 | 20 | 20 | 40 | 20 | $AlMo_3$ | 40.47 | 13.88 | 32.56 | 13.09 |
| | | | | | bcc_A2 | 44.07 | 18.00 | 18.35 | 19.58 |
| B8 | 40 | 20 | 10 | 30 | $AlMo_3$ | — | — | — | — |
| | | | | | bcc_A2 | 41.71 | 20.12 | 8.69 | 29.48 |
| B9 | 10 | 20 | 55 | 15 | $AlMo_3$ | 11.15 | 21.99 | 51.48 | 15.38 |
| | | | | | bcc_A2 | 15.44 | 27.57 | 31.86 | 25.14 |

续表

| 序号 | 名义成分(原子百分数(%)) | | | | 相名称 | 组分(原子百分数(%)) | | | |
|---|---|---|---|---|---|---|---|---|---|
| | Ti | Al | Mo | Cr | | Ti | Al | Mo | Cr |
| B10 | 20 | 20 | 20 | 40 | $AlMo_3$ | — | — | — | — |
| | | | | | bcc_A2 | 24.48 | 23.85 | 7.98 | 43.69 |
| | | | | | Laves_C14 | 20.88 | 21.06 | 16.35 | 41.70 |
| B11 | 15 | 20 | 5 | 60 | bcc_A2 | 5.77 | 22.98 | 4.49 | 66.76 |
| | | | | | Laves_C14 | 7.17 | 25.07 | 3.88 | 63.88 |
| B12 | 5 | 20 | 5 | 70 | bcc_A2 | 5.80 | 19.88 | 4.44 | 69.87 |

图6.8和图6.9分别是Ti-Al-Mo-Cr合金B1($Ti_{70}Al_{20}Mo_5Cr_5$)和B9($Ti_{10}Al_{20}Mo_{55}Cr_{15}$)在800 ℃退火14天时的XRD和SEM检测结果。从XRD和SEM图中可以看出,B1合金由$AlTi_3$和bcc_A2两相组成,B9合金由bcc_A2和$AlMo_3$两相组成。其他合金的XRD和SEM/EDX实验结果见表6.6。

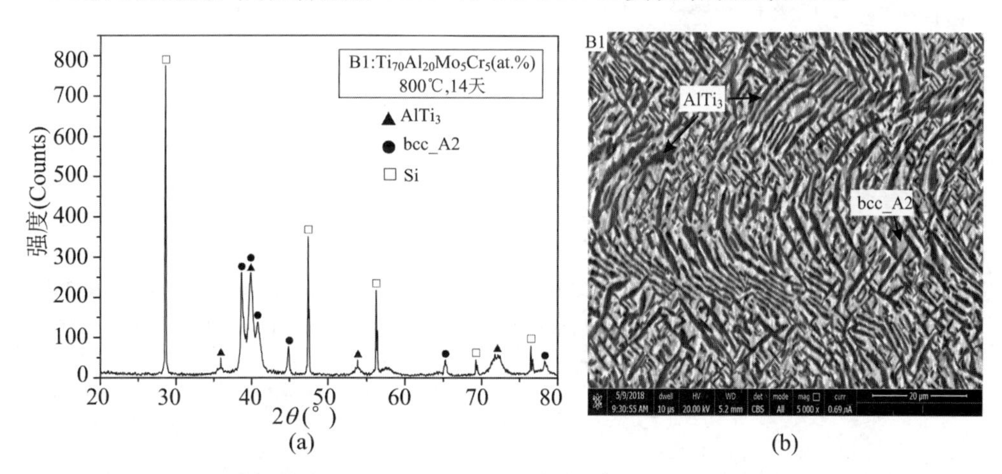


**图6.8 Ti-Al-Mo-Cr合金B1($Ti_{70}Al_{20}Mo_5Cr_5$)在800 ℃退火14天的XRD和SEM结果**

### 3. Ti-Al-V-Cr体系

本书工作对Ti-Al-V-Cr体系的研究过程类似于Ti-Al-Mo-V和Ti-Al-Mo-Cr体系。基于本书工作获得的或文献报道的边际二元和三元系的热力学参数,建立Ti-Al-V-Cr四元系的热力学数据库。采用CALPHAD方法,对Ti-Al-V-Cr四元系进行外推计算。计算20 at.% Al时700 ℃和800 ℃等温截面,基于外推结果分别在不同的相区设计12个四元关键合金成分。表6.7列出了Ti-Al-V-Cr合金在700 ℃退火21天的XRD和SEM/EDX实验分析结果。通过表6.7可以看出,样品A4、A7、A11和A12处于单相区,样品A3、A6、A8和A9处于两相区,样品A1、A2、A5和A10处于三相区。

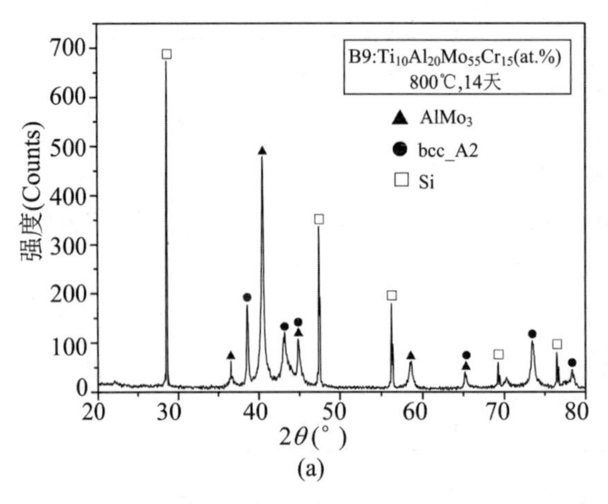

(a)

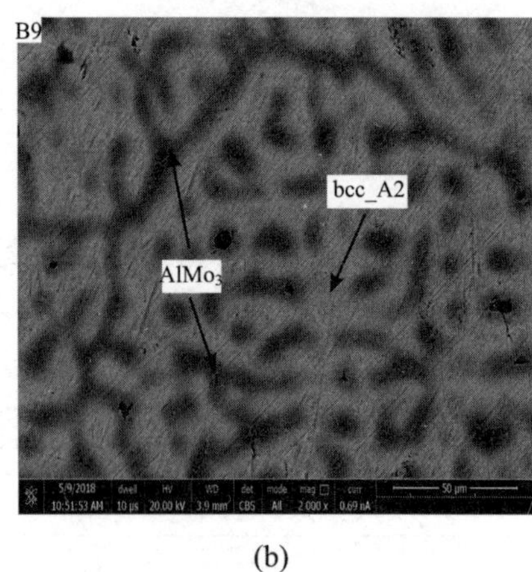

(b)

**图 6.9　Ti-Al-Mo-Cr 合金 B9($Ti_{10}Al_{20}Mo_{55}Cr_{15}$)在 800 ℃退火 14 天的 XRD 和 SEM 结果**

**表 6.7　Ti-Al-V-Cr 合金在 700 ℃退火 21 天的 XRD 和 SEM/EDX 实验结果**

| 序号 | 名义成分(原子百分数(%)) | | | | 相名称 | 组分(原子百分数(%)) | | | |
|---|---|---|---|---|---|---|---|---|---|
| | Ti | Al | Cr | V | | Ti | Al | Cr | V |
| A1 | 70 | 20 | 5 | 5 | $AlTi_3$ | 67.25 | 21.77 | 6.85 | 4.13 |
| | | | | | bcc_A2 | 69.61 | 15.58 | 7.05 | 7.76 |
| | | | | | Laves_C14 | 71.65 | 22.48 | 3.06 | 2.81 |
| A2 | 65 | 20 | 5 | 10 | $AlTi_3$ | 67.34 | 20.70 | 8.62 | 3.35 |
| | | | | | bcc_A2 | 67.26 | 19.62 | 3.87 | 9.25 |
| | | | | | Laves_C14 | 65.27 | 20.31 | 9.23 | 5.19 |
| A3 | 55 | 20 | 5 | 20 | $AlTi_3$ | 60.82 | 21.79 | 3.11 | 14.27 |
| | | | | | bcc_A2 | 54.65 | 20.75 | 19.79 | 4.80 |
| A4 | 25 | 20 | 5 | 50 | bcc_A2 | 25.83 | 20.21 | 49.21 | 4.75 |
| A5 | 50 | 20 | 15 | 15 | $AlTi_3$ | 47.84 | 17.77 | 13.06 | 21.34 |
| | | | | | bcc_A2 | 44.94 | 13.36 | 10.72 | 30.98 |
| | | | | | Laves_C14 | 54.13 | 19.89 | 12.18 | 13.79 |
| A6 | 40 | 20 | 20 | 20 | bcc_A2 | 42.54 | 19.43 | 19.61 | 18.42 |
| | | | | | Laves_C14 | 39.63 | 20.12 | 19.63 | 20.62 |
| A7 | 20 | 20 | 20 | 40 | bcc_A2 | 20.79 | 20.07 | 39.59 | 19.54 |
| A8 | 52.5 | 20 | 25 | 2.5 | bcc_A2 | 54.20 | 19.77 | 24.09 | 1.94 |
| | | | | | Laves_C14 | 52.15 | 20.34 | 25.40 | 2.11 |

续表

| 序号 | 名义成分(原子百分数(%)) | | | | 相名称 | 组分(原子百分数(%)) | | | |
|---|---|---|---|---|---|---|---|---|---|
| | Ti | Al | Cr | V | | Ti | Al | Cr | V |
| A9 | 47.5 | 20 | 30 | 2.5 | bcc_A2 | 53.34 | 15.88 | 28.08 | 2.70 |
| | | | | | Laves_C14 | 51.13 | 15.01 | 31.75 | 2.11 |
| A10 | 40 | 20 | 30 | 10 | $AlTi_3$ | 44.71 | 15.35 | 29.67 | 10.26 |
| | | | | | bcc_A2 | 43.84 | 12.01 | 34.92 | 9.23 |
| | | | | | Laves_C14 | 47.45 | 14.30 | 27.75 | 10.50 |
| A11 | 20 | 20 | 30 | 30 | bcc_A2 | 24.61 | 15.07 | 31.32 | 29.01 |
| A12 | 20 | 20 | 50 | 10 | bcc_A2 | 22.62 | 15.88 | 52.71 | 8.79 |

图 6.10 和图 6.11 分别是 Ti-Al-V-Cr 合金 A1($Ti_{70}Al_{20}Cr_5V_5$)和 A3($Ti_{55}Al_{20}Cr_5V_{20}$)在 700 ℃退火 21 天时的 XRD 和 SEM 检测结果。从 XRD 和 SEM 图中可以看出,A1 合金是由 $AlTi_3$、bcc_A2 和 Laves_C14 三相组成,A3 合金由 bcc_A2 和 $AlTi_3$ 两相组成。其他合金的 XRD 和 SEM/EDX 实验结果见表 6.7。

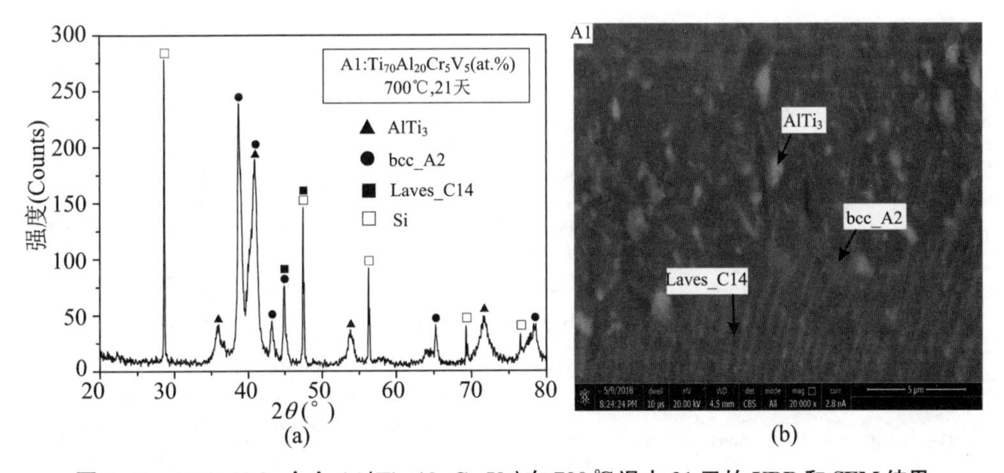


**图 6.10　Ti-Al-V-Cr 合金 A1($Ti_{70}Al_{20}Cr_5V_5$)在 700 ℃退火 21 天的 XRD 和 SEM 结果**

表 6.8 列出了 Ti-Al-V-Cr 合金在 800 ℃退火 14 天的 XRD 和 SEM/EDX 实验分析结果。通过表 6.8 可以看出,样品 B3、B4 和 A8 处于单相区,样品 B1、B2、B6、B7 和 B9～B12 处于两相区,样品 B5 处于三相区。

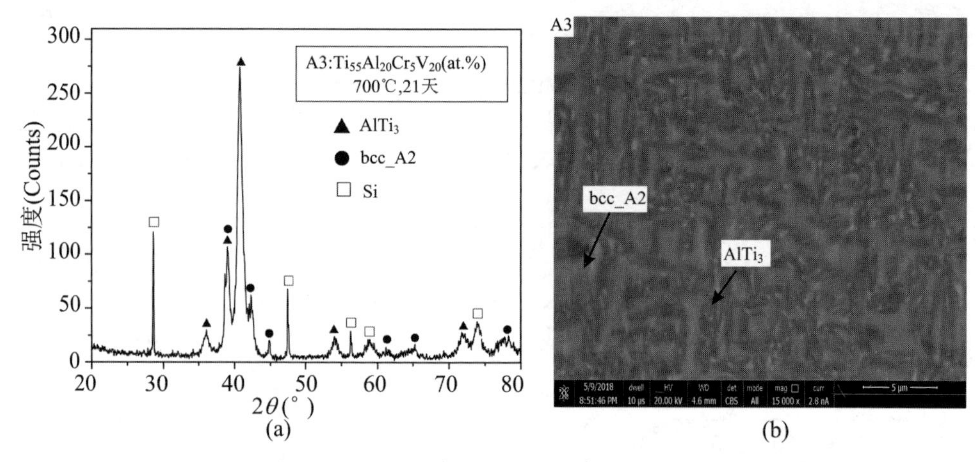


**图 6.11　Ti-Al-V-Cr 合金 A3($Ti_{55}Al_{20}Cr_5V_{20}$)在 700 ℃退火 21 天的 XRD 和 SEM 结果**

**表 6.8　Ti-Al-V-Cr 合金在 800 ℃退火 14 天的 XRD 和 SEM/EDX 实验结果**

| 序号 | 名义成分(原子百分数(%)) | | | | 相名称 | 组分(原子百分数(%)) | | | |
|---|---|---|---|---|---|---|---|---|---|
| | Ti | Al | Cr | V | | Ti | Al | Cr | V |
| B1 | 70 | 20 | 5 | 5 | $AlTi_3$ | 72.02 | 24.31 | 1.47 | 2.20 |
| | | | | | bcc_A2 | 67.42 | 16.45 | 9.42 | 6.71 |
| B2 | 65 | 20 | 5 | 10 | $AlTi_3$ | 69.83 | 24.13 | 1.49 | 4.54 |
| | | | | | bcc_A2 | 62.30 | 16.94 | 7.73 | 14.04 |
| B3 | 45 | 20 | 5 | 30 | bcc_A2 | 45.88 | 20.75 | 4.94 | 28.43 |
| B4 | 25 | 20 | 5 | 50 | bcc_A2 | 26.07 | 20.74 | 4.64 | 48.54 |
| B5 | 60 | 20 | 15 | 5 | $AlTi_3$ | 67.07 | 22.56 | 7.23 | 3.14 |
| | | | | | bcc_A2 | 47.81 | 10.71 | 36.09 | 5.39 |
| | | | | | Laves_C14 | 56.72 | 20.97 | 14.80 | 7.51 |
| B6 | 40 | 20 | 20 | 20 | bcc_A2 | 41.39 | 20.07 | 18.78 | 19.76 |
| | | | | | Laves_C14 | 38.56 | 18.60 | 21.29 | 21.56 |
| B7 | 50 | 20 | 25 | 5 | bcc_A2 | 45.65 | 12.51 | 37.24 | 4.60 |
| | | | | | Laves_C14 | 53.71 | 25.45 | 15.91 | 4.94 |
| B8 | 5 | 20 | 25 | 50 | bcc_A2 | 6.15 | 20.53 | 25.00 | 48.33 |
| B9 | 35 | 20 | 30 | 15 | bcc_A2 | 35.89 | 13.38 | 32.98 | 17.75 |
| | | | | | Laves_C14 | 37.12 | 14.27 | 31.86 | 16.76 |

**续表**

| 序号 | 名义成分(原子百分数(%)) | | | | 相名称 | 组分(原子百分数(%)) | | | |
|---|---|---|---|---|---|---|---|---|---|
| | Ti | Al | Cr | V | | Ti | Al | Cr | V |
| B10 | 20 | 20 | 30 | 30 | bcc_A2 | 20.07 | 13.12 | 34.02 | 32.79 |
| | | | | | Laves_C14 | — | — | — | — |
| B11 | 10 | 20 | 40 | 30 | bcc_A2 | 10.85 | 13.71 | 42.79 | 32.65 |
| | | | | | Laves_C14 | — | — | — | — |
| B12 | 20 | 20 | 50 | 10 | bcc_A2 | 16.81 | 12.06 | 58.81 | 12.32 |
| | | | | | Laves_C14 | 27.77 | 19.07 | 46.71 | 6.46 |

图6.12和图6.13分别是Ti-Al-V-Cr合金B2($Ti_{65}Al_{20}Cr_5V_{10}$)和B12($Ti_{20}Al_{20}Cr_{50}V_{10}$)在800℃退火14天时的XRD和SEM检测结果。从XRD和SEM图中可以看出,B2合金由$AlTi_3$和bcc_A2两相组成,B12合金由bcc_A2和Laves_C14两相组成。其他合金的XRD和SEM/EDX实验结果见表6.8。

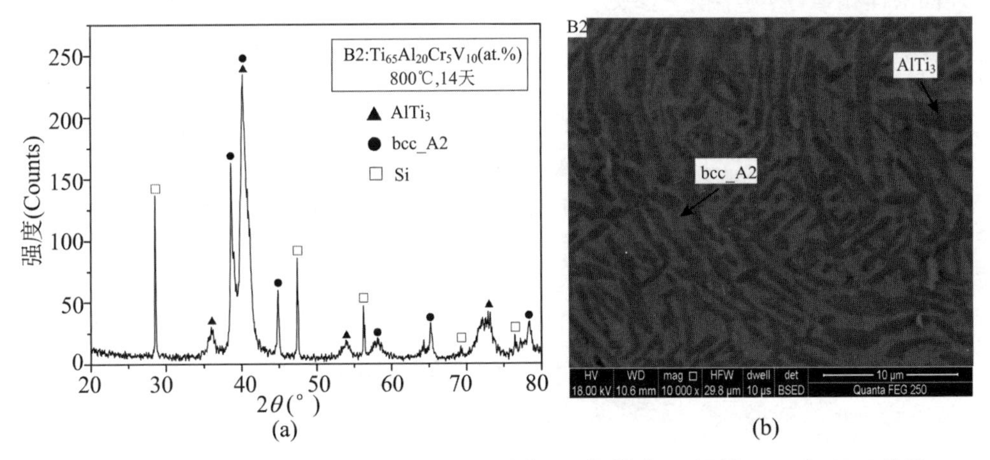


**图6.12　Ti-Al-V-Cr合金B2($Ti_{65}Al_{20}Cr_5V_{10}$)在800℃退火14天的XRD和SEM结果**

## 6.4　热力学模型与Scheil-Gulliver模型

纯元素Ti、Al、Mo、V和Cr的吉布斯自由能表达式采用SGTE数据库。本书工作直接采用文献报道的全部边际二元系和部分三元系的热力学参数,具体参数来源情况见表6.1。

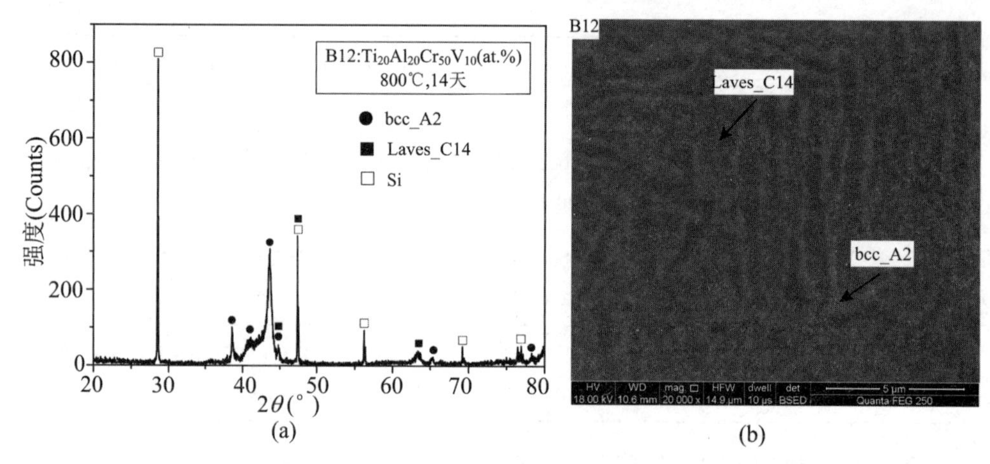


**图 6.13　Ti-Al-V-Cr 合金 B12($Ti_{20}Al_{20}Cr_{50}V_{10}$)在 800 ℃退火 14 天的 XRD 和 SEM 结果**

在 Ti-Al-Mo-V-Cr 五元系中包含的相较多,例如,溶体相(液相、bcc、hcp、fcc 等)、具有第三组元溶解度的二元化合物以及三元化合物等。采用置换溶体模型描述固溶体相,其热力学模型参见式(1.2)～式(1.5)。采用亚点阵模型描述具有第三组元溶解度的二元化合物以及三元化合物,关于亚点阵模型可参见式(1.7)～式(1.11)。

本书工作采用 Scheil-Gulliver 模型模拟 Ti-Al-Mo-V-Cr 体系中常见的商用 Ti 合金 B120VCA(Ti-13V-11Cr-3Al,wt.%)和 Ti-5553(Ti-5Al-5Mo-5V-3Cr,wt.%)的凝固过程,关于 Scheil-Gulliver 模型可参见 1.4.3 节,在此不再赘述。

## 6.5　计算结果与讨论

基于文献报道的实验数据和本书工作的实验结果,采用 Thermo-Calc 软件中的 PARROT 模块对 Ti-Al-Mo-V-Cr 五元系中的编辑三元和四元系的热力学参数进行优化计算。在优化过程中,根据实验数据的准确性来选择和设置权重,对每一个实验信息给予不同的权重。最终得到的 Ti-Al-Mo-V-Cr 体系的热力学参数列于表 6.9 中,并计算了 Ti-Al-Mo-V-Cr 体系中三元和四元系的一些代表性相图。

**表 6.9　优化得到的 Ti-Al-Mo-V-Cr 体系的热力学参数**

| 相/体系 | 热力学参数(J/mol-atoms) | 数据来源 |
| --- | --- | --- |
| liquid：(Al,Cr,Mo,Ti,V)$_1$ | ${}^0L^{liquid}_{Al,Mo,V} = -112577$ | 本书工作 |
| | ${}^0L^{liquid}_{Al,Cr,Ti} = 5000$ | 本书工作 |
| bcc_A2：(Al,Cr,Mo,Ti,V)$_1$Va$_3$ | ${}^0L^{bcc}_{Cr,Mo,Ti:Va} = 10000$ | 本书工作 |
| | ${}^1L^{bcc}_{Cr,Mo,Ti:Va} = 10000$ | 本书工作 |
| | ${}^1L^{bcc}_{Mo,Ti,V:Va} = -80000 + 35 \cdot T$ | 本书工作 |
| | ${}^0L^{bcc}_{Cr,Ti,V:Va} = -31684 + 77.86 \cdot T$ | Ghosh[4] |
| | ${}^1L^{bcc}_{Cr,Ti,V:Va} = -29472 + 40.11 \cdot T$ | Ghosh[4] |
| | ${}^2L^{bcc}_{Cr,Ti,V:Va} = 83000 - 50 \cdot T$ | 本书工作 |
| | ${}^0L^{bcc}_{Cr,Mo,Ti,V:Va} = -420000$ | 本书工作 |
| | ${}^0L^{bcc}_{Al,Mo,V:Va} = 6574$ | 本书工作 |
| | ${}^0L^{bcc}_{Al,Cr,Ti:Va} = 94230 - 10 \cdot T$ | Chen et al.[11] |
| | ${}^1L^{bcc}_{Al,Cr,Ti:Va} = -50000$ | 本书工作 |
| | ${}^2L^{bcc}_{Al,Cr,Ti:Va} = -60000$ | 本书工作 |
| bcc_B2：(Al,Cr,Ti)$_{0.5}$(Al,Cr,Ti)$_{0.5}$Va$_3$ | ${}^oG^{bcc\_B2}_{Al:Cr} = 7500$ | 本书工作 |
| | ${}^oG^{bcc\_B2}_{Cr:Al} = 7500$ | 本书工作 |
| hcp_A3：(Al,Cr,Mo,Ti,V)$_1$Va$_{0.5}$ | ${}^0L^{hcp}_{Al,Cr,Ti:Va} = -68708 - 64.6 \cdot T$ | 本书工作 |
| Al$_3$Ti_H：(Al,Ti)$_3$(Al,Cr,Ti)$_1$ | ${}^oG^{Al_3Ti\_H}_{Al:Cr} = -68000 + 3 \cdot {}^oG^{fcc}_{Al} + {}^oG^{bcc}_{Cr}$ | 本书工作 |
| | ${}^oG^{Al_3Ti\_H}_{Ti:Cr} = 3 \cdot {}^oG^{hcp}_{Ti} + {}^oG^{bcc}_{Cr}$ | 本书工作 |
| α-Cr$_2$Ti(C15)：(Cr, Mo, Ti, V)$_2$(Cr, Mo, Ti,V)$_1$ | ${}^0L^{\alpha\text{-}Cr_2Ti}_{Mo:Mo} = 15000 + 3 \cdot {}^oG^{bcc}_{Mo}$ | 本书工作 |
| | ${}^0L^{\alpha\text{-}Cr_2Ti}_{Mo:Cr} = 15000 + 2 \cdot {}^oG^{bcc}_{Mo} + {}^oG^{bcc}_{Cr}$ | 本书工作 |
| | ${}^0L^{\alpha\text{-}Cr_2Ti}_{Ti:Mo} = 15000 + 2 \cdot {}^oG^{hcp}_{Ti} + {}^oG^{bcc}_{Mo}$ | 本书工作 |
| | ${}^0L^{\alpha\text{-}Cr_2Ti}_{Cr:Mo} = 30000 + 2 \cdot {}^oG^{bcc}_{Cr} + {}^oG^{bcc}_{Mo}$ | 本书工作 |
| | ${}^0L^{\alpha\text{-}Cr_2Ti}_{Mo:Ti} = 50000 + 2 \cdot {}^oG^{bcc}_{Mo} + {}^oG^{hcp}_{Ti}$ | 本书工作 |

续表

| 相/体系 | 热力学参数(J/mol-atoms) | 数据来源 |
| --- | --- | --- |
| $Al_{12}Mo:(Al)_{12}(Mo,V)_1$ | $^{o}G_{Al:V}^{Al_{12}Mo} = -81392 + 12 \cdot {}^{o}G_{Al}^{fcc} + {}^{o}G_{V}^{bcc}$ | 本书工作 |
| $Al_5Mo:(Al)_5(Mo,V)_1$ | $^{o}G_{Al:V}^{Al_5Mo} = -83222 + 5 \cdot {}^{o}G_{Al}^{fcc} + {}^{o}G_{V}^{bcc}$ | 本书工作 |
| $Al_{22}Mo_5:(Al)_{22}(Mo,V)_5$ | $^{o}G_{Al:V}^{Al_{22}Mo_5} = -380000 + 22 \cdot {}^{o}G_{Al}^{fcc} + 5 \cdot {}^{o}G_{V}^{bcc}$ | 本书工作 |
| $Al_{17}Mo_4:(Al)_{17}(Mo,V)_4$ | $^{o}G_{Al:V}^{Al_{17}Mo_4} = -305000 + 17 \cdot {}^{o}G_{Al}^{fcc} + 4 \cdot {}^{o}G_{V}^{bcc}$ | 本书工作 |
| $Al_4Mo:(Al)_4(Mo,V)_1$ | $^{o}G_{Al:V}^{Al_4Mo} = -75000 + 4 \cdot {}^{o}G_{Al}^{fcc} + {}^{o}G_{V}^{bcc}$ | 本书工作 |
| $Al_3Mo:(Al)_3(Mo,V)_1$ | $^{o}G_{Al:V}^{Al_3Mo} = -79032 + 3 \cdot {}^{o}G_{Al}^{fcc} + {}^{o}G_{V}^{bcc}$ | 本书工作 |
| $Al_8Mo_3:(Al)_8(Mo,V)_3$ | $^{o}G_{Al:V}^{Al_8Mo_3} = -240072 + 8 \cdot {}^{o}G_{Al}^{fcc} + 3 \cdot {}^{o}G_{V}^{bcc}$ | 本书工作 |
| $AlMo_3$:<br>$(Al, Mo, V)_{0.75}(Al, Mo, V)_{0.25}$ | $^{o}G_{V:V}^{AlMo_3} = 10000 + {}^{o}G_{V}^{bcc}$ | 本书工作 |
| | $^{o}G_{Al:V}^{AlMo_3} = 0.75 \cdot {}^{o}G_{Al}^{fcc} + 0.25 \cdot {}^{o}G_{V}^{bcc}$ | 本书工作 |
| | $^{o}G_{V:Al}^{AlMo_3} = -32696 + 0.25 \cdot {}^{o}G_{Al}^{fcc} + 0.75 \cdot {}^{o}G_{V}^{bcc}$ | 本书工作 |
| | $^{o}G_{Mo:V}^{AlMo_3} = 0.75 \cdot {}^{o}G_{Mo}^{bcc} + 0.25 \cdot {}^{o}G_{V}^{bcc}$ | 本书工作 |
| | $^{o}G_{V:Mo}^{AlMo_3} = 0.25 \cdot {}^{o}G_{Mo}^{bcc} + 0.75 \cdot {}^{o}G_{V}^{bcc}$ | 本书工作 |
| | $^{o}G_{Mo,V:Al}^{AlMo_3} = 11863$ | 本书工作 |
| $Al_{21}V_2:(Al)_{21}(Mo,V)_2$ | $^{o}G_{Al:Mo}^{Al_{21}V_2} = -199398 + 21 \cdot {}^{o}G_{Al}^{fcc} + 2 \cdot {}^{o}G_{Mo}^{bcc}$ | 本书工作 |
| $Al_{45}V_7:(Al)_{45}(Mo,V)_7$ | $^{o}G_{Al:Mo}^{Al_{45}V_7} = -701507 + 45 \cdot {}^{o}G_{Al}^{fcc} + 7 \cdot {}^{o}G_{Mo}^{bcc}$ | 本书工作 |
| $Al_{23}V_4:(Al)_{23}(Mo,V)_4$ | $^{o}G_{Al:Mo}^{Al_{23}V_4} = -435848 + 36.77 \cdot T + 23 \cdot {}^{o}G_{Al}^{fcc} + 4 \cdot {}^{o}G_{Mo}^{bcc}$ | 本书工作 |
| $Al_3V:(Al)_3(Mo,V)_1$ | $^{o}G_{Al:Mo}^{Al_3V} = -129979 + 36.94 \cdot T + 3 \cdot {}^{o}G_{Al}^{fcc} + {}^{o}G_{Mo}^{bcc}$ | 本书工作 |
| | $^{o}G_{Al:Mo,V}^{Al_3V} = -8090$ | 本书工作 |

续表

| 相/体系 | 热力学参数(J/mol-atoms) | 数据来源 |
| --- | --- | --- |
| $Al_8V_5$：$(Al,V)_2(Al,Mo,V)_3(Mo,V)_2(Al)_6$ | ${}^{o}G^{Al_8V_5}_{Al:Mo:Mo:Al} = +8 \cdot {}^{o}G^{fcc}_{Al} + 5 \cdot {}^{o}G^{bcc}_{Mo}$ | 本书工作 |
|  | ${}^{o}G^{Al_8V_5}_{Al:Al:Mo:Al} = +11 \cdot {}^{o}G^{fcc}_{Al} + 2 \cdot {}^{o}G^{bcc}_{Mo}$ | 本书工作 |
|  | ${}^{o}G^{Al_8V_5}_{Al:V:Mo:Al} = +8 \cdot {}^{o}G^{fcc}_{Al} + 2 \cdot {}^{o}G^{bcc}_{Mo} + 3 \cdot {}^{o}G^{bcc}_{V}$ | 本书工作 |
|  | ${}^{o}G^{Al_8V_5}_{V:Mo:Mo:Al} = +6 \cdot {}^{o}G^{fcc}_{Al} + 5 \cdot {}^{o}G^{bcc}_{Mo} + 2 \cdot {}^{o}G^{bcc}_{V}$ | 本书工作 |
|  | ${}^{o}G^{Al_8V_5}_{V:Mo:V:Al} = +6 \cdot {}^{o}G^{fcc}_{Al} + 3 \cdot {}^{o}G^{bcc}_{Mo} + 4 \cdot {}^{o}G^{bcc}_{V}$ | 本书工作 |
|  | ${}^{o}G^{Al_8V_5}_{V:Al:Mo:Al} = +9 \cdot {}^{o}G^{fcc}_{Al} + 2 \cdot {}^{o}G^{bcc}_{Mo} + 2 \cdot {}^{o}G^{bcc}_{V}$ | 本书工作 |
|  | ${}^{o}G^{Al_8V_5}_{V:V:Mo:Al} = +6 \cdot {}^{o}G^{fcc}_{Al} + 2 \cdot {}^{o}G^{bcc}_{Mo} + 5 \cdot {}^{o}G^{bcc}_{V}$ | 本书工作 |
|  | ${}^{o}G^{Al_8V_5}_{Al:Mo:V:Al} = -420989 + 67.33 \cdot T + 8 \cdot {}^{o}G^{fcc}_{Al} + 3 \cdot {}^{o}G^{bcc}_{Mo} + 2 \cdot {}^{o}G^{bcc}_{V}$ | 本书工作 |
|  | ${}^{o}G^{Al_8V_5}_{Al:Mo,V:V:Al} = -147053$ | 本书工作 |
| $Ti_{25}Al_{67}Cr_8$：$(Al)_{0.67}(Cr)_{0.08}(Ti)_{0.25}$ | ${}^{o}G^{Ti_{25}Al_{67}Cr_8}_{Al:Cr:Ti} = -44823 + 10.86 \cdot T + 0.67 \cdot {}^{o}G^{fcc}_{Al} + 0.08 \cdot {}^{o}G^{fcc}_{Cr} + 0.25 \cdot {}^{o}G^{fcc}_{Ti}$ | 本书工作 |

## 6.5.1　Ti-Mo-V 三元系

Ti-Mo-V 体系是一个只包含两个固溶体相 bcc(β-Ti,Mo,V)和 hcp(α-Ti)的相关系比较简单的体系。本书工作采用了 Kornilov 和 Poliakova[12] 报道的实验数据用于热力学参数的优化。在优化中,忽略了 Mo 和 V 在(α-Ti)中的溶解度,因此本书工作未考虑(α-Ti)相的三元作用参数。类似地,考虑到缺少 Ti-Mo-V 体系有关液相的实验数据,在优化中亦未加入液相的热力学参数。使用了(β-Ti,Mo,V)相的三元作用参数 ${}^{1}L^{(\beta\text{-Ti},Mo,V)}_{Mo,Ti,V:Va}$ 来优化 Kornilov 和 Poliakova[12] 报道的实验数据。本书工作通过优化计算获得的 Ti-Mo-V 体系的热力学参数见表 6.9。

根据获得的热力学参数,本书工作计算了 Ti-Mo-V 体系一些代表性的相图。图 6.14 是计算的 Ti-Mo-V 体系 450 ℃和 600 ℃等温截面与 Khaled 等[13] 报道的实验数据的比较。对于 450 ℃等温截面,Khaled 等[13] 报道的两个单相区(β-Ti,Mo,V)的实验点在计算时处在了两相区(α-Ti)+(β-Ti,Mo,V)。这个差异源自相边界(β-Ti,Mo,V)/(α-Ti)+(β-Ti,Mo,V)的成分,在 Ti-Mo 二元系中,该边界在

52 wt.% Mo 处，而实验的却是 32 wt.% Mo[13]。类似的情况也发生在 600 ℃等温截面上。Khaled 等[13]报道的两个两相区(α-Ti)+(β-Ti,Mo,V)的实验点在计算时处在了单相区(β-Ti,Mo,V)。这个差异源自相边界(β-Ti,Mo,V)/(α-Ti)+(β-Ti,Mo,V)的成分，在 Ti-V 二元系中，该边界在 26 wt.% V 处，而实验的却是 40 wt.% V[13]。

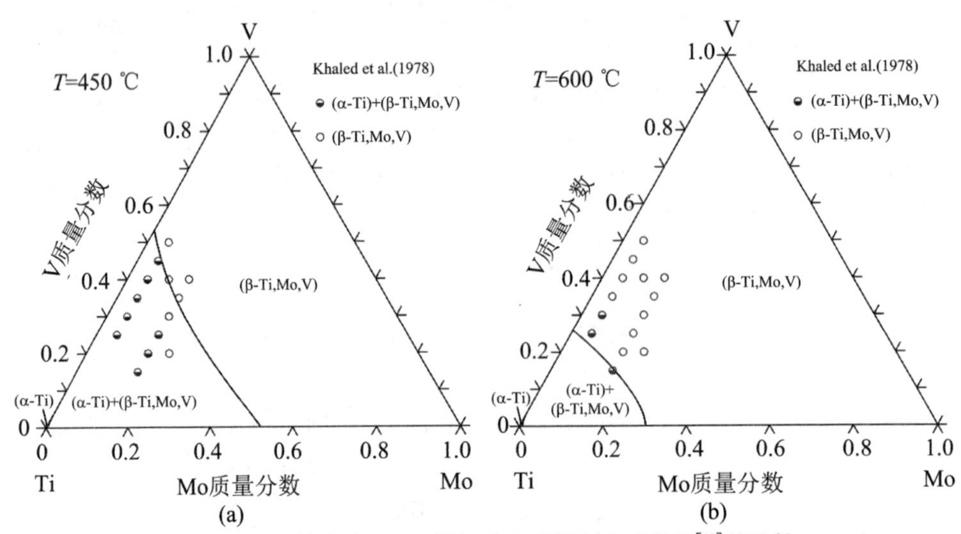


**图 6.14 计算的 Ti-Mo-V 体系等温截面与实验数据[13]的比较**

(a) 450 ℃；(b) 600 ℃

图 6.15 是本书工作计算的 Ti-Mo-V 体系垂直截面与 Kornilov 和 Poliakova[12]报道的实验数据的比较。从图中可以看出，考虑到实验具有一定的实验误差，本书工作计算的结果与实验数据吻合得非常好。

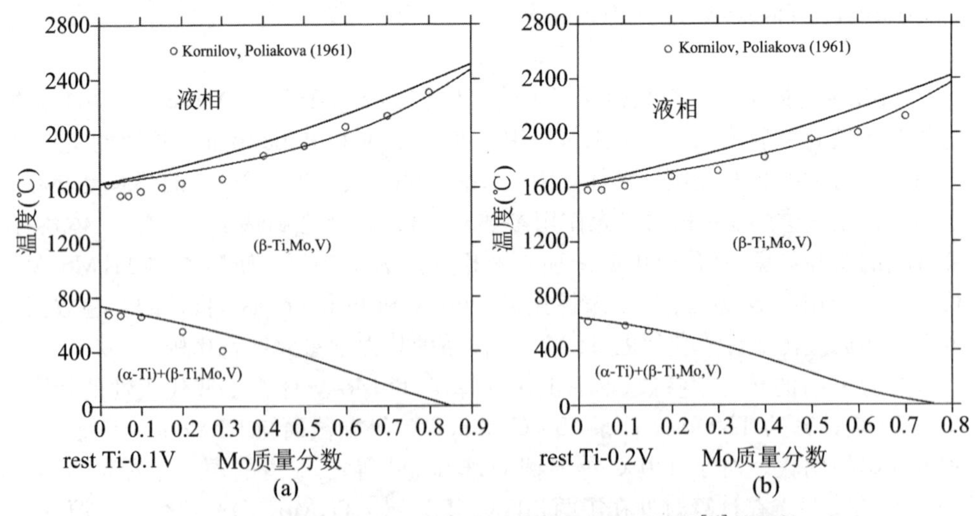


**图 6.15 计算的 Ti-Mo-V 体系垂直截面与实验数据[12]的比较**

(a) 10 wt.% V；(b) 20 wt.% V；(c) 30 wt.% V；(d) 40 wt.% V；(e) 50 wt.% V；(f) 60 wt.% V

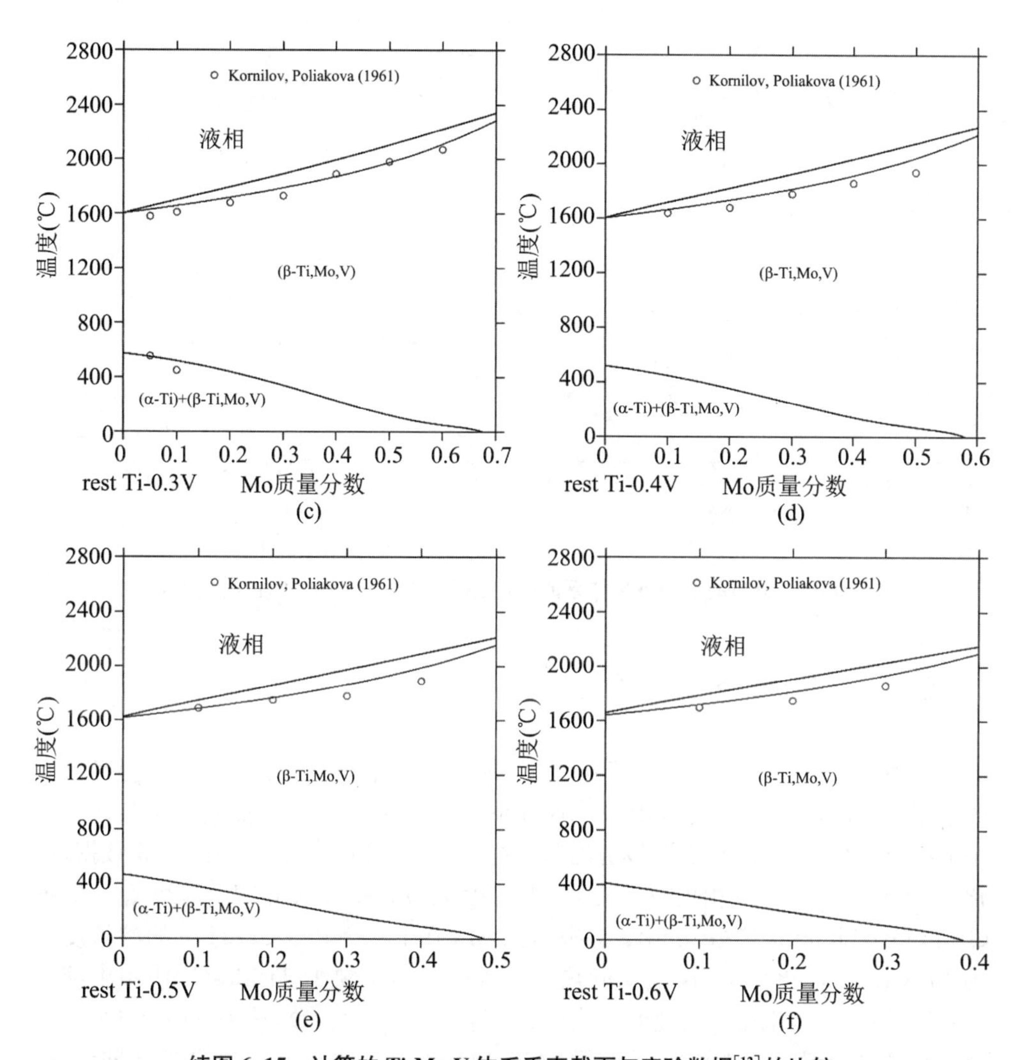


**续图 6.15　计算的 Ti-Mo-V 体系垂直截面与实验数据[12]的比较**

(a) 10 wt.% V;(b) 20 wt.% V;(c) 30 wt.% V;(d) 40 wt.% V;(e) 50 wt.% V;(f) 60 wt.% V

图 6.16 是本书工作计算的 Ti-Mo-V 体系液相面和固相面投影图,从图中可以看出,液相面和固相面均由液相和(β-Ti, Mo, V)相两相组成。朝着 Mo 含量增加的方向,液相线和固相线的温度逐渐增加。

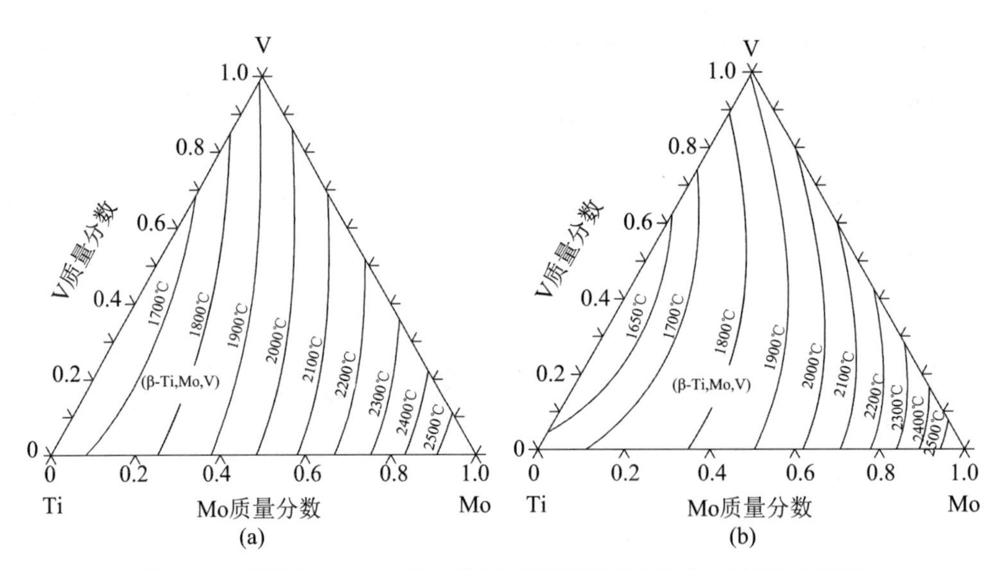


**图 6.16　计算的 Ti-Mo-V 体系的(a) 液相面投影图和(b) 固相面投影图**

## 6.5.2　Ti-Mo-Cr 三元系

正如前面文献评估提到的那样，在本书工作优化时给予 Elliott 等[18]报道的实验数据较大的权重，而给予 Grum-Grizhimailo 和 Gromova[20]报道的实验数据较小的权重。根据 Elliott 等[18]报道的与固溶体(β-Ti, Mo, Cr)相关的实验数据，优化了(β-Ti, Mo, Cr)相的两个三元作用参数${}^0L^{(\beta\text{-Ti,Mo,Cr})}_{\text{Cr,Mo,Ti}:\text{Va}}$和${}^1L^{(\beta\text{-Ti,Mo,Cr})}_{\text{Cr,Mo,Ti}:\text{Va}}$。根据 Grum-Grizhimailo 和 Gromova[20]报道的 Mo 在 Laves 相 $\alpha$-$Cr_2$Ti 中的溶解度大约为8 wt. %，优化了 $\alpha$-$Cr_2$Ti 相的热力学参数。由于缺少 Ti-Mo-Cr 体系中液相的实验数据，在本书工作优化时没有考虑液相的热力学参数，认为 Ti-Mo-Cr 三元液相是理想的，基于边际二元系参数对 Ti-Mo-Cr 体系的液相直接进行外推计算。本书工作通过优化计算获得的 Ti-Mo-Cr 体系的热力学参数见表 6.9。

基于获得的 Ti-Mo-Cr 体系的热力学参数，本书工作计算了一些该体系代表性的相图。图 6.17 是本书工作计算的 Ti-Mo-Cr 体系等温截面与 Elliot 等[18]报道的实验数据的比较。通过对比可以发现，本书工作计算的结果与实验数据吻合得很好。计算的 800 ℃时 Mo 的溶解度大约为 8 wt. %，这与 Grum-Grizhimailo 和 Gromova[20]的测量结果一致。

图 6.18 是本书工作计算的 Ti-Mo-Cr 体系垂直截面与 Elliot 等[18]报道的实验数据的比较。通过比较可以看出，本书工作计算的垂直截面与大部分的实验数据能吻合得很好。然而，图 6.18(a)中 Mo 含量较高时相边界($\alpha$-Ti) + (β-Ti, Mo, Cr)/($\alpha$-Ti) + (β-Ti, Mo, Cr) + $\alpha$-$Cr_2$Ti 上的数据点以及图 6.18(c)和图 6.18(d)中 Cr 含量较高时相边界(β-Ti, Mo, Cr)/(β-Ti, Mo, Cr) + $\alpha$-$Cr_2$Ti 上的数据点存在一

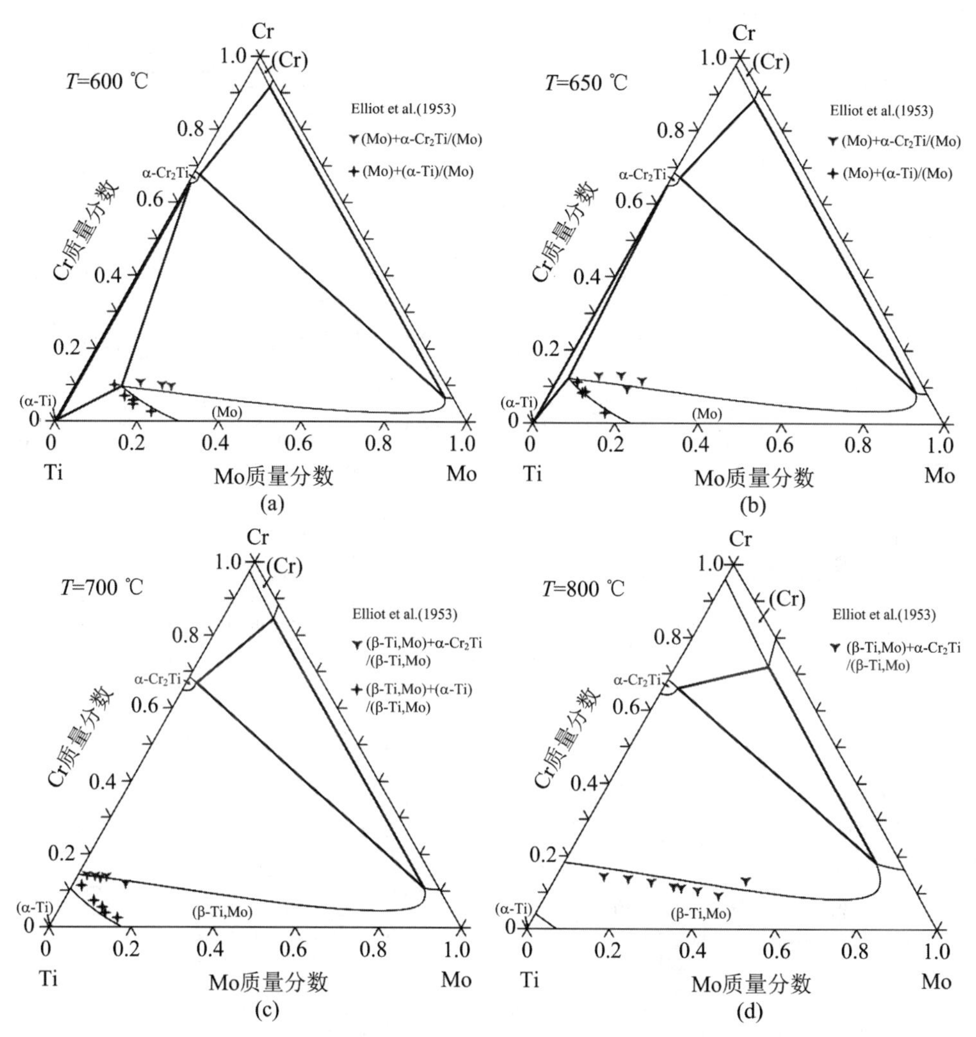


**图 6.17　计算的 Ti-Mo-Cr 体系等温截面与实验数据[18]的比较**

(a) 600 ℃；(b) 650 ℃；(c) 700 ℃；(d) 800 ℃

定的差异。图 6.18(a)中，根据 Mo 含量增加时实验相边界(α-Ti) + (β-Ti，Mo，Cr)/(α-Ti) + (β-Ti，Mo，Cr) + α-$Cr_2$Ti 的趋势，相边界(β-Ti，Mo，Cr)/(α-Ti) + (β-Ti，Mo，Cr)与(α-Ti) + (β-Ti，Mo，Cr)/(α-Ti) + (β-Ti，Mo，Cr) + α-$Cr_2$Ti 不会相交，这与图 6.18(b)～(e)的实验和计算结果不一致。因此，图 6.18(a)中相边界(α-Ti) + (β-Ti，Mo，Cr)/(α-Ti) + (β-Ti，Mo，Cr) + α-$Cr_2$Ti 上的实验点的准确性是值得怀疑的。另外，在本书工作的优化中，尝试更好地拟合图 6.18(c)和图 6.18(d)中相边界(β-Ti，Mo，Cr)/(β-Ti，Mo，Cr) + α-$Cr_2$Ti 的实验点，但会导致其他截面上的实验数据吻合变差。因此，需要进一步的实验来证实 Elliot 等[18]报道的相边界(α-Ti) + (β-Ti，Mo，Cr)/(α-Ti) + (β-Ti，Mo，Cr) + α-$Cr_2$Ti 和(β-Ti，Mo，

Cr)/(β-Ti,Mo,Cr) + $\alpha$-$Cr_2Ti$。

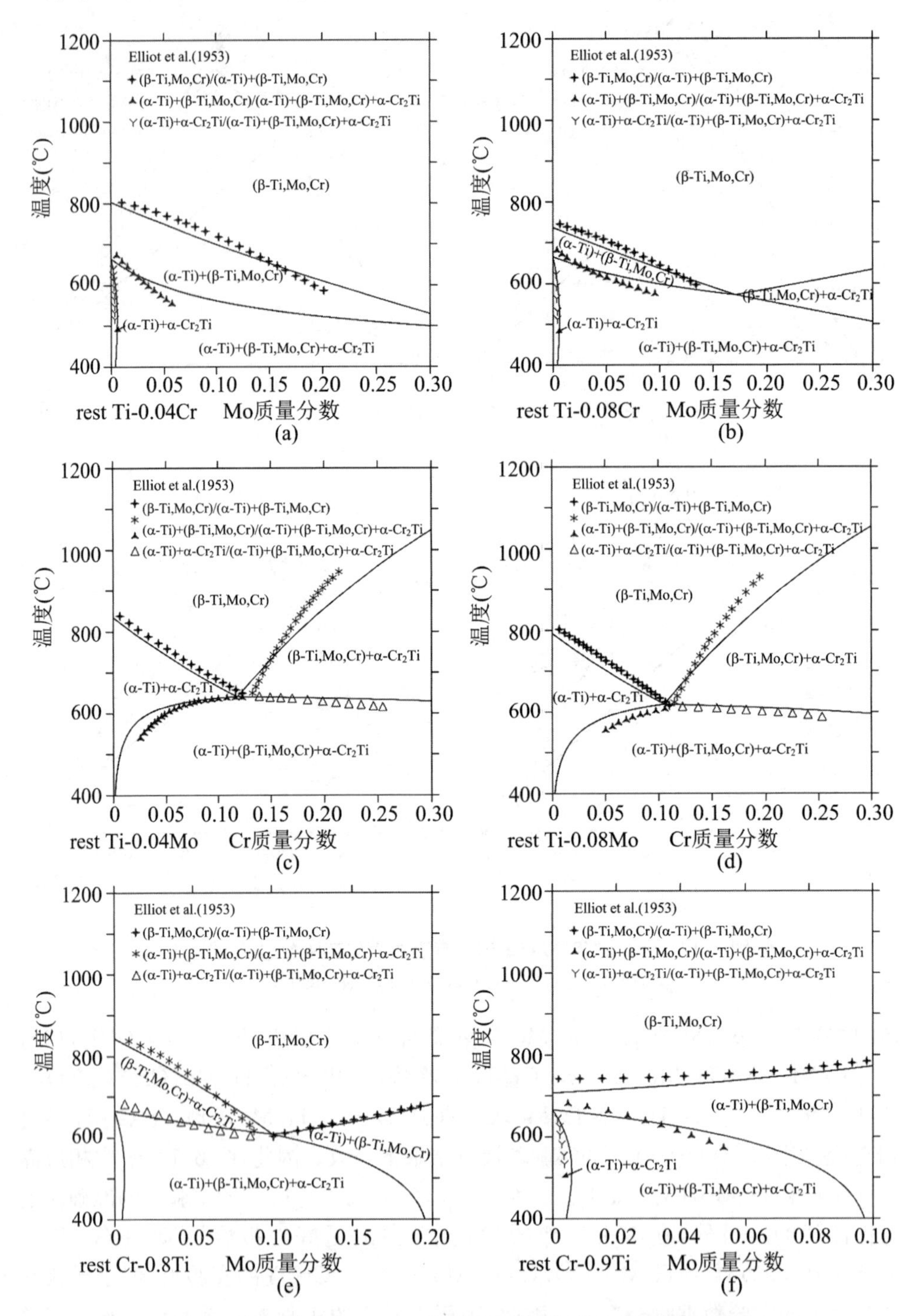


**图 6.18 计算的 Ti-Mo-Cr 体系垂直截面与实验数据[18]的比较**

(a) 4 wt.% Cr;(b) 8 wt.% Cr;(c) 4 wt.% Mo;(d) 8 wt.% Mo;(e) 80 wt.% Ti;(f) 90 wt.% Ti

图 6.19 是本书工作计算的 Ti-Mo-Cr 体系 $Cr_2Ti$-Mo 垂直截面与 Samsonova 和 Budberg[21] 报道的实验数据的比较。从图中可以看出，本书工作计算的高温和低温 Laves 相 $Cr_2Ti$ 以及相边界(β-Ti, Mo, Cr)/(β-Ti, Mo, Cr) + α-$Cr_2Ti$ 与实验数据吻合得不是太好。正如文献数据评估描述的那样，Samsonova 和 Budberg[21] 构筑的 $Cr_2Ti$-Mo 垂直截面与 Cr-Ti 二元相图不一致且忽略了 Mo-Cr 边际二元系低于 900 ℃时稳定存在的溶解度间隙(β-Ti,Mo,Cr)。因此，在本书工作中高温和低温 Laves 相以及相边界(β-Ti,Mo,Cr)/(β-Ti,Mo,Cr) + α-$Cr_2Ti$ 实验数据点给予较低的权重。此外，相边界(β-Ti,Mo,Cr)/Liquid + (β-Ti,Mo,Cr)高于 30 wt.% Mo 的 4 个实验点也没有拟合好。这些实验数据的准确性是值得怀疑的。一方面，固相线温度随着 Mo 含量的增加而升高，从温度-成分数据外推至纯 Mo 的固相线将超过 Mo 的熔点。另一方面，对高温下的相变温度的测量是困难的，通常会有较大的实验误差。因此，需要进一步的实验来验证这些实验数据。

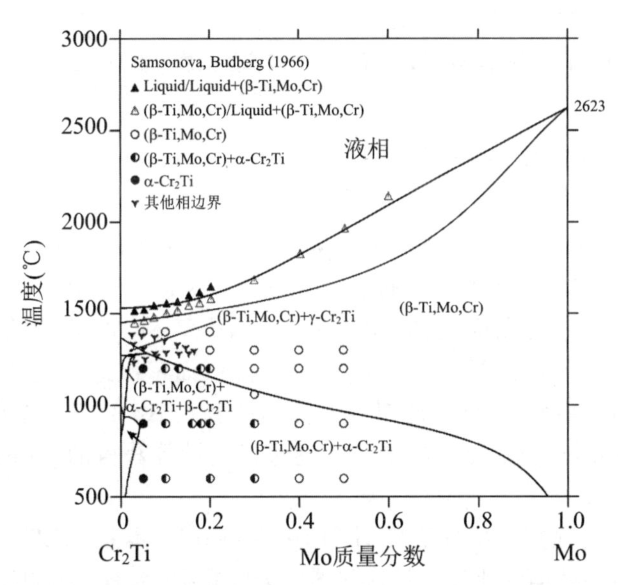


**图 6.19　计算的 Ti-Mo-Cr 体系 $Cr_2Ti$-Mo 垂直截面与实验数据[21]的比较**

图 6.20 是本书工作计算的 Ti-Mo-Cr 体系液相面和固相面投影图。从图中可以看出，液相面和固相面均由液相和(β-Ti,Mo,Cr)相两相组成。朝着 Mo 含量增加的方向，液相线和固相线的温度逐渐增加。

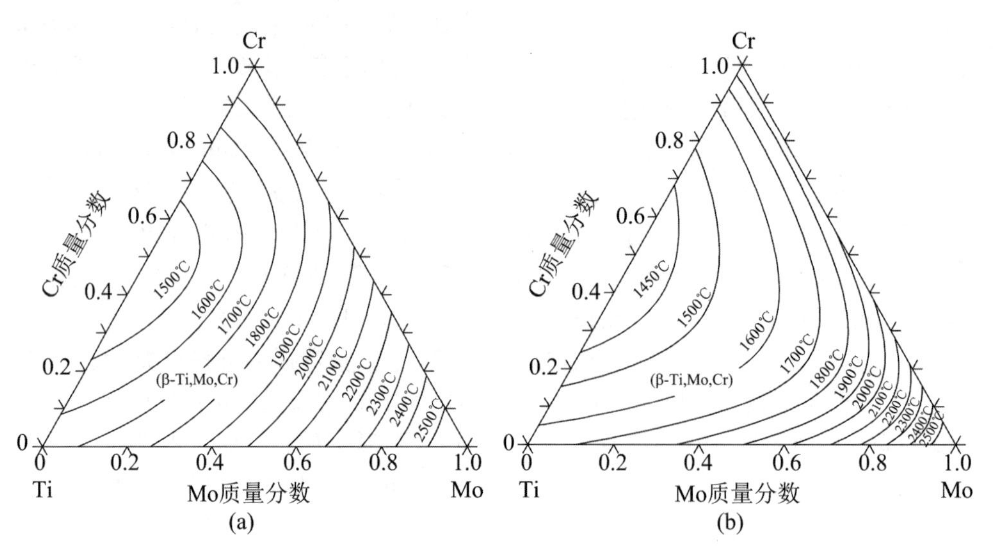


**图 6.20　计算的 Ti-Mo-Cr 体系的(a) 液相面投影图和(b) 固相面投影图**

### 6.5.3　Al-Mo-V 三元系

本书工作对 Al-Mo-V 体系的优化从 1200 ℃等温截面开始。根据 Sperner[25]确定的 V 在 $Al_8Mo_3$ 和 $AlMo_3$ 中的溶解度、Mo 在 $Al_3V$ 和 $Al_8V_5$ 中的溶解度以及 1200 ℃时的相关系，首先优化 $Al_8Mo_3$、$AlMo_3$、$Al_3V$ 和 $Al_8V_5$ 相的 $a$ 值。然后对 1000 ℃、750 ℃、715 ℃、675 ℃和 630 ℃的等温截面依次进行优化。接下来优化 Sperner[25]报道的零变量反应，此时加入液相和 bcc_A2 的三元作用参数。最后，将所有的参数同时进行优化。本书工作通过优化计算获得的 Al-Mo-V 体系的热力学参数见表 6.9。

图 6.21 所示的是本书工作计算的 Al-Mo-V 体系 1200 ℃等温截面与 Sperner[25]测定的截面的比较。从这些图中可以看出，本书工作的计算能够很好地描述大部分的实验数据。值得注意的是，在计算的 1200 ℃等温截面中，$AlMo_3$ 相在两相区 $AlMo_3$ + bcc(Mo，V)中有一个尖锐的边缘。这个现象可通过以下两个方面进行解释：一方面，$AlMo_3$ 相的形状是由 $AlMo_3$ 相以及与该相相邻的其他相的热力学参数决定的，这些参数是根据相平衡数据进行全局优化得到的；另一方面，两相区 $AlMo_3$ + bcc(Mo，V)中的 $AlMo_3$ 相具有尖锐的边缘将在 1000 ℃以上存在。这可以从 1200 ℃和 1000 ℃的等温截面的相关系之间的差异推断出来。如图 6.22 所示，在 1000 ℃等温截面上，出现了一个溶解度间隙 bcc(Mo) + bcc(V)。因此，该截面上存在一个三相区 $AlMo_3$ + bcc(Mo) + bcc(V)。在 1000 ℃时，$AlMo_3$ 相在三相区 $AlMo_3$ + bcc(Mo) + bcc(V)和 $AlMo_3$ + $Al_8V_5$ + bcc(V)的成分不相等，而且溶解度间隙 bcc(Mo) + bcc(V)在 1000 ℃以上消失。也就是说，三相区 $AlMo_3$ +

bcc(Mo) + bcc(V) 在高于 1000 ℃时会消失。因此，根据相律，在 1000 ℃时，$AlMo_3$ 相在两相区 $AlMo_3$ + bcc(Mo, V) 有一个尖锐的边缘，这个边缘将在更高的温度下消失，具体消失的温度需要实验进行测定。

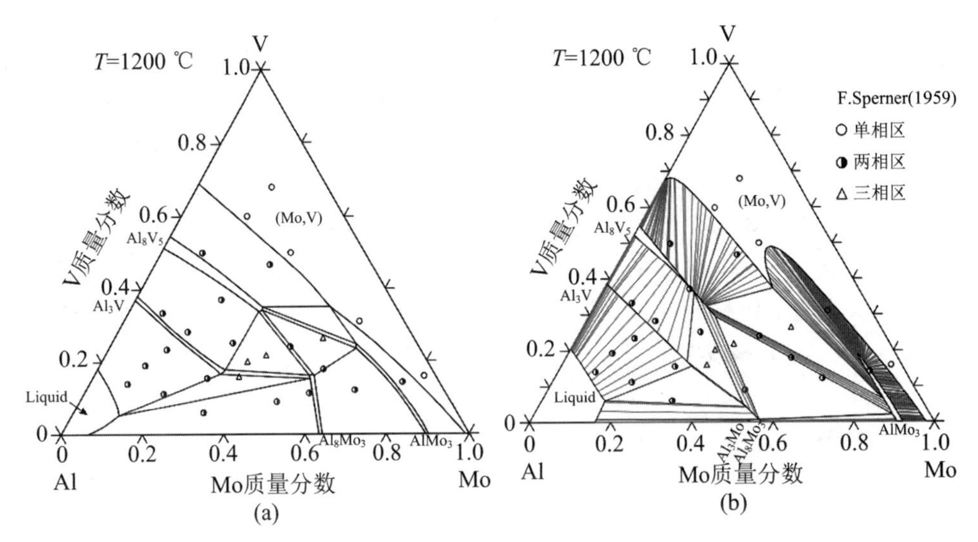


**图 6.21　测定和计算的 Al-Mo-V 体系 1200 ℃等温截面**

(a) Sperner[25] 测定的截面；(b) 本书工作计算的截面与实验数据[25] 的比较

图 6.22 是本书工作计算的 Al-Mo-V 体系 1000 ℃等温截面与 Sperner[25] 和 Raman[26] 报道的实验数据的比较。当前的计算结果与 Sperner[25] 报道的实验数据吻合得较好。在 Sperner[25] 的工作中，没有检测出 $Al_4Mo$ 相，这与 Al-Mo 边际二元相图不一致。相比 Sperner[25] 报道的 1000 ℃等温截面，本书工作还计算出三

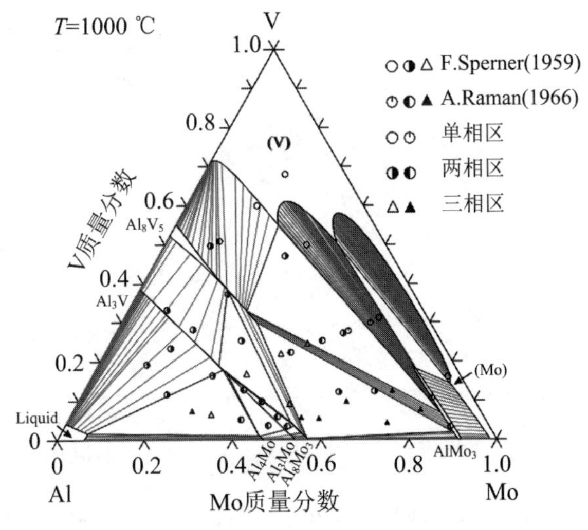


**图 6.22　计算的 Al-Mo-V 体系 1000 ℃等温截面与实验数据[25, 26] 的比较**

相区 liquid + $Al_4Mo$ + $Al_3V$ 和 $Al_4Mo$ + $Al_3V$ + $Al_3Mo$，这两个三相区需要实验进行验证。正如文献评估时提到的那样，Sperner[25] 和 Raman[26] 报道的实验数据不一致，因此 Raman[26] 报道的数据没有被采用，而仅用于与本书工作计算的结果进行对比。此外，计算结果显示在靠近 Mo-V 边际二元系附近存在一个溶解度间隙(Mo) + bcc(V)。同样需要通过实验来验证这个溶解度间隙是否存在。

图 6.23 是计算的 Al-Mo-V 体系 750 ℃等温截面与 Sperner[25] 报道的实验数据的比较。通过与实验数据对比，计算的结果在 Al-Mo 边际二元系端存在一些差异。根据 Sperner[25] 报道的相平衡，在 750 ℃，Sperner 测定了 $Al_3Mo$ 相，而没有发现 $Al_5Mo$、$Al_{22}Mo_5$ 和 $Al_{17}Mo_4$，这与 Al-Mo 二元相图不一致。根据 Al-Mo 二元相图，在该温度下，$Al_5Mo$、$Al_{22}Mo_5$ 和 $Al_{17}Mo_4$ 是稳定存在的，而 $Al_3Mo$ 相则不存在。因此，本书工作将 Sperner[25] 报道的相平衡 liquid + $Al_3Mo$ + $Al_3V$ 和 $Al_3Mo$ + $Al_8Mo_3$ + $Al_3V$ 修改为

liquid + $Al_5Mo$ + $Al_3V$

$Al_5Mo$ + $Al_{22}Mo_5$ + $Al_3V$

$Al_{22}Mo_5$ + $Al_{17}Mo_4$ + $Al_3V$

$Al_{17}Mo_4$ + $Al_8Mo_3$ + $Al_3V$

此外，由于溶解度间隙 bcc(Mo) + bcc(V)的存在，本书工作计算的三相区 $AlMo_3$ + $Al_8V_5$ + bcc(V) 中 bcc(V) 相的成分(即 10 wt.% Mo 和 70 wt.% V)与 Sperner[25] 测定的成分(即 44.7 wt.% Mo 和 47.6 wt.% V)存在差异，这使得实验测定的富 V 角的处于 $Al_8V_5$ + bcc (V)两相区的 3 个实验点落在了 $Al_8V_5$ + bcc (V) + $AlMo_3$ 三相区。

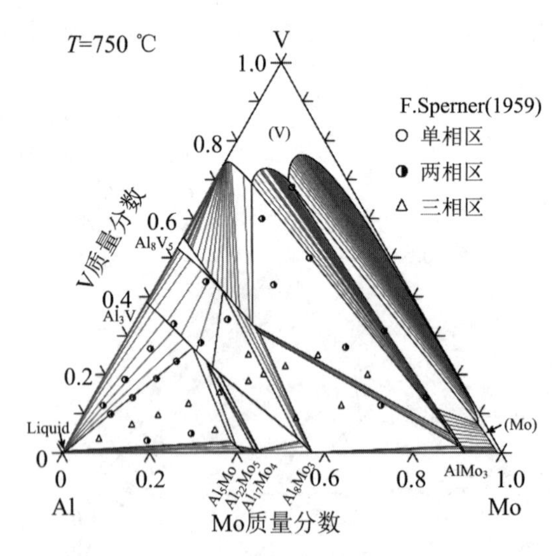


**图 6.23 计算的 Al-Mo-V 体系 750 ℃等温截面与实验数据[25]的比较**

图6.24所示的是本书工作计算的Al-Mo-V体系715 ℃等温截面与Sperner[25]报道的实验数据的比较。与750 ℃等温截面的情况类似，计算的715 ℃等温截面与实验数据存在一些差异。除了上面提到的$Al_{22}Mo_5$和$Al_{17}Mo_4$相以及溶解度间隙bcc(Mo)+bcc(V)外，计算的沿Al-V边际二元系富Al角的相关系与Sperner[25]报道的不一致。在Sperner[25]的工作中，测定了$Al_6V$相在715 ℃时稳定存在。实际上，根据Al-V二元相图，$Al_{23}V_4$和$Al_{45}V_7$两相替代了$Al_6V$相。因此，本书工作将Sperner[25]报道的相平衡liquid + $Al_6V$ + $Al_3V$和liquid + $Al_5Mo$ + $Al_3V$修改为liquid + $Al_5Mo$ + $Al_{45}V_7$、$Al_5Mo$ + $Al_{45}V_7$ + $Al_{23}V_4$和$Al_5Mo$ + $Al_{23}V_4$ + $Al_3V$。

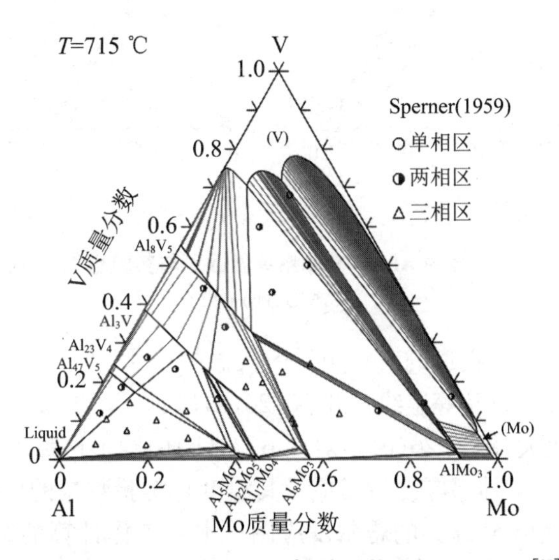


**图6.24　计算的Al-Mo-V体系715 ℃等温截面与实验数据[25]的比较**

图6.25是本书工作计算的Al-Mo-V体系675 ℃和630 ℃等温截面与Sperner[25]报道的实验数据的比较。从这些图中可以看出，除了前面提到的与$Al_{22}Mo_5$、$Al_{17}Mo_4$、$Al_{23}V_4$和$Al_{45}V_7$相关的相平衡和溶解度间隙bcc(Mo)+bcc(V)外，本书工作计算的结果能很好地描述Sperner[25]报道的实验数据。本书工作计算的675 ℃和630 ℃等温截面除了富Al角外相关系相同。在675 ℃时，富Al角为液相，而在630 ℃时，富Al角为(Al)。

通过以上对计算结果的讨论，除了与$Al_4Mo$、$Al_{22}Mo_5$、$Al_{17}Mo_4$、$Al_{23}V_4$和$Al_{45}V_7$相关的相平衡和溶解度间隙bcc(Mo)+bcc(V)外，本书工作很好地描述了几乎所有可靠的实验数据。根据Sperner[25]报道的实验数据，$Al_4Mo$、$Al_{22}Mo_5$和$Al_{17}Mo_4$相没有被测定而且$Al_6V$相取代了$Al_{23}V_4$和$Al_{45}V_7$两相。Sperner[25]报道的实验结果与边际Al-Mo和Al-V二元系不一致。因此，计算的等温截面与实验数据存在一定的差异。需要进一步的实验来验证计算的与二元相$Al_4Mo$、$Al_{22}Mo_5$、$Al_{17}Mo_4$、$Al_{23}V_4$和$Al_{45}V_7$有关的相平衡的准确性。此外，计算的等温截面显示在低于 1000 ℃时接近 Mo-V 边际二元系处存在溶解度间隙 bcc(Mo)+bcc(V)。同样需要进一步的实验来验证该溶解度间隙是否存在。

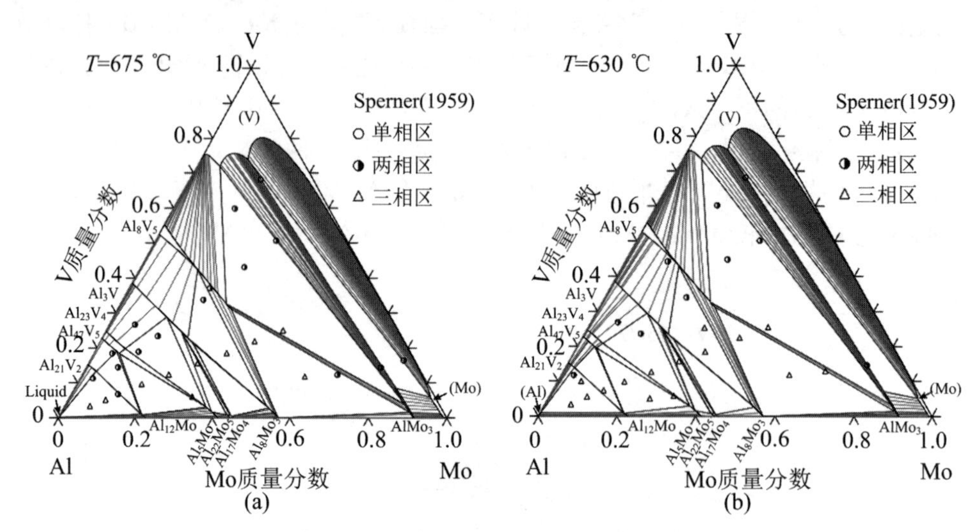


**图 6.25 计算的 Al-Mo-V 体系等温截面与实验数据[25]的比较**

(a) 675 ℃;(b) 630 ℃

基于对 Sperner[25]报道的实验相平衡数据的优化,本书工作计算了 Al-Mo-V 体系的液相面投影图以及等温线,如图 6.26(a)所示。图 6.26(b)是对图 6.26(a)中三角形区域的放大,图 6.26(c)是对图 6.26(b)中圆形区域的放大。表 6.10 列出了计算的 Al-Mo-V 体系零变量反应及其温度与实验数据的比较。图 6.27 是本书工作构筑的 Al-Mo-V 体系的希尔反应图。本书工作计算的结果与实验数据基本一致[25]。对于零变量反应类型,Sperner[25]报道的为

$$Liquid + (Mo,V) \rightarrow Al_8V_5 + AlMo_3$$

$$Liquid + Al_8V_5 \rightarrow Al_3V + Al_8Mo_3$$

$$Liquid \rightarrow Al_{12}Mo + Al_{21}V_2 + (Al)$$

而对应本书工作计算的为

$$Liquid \rightarrow Al_8V_5 + AlMo_3 + (Mo,V)$$

$$Liquid + Al_8V_5 + Al_8Mo_3 \rightarrow Al_3V$$

$$Liquid + Al_{21}V_2 \rightarrow Al_{12}Mo + (Al)$$

对于零变量反应温度,除了零变量反应 Liquid→$Al_8V_5$ + $AlMo_3$ +(Mo,V)外,计算的温度与报道的数据吻合得非常好。计算和报道的零变量反应 Liquid→$Al_8V_5$ + $AlMo_3$ +(Mo,V)的温度相差大约 271 ℃。因为 Sperner[25]报道的零变量反应是基于等温截面外推的,因此需要进一步的实验对这些零变量反应的温度和反应类型进行验证。此外,Sperner[25]还基于 Al-Mo 体系中的二元零变量反应 Liquid→$AlMo_3$ + $Al_8Mo_3$(1760 ℃)和 Liquid + $Al_3Mo$→$Al_5Mo$(735 ℃)外推出 2 个三元

零变量反应 Liquid + $AlMo_3 \rightarrow Al_8V_5 + Al_8Mo_3$ 和 Liquid + $Al_3Mo \rightarrow Al_3V$ + $Al_5Mo$。然而，根据 Al-Mo 二元相图，这 2 个二元零变量反应并不存在。因此，Sperner[25]报道的这 2 个三元零变量反应 Liquid + $AlMo_3 \rightarrow Al_8V_5 + Al_8Mo_3$ 和 Liquid + $Al_3Mo \rightarrow Al_3V + Al_5Mo$ 明显是错误的。

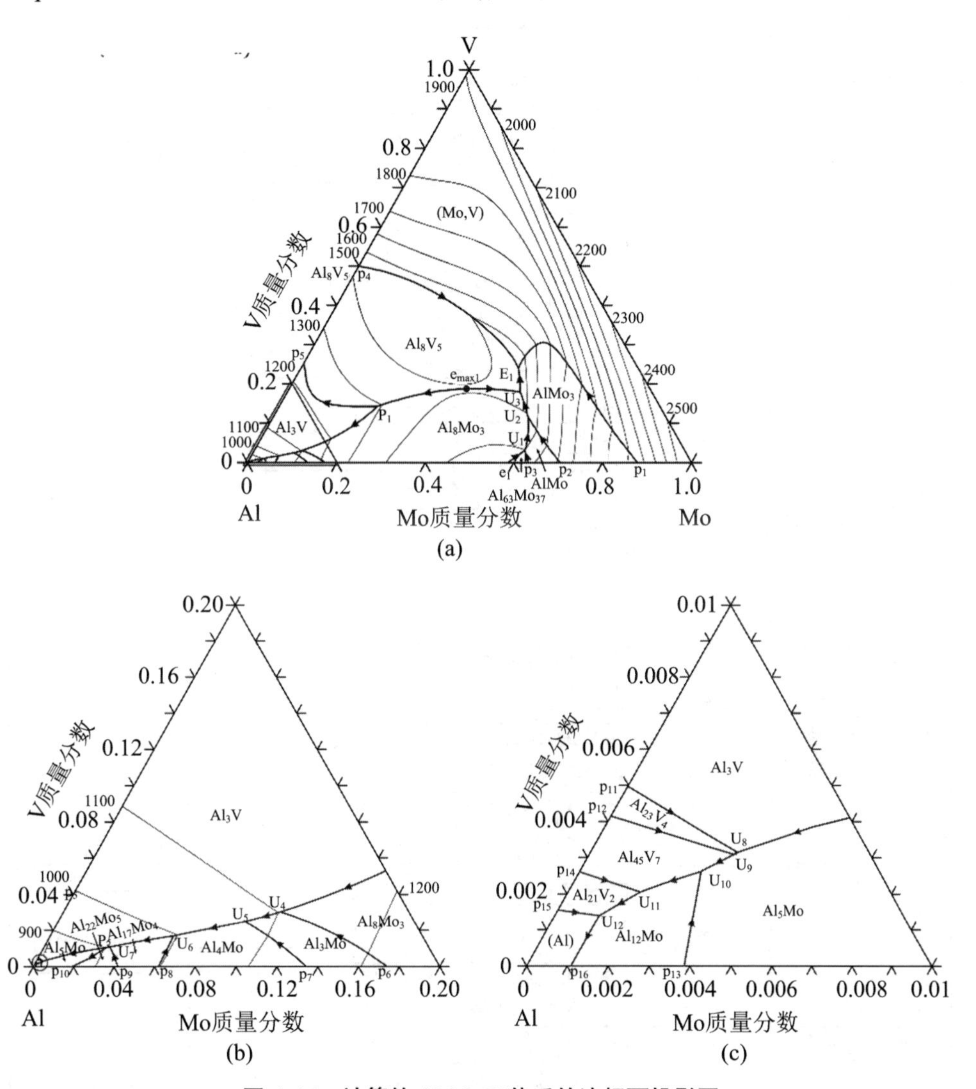


**图 6.26　计算的 Al-Mo-V 体系的液相面投影图**

(a) 整个成分；(b) 对(a)中三角形区域的放大；(c) 对(b)中圆形区域的放大

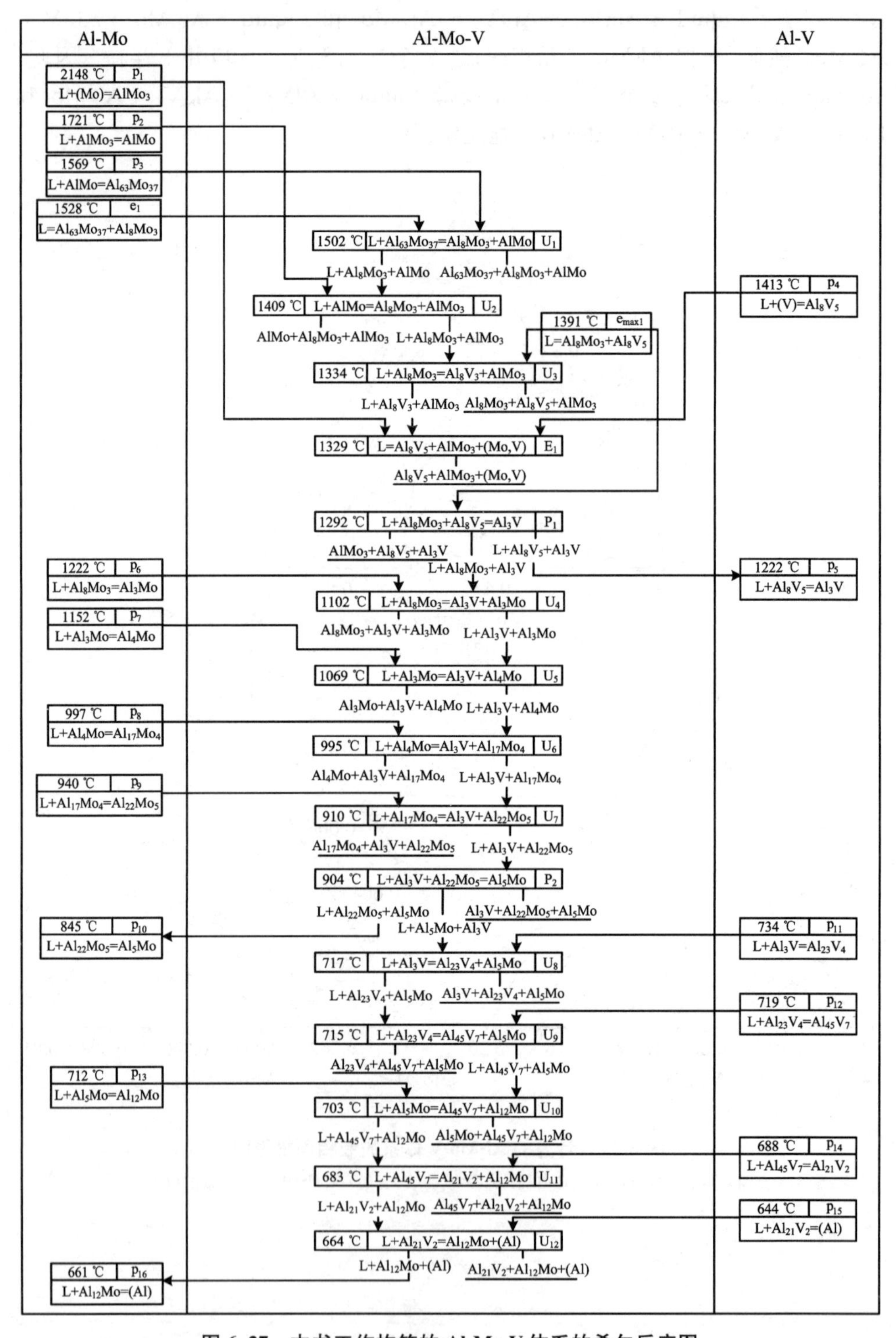


**图 6.27　本书工作构筑的 Al-Mo-V 体系的希尔反应图**

**表 6.10　计算的 Al-Mo-V 体系零变量反应及其温度与实验值的比较**

| 反应类型 | 零变量反应 | 温度(℃) | 数据来源 |
|---|---|---|---|
| $U_1$ | Liquid + $Al_{63}Mo_{37}$→$Al_8Mo_3$ + AlMo | 1502 | 计算值(本书工作) |
| $U_2$ | Liquid + AlMo→$Al_8Mo_3$ + $AlMo_3$ | 1409 | 计算值(本书工作) |
| $U_3$ | Liquid + $Al_8Mo_3$→$Al_8V_5$ + $AlMo_3$ | 1334 | 计算值(本书工作) |
| $E_1$ | Liquid + (Mo,V)→$Al_8V_5$ + $AlMo_3$ | ～1600 | 实验值[25] |
| | Liquid→$Al_8V_5$ + $AlMo_3$ + (Mo,V) | 1329 | 计算值(本书工作) |
| $P_1$ | Liquid + $Al_8V_5$→$Al_3V$ + $Al_8Mo_3$ | ～1300 | 实验值[25] |
| | Liquid + $Al_8V_5$ + $Al_8Mo_3$→$Al_3V$ | 1292 | 计算值(本书工作) |
| $U_4$ | Liquid + $Al_8Mo_3$→$Al_3V$ + $Al_3Mo$ | ～1100 | 实验值[25] |
| | | 1102 | 计算值(本书工作) |
| $U_5$ | Liquid + $Al_3Mo$→$Al_3V$ + $Al_4Mo$ | 1069 | 计算值(本书工作) |
| $U_6$ | Liquid + $Al_4Mo$→$Al_3V$ + $Al_{17}Mo_4$ | 995 | 计算值(本书工作) |
| $U_7$ | Liquid + $Al_{17}Mo_4$→$Al_3V$ + $Al_{22}Mo_5$ | 910 | 计算值(本书工作) |
| $P_2$ | Liquid + $Al_3V$ + $Al_{22}Mo_5$→$Al_5Mo$ | 904 | 计算值(本书工作) |
| $U_8$ | Liquid + $Al_3V$→$Al_6V$ + $Al_5Mo$ | 700 | 实验值[25] |
| | Liquid + $Al_3V$→$Al_{23}V_4$ + $Al_5Mo$ | 717 | 计算值(本书工作) |
| $U_9$ | Liquid + $Al_{23}V_4$→$Al_{45}V_7$ + $Al_5Mo$ | 715 | 计算值(本书工作) |
| $U_{10}$ | Liquid + $Al_5Mo$→$Al_6V$ + $Al_{12}Mo$ | 690 | 实验值[25] |
| | Liquid + $Al_5Mo$→$Al_{45}V_7$ + $Al_{12}Mo$ | 703 | 计算值(本书工作) |
| $U_{11}$ | Liquid + $Al_6V$→$Al_{21}V_2$ + $Al_{12}Mo$ | 680 | 实验值[25] |
| | Liquid + $Al_{45}V_7$→$Al_{21}V_2$ + $Al_{12}Mo$ | 683 | 计算值(本书工作) |
| $U_{12}$ | Liquid→$Al_{12}Mo$ + $Al_{21}V_2$ + (Al) | 656 | 实验值[25] |
| | Liquid + $Al_{21}V_2$→$Al_{12}Mo$ + (Al) | 664 | 计算值(本书工作) |

本书工作表明，CALPHAD 方法是评估三元体系的有力工具。基于有限的可靠实验信息，描述宽广温度范围内整个成分的复杂相平衡成为可能。对优化 Al-Mo-V 体系，本书工作强烈建议使用 CALPHAD 方法，并期望该方法可以应用于其他体系以开发可靠的多组元合金热力学数据库。

### 6.5.4　Ti-V-Cr 三元系

本书工作对 Ti-V-Cr 三元系的 bcc (β-Ti, Cr, V)相进行了修订，修订后的参数见表6.9。图6.28所示的是本书工作计算的Ti-V-Cr体系500℃和600℃的等温截面,图中虚线是根据Ghosh[4]报道的热力学参数计算的结果。从图中可以看到,通过对bcc(β-Ti, Cr, V)相热力学参数的修订,本书工作计算的等温截面避免了溶解度间隙(Cr, V)#1+(Cr, V)#2的出现,并且计算的相边界 α-$Cr_2$Ti + (Cr, V)/(Cr, V)与Ghosh[4]计算的非常接近。因此,修订后的Ti-V-Cr体系热力学参数可以很好地描述实验数据。

## 6.5.5 Ti-Al-Cr三元系

当前文献报道描述Ti-Al-Cr体系的热力学参数有两个版本,然而,他们采用的边际二元系的热力学参数均与我们建立的数据库不一致。因此,本书工作基于Chen等[11]报道的热力学参数修订了液相、bcc_A2、bcc_B2、hcp_A3、$Al_3$Ti_H和三元化合物$Ti_{25}Al_{67}Cr_8$的热力学参数。图6.29是本书工作计算的Ti-Al-Cr体系的1300℃、1200℃、1150℃、1000℃、900℃和800℃等温截面。

## 6.5.6 Mo-V-Cr三元系

由于缺少Mo-V-Cr体系的实验数据,本书工作基于边际二元系的热力学参数对其进行外推计算。图6.30是本书工作计算的Mo-V-Cr体系的液相面和固相面投影图。从图中可以看出,液相面和固相面均由液相和(Cr, Mo, V)两相组成。朝着Mo含量增加的方向,液相线和固相线的温度逐渐增加。

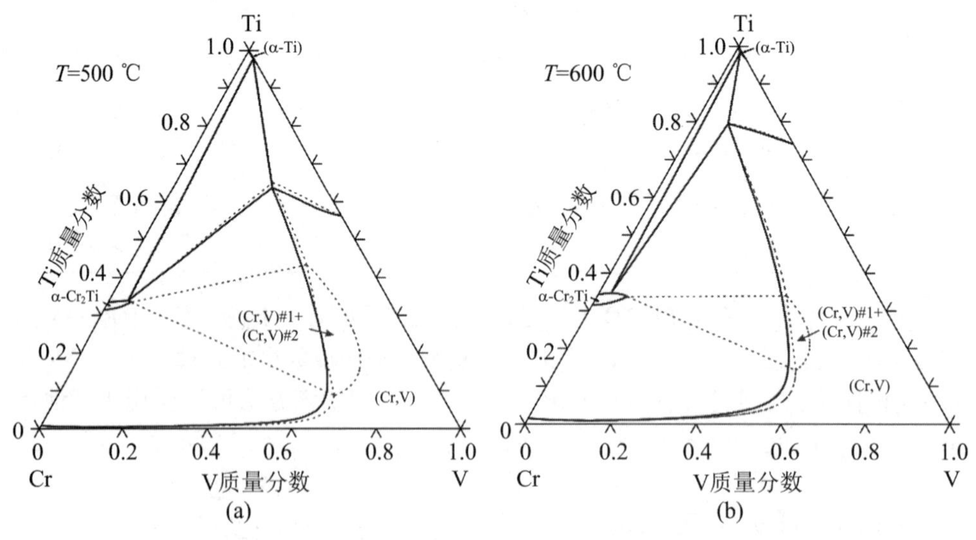


**图6.28 计算的Ti-V-Cr体系的等温截面**

(a) 500℃;(b) 600℃

### 6.5.7　Ti-Al-Mo-V 四元系

图 6.31 是本书工作计算的 Ti-Al-Mo-V 四元系 20 at.% Al 时 700 ℃等温截面与本书工作实验数据的比较。结合表 6.3 和图 6.31 可以看出，对低 Mo 含量的合金样品，计算结果与实验数据相一致，而对高 Mo 含量的合金样品，即 A3、A7、A9 和 A11，计算结果与实验数据有一定的差异。这可能是由于合金样品制备过程中，Mo 的熔点较高，熔炼时 Mo 很难与其他元素互溶，且在退火时，合金样品没有完全达到平衡，出现 Mo 的富集区，使得合金 A3、A7、A9 和 A11 存在一定的实验误差。

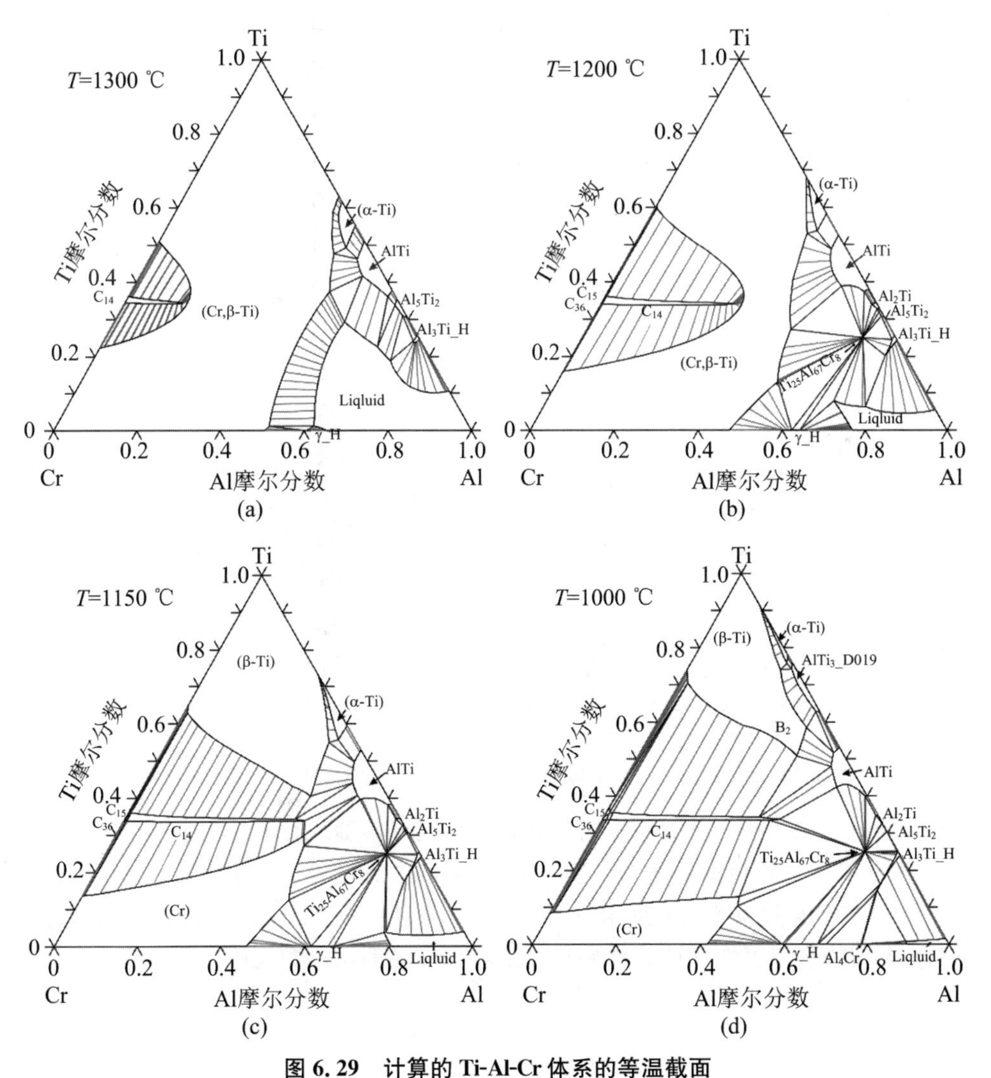


**图 6.29　计算的 Ti-Al-Cr 体系的等温截面**

(a) 1300 ℃；(b) 1200 ℃；(c) 1150 ℃；(d) 1000 ℃；(e) 900 ℃；(f) 800 ℃

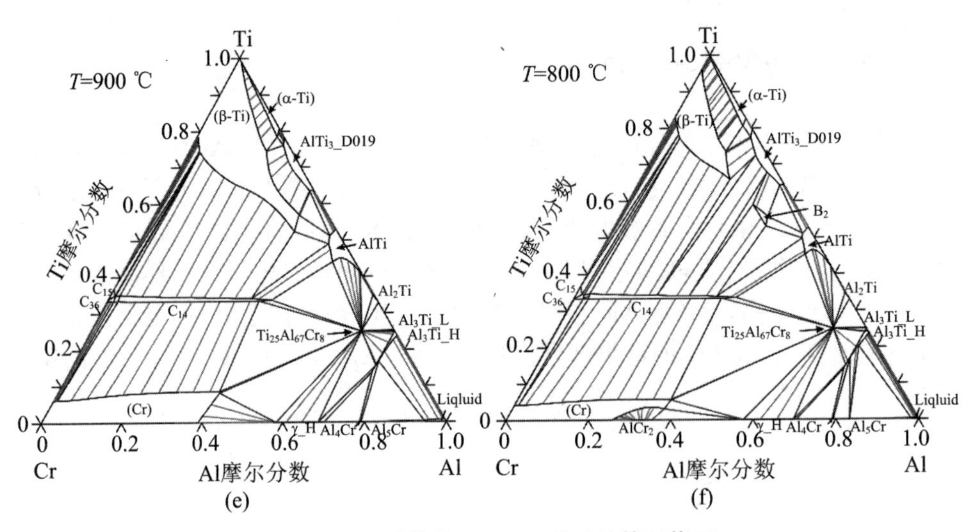


**续图 6.29　计算的 Ti-Al-Cr 体系的等温截面**

(a) 1300 ℃；(b) 1200 ℃；(c) 1150 ℃；(d) 1000 ℃；(e) 900 ℃；(f) 800 ℃

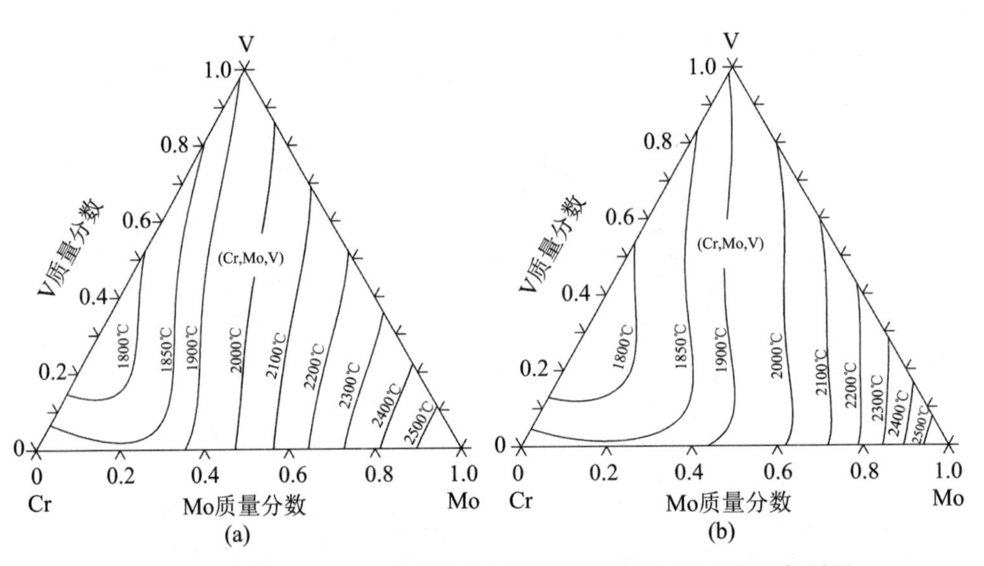


**图 6.30　计算的 Mo-V-Cr 体系的(a) 液相面投影图和(b) 固相面投影图**

图 6.32 是本书工作计算的 Ti-Al-Mo-V 四元系 20 at.% Al 时 800 ℃等温截面与本书工作实验数据的比较。通过对比图 6.32 和图 6.31，计算的 800 ℃等温截面与 700 ℃等温截面的相关系相同。结合表 6.4 和图 6.32 可以看出，除了合金样品 B8～B11 外，本书工作的计算结果与其他合金样品的实验数据吻合得非常好。

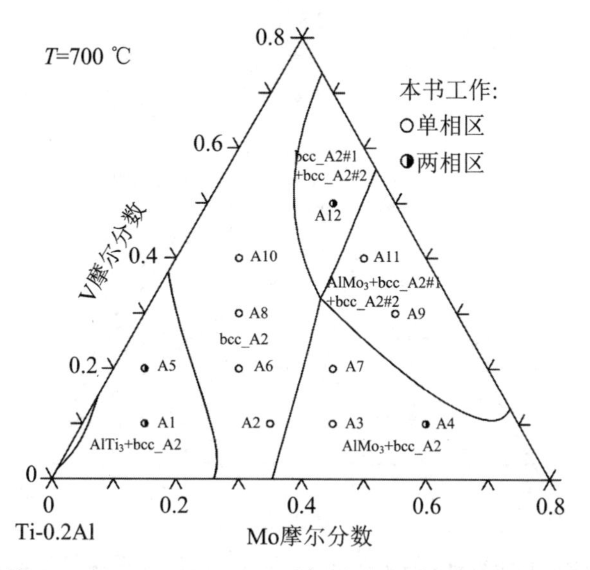


**图6.31 计算的Ti-Al-Mo-V四元系20 at.% Al时700 ℃等温截面与实验数据的比较**

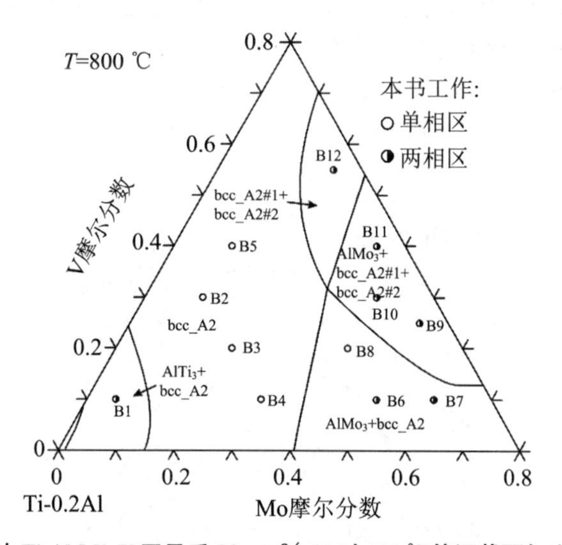


**图6.32 计算的Ti-Al-Mo-V四元系20 at.% Al时800 ℃等温截面与实验数据的比较**

## 6.5.8 Ti-Al-Mo-Cr四元系

图6.33是本书工作计算的Ti-Al-Mo-Cr四元系20 at.% Al时700 ℃等温截面与本书工作实验数据的比较。结合表6.5和图6.33可以看出，本书工作的计算结果能够准确地描述大部分的实验数据。

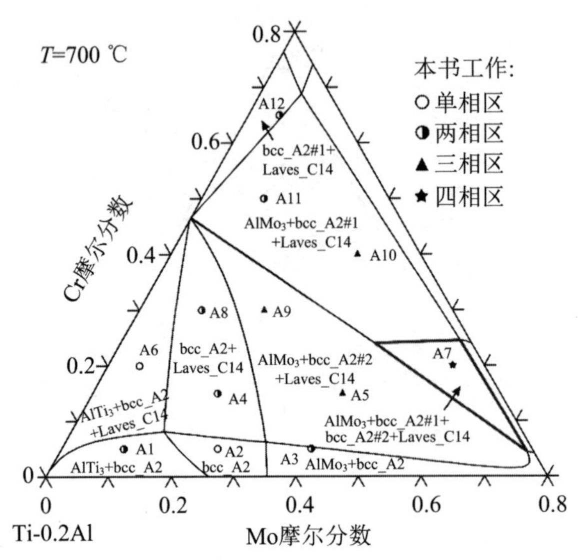


**图 6.33　计算的 Ti-Al-Mo-Cr 四元系 20 at.% Al 时 700 ℃等温截面与实验数据的比较**

图 6.34 是本书工作计算的 Ti-Al-Mo-Cr 四元系 20 at.% Al 时 800 ℃等温截面与本书工作实验数据的比较。结合表 6.6 和图 6.34 可以看出，除了 B7 和 B9 两个合金样品外，计算的结果与实验结果相一致。本书工作建立的 Ti-Al-Mo-Cr 四元系热力学数据库能同时很好地描述 700 ℃和 800 ℃等温截面，说明该数据库是准确的。

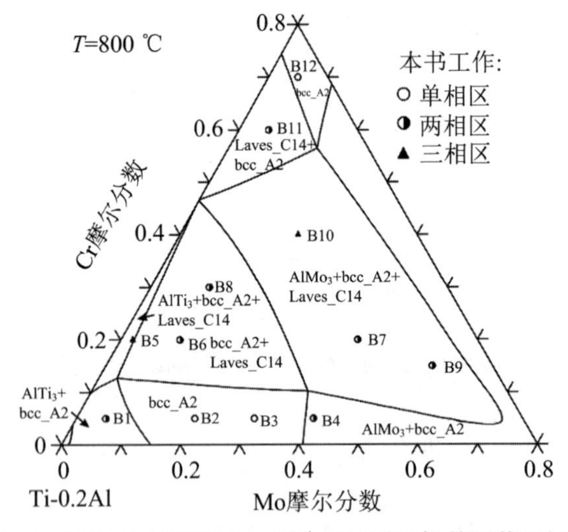


**图 6.34　计算的 Ti-Al-Mo-Cr 四元系 20 at.% Al 时 800 ℃等温截面与实验数据的比较**

### 6.5.9　Ti-Al-V-Cr 四元系

图 6.35 是本书工作计算的 Ti-Al-V-Cr 四元系 20 at.% Al 时 700 ℃等温截

面与本书工作实验数据的比较。结合表 6.7 和图 6.35 可以看出，本书工作的计算结果基本与实验数据相一致。

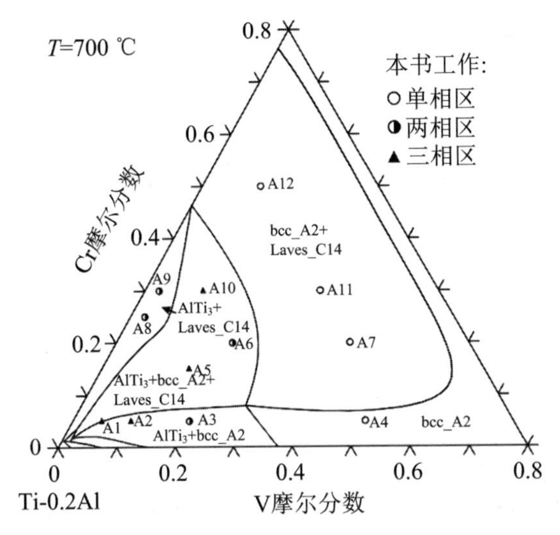


**图 6.35　计算的 Ti-Al-V-Cr 四元系 20 at. % Al 时 700 ℃ 等温截面与实验数据的比较**

图 6.36 是本书工作计算的 Ti-Al-V-Cr 四元系 20 at. % Al 时 800 ℃ 等温截面与本书工作实验数据的比较。结合表 6.8 和图 6.36 可以看出，计算结果能合理描述实验数据，说明本书工作建立的 Ti-Al-V-Cr 四元系热力学数据库是准确的。

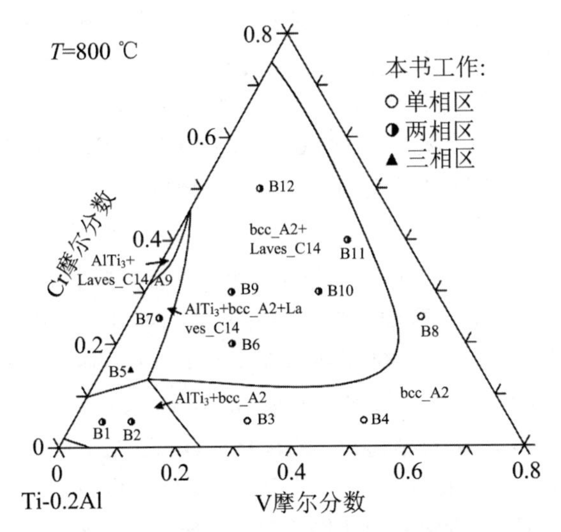


**图 6.36　计算的 Ti-Al-V-Cr 四元系 20 at. % Al 时 800 ℃ 等温截面与实验数据的比较**

根据构筑的 Ti-Al-V-Cr 体系的热力学数据库，本书工作计算了 20 世纪 50 年代中期由美国 Crucible 公司研制出的 β 型钛合金 B120VCA(Ti-13V-11Cr-3Al，质量百分数)在平衡和 Scheil-Gulliver 非平衡条件下的凝固曲线，如图 6.37 所示。

从图中可以看出，该合金凝固后形成的组织为 bcc 相。

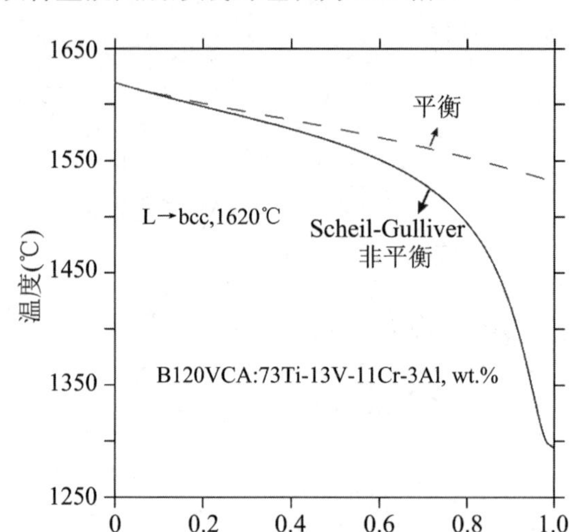


**图 6.37 计算的 B120VCA(Ti-13V-11Cr-3Al, wt.%)合金在平衡和 Scheil-Gulliver 非平衡条件下的凝固曲线**

### 6.5.10 Ti-Mo-V-Cr 四元系

基于本书工作获得的边际三元系的热力学参数和文献报道的 Ti-Mo-V-Cr 体系的实验数据，采用 CALPHAD 方法对该体系进行热力学计算。图 6.38 是本书工作计算的 Ti-Mo-V-Cr 体系 8 wt.% Cr 500 ℃和 600 ℃的等温截面与 Khaled 等[39]报道的实验数据的比较。根据图 6.17(a)和图 6.28，在 Ti-Mo-Cr 和 Ti-V-Cr 三元系 500 ℃或 600 ℃等温截面，存在一个三相区(α-Ti) + α-$Cr_2$Ti + (Mo, Cr, V)。然而，在 Khaled 等[39]的工作中，未测得 α-$Cr_2$Ti 相。因此，图 6.38 计算的相关系与边际三元系 Ti-Mo-Cr 和 Ti-V-Cr 一致，而与实验数据[39]不一致。需要进一步的实验来确定这些等温截面的相关系并验证当前计算的准确性。

图 6.39 是本书工作计算的 Ti-Mo-V-Cr 体系在 600 ℃、900 ℃、1200 ℃和 1300 ℃时的 $Cr_2$Ti-Mo-V 截面与 Budberg 和 Samsonova[38]报道的实验数据的比较。在图 6.39(a)中，计算的相边界 α-$Cr_2$Ti + (β-Ti, Mo, Cr, V)/(β-Ti, Mo, Cr, V)比实验报道的更接近 Mo-V 边际二元系，计算与实验的差异主要是由边际三元系 Ti-Mo-Cr 和 Ti-V-Cr 所致。对于图 6.39(b)所示的 900 ℃等温截面，考虑到实验误差，计算的相边界 α-$Cr_2$Ti + (β-Ti, Mo, Cr, V)/(β-Ti, Mo, Cr, V)与实验数据一致。根据Cr-Ti二元相图，α-$Cr_2$Ti 和 β-$Cr_2$Ti 在 1200 ℃共存，因此，在 1200 ℃的 $Cr_2$Ti-Mo-V 等温截面上，存在 1 个三相区 α-$Cr_2$Ti + β-$Cr_2$Ti + (β-Ti, Mo, Cr, V)把 2 个两相区 α-$Cr_2$Ti + (β-Ti, Mo, Cr, V)和 β-$Cr_2$Ti + (β-Ti, Mo, Cr, V)分开，如

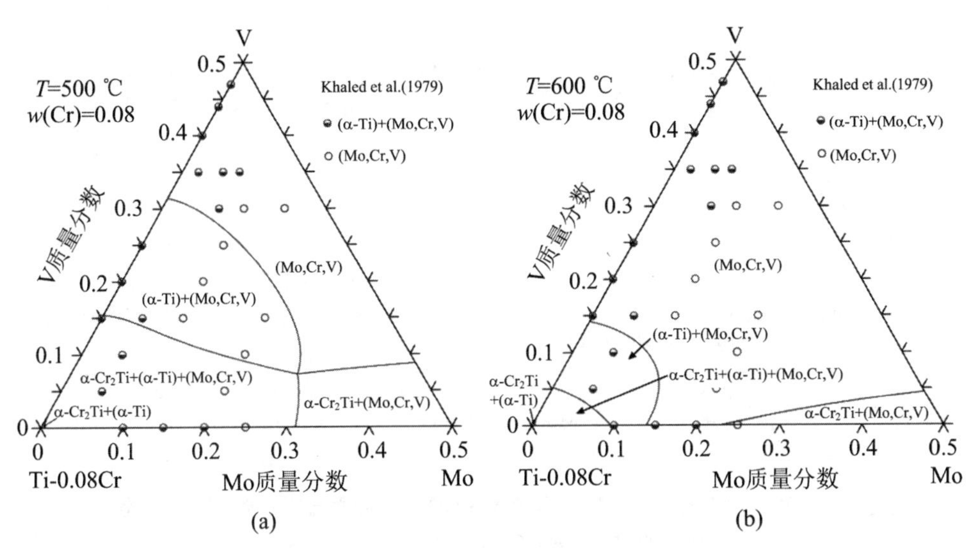


**图 6.38　计算的 Ti-Mo-V-Cr 体系 8 wt. % Cr 等温截面与实验数据[39]的比较**

(a) 500 ℃；(b) 600 ℃

图6.39(c)所示。不同的是，Budberg 和 Samsonova[38]仅报道了1个两相区 α-$Cr_2$Ti+(β-Ti，Mo，Cr，V)。这可能是由于三相区 α-$Cr_2$Ti+β-$Cr_2$Ti+(β-Ti，Mo，Cr，V)非常窄，通过实验很难准确地测定出来。同样根据 Cr-Ti 二元相图，β-$Cr_2$Ti 在 Ti-V-Cr 体系 1300 ℃稳定存在。因此，计算的 1300 ℃的 $Cr_2$Ti-Mo-V 等温截面存在两相区 β-$Cr_2$Ti+(β-Ti，Mo，Cr，V)，如图 6.39(d)所示。总之，需要进行更多的实验才能准确确定不同温度下的等温截面来验证本书工作计算的准确性。

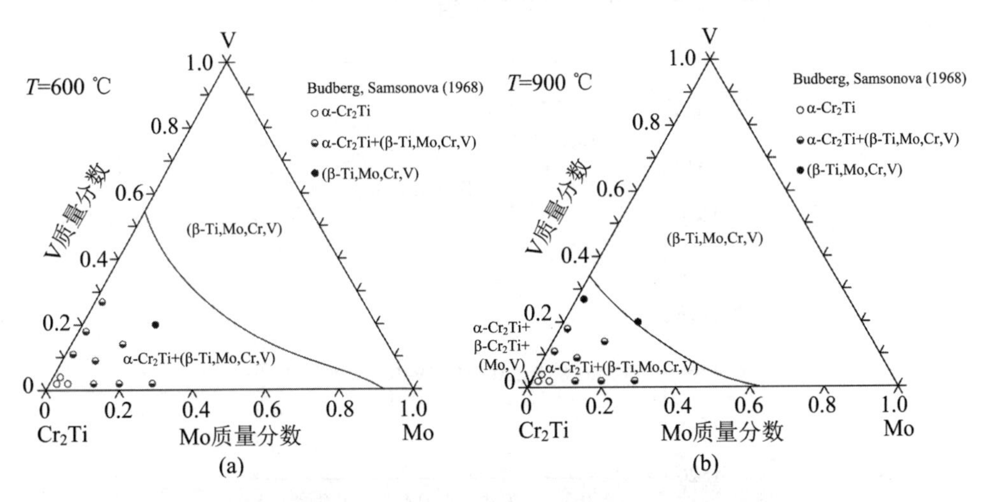


**图 6.39　计算的 Ti-Mo-V-Cr 体系 $Cr_2$Ti-Mo-V 截面与实验数据[38]的比较**

(a) 600 ℃；(b) 900 ℃；(c) 1200 ℃；(d) 1300 ℃

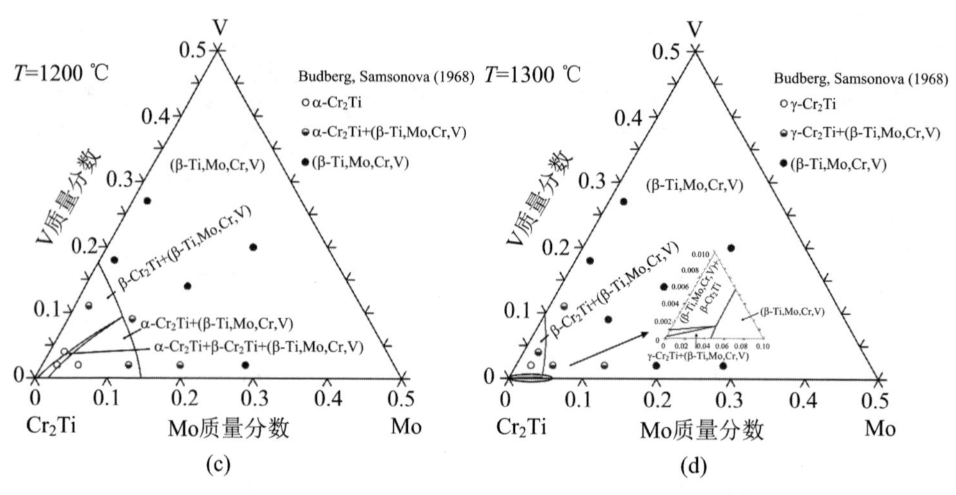


**续图 6.39　计算的 Ti-Mo-V-Cr 体系 $Cr_2Ti$-Mo-V 截面与实验数据[38]的比较**

(a) 600 ℃；(b) 900 ℃；(c) 1200 ℃；(d) 1300 ℃

## 6.5.11　Ti-Al-Mo-V-Cr 五元系

结合文献报道的边际二元系的热力学参数、本书工作获得的或文献报道的边际三元系和四元系的热力学参数，构筑 Ti-Al-Mo-V-Cr 五元系的热力学数据库。利用该数据库计算了商用 Ti-5553（Ti-5Al-5Mo-5V-3Cr，质量百分数）合金在平衡和 Scheil-Gulliver 非平衡条件下的凝固行为，如图 6.40 所示。模拟计算的结果显示 Ti-5553 合金凝固后的微观组织为 bcc 单相。

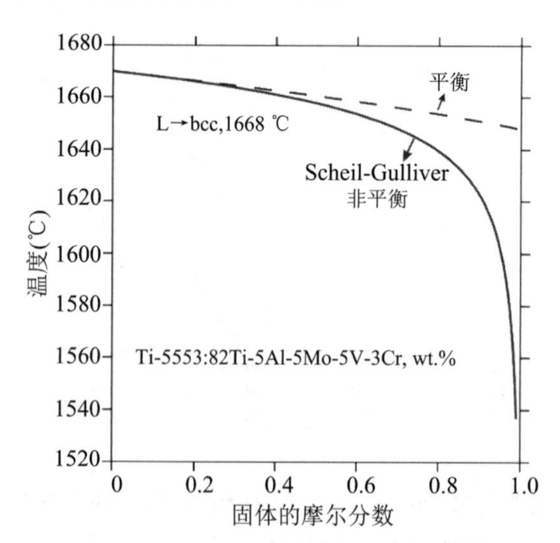


**图 6.40　计算的 Ti-5553（Ti-5Al-5Mo-5V-3Cr，质量百分数）合金在平衡和 Scheil-Gulliver 非平衡条件下的凝固曲线**

## 6.6　本 章 小 结

1. 对 Ti-Al-Mo-V-Cr 体系中边际二元、三元、四元和五元系进行了严格的文献数据评估，确定了边际二元系或部分三元系热力学参数的来源并直接用于构筑该五元系的热力学数据库，分析了各体系实验数据和热力学参数的准确性，并选择性用于本书工作的优化计算。

2. 基于文献报道的 Ti-Al-Mo-V-Cr 五元系中边际二元系的热力学参数和边际三元系的实验相平衡数据，采用 CALPHAD 方法优化计算了 Ti-Mo-V、Ti-Mo-Cr 和 Al-Mo-V 体系，修订了 Ti-Al-Cr 和 Ti-V-Cr 体系的热力学参数，外推计算了 Mo-V-Cr 体系，获得了一套能准确描述各三元系的热力学参数。计算了一些代表性的等温截面、垂直截面、液相面投影图和固相面投影图。本书工作获得的热力学参数可以很好地描述实验数据。

3. 基于建立的边际三元系的热力学数据库，对 Ti-Al-Mo-V、Ti-Al-Mo-Cr 和 Ti-Al-V-Cr 四元系进行外推计算，在不同的相区设计关键合金样品的成分，通过配置合金样品，采用 XRD、SEM/EDX 等研究了 Ti-Al-Mo-V、Ti-Al-Mo-Cr 和 Ti-Al-V-Cr体系 20 at.% Al 700 ℃和 800 ℃富 Ti 角等温截面的相关系。通过外推计算与实验结果的比较显示本书工作的计算能很好地描述大部分的实验数据，说明本书工作建立的四元系热力学数据库是准确的。

4. 基于边际二元、三元和四元系的热力学参数，建立了 Ti-Al-Mo-V-Cr 五元系热力学数据库，利用该数据库模拟了商用 Ti 合金 Ti-5553(Ti-5Al-5Mo-5V-3Cr，质量百分数）和 B120VCA（Ti-13V-11Cr-3Al，质量百分数）在平衡和 Scheil-Gulliver非平衡条件下的凝固行为。计算结果显示这两个合金的凝固组织均为 bcc 单相。利用该数据库还可以计算任何温度和成分下的相平衡、等温截面、垂直截面等以及模拟任何成分的合金的凝固组织，为设计新型 Ti-Al-Mo-V-Cr 合金提供重要的理论指导。

## 参 考 文 献

[1]　NYAKANA S L，FANNING J C，BOYER R R. Quick reference guide

for titanium alloys in the 00s[J]. J. Mater. Eng. Perform., 2005, 14: 799-811.

[2] WITUSIEWICZ V T, BONDAR A A, HECHT U, et al. The Al-B-Nb-Ti system: Ⅲ. thermodynamic re-evaluation of the constituent binary system Al-Ti[J]. J. Alloys Compd., 2008, 465: 64-77.

[3] SAUNDERS N. System Ti-Mo[M]//ANSARA I, DINSDALE A T, RAND M H. COST 507: thermochemical database for light metal alloys. Luxembourg: Office for Official Publications of the European Communities, 1998, 249-252.

[4] GHOSH G. Thermodynamic and kinetic modeling of the Cr-Ti-V system [J]. J. Phase Equilib., 2002, 23: 310-328.

[5] PENG J, FRANKE P, MANARA D, et al. Experimental investigation and thermodynamic re-assessment of the Al-Mo-Ni system[J]. J. Alloys Compd., 2016, 674: 305-314.

[6] GONG W P, DU Y, HUANG B Y, et al. Thermodynamic reassessment of the Al-V system[J]. Z. Metallkd., 2004, 95: 978-986.

[7] HU B, ZHANG W-W, PENG Y B, et al. Thermodynamic reassessment of the Al-Cr-Si system with the refined description of the Al-Cr system [J]. Thermochim. Acta, 2013, 561: 77-90.

[8] ZHENG F, ARGENT B B, SMITH J F. Thermodynamic computation of the Mo-V binary phase diagram[J]. J. Phase Equilib., 1999, 20: 370-372.

[9] FRISK K, GUSTAFSON P. An assessment of the Cr-Mo-W system[J]. Calphad, 1988, 12: 247-254.

[10] LU X G, GUI N, QIU A T, et al. Thermodynamic modeling of the Al-Ti-V ternary system[J]. Metall. Mater. Trans. A, 2014, 45A: 4155-4164.

[11] CHEN L Y, QIU A T, LIU L J, et al. Thermodynamic modeling of the Ti-Al-Cr ternary system[J]. J. Alloys Compd., 2011, 509: 1936-1946.

[12] KORNILOV I I, POLIAKOVA R S. Melting diagram for the titanium-vanadium-molybdenum ternary system[J]. ARS Journal Supplement, 1961, 31: 694-697.

[13] KHALED T, NARAYANAN G H, COPLEY S M. Phase equilibria and interstitial effects in the Ti-V-Mo alloy system[J]. Metall. Trans. A, 1978, 9: 1883-1890.

[14] KOMJATHY S. The constitution of some vanadium-base binary and ter-

nary systems and the ageing characteristics of selected ternary alloys[J]. J. Less-Common Met., 1961, 3: 468-488.
[15] TAYLOR J L. β phase parameters in the system Ti-V-Mo[J]. Trans. AIME, 1956, 206: 959-961.
[16] ENOMOTO M. The Mo-Ti-V system (molybdenum-titanium-vanadium) [J]. J. Phase Equilib., 1992, 13: 420-424.
[17] LUKAS H L. Molybdenum-titanium-vanadium[M]//EFFENBERG G, ILYENKO S. Refractory metal systems, part 3. Berlin: Springer, 2010, 435-440.
[18] ELLIOTT R P, LEVINGER B W, ROSTOKER W. System titanium-chromium-molybdenum[J]. J. Metals, 1953, 197: 1544-1548.
[19] GRUM-GRIZHIMAILO N V, GROMOVA V G. The melting diagram of the Ti-Cr-Mo system [J]. Trudy Inst. Metal. im. Baikova, Akad. Nauk SSSR, 1960, 5: 145-150.
[20] GRUM-GRIZHIMAILO N V, GROMOVA V G. Phase diagram of the Ti-Cr-Mo system at 1200, 900 and 600 ℃, in: titanium and its alloys [M]. Moscow: Akad. Nauk SSSR, 1962, 35-42.
[21] SAMSONOVA N N, BUDBERG P B. Effect of vanadium and molybdenum on the properties and phase transformations of the intermetallic compound $TiCr_2$ [J]. Sov. Powder Metall. Met. Ceram., 1966, 5: 634-638.
[22] CHEN K C, ALLEN S M, LIVINGSTON J D. Factors affecting the room-temperature mechanical properties of $TiCr_2$-base Laves phase alloys[J]. Mater. Sci. Eng. A, 1998, 242: 162-173.
[23] IWASE K, NAKAMURA Y, MORI K, et al. Hydrogen absorption-desorption properties and crystal structure analysis of Ti-Cr-Mo alloys[J]. J. Alloys Compd., 2005, 404-406: 99-102.
[24] LUKAS H L. Chromium-molybdenum-titanium[M]//EFFENBERG G, ILYENKO S. Refractory metal systems, part 3. Berlin: Springer, 2010, 192-199.
[25] SPERNER F. Das dreistoffsystem aluminium-molybdan-vanadin[J]. Z. Metallkd., 1959, 50: 592-596.
[26] RAMAN A. Rontgenographische untersuchungen im einigen T-$T^5$-Al systemen[J]. Z. Metallkd., 1966, 57: 535-540.
[27] VIRKAR A V, RAMAN A. Alloy chemistry of delta(beta-U)-related phases characteristics of delta and other delta-related phases in some Mo-

NiX systems[J]. Z. Metallkd., 1959, 60: 594-600.

[28] SAMSONOVA N N, BUDBERG P B. Investigation of alloys of the titanium-vanadium-chromium system [J]. Inorg. Mater., 1965, 1: 1420-1425.

[29] FARRAR P A, MARGOLIN H. Titanium-chromium-vanadium system [J]. Trans. ASM, 1967, 60: 57-66.

[30] SAMSONOVA N N, BUDBERG P B. Study of the phase equilibria in alloys of the titanium-vanadium-chromium system [J]. Inorg. Mater., 1967, 3: 730-735.

[31] CUPID D M, KRIEGEL M J, FABRICHNAYA O, et al. Thermodynamic assessment of the Cr-Ti and first assessment of the Al-Cr-Ti systems[J]. Intermetallics, 2011, 19: 1222-1235.

[32] CHEN L Y, GAO Y H, QIU A T, et al. Reselection of sublattice model and thermodynamic reassessment on intermetallic compounds of Al-Cr system[J]. J. Iron Steel Res., 2009, 21: 10-16.

[33] MIURA S, FUJINAKA J, MOHRI T. Microstructural control of $Al_3Ti$-based alloys designed by multi-component phase diagrams[C]//SRIVATSAN T S, VARIN R A. Process. Fabri. Advanced mater. Ⅹ, Proc. Symp., 2001. Ohio: ASM International, 2002, 287-300.

[34] RAGHAVAN V. Al-Cr-Mo-Ti (aluminum-chromium-molybdenum-titanium)[J]. J. Phase Equilib. Diffus., 2005, 26: 369.

[35] LI Y G, BLENKINSOP P A, LORETTO M H, et al. Effect of aluminium on deformation structure of highly stabilised β-Ti-V-Cr alloys[J]. J. Mater. Sci. Technol., 1999, 15: 151-155.

[36] WANG H, WARNKEN N, REED R C. Thermodynamic assessment of the ordered B2 phase in the Ti-V-Cr-Al quaternary system[J]. Calphad, 2011, 35: 204-208.

[37] RAGHAVAN V. Al-Cr-Ti-V (aluminum-chromium-titanium-vanadium) [J]. J. Phase Equilib. Diffus., 2012, 33: 154-155.

[38] BUDBERG P B, SAMSONOVA N N. Investigation of alloys of the Ti-V-Cr-Mo system[J]. Izv. Akad. Nauk SSSR, Met., 1968, 6: 201-205.

[39] KHALED T, NARAYANAN G H, COPLEY S M. Stability of the beta phase in the Ti-V-Mo-Cr system[J]. Metall. Trans. A, 1979, 10A: 1956-1959.

[40] LEE J Y, KIM J H, LEE H M. Effect of Mo and Nb on the phase equilibrium of the Ti-Cr-V ternary system in the non-burning β-Ti alloy re-

gion[J]. J. Alloys Compd., 2000, 297: 231-239.

[41] KAUFMAN L, NESOR H. Coupled phase diagrams and thermochemical data for transition metal binary systems-Ⅱ[J]. Calphad, 1978, 2: 81-108.

[42] LEE J Y, KIM J H, PARK S I, et al. Phase equilibrium of the Ti-Cr-V ternary system in the non-burning β-Ti alloy region[J]. J. Alloys Compd., 1999, 291: 229-238.

[43] BOYER R R, BRIGGS R D. The use of β titanium alloys in the aerospace industry[J]. J. Mater. Eng. Perform., 2005, 14: 681-685.

[44] JONES N G, DASHWOOD R J, DYE D, et al. Thermomechanical processing of Ti-5Al-5Mo-5V-3Cr[J]. Mater. Sci. Eng. A, 2008, 490: 369-377.

[45] JONES N G, DASHWOOD R J, JACKSON M, et al. β phase decomposition in Ti-5Al-5Mo-5V-3Cr[J]. Acta Mater., 2009, 57: 3830-3839.

[46] OSOVSKI S, SRIVASTAVA A, WILLIAMS J C, et al. Grain boundary crack growth in metastable titanium β alloys[J]. Acta Mater., 2015, 82: 167-178.

[47] SABOL J C, MARVEL C J, WATANABE M, et al. Confirmation of the ω-phase in electron beam welded Ti-5Al-5V-5Mo-3Cr by high-resolution scanning transmission electron microscopy: an initial investigation into its effects on embrittlement[J]. Scr. Mater., 2014, 92: 15-18.

[48] BOYNE A, WANG D, SHI R P, et al. Pseudospinodal mechanism for fine α/β microstructures in β-Ti alloys[J]. Acta Mater., 2014, 64: 188-197.

[49] QIN D, LU Y, LIU Q, et al. Transgranular shearing introduced brittlement of Ti-5Al-5V-5Mo-3Cr alloy with full lamellar structure at room temperature[J]. Mater. Sci. Eng. A, 2013, 572: 19-24.

# 第7章 Ti合金中马氏体相变和亚稳相ω形成的热力学模拟

## 7.1 引 言

钛合金密度低，强度高，具有良好的耐腐蚀性、优异的断裂韧性和良好的生物相容性，是航空、航天、生物医学等方面最具潜力的候选材料[1,2]。马氏体相变和亚稳相的形成对钛合金的这些性能具有重要的影响。因此，马氏体相变和亚稳相形成的热力学信息对新型钛合金的设计至关重要。在钛合金中，体心立方(bcc)β相经马氏体相变生成六方密堆积(hcp)α′相或正交畸变hcp α″相。当前，学者们已经从理论和实验方面对β相区淬火后的钛合金进行了大量研究。马氏体相变初始温度$M_s$是马氏体相变趋势的关键参数。大量研究人员[3-6]通过X射线衍射、透射电子显微镜、差示扫描量热法、电阻率等研究了合金元素对钛合金$M_s$的影响。常见的钛合金的亚稳相即ω相[7]，其成分非常接近于机械诱导的马氏体相变。ω相的析出与马氏体相变具有竞争性[8]，因此，定量描述马氏体和ω相的形成和转变对设计新型Ti合金具有重要的指导意义。

最近，Yan和Olson[9]采用CALPHAD方法对一些二元和三元系在低温下β-α′/α″马氏体相变和无热ω相的形成进行了热力学描述，计算的转变温度$T_0$曲线与测量的马氏体相变温度和回复温度吻合得很好。然而，根据Yan和Olson[9]获得的热力学参数计算的稳定和亚稳相图显示了一些错误的相关系，例如，在稳定的Ti-Mo相图中α相在高温下再次稳定，在Ti-Nb的亚稳相图中出现两个β溶解度间隙。尚未有文献报道关于Ti-Cr二元系的马氏体相变和等温ω相的形成的热力学描述。此外，Yan和Olson[9]采用的Ti-Nb和Ti-Al二元系的热力学参数与我们建立的多组元Ti合金的热力学数据库不一致。

本章节的研究目的是：① 严格评估文献中报道的马氏体相变和亚稳相ω形成等相关数据；② 采用第一性原理计算纯元素Mo、Nb、Cr和Al在0 K时的基态能量差$G_m(\omega)-G_m(\beta)$，为热力学描述提供所需的热力学数据；③ 热力学描述

β-α′/α″马氏体相变和亚稳相ω的形成；④ 采用CALPHAD方法计算Ti-M（M＝Mo,Nb,Cr,Al）二元体系的稳定和亚稳相图以及计算$T_0$（β/α）和$T_0$（β/ω）曲线，探索出有效获得多元Ti合金马氏体相变和亚稳相的高温热力学性质的方法。

## 7.2　Ti-M（M＝Mo,Nb,Cr,Al）体系的马氏体相变和ω相形成

在Ti基二元合金中，将合金从β相区快速淬火，马氏体相变可以独立于平衡相图而发生。在淬火的Ti合金中根据成分的不同可形成两种马氏体相，即α′和α″。大量的文献报道了关于实验测定Ti合金马氏体相变温度的研究。相反地，目前对Ti合金中亚稳相ω形成温度的研究却非常有限。对于Ti-Mo二元系，几组研究者[4-6,10-14]用实验测定了马氏体相变初始温度$M_s$随合金元素Mo含量的变化关系。这些实验结果显示随着合金元素Mo在Ti中含量的增加，$M_s$降低。由于实验测定的这些数据具有一致性，因此在本书工作的优化计算中予以采用。一些学者[15-19]对β相转变为亚稳相ω及其转变初始温度$\omega_s$进行了实验研究。de Fontaine[17]通过不同的方法，即TEM和XRD、电阻率和XRD以及霍尔效应，研究了ω相变温度。de Fontaine[17]采用电阻率和XRD方法获得的实验结果与Ho和Collings[15]、Ikeda等[16]以及Mirzayev等[20]报道的结果一致。因此，这些实验数据[15-18]在优化过程中予以采用，而de Fontaine[17]通过TEM和XRD以及霍尔效应方法获得的实验数据在优化中给予较低的权重。Sukedai等[19]通过原位暗场成像技术观察到Ti-Mo合金中亚稳相ω的形成。由于Sukedai等[19]报道的实验结果与其他学者获得的结果[15-18]存在一定差异，因此在本书工作的热力学优化中，Sukedai等[19]报道的实验数据给予较低的权重。

有大量的学者[3-6,11,13,21-25]对Ti-Nb二元体系的马氏体转变温度进行了研究。Ikeda等[26]和Al-Zain等[27]通过电阻率和XRD以及DSC、XRD和TEM方法研究了逆向马氏体相变的结束温度（$A_f$）。这些实验的$M_s$和$A_f$温度点在实验误差范围内彼此一致，因此本书工作在热力学优化过程中采用了这些数据。相对于Ti-Nb体系中马氏体相变的大量数据，Ikeda等[28]使用电阻率和XRD方法研究了亚稳ω相形成的起初始温度。

对于Ti-Cr和Ti-Al二元体系，文献中仅报道了少量关于马氏体相变的研究。Duwez[29]、Kaneko和Huang[4]、Huang等[5]以及Dobromyslov和Elkin[6]测定了Ti-Cr合金中马氏体相变的初始温度。Kaneko和Huang[4]以及Jepson等[22]研究了Ti-Al合金中的马氏体相变。实验结果表明，$M_s$曲线随合金元素Al含量的增加

而上升。Ti-Al 体系的这一特性不同于 Ti-M (M = Mo, Nb, Cr)体系,原因在于,Al 是 Ti 合金中的 α 稳定元素,而 Mo、Nb 和 Cr 是 β 稳定元素。文献中尚未见报道 Ti-Cr 和 Ti-Al 体系中亚稳相 ω 形成的实验数据。因此,在本书工作中基于第一性原理计算结果对这两个体系的 ω 相形成温度进行外推计算。

除了实验研究外,Leibovitch 和 Rabinkin[30]还用热力学描述了在高压条件下 Ti-Mo 体系中的亚稳无扩散平衡。Neelakantan 等[31]通过应用 Ghosh-Olson 方法[32]对马氏体形核建模,预测了 β 钛合金的马氏体初始温度 $M_s$与成分的关系。Yan 和 Olson[9]通过第一性原理计算得到了转变平衡成分,该成分下两相 β 与 α 或 β 与 ω 在 0 K 时具有相等的总能量。

如上所述,许多学者已经对二元 Ti 合金中的马氏体相变或亚稳 ω 相形成进行了研究。然而,关于二元 Ti 合金的亚稳相图的实验数据在文献中报道的非常有限。Menon 等[33]在借助 TEM 研究 ω 相的形成时,发现 Ti-Nb 合金中存在溶解度间隙。Koul 和 Beredis[34]提出了在 698 K 时发生 $\beta_1 \rightarrow \beta_2 + \omega$ 反应。Hickman[35]基于一系列的时效实验测定了 Ti-Nb 体系中 ω 的饱和成分为 9 ± 2 at.% Nb。Collings[36]利用 Hickman[35]报道的 β 和 ω 的相关数据,构建了 β + ω 的半定量亚稳相图。其他几组研究者[37-42]还测到了等温 ω 相沉淀的温度和成分。Moffat 和 Kattner[43]以及 Zhang 等[44]先后对 Ti-Nb 体系的亚稳相图进行了热力学描述。但是,Moffat 和 Kattner[43]的工作中采用的纯元素晶格稳定性参数和准亚规则模型与本书工作中采用的不一致。Zhang 等[44]报道的热力学参数不能很好地描述马氏体相变温度 $M_s$和亚稳相 ω 的形成温度 $\omega_s$。此外,Moffat 和 Kattner[43]还计算了Ti-Mo 体系的亚稳相图。计算结果表明,Ti-Mo 体系中出现了亚稳的溶解度间隙,这需要通过实验进行验证。文献中尚未报道 Ti-M(M = Mo,Cr,Al)体系的实验测定的亚稳相图。本书工作基于文献报道的 Ti-M(M = Mo,Cr,Al)体系的马氏体相变温度、亚稳相 ω 形成温度以及本书工作第一性原理计算等数据,采用 CALPHAD 方法对这些体系进行优化,以获得一套能准确描述相关数据的热力学参数,最后外推计算 Ti-M(M = Mo,Cr,Al)体系的亚稳相图。

## 7.3 热力学模型

### 7.3.1 纯元素

纯组元 $i$($i$ = Ti、Mo、Nb、Cr 或 Al)的单相 $\varphi$($\varphi$ = liquid、α、β、γ 或 ω)的吉布

斯自由能$^{\circ}G_i^{\varphi}(T)=G_i^{\varphi}(T)-H_i^{SER}$与温度和压力有关,其在常压下可表示为

$$\begin{aligned}^{\circ}G_i^{\varphi}(T) &= G_i^{\varphi}(T)-H_i^{SER}\\ &= a+b\cdot T+c\cdot T\cdot \ln(T)+d\cdot T^2+e\cdot T^{-1}+f\cdot T^3\\ &\quad +g\cdot T^7+h\cdot T^{-9}\end{aligned}\tag{7.1}$$

其中,$H_i^{SER}$表示的是纯组元$i$在298.15 K,$1\times10^5$ Pa下的标准参考态的摩尔焓,$T$采用绝对温度,系数$a\sim h$为常数。

本书工作中,纯元素Ti、Mo、Nb、Cr和Al的liquid、α、β和γ相的吉布斯自由能采用来自Dinsdale[45]编辑的SGTE数据库。Vřešt'ál等[46]将SGTE数据库的吉布斯自由能从室温扩展到了0 K,描述各相的室温至0 K的吉布斯自由能在本书工作中予以采用。纯元素Ti的亚稳相ω的参数取自Yan和Olson[9]的研究结果。

基于Bendersky等[47]报道的传统bcc单胞,并结合文献报道的实验数据,构建了亚稳相ω的晶体结构,如图7.1所示。新构建的bcc晶胞在(111)面上分开,$a'$沿着传统bcc晶胞$<1\bar{1}0>$和$<01\bar{1}>$方向,且满足$a=\sqrt{2}a$和$c=\sqrt{3}/2a$($a$为传统bcc晶胞参数,$a'$和$c'$是新建bcc晶胞参数)。关于元素Ti亚稳相ω的热力学参数文献已有报道,本书工作采用第一性原理计算了元素Mo、Nb、Cr和Al在0 K时的能量差$G_m(\omega)-G_m(\beta)$,详细的计算过程可参见文献[48, 49]。根据Wang等[50]提出的参数因子0.357将第一性原理计算的值转换成CALPHAD型计算值。表7.1列出了第一性原理和CALPHAD方法计算的Mo、Nb、Cr和Al在0 K时的$G_m(\omega)-G_m(\beta)$值。与Yan和Olson[9]的工作相似,ω相的描述也以β相为参考。

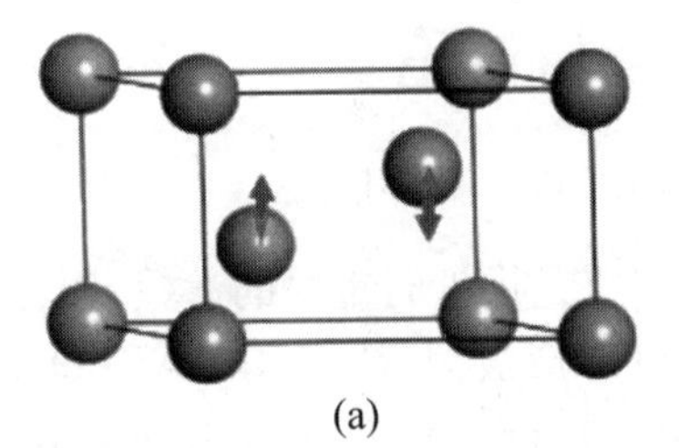
(a)

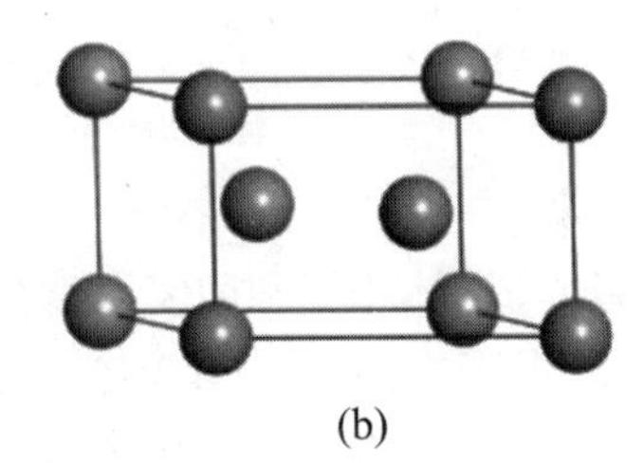
(b)

**图7.1　晶体结构示意图**

(a) 新构建的bcc晶胞;(b) 亚稳相ω的晶胞

**表7.1　第一性原理和CALPHAD方法计算的不同元素在0 K时的$G_m(\omega)-G_m(\beta)$值**

| 元素 | 第一性原理(J/mol) | CALPHAD(J/mol) | 数据来源 |
|---|---|---|---|
| Mo | 39043 | 13938 | Yan, Olson[9] |
| | 50048 | 17867 | 本书工作 |
| Nb | 19267 | 6878 | Yan, Olson[9] |
| | 29870 | 10664 | 本书工作 |
| Cr | 43667 | 15589 | 本书工作 |
| Al | 1606 | 1606 | Yan, Olson[9] |
| | 1776 | 1776 | 本书工作 |

### 7.3.2　固溶体相

采用置换溶体模型描述固溶体相(如 liquid、α、β、γ 和 ω)。溶体相的过剩吉布斯自由能采用 Redlich-Kister 多项式[51]描述。溶体相 $\phi$($\phi$ = liquid、α、β、γ 或 ω)的摩尔吉布斯自由能可表示为

$$
\begin{aligned}
{}^{\circ}G_{\mathrm{m}}^{\phi} = {} & x_{\mathrm{Ti}} \cdot {}^{\circ}G_{\mathrm{Ti}}^{\phi} + x_i \cdot {}^{\circ}G_i^{\phi} + R \cdot T \cdot (x_{\mathrm{Ti}} \cdot \ln x_{\mathrm{Ti}} + x_i \cdot \ln x_i) \\
& + x_{\mathrm{Ti}} \cdot x_i \cdot [(a_0 + b_0 \cdot T) + (a_1 + b_1 \cdot T)(x_{\mathrm{Ti}} - x_i)^1 \\
& + (a_2 + b_2 \cdot T)(x_{\mathrm{Ti}} - x_i)^2 + \cdots]
\end{aligned} \tag{7.2}
$$

其中,$x_{\mathrm{Ti}}$和 $x_i$($i$ = Ti、Mo、Nb、Cr 或 Al)分别表示元素 Ti 和组元 $i$ 的摩尔分数,$R$是气体常数,系数 $a_j$和 $b_j$($j$ = 0,1,2…)根据文献报道的实验数据进行优化。

Ti-Mo[52]、Ti-Nb[44]、Ti-Cr[53]和 Ti-Al[54]体系的 liquid、α、β 和 γ 的热力学参数采用文献报道的值。在优化马氏体相变温度时,本书工作中对有些体系的 α 相热力学参数进行了修订。由于六方密堆积马氏体 α′相和正交畸变马氏体 α″相的 $M_{\mathrm{s}}$温度非常接近且分散,因此,本书工作中将平衡 α 相以及马氏体相 α′和 α″看作一个相进行描述。采用置换溶体模型(Al, Cr, Mo, Nb, Ti)$_1$ Va$_{0.5}$描述亚稳相 ω。

## 7.4　计算结果与讨论

低温时马氏体相变和回复温度是 Ti 合金工艺设计时重要的参数,因此本书工作结合文献报道的 β-α′/α″马氏体相变温度和 ω 形成温度,采用 CALPHAD 方法优化计算了 Ti-M(M = Mo,Nb,Cr,Al)体系的 $T_0$(β/α)(即 bcc(β)和 hcp(α)两相的平衡相变温度 $T_0$)曲线和 $T_0$(β/ω)(即 bcc(β)和 ω 两相的平衡相变温度 $T_0$)。使用 Thermo-Calc 软件的优化模块 PARROT[55]对热力学参数进行优化。在优化过程中使用了文献报道的 Ti-M(M = Mo,Nb,Cr,Al)体系的马氏体相变/回复温度。正如 Salzbrenner 和 Cohen[56]描述的那样,为了避免非物理条件 $T_0 < M_{\mathrm{s}}$(其中 $T_0$为母相转变为马氏体相的自由能变化为零时的温度),对非热弹性马氏体转变和热弹性马氏体转变分别采用 $T_0 = 1/2(M_{\mathrm{s}} + A_{\mathrm{s}})$和 $T_0 = A_{\mathrm{f}}$。当文献中有 $M_{\mathrm{s}}$数据时,马氏体相变温度比相边界数据采用更大的权重。表 7.2 列出了本书工作通过对各体系进行优化计算获得的热力学参数。基于这些热力学参数,可以计算出 Ti-M(M = Mo,Nb,Cr,Al)体系的亚稳相图。

表 7.2　本书工作获得的 Ti-M(M=Mo,Nb,Cr,Al)体系热力学参数

| 体系 | 相/模型 | 热力学参数 | 数据来源 |
|---|---|---|---|
| Ti-Mo | Liquid：(Mo,Ti)$_1$ | ${}^0L^{Liquid}_{Mo,Ti} = -9000 + 2 \cdot T$ | Saunders[52] |
| | β(bcc)：(Mo，Ti)$_1$Va$_3$ | ${}^0L^{\beta(bcc)}_{Mo,Ti:Va} = 2000$ | Saunders[52] |
| | | ${}^1L^{\beta(bcc)}_{Mo,Ti:Va} = -2000$ | Saunders[52] |
| | α(hcp)：(Mo，Ti)$_1$Va$_{0.5}$ | ${}^0L^{\alpha(hcp)}_{Mo,Ti:Va} = 47500 - 28 \cdot T$ | 本书工作 |
| | ω：(Mo，Ti)$_1$Va$_{0.5}$ | ${}^oG^{\omega}_{Ti:Va} = {}^oG^{\omega}_{Ti}$ | Yan，Olson[9] |
| | | ${}^oG^{\omega}_{Mo:Va} = 17867 + {}^oG^{bcc}_{Mo}$ | 本书工作 |
| | | ${}^0L^{\omega}_{Mo,Ti:Va} = 19000 - 24 \cdot T$ | 本书工作 |
| Ti-V | Liquid：(Ti，V)$_1$ | ${}^0L^{Liquid}_{Ti,V} = 368.55$ | Ghosh[53] |
| | | ${}^1L^{Liquid}_{Ti,V} = 2838.63$ | Ghos [53] |
| | β(bcc)：(Ti，V)$_1$Va$_3$ | ${}^0L^{\beta(bcc)}_{Ti,V} = 6523.17$ | Ghos[53] |
| | | ${}^1L^{\beta(bcc)}_{Ti,V} = 2025.39$ | Ghosh[53] |
| | α(hcp)：(Ti，V)$_1$Va$_{0.5}$ | ${}^0L^{\alpha(hcp)}_{Ti,V:Va} = 32800 - 18 \cdot T$ | 本书工作 |
| | ω：(Ti，V)$_1$Va$_{0.5}$ | ${}^oG^{\omega}_{V:Va} = 8474 + {}^oG^{bcc}_{V}$ | 本书工作 |
| | | ${}^0L^{\omega}_{Ti,V:Va} = 4600 - 6 \cdot T$ | 本书工作 |
| Ti-Nb | Liquid：(Nb，Ti)$_1$ | ${}^0L^{Liquid}_{Nb,Ti} = 7406.1$ | Zhang et al.[44] |
| | β(bcc)：(Nb，Ti)$_1$Va$_3$ | ${}^0L^{\beta(bcc)}_{Nb,Ti:Va} = 13045.3$ | Zhang et al.[44] |
| | α(hcp)：(Nb，Ti)$_1$Va$_{0.5}$ | ${}^0\mathrm{L}^{\alpha(hcp)}_{Nb,Ti:Va} = 16800 - 6 \cdot \mathrm{T}$ | 本书工作 |
| | ω：(Nb，Ti)$_1$Va$_{0.5}$ | ${}^oG^{\omega}_{Nb:Va} = 10664 + {}^oG^{bcc}_{Nb}$ | 本书工作 |
| | | ${}^0L^{\omega}_{Nb,Ti:Va} = 11000 + 13 \cdot T$ | 本书工作 |
| | | ${}^1L^{\omega}_{Nb,Ti:Va} = 10000$ | 本书工作 |
| Ti-Cr | Liquid：(Cr，Ti)$_1$ | ${}^0L^{Liquid}_{Cr,Ti} = -365.81$ | Ghosh[53] |
| | | ${}^1L^{Liquid}_{Cr,Ti} = -3030.23$ | Ghosh[53] |
| | | ${}^2L^{Liquid}_{Cr,Ti} = 1549.08$ | Ghosh[53] |
| | β(bcc)：(Cr，Ti)$_1$Va$_3$ | ${}^0L^{\beta(bcc)}_{Cr,Ti:Va} = -2247.87 + 9.14144 \cdot T^1 L^{\beta(bcc)}_{Cr,Ti:Va} = 198.73$ | Ghosh[53] |
| | α(hcp)：(Cr，Ti)$_1$Va$_{0.5}$ | ${}^0L^{\alpha(hcp)}_{Cr,Ti:Va} = 65000 - 25 \cdot T$ | 本书工作 |
| | ω：(Cr，Ti)$_1$Va$_{0.5}$ | ${}^oG^{\omega}_{Cr:Va} = 15589 + {}^oG^{bcc}_{Cr}$ | 本书工作 |

**续表**

| 体系 | 相/模型 | 热力学参数 | 数据来源 |
| --- | --- | --- | --- |
| Ti-Al | Liquid：(Al，Ti)$_1$ | $^0L^{Liquid}_{Al,Ti}=-118048+41.972\cdot T$ | Witusiewicz et al.[54] |
| | | $^1L^{Liquid}_{Al,Ti}=-23613+19.704\cdot T$ | Witusiewicz et al.[54] |
| | | $^2L^{Liquid}_{Al,Ti}=34757-13.844\cdot T$ | Witusiewicz et al.[54] |
| | β(bcc)：(Al，Ti)$_1$Va$_3$ | $^0L^{\beta(bcc)}_{Al,Ti:Va}=-132903+39.961\cdot T$ | Witusiewicz et al.[54] |
| | | $^1L^{\beta(bcc)}_{Al,Ti:Va}=4890$ | Witusiewicz et al.[54] |
| | | $^2L^{\beta(bcc)}_{Al,Ti:Va}=399.7$ | Witusiewicz et al.[54] |
| | α(hcp)：(Al，Ti)$_1$Va$_{0.5}$ | $^0L^{\alpha(hcp)}_{Al,Ti:Va}=-134164+37.863\cdot T$ | Witusiewicz et al.[54] |
| | | $^1L^{\alpha(hcp)}_{Al,Ti:Va}=-3475+0.825\cdot T$ | Witusiewicz et al.[54] |
| | | $^2L^{\alpha(hcp)}_{Al,Ti:Va}=-7756$ | Witusiewicz et al.[54] |
| | γ(fcc)：(Al，Ti)$_1$Va$_1$ | $^0L^{\gamma(fcc)}_{Al,Ti:Va}=-119185+40.723\cdot T$ | Witusiewicz et al.[54] |
| | ω：(Al，Ti)$_1$Va$_{0.5}$ | $^oG^{\omega}_{Al:Va}=1776+{}^oG^{bcc}_{Al}$ | 本书工作 |

## 7.4.1 Ti-Mo 二元系

图 7.2 所示的是本书工作计算的 Ti-Mo 体系 $T_0(\beta/\alpha)$和 $T_0(\beta/\omega)$与实验数据[4,10-13,15-19]以及 Yan 和 Olson[9]计算结果的比较。从图中可以看出，本书工作计算的以及 Yan 和 Olson[9]报道的 $T_0(\beta/\alpha)$和 $T_0(\beta/\omega)$曲线与实验数据吻合得都很好。正如前面提到的那样，由于在 $\alpha'$和 $\alpha''$ 马氏体相变的成分处 $M_s$温度的连续性，本书工作对平衡 α 相以及马氏体相 $\alpha'$和 $\alpha''$的热力学描述是统一的。与实验数据类似，随着 Mo 含量的增加，计算的 $T_0(\beta/\alpha)$曲线向下延伸。对于 Ti-Mo 体系，$A_s-M_s$的差异很小，因此假设该体系发生热弹性马氏体相变并采用 $T_0=A_f$。计算的 $T_0(\beta/\alpha)$大于 $M_s$，这与实际情况相符合。本书工作采用文献中报道的 $\omega_s$数据并将其视为 $T_0(\beta/\omega)$。同样，随着 Mo 含量的增加，$T_0(\beta/\omega)$ 曲线也是降低的。$T_0(\beta/\alpha)$和 $T_0(\beta/\omega)$在约 580 K 时相交，此时马氏体相变终止，这说明亚稳相 ω 的形成与马氏体相变具有竞争性。

图 7.3 是根据本书工作优化获得的热力学参数计算的 Ti-Mo 体系的稳定和亚稳相图以及 $T_0(\beta/\alpha)$和 $T_0(\beta/\omega)$曲线。该体系的液相和 β 相的热力学参数采用来自 Saunders[52]的工作。本书工作重新修订了 α 相的参数。对于稳定相图，为了拟合文献报道的马氏体相变温度，在优化时，给予马氏体相变温度数据较大的权重，使得本书工作计算的 α 相的溶解度比 Saunders[52]计算的略低。根据 Yan 和 Olson[9]报道的热力学参数计算的 Ti-Mo 稳定相图，α 相在高温下再次出现，在本书工作的计算中避免了这种错误。相图计算时如果不考虑 α 相，即可获得 Ti-Mo

体系的亚稳相图，如图7.3中的虚线所示。从图中可以看出，计算的亚稳相图未出现溶解度间隙，这与Moffat和Kattner[43]计算的结果不同。此外，计算的$T_0(\beta/\alpha)$和$T_0(\beta/\omega)$曲线也附在图7.3中。

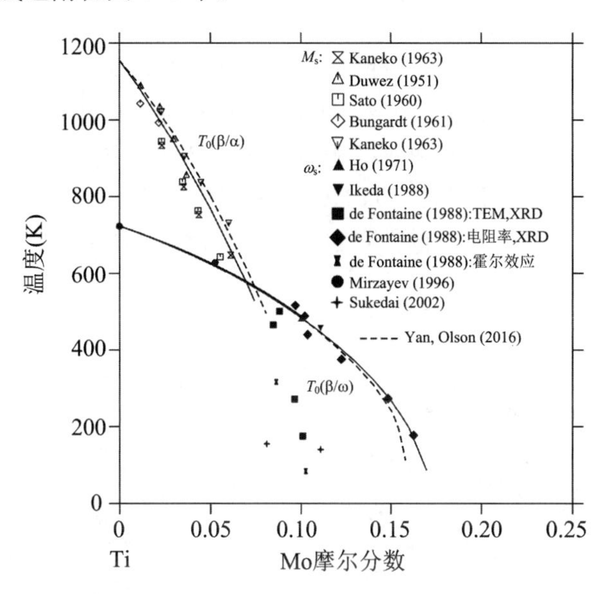


**图7.2　计算的Ti-Mo二元系$T_0(\beta/\alpha)$和$T_0(\beta/\omega)$曲线与实验数据[4,10-13,15-19]以及Yan和Olson[9]计算结果的比较**

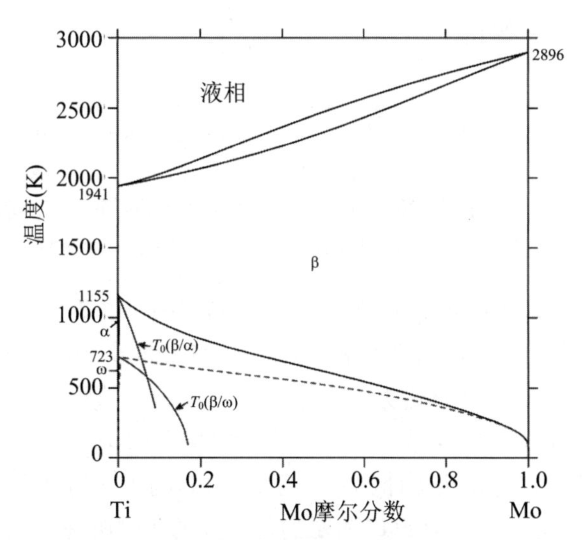


**图7.3　计算的Ti-Mo二元系稳定和亚稳相图以及$T_0(\beta/\alpha)$和$T_0(\beta/\omega)$曲线**

### 7.4.2 Ti-Nb 二元系

Ti-Nb 体系的特征与 Ti-Mo 相似。图 7.4 是本书工作计算的 Ti-Nb 二元系的 $T_0(\beta/\alpha)$和 $T_0(\beta/\omega)$曲线与实验数据[3,4,11,21-28]以及 Yan 和 Olson[9]计算结果的比较。本书工作计算的结果与 Yan 和 Olson[9]报道的结果相似，均能很好地描述 Ti-Nb体系的马氏体相变温度和亚稳相 ω 的形成温度。随着 Nb 含量的增加，$T_0(\beta/\alpha)$和 $T_0(\beta/\omega)$曲线向下延伸。Ti-Nb 体系的 $T_0(\beta/\alpha)$和 $T_0(\beta/\omega)$在约 450 K 时相交，这个温度比 Ti-Mo 体系的低，这可能就是 Ti-Nb 合金在室温附近更易发生机械诱导马氏体相变的原因。

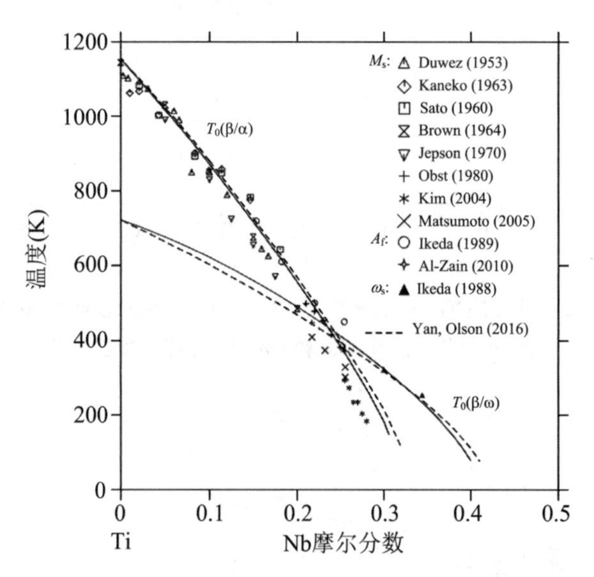


**图 7.4　计算的 Ti-Nb 二元系 $T_0(\beta/\alpha)$和 $T_0(\beta/\omega)$曲线与实验数据[3,4,11,21-28]以及 Yan 和 Olson[9]计算结果的比较**

计算的 Ti-Nb 体系稳定和亚稳相图以及 $T_0(\beta/\alpha)$和 $T_0(\beta/\omega)$曲线，如图 7.5 所示。该体系的液相和 β 相的热力学参数采用 Zhang 等[44]的研究结果，这些参数与我们建立的多组元 Ti 合金热力学数据库一致。为了拟合文献报道的马氏体相变温度，重新修订了 α 相的参数。本书工作计算的 Ti-Nb 二元稳定相图与 Zhang 等[44]计算的结果一致。在相图计算时不考虑 α 相，则可获得 Ti-Nb 二元系的亚稳相图，如图 7.5(a)所示。图 7.5(b)所示的是放大的 Ti-Nb 体系的亚稳相图与实验数据[37-42]以及 Yan 和 Olson[9]计算结果的比较，图中的实验点表示的是 ω 沉淀相。从图 7.5(b)可以看出，存在一个临界温度为 784 K 的亚稳相溶解度间隙。计算的 $\beta_1 \rightarrow \beta_2 + \omega$ 反应温度和成分分别为 665 K 和 18.4 at.% Nb。计算的 Nb 在 ω 相中的最大溶解度为 2.1 at.% Nb，小于 Hickman[35]报道的值 9±2 at.% Nb。为了

拟合实验数据 $\omega_s$，在优化时给予亚稳相平衡数据较低的权重。此外，根据 Yan 和 Olson[9] 报道的热力学参数计算的 Ti-Nb 亚稳相图中出现两个 β 溶解度间隙，在本书工作的计算中避免了这种错误。

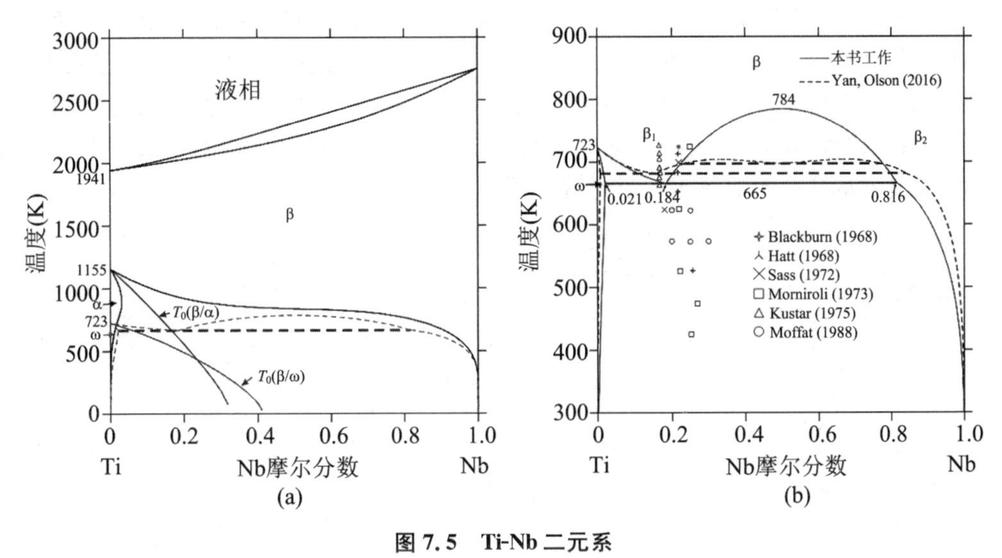


**图 7.5　Ti-Nb 二元系**

(a) 计算的稳定和亚稳相图；(b) 对亚稳相图的放大，并与实验数据[37-42]以及 Yan 和 Olson[9]计算结果的比较

## 7.4.3　Ti-Cr 二元系

图 7.6(a)是本书工作计算的 Ti-Cr 二元系的 $T_0(\beta/\alpha)$和 $T_0(\beta/\omega)$曲线与实验数据[4,5,10]的比较。从图中可以看出，本书工作计算的 $T_0(\beta/\alpha)$曲线与文献数据吻合得非常好。文献中尚未报道 Ti-Cr 体系的实验数据 $\omega_s$，因此，采用第一性原理计算为热力学优化提供关键数据，从而获得热力学参数并对 $T_0(\beta/\omega)$曲线进行外推计算。图 7.6(b)是本书工作计算的 Ti-Cr 体系的亚稳相图。在当前计算中未考虑稳定的中间化合物 Laves 相 C14、C15 和 C16。首先计算的亚稳相图仅包含液相、β 相和 α 相，计算结果如图 7.6(b)所示，然后计算的亚稳相图包含液相、β 相和 ω 相，计算结果如图 7.6(b)中虚线所示。计算得到的 Ti-Cr 体系亚稳相图的特征与 Ti-V 体系相似。

## 7.4.4　Ti-Al 二元系

图 7.7(a)是本书工作计算的 Ti-Al 二元系的 $T_0(\beta/\alpha)$曲线与实验数据[4, 22]的比较以及外推计算的 $T_0(\beta/\omega)$曲线，同时也与 Yan 和 Olson[9]计算的结果进行了比较，在图中用虚线表示。文献中报道的实验测定的 $M_s$或 $A_s$较为分散，且文献中

尚未有关于实验数据 $\omega_s$ 的报道。因此，Ti-Al 体系中液相、$\alpha$ 相和 $\beta$ 相的热力学参数采用来自 Witusiewicz 等[9,54]的研究结果，并根据这些参数直接外推计算 $T_0(\beta/\alpha)$ 和 $T_0(\beta/\omega)$ 曲线。从图中可以看出，本书工作计算的 $T_0(\beta/\alpha)$ 曲线与 Jepson 等[22]报道的实验数据吻合得很好。与 Ti-M(M = Mo、Nb、Cr) 体系不同的是，随着 Al 含量的增加，$T_0(\beta/\alpha)$ 曲线是上升的，这是因为 Al 在钛合金中是 $\alpha$ 稳定元素。图 7.7(b) 是本书工作计算的 Ti-Al 二元系的亚稳相图，计算时只考虑了固溶体相，即液相、$\alpha$、$\beta$、$\gamma$ 和 $\omega$ 相。图 7.7(b) 中计算的亚稳相图只包含液相、$\alpha$ 相、$\beta$ 相和 $\gamma$ 相，虚线表示计算的亚稳相图只包含液相、$\beta$ 相、$\gamma$ 相和 $\omega$ 相。

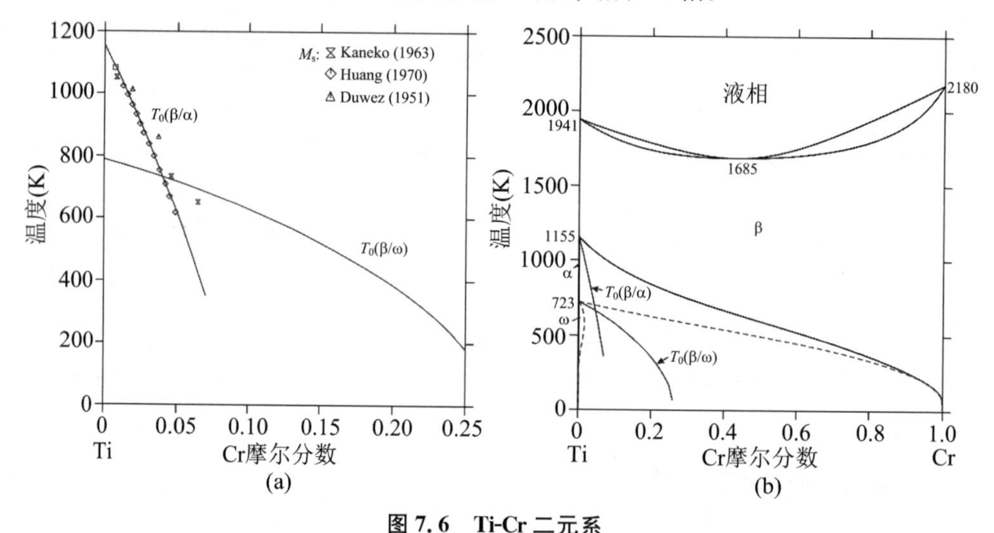


**图 7.6　Ti-Cr 二元系**

(a) 计算的 $T_0(\beta/\alpha)$ 和 $T_0(\beta/\omega)$ 曲线与实验数据[4,5,10]的比较；(b) 计算的亚稳相图（仅包含固溶体相 liquid、$\alpha$、$\beta$ 和 $\omega$），及 $T_0(\beta/\alpha)$ 和 $T_0(\beta/\omega)$ 曲线

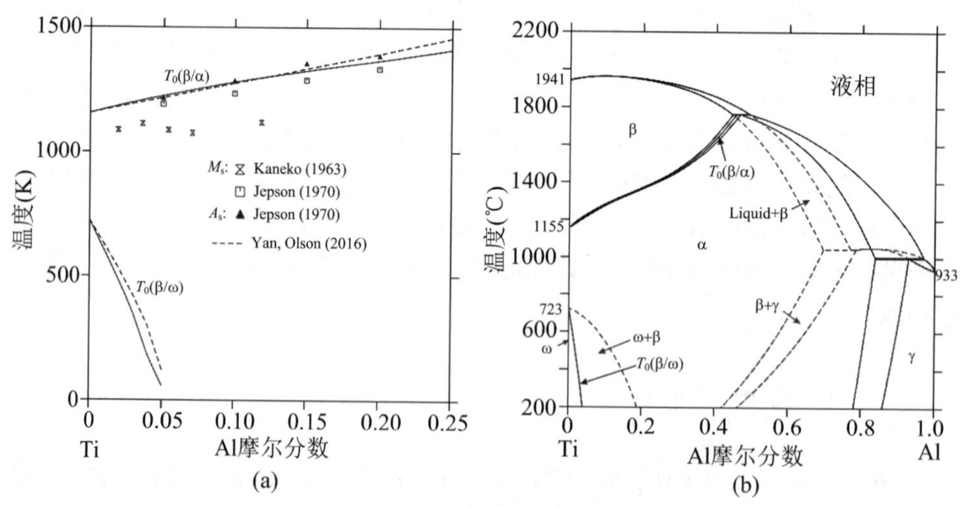


**图 7.7　Ti-Al 二元系**

(a) 计算的 $T_0(\beta/\alpha)$ 和 $T_0(\beta/\omega)$ 曲线与实验数据[4, 22]以及 Yan 和 Olson [9]计算结果的比较；(b) 计算的亚稳相图（仅包含固溶体相 liquid、$\alpha$、$\beta$、$\gamma$ 和 $\omega$），及 $T_0(\beta/\alpha)$ 和 $T_0(\beta/\omega)$ 曲线

通过评估文献报道的实验马氏体相变温度（$M_s$）或回复温度（$A_f$）以及 ω 相的形成温度（$\omega_s$），本书工作对 Ti-M（M = Mo，Nb，Cr，Al）二元系的马氏体相变和亚稳相 ω 的形成进行了热力学描述。在优化过程中，实验 $M_s$（或 $A_f$）和 $\omega_s$数据设置的权重比实验相边界的大。通过 CALPHAD 方法，本书工作获得了一套描述 Ti-M（M = Mo，Nb，Cr，Al）体系的热力学参数。根据建立的热力学数据库，计算了各个体系的 $T_0(\beta/\alpha)$和 $T_0(\beta/\omega)$曲线以及稳定和亚稳相图。该工作可以为 Ti 基二元合金提供准确的马氏体相变驱动力和亚稳相 ω 的形成驱动力。

## 7.5　本章小结

1. 对 Ti-M（M = Mo，Nb，Cr，Al）二元系的马氏体相变和亚稳相 ω 的形成进行了严格的文献评估，分析了各体系实验数据的准确性，并选择性用于本书工作的优化计算。

2. 借助第一性原理计算了纯元素 Mo、Nb、Cr 和 Al 的亚稳相 ω 与 β 相在 0 K 时的基态能量差 $G_m(\omega) - G_m(\beta)$，为热力学描述 ω 相提供关键数据。

3. 研究了亚稳相 ω 的晶体结构并采用亚点阵模型$(Al,Cr,Mo,Nb,Ti)_1Va_{0.5}$对其进行热力学描述，同时将平衡 α 相以及马氏体相 α′和 α″看作一个相进行描述。

4. 基于文献报道的 β-α′/α″马氏体相变温度和亚稳相 ω 的形成温度，采用 CALPHAD 方法，对 Ti-M（M = Mo，Nb，Cr，Al）二元系进行了热力学优化，获得了一套能合理描述各体系的热力学参数。

5. 根据获得的热力学参数计算了各个体系的 $T_0(\beta/\alpha)$和 $T_0(\beta/\omega)$曲线以及亚稳相图，计算结果与实验数据符合得很好，说明本书工作获得的热力学参数具有较高的准确性，同时探索出有效获得多元 Ti 合金亚稳相高温热力学性质的方法，为其他合金亚稳相图的研究提供可借鉴的方法。

## 参考文献

[1] LEYENS C，PETERS M. Titanium and titanium alloys：fundamentals and applications[M]. Weinheim：Wiley-VCH，2003.

[2] LUTJERING G，WILLIAMS J C. Titanium[M]. New York：Springer，

2007.

[3] DUWEZ P. The martensite transformation temperature in titanium binary alloys[J]. Trans. A. S. M., 1953, 45: 934-940.

[4] KANEKO H, HUANG Y C. Some considerations on the continuous cooling diagrams and $M_s$ points of titanium-base alloys[J]. J. Jpn. Inst. Met., 1963, 27: 403-406.

[5] HUANG Y C, SUZUKI S, KANEKO H. Thermodynamics of the $M_s$ points in titanium alloys[M]//JAFFEE R I, PROMISEL N E. The science, technology and application of titanium. Oxford: Pergamon Press, 1970, 691-693.

[6] DOBROMYSLOV A V, ELKIN V A. Martensitic transformation and metastable β-phase in binary titanium alloys with d-metals of 4～6 periods[J]. Scr. Meter., 2001 44: 905-910.

[7] SIKKA S K, VOHRA Y K, CHIDAMBARAM R. Omega phase in materials[J]. Prog. Mater Sci., 1982, 27: 245-310.

[8] OHMORI Y, OGO T, NAKAI K, et al. Effects of ω-phase precipitation on $\beta \rightarrow \alpha$, $\alpha''$ transformations in a metastable β titanium alloy[J]. Mater. Sci. Eng. A, 2001, 312: 182-188.

[9] YAN J Y, OLSON G B. Computational thermodynamics and kinetics of displacive transformations in titanium-based alloys [J]. J. Alloys Compd., 2016, 673: 441-454.

[10] DUWEZ P. Effect of rate of cooling on the alpha-beta transformation in titanium and titanium-molybdenum alloys[J]. Trans. AIME, 1951, 191: 765-771.

[11] SATO T, HUKAI S, HUANG Y C. The $M_s$ points of binary titanium alloys[J]. Austral. Inst. Met., 1960, 5: 149-153.

[12] BUNGARDT K, RUEDINGER K. Phase transformations in titanium-molybdenum alloys[J]. Z. Met., 1961, 52: 120.

[13] KANEKO H, HUANG Y C. Allotropic transformation characteristics of titanium alloys during continuous cooling[J]. J. Jpn. Inst. Met., 1963, 27: 387-393.

[14] DAVIS R, FLOWER H M, WEST D R F. Martensitic transformations in Ti-Mo alloys[J]. J. Mater. Sci., 1979, 14: 712-722.

[15] HO J C, COLLINGS E W. Anomalous electrical resistivity in titanium-molybdenum alloys[J]. Phys. Rev. B, 1972, 6: 3727-3738.

[16] IKEDA M, KOMATSU S Y, SUGIMOTO T, et al. Anormal tempera-

ture dependence of resistivity in Ti-Mo binary alloys[J]. J. Jpn. Inst. Met., 1988, 52: 144-149.

[17] DE FONTAINE D. Simple models for the omega phase transformation [J]. Metall. Trans. A, 1988, 19: 169-175.

[18] MIRZAEV D A, SCHASTLIVTSEV V M, ELKINA O A, et al. Rapid cooling effect on polymorphous transformation in titanium-molybdenum alloys[J]. Fiz. Met. Metalloved., 1996, 81: 87-96.

[19] SUKEDAI E, MATSUMOTO H, HASHIMOTO H. Electron microscopy study on Mo content dependence of β to ω phase transformation due to cooling in Ti-Mo alloys[J]. Jpn. Soc. Electron Microsc., 2002, 51: s143-s147.

[20] MIRZAYEV D A, SCHASTLIVTSEV V M, YELKINA O A, et al. Influence of rapid cooling on polymorphous transformation in titanium-molybdenum alloys[J]. Fiz. Met. Metalloved., 1996, 81: 87-96.

[21] BROWN A R G, CLARK D, EASTABROOK J, et al. The titanium-niobium system[J]. Nature, 1964, 201: 914-915.

[22] JEPSON K S, BROWN A R G, GRAY J A. The effect of cooling rate on the beta transformation in titanium-niobium and titanium-aluminium alloys[M]//JAFFEE R I, PROMISEL N E. The science, technology and application of titanium. Oxford: Pergamon Press, 1970, 677-690.

[23] OBST B, PATTANAYAK D, HOCHSTUHL P. Structural effects in the superconductor NbTi65[J]. J. Low Temp. Phys., 1980, 41: 595-609.

[24] KIM H Y, SATORU H, KIM J I, et al. Mechanical properties and shape memory behavior of Ti-Nb alloys[J]. Mater. Trans., 2004, 45: 2443-2448.

[25] MATSUMOTO H, WATANABE S, HANADA S. Beta TiNbSn alloys with low Young's modulus and high strength[J]. Mater. Trans., 2005, 46: 1070-1078.

[26] IKEDA M, KOMATSU S Y, SUGIMOTO T, et al. Reverse transformation of $\alpha''$ and initial β decomposition in quenched Ti-Nb binary alloys [J]. J. Jpn. Inst. Met., 1989, 53: 664-671.

[27] AL-ZAIN Y, KIM H Y, HOSODA H, et al. Shape memory properties of Ti-Nb-Mo biomedical alloys[J]. Acta Mater., 2010, 58: 4212-4223.

[28] IKEDA M, KOMATSU S Y, SUGIMOTO T, et al. Temperature range of formation of athermal ω phase in quenched β Ti-Nb alloys[J]. J. Jpn. Inst. Met., 1988, 52: 1206-1211.

[29] DUWEZ P. The martensite transformation temperature in titanium binary alloys[J]. Trans. ASM, 1953, 45: 934-940.

[30] LEIBOVITCH C, RABINKIN A. Metastable diffusionless equilibria in Ti-Mo and Ti-V systems under high pressure conditions[J]. Calphad, 1980, 4: 13-26.

[31] NEELAKANTAN S, RIVERA-DIAZ-DEL-CASTILLO P E J, van der ZWAAG S. Prediction of the martensite start temperature for β titanium alloys as a function of composition[J]. Scr. Mater., 2009, 60: 611-614.

[32] GHOSH G, OLSON G B. Kinetics of F.C.C → B.C.C. heterogeneous martensitic nucleation: Ⅰ. the critical driving force for athermal nucleation[J]. Acta. Metall. Mater., 1994, 42: 3361-3370.

[33] MENON E S K, BANERJEE S, KRISHNAN R. Phase separation in Ti-34 at.% Nb alloy[J]. Trans. Ind. Inst. Met., 1978, 31: 305-307.

[34] KOUL M K, BREEDIS J F. Phase transformations in beta isomorphous titanium alloys[J]. Acta Metall., 1970, 18: 579-588.

[35] HICKMAN B S. Omega phase precipitation in alloys of titanium with transition metals[J]. Trans. AIME, 1969, 245: 1329-1335.

[36] COLLINGS E W. The physical metallurgy of titanium alloys[M]. Ohio: American Society for Metals, Metals Park, 1984.

[37] BLACKBURN M J, WILLIAMS J C. Phase transformation in Ti-Mo and Ti-V alloys[J]. Trans. TMS-AIME, 1968, 242: 2461-2469.

[38] HATT B A, RIVLIN V G. Phase transformations in superconducting Ti-Nb alloys[J]. Brit. J. Appl. Phys., 1968, 1: 1145-1149.

[39] SASS S L, BORIE B. The symmetry of the structure of the omega phase in Zr and Ti alloys.[J]. J. Appl. Cryst., 1972, 5: 236-238.

[40] MORNIROLI J P, GANTOIS M. Study of the conditions under which the omega phase forms in titanium-niobium and titanium-molybdenum alloys[J]. Mem. Sci. Rev. Metall., 1973, 70: 831-842.

[41] KUTSAR A R. TP diagram of Hf and phase transitions in shock waves [J]. Phys. Met. Metallogr., 1975, 40: 89-95.

[42] MOFFAT D L, LARBALESTIER D C. The competition between the alpha and omega phases in aged Ti-Nb alloys[J]. Metall. Trans. A, 1988, 19: 1687-1694.

[43] MOFFAT D L, KATTNER U R. The stable and metastable Ti-Nb phase diagrams[J]. Metall. Trans. A, 1988, 19: 2389-2397.

[44] ZHANG Y L, LIU H S, JIN Z P. Thermodynamic assessment of the

Nb-Ti system[J]. Calphad, 2001, 25: 305-317.

[45] DINSDALE A T. SGTE data for pure elements[J]. Calphad, 1991, 15: 317-425.

[46] VŘEŠT'áL J, ŠTROF J, PAVLŮ J. Extension of SGTE data for pure elements to zero Kelvin temperature: a case study[J]. Calphad, 2012, 37: 37-48.

[47] BENDERSKY L A, BOETTINGER W J, BURTON B P, et al. The formation of ordered ω-related phases in alloys of composition $Ti_4Al_3Nb$ [J]. Acta metall. mater., 1990, 38: 931-943.

[48] HU B, WANG J, DU Y, et al. Thermodynamic reassessment of the Au-Dy system supported by first-principles calculations[J]. Calphad, 2016, 53: 49-54.

[49] WANG J, DU Y, TAO X, et al. First-principles generated mechanical property database for multi-component Al alloys: focusing on Al-rich corner[J]. J. Min. Metall. Sect. B-Metall., 2017, 53: 1-7.

[50] WANG Y, CURTAROLO S, JIANG C, et al. Ab initio lattice stability in comparison with CALPHAD lattice stability[J]. Calphad, 2004, 28: 79-90.

[51] REDLICH O, KISTER A T. Algebraic representation of thermodynamic properties and the classification of solutions[J]. Ind. Eng. Chem., 1948, 40: 345-348.

[52] SAUNDERS N. System Ti-Mo[M]//ANSARA I, DINSDALE A T, RAND M H. COST 507: thermochemical database for light metal alloys. Luxembourg: Office for Official Publications of the European Communities, 1998, 249-252.

[53] GHOSH G. Thermodynamic and kinetic modeling of the Cr-Ti-V system [J]. J. Phase Equilib., 2002, 23: 310-328.

[54] WITUSIEWICZ V T, BONDAR A A, HECHT U, et al. The Al-B-Nb-Ti system Ⅲ. thermodynamic re-evaluation of the constituent binary system Al-Ti[J]. J. Alloys Compd., 2008, 465: 64-77.

[55] SUNDMAN B, JANSSON B, ANDERSSON J-O. The Thermo-Calc databank system[J]. Calphad, 1985, 9: 153-190.

[56] SALZBRENNER R J, COHEN M. On the thermodynamics of thermoelastic martensitic transformations[J]. Acta Metall., 1979, 27: 739-748.

# 第8章　第三代热力学模型在描述Ti-V体系中的应用

## 8.1 引　　言

当前，Dinsdale[1]编辑的SGTE数据库中纯元素的吉布斯自由能在相图计算领域被广泛采用。在第一代和第二代热力学数据库中，每个相的吉布斯自由能被描述为温度、压力和成分的简单函数关系。尽管吉布斯自由能函数的温度范围是从室温至6000 K，但该描述主要适用于中间温度范围，在600 K以下或熔点以上几乎是不可靠的。这使得无法对低温相变进行可靠的热力学描述，例如Ti合金中的马氏体相变和ω相变。具有明确物理意义的新的热力学模型将提高描述这些低温相变的可能性。因此，基于爱因斯坦模型开发第三代CALPHAD热力学模型以实现从0 K至熔点以上可靠的热力学描述。第一次尝试定义这种新的热力学模型是在1995年的Ringberg研讨会上[2-5]。随后，Chen和Sundman[6]改进了该模型用以描述纯铁的bcc、fcc、液相和非晶相的热力学性质。最近，这个新模型[6]已成功应用于其他纯元素，如Mn[7]、Fe和Mn的hcp亚稳相[8]、Co[9, 10]、Pb[11]、C[12]、Al[13, 14]、Sn[15]、Au[16]、Zn[17]、Cr和Ni[18]。第三代CALPHAD热力学模型的优势也在某些关键的二元体系中得到证明，如Fe-Cr和Cr-Ni[18-20]。

如前面章节所述，由于钛合金具有高比强度、良好的耐腐蚀性和优异的韧性，已广泛应用于航空、航天、汽车和化学工业[21-24]。随着β稳定元素如V、Mo、Nb等含量的增加，Ti合金从体心立方β相区快速淬火可形成两种马氏体，分别为六方密堆积(hcp)的α′(P63/mmc)和正交畸变的α″(Cmcm)。α′马氏体通常在较低含量的β稳定元素下形成，而α″马氏体则在较高含量下形成。β→α″和β→α′相变之间的主要区别是前者相变过程中原子改组的位移程度小于后者。因此，可以将β→α″相变在晶体学上视为不完整的β→α′相变。在纯Ti中，具有六方结构的亚稳相ω仅在较大的压应力下形成。相反，当Ti合金中含有较高的β稳定元素时，亚稳相ω可在常压下作为过渡相形成。合金从高温β固溶体进行快速淬火形成的ω相，称

为无热 ω 相；合金在低温下时效形成的 ω 相，称为等温 ω 相。在 Ti 合金中观察到的 ω 相非常接近马氏体相变。ω 相的析出与马氏体相变具有竞争性[25]。近年来，研究发现 ω 相是钛合金中细小 α 相析出的前驱体而得到了广泛的关注[26-31]。V 是 Ti 合金中最常见的 β 同晶合金元素之一，可显著改善合金的塑性和强度[32]。基于第三代 Ti 和 V 的热力学参数，对 Ti-V 合金中马氏体相变和 ω 相析出进行热力学描述是设计新型 Ti-V 基合金的基础。在本书工作中，采用第三代热力学模型[6]来描述 Ti 和 V 的 hcp、bcc、fcc、ω、液相和非晶相，并重新优化 Ti-V 体系。新的热力学模型将有助于准确描述 Ti-V 合金在低温下发生的马氏体相变和 ω 相变。

因此，本章节研究的主要目的是：① 严格评估纯元素 Ti、V 和二元体系 Ti-V 的文献数据；② 采用第一性原理计算 Ti 和 V 的不同同素异形体的德拜温度和 0 K 时的基态能量差，为热力学模型参数优化提供必要的热力学数据；③ 采用新的更具物理意义的模型发展纯元素 Ti 和 V 的第三代热力学数据库；④ 通过 CALPHAD 方法[33, 34]重新优化 Ti-V 二元系并计算其亚稳相图以及 $T_0(\beta/\alpha)$ 和 $T_0(\beta/\omega)$ 曲线。

## 8.2　Ti-V 体系文献数据评估

### 8.2.1　纯元素 Ti

Ti 具有两种稳定的同素异形体，即具有 hcp 结构与 Mg 同型的低温相 α-Ti 和具有 bcc 结构与 W 同型的高温相 β-Ti。hcp 和 bcc 之间公认的转变温度为 1155 K[1]。钛的熔点为 1941 K，原子量为 47.88[1]。

Desai[35]根据文献中报道的实验数据，对纯 Ti 的热力学性质包括热容、生成焓、转变焓、熔化焓、转变熵、熔化熵等进行了严格的评估和讨论，推荐了 1～3800 K 温度范围内的热容值以及 298.15～3800 K 温度范围内的焓、熵和吉布斯能的值。本书工作对纯 Ti 的热力学性质总结如下。

表 8.1 汇总了文献报道的 Ti 的热容数据。大量的研究者[36-45]采用不同的量热技术测量了 Ti 在 0～300 K 之间的低温热容。他们的实验结果彼此之间相互一致。Chase[46]编辑的 NIST-JANAF 数据库以及 Desai[35]推荐的 0～300 K 之间的热容与测量值[36-45]相吻合，具有 ±1.5% 的偏差。在大量的研究工作[47-59]中实验测定了 hcp-Ti 在 300～1155 K 温度范围内的高温热容。将实验数据进行整体比较，不同工作[49,51-53,57]获得的结果总体上是一致的。来自 Golutvin[47]、Serebrennikov

和 Gel′d[48]、Parker[50]以及 Holland[54]的实验结果是分散的，其测定值高于其他工作[49,51-53,57]，因此本书工作在优化热力学参数时没有采用他们的实验结果。尽管 Backhurst[55]、Takahashi[59]以及 Peletskii 和 Zaretskii[58]报道了一些相似的结果，但他们测定的热容值在 hcp 和 bcc 转变温度下要比其他人报道的热容值高得多，而在其他温度下却很低，因此在本书工作的热力学优化中亦没有采用。一些研究者[55-64]通过实验测定了 bcc-Ti 在 1155 K 至熔点范围内的高温热容。这些实验数据在整个温度范围内较为分散。如上所述，Backhurst[55] 以及 Peletskii 和 Zaretskii[58]的实验结果低于其他工作[57,62,64]。来自 Shestopal[60] 以及 Maglic 和 Pavicic[56]的数据在温度高于 1800 K 时，热容值会迅速增加，这是不正常的。因此，本书工作优化热力学参数时未采用这些实验数据[55,56,58,60]。基于文献报道的 hcp 和 bcc 的实验热容数据，Hultgren 等[65]、Glushko 等[66]、Chase[46] 以及 Desai[35]推荐了 hcp-Ti 和 bcc-Ti 的热容值，且推荐值相互一致。此外，Desai[35]还讨论了实验热容值[50-55,57,58,60,61,63]与推荐值之间的偏差。本书工作采用了 Desai[35]推荐的热容值，因为这些数据与大部分可靠的实验数据相吻合。

目前，已经有很多研究者[35,46,66-72]报道了实验和推荐的液相 Ti 的热容数据，均为不同的常数。Zhou 等[71]报道的液相热容值为 33.64 J/(mol · K)，远低于其他工作报道的值。Glushko 等[66]、Chase[46]和 Desai[35]推荐的液相 Ti 的热容值分别为 48.80 J/(mol · K)、47.237 J/(mol · K)和 46.29 J/(mol · K)。由于实验热容值较为分散，Desai[35]推荐的液相热容值介于 Treverton 和 Margrave[67]、Berezin 等[68]、Paradis 和 Rhim[69]以及 Ishikawa 等[72]报道的实验值之间，因此本书工作在优化液相参数时，采用了来自 Desai[35]推荐的液相 Ti 的热容数据。

文献中没有关于亚稳相 fcc-Ti 和 ω-Ti 的实验热容数据的报道。Zhang 等[73]采用第一性原理平面波伪势方法结合基于 DFT 的准谐波德拜模型研究了在不同压力下 fcc-Ti 的热容随温度的变化关系。计算结果表明，在低于 400 K 以下时，热容随温度的升高迅速增加，而当压力从 0 增加到 80 GPa 时，热容减小。Mei 等[74]和 Argaman 等[75]在 DFT 中使用声子态密度和德拜模型计算了恒压下 ω 相的热容。Mei 等[74]和 Argaman 等[75]计算的结果非常一致。通过理论计算的 fcc-Ti 和 ω-Ti 的热容[73-75]在本书工作的热力学参数优化中予以采用。

**表 8.1　Ti 的热容数据**

| 温度范围（K） | 相 | 方法 | Ti 的纯度（wt. %） | 数据来源 |
|---|---|---|---|---|
| 51～298 | hcp | 量热法 | 98.75 | Kelley[36] |
| 15～305 | hcp | 液滴量热法 | 99.96 | Kothen, Johnston[37] |
| 4～15 | hcp | 绝热量热法 | 99.95 | Aven et al.[38] |

续表

| 温度范围（K） | 相 | 方法 | Ti 的纯度（wt.%） | 数据来源 |
|---|---|---|---|---|
| 1.2～20 | hcp | 量热法 | 99.90 | Wolcott[39] |
| 20～200 | hcp | 真空量热法 | 99.00 | Burk et al.[40] |
| 12～273 | hcp | 绝热量热法 | 99.90 | Clusius，Franzosini[41] |
| 1.1～4.5 | hcp | 绝热量热法 | 99.86 | Kneip et al.[42] |
| 1.2～4.5 | hcp | 量热法 | 99.92 | Hake，Cape[43] |
| 1.5～5.3 | hcp | 量热法 | 99.86 | Collings，Ho[44] |
| 1.2～4.5 | hcp | 绝热量热法 | 99.80 | Agarwal，Betterton[45] |
| 400～1100 | hcp | 液滴量热法 | 无 | Golutvin[47] |
| 280～1150 | hcp | 液滴量热法 | 无 | Serebrennikov，Gel'd[48] |
| 187～353 | hcp | 绝热量热法 | 无 | Stalinski，Bieganski[49] |
| 340～1100 | hcp | 电阻率技术 | 99.99 | Parker[50] |
| 297～1075 | hcp | 绝热量热法 | 99.95 | Novikov[51] |
| 293～473 | hcp | 量热法 | 99.90 | Zarichnyak，Lisnenko[52] |
| 320～1020 | hcp | 绝热量热法 | 99.94 | Cash，Brooks[53] |
| 600～1066 | hcp | 调制量热法 | 无 | Holland[54] |
| 873～1873 | hcp，bcc | 绝热真空量热法 | 99.00 | Backhurst[55] |
| 300～1900 | hcp，bcc | 量热法 | 无 | Maglic，Pavicic[56] |
| 320～1800 | hcp，bcc | 绝热量热法 | 99.80 | Kohlhaas et al.[57] |
| 920～1370 | hcp，bcc | 纵向热通量法 | 无 | Peletskii，Zaretskii[58] |
| 300～1300 | hcp，bcc | 示差扫描热量计 | 无 | Takahashi[59] |
| 1400～1880 | bcc | 调制量热法 | 无 | Shestopal[60] |
| 1000～1700 | bcc | 热弛豫量热仪 | 99.80 | Arutyunov et al.[61] |
| 1500～1900 | bcc | 脉冲加热量热法 | 99.60 | Kaschnitz，Reiter[62] |
| 1500～1900 | bcc | 脉冲加热量热法 | 99.90 | Cezairliyan，Miiller[63] |
| 1300～1800 | bcc | 调制功率法 | 99.99 | Guo et al.[64] |
| 1969～2315 | liquid | 悬浮量热法 | 99.95 | Treverton，Margrave[67] |

**续表**

| 温度范围（K） | 相 | 方法 | Ti 的纯度（wt.%） | 数据来源 |
|---|---|---|---|---|
| 1940～2045 | liquid | 液滴量热法 | 99.91 | Berezin et al.[68] |
| 1650～2000 | liquid | 静电悬浮法 | 99.99 | Paradis, Rhim[69] |
| 1650～1950 | liquid | 静电悬浮法 | 99.995 | Lee et al.[70] |
| 1815～2211 | liquid | 液滴量热法 | 99.999 | Zhou et al.[71] |
| 1943 | liquid | 静电悬浮法 | 99.90 | Ishikawa et al.[72] |
| 250～2100 | hcp, bcc | 评估 | 无 | Hultgren et al.[65] |
| 400～2300 | hcp,bcc,liquid | 评估 | 无 | Glushko et al.[66] |
| 0～3600 | hcp,bcc,liquid | 评估 | 无 | NIST-JANAF[46] |
| 1～3800 | hcp,bcc,liquid | 评估 | 无 | Desai[35] |
| 50～1500 | fcc | 第一性原理计算 | 100 | Zhang et al.[73] |
| 0～1200 | ω | 第一性原理计算 | 100 | Mei et al.[74] |
| 0～1200 | ω | 第一性原理计算 | 100 | Argaman et al.[75] |

Ti 不同同素异形体的爱因斯坦温度 $\theta_E$是第三代热力学模型的关键参数。但是,爱因斯坦温度不能直接通过实验测定。根据经验公式,爱因斯坦温度约为高温熵德拜温度 $\theta_D(0)$[6,76]的 71.4%,即 $\theta_E \approx 0.714\ \theta_D(0)$。$\theta_D(0)$是从声子频率的第 $n$ 阶推导得出的德拜温度$\theta_D(n)$的特例[77]。对于理想的德拜固体,所有 $\theta_D(n)$值都等于德拜温度 $\theta_D(-3)$的低温极限,$\theta_D(-3)$可以从低温热容或弹性常数获得。对于真实固体,$\theta_D(0)$与 $\theta_D(-3)$不同,并且对于同一元素,$\theta_D(0)/\theta_D(-3)$的比值是常数[6]。Chen 和 Sundman[78]报道的 hcp-Ti 的 $\theta_D(0)/\theta_D(-3)$比值是0.89。本书工作假定 hcp、bcc、fcc、ω 和液相 Ti 的 $\theta_D(0)/\theta_D(-3)$比值均为 0.89。表 8.2 总结了钛不同相的德拜温度 $\theta_D(-3)$的低温极限、高温熵德拜温度 $\theta_D(0)$、爱因斯坦温度 $\theta_E$ 和电子比热系数 $\gamma$。hcp-Ti 的德拜温度 $\theta_D(-3)$已被许多研究者[35,38,39,42-45,75,78-85]报道。他们的结果彼此非常吻合。高温熵德拜温度 $\theta_D(0)$和爱因斯坦温度 $\theta_E$分别由关系式 $\theta_D(0)=0.89\theta_D(-3)$[78]和 $\theta_E=0.714\theta_D(0)$[76]得出。Petry 等[86]、Ledbetter 等[87]、Zhang 等[73] 以及 Chen 和 Sundman[78,85] 报道了 bcc-Ti的德拜温度 $\theta_D(0)$。从表 8.2 可以看出,报道的 bcc-Ti 的德拜温度 $\theta_D(0)$值彼此一致。对于亚稳的 fcc-Ti 和 ω-Ti,学者们[75,78,88,89]使用 DFT 计算了它们的德拜温度 $\theta_D(-3)$或 $\theta_D(0)$。文献中尚未报道 Ti 的液相-非晶相的德拜温度。在本

书工作中，建议使用两种方法来估算纯元素的液相-非晶相的德拜温度。在第一种方法中，可以通过线性拟合相关二元非晶态合金的德拜温度来推断纯元素的液相-非晶相的德拜温度。文献报道了Ni-Ti[90,91]和Cu-Ti[92]合金非晶态的德拜温度，可以根据德拜温度随Ni和Cu的成分变化进行线性拟合[93-95]并延伸到纯元素Ti端，从而获得纯元素Ti非晶态的德拜温度。第二种方法是Grimvall[96]根据实验[97-99]和理论计算[100]建立的假设，即为非晶态的德拜温度$\theta_D(-3)$比晶态的低15%～30%。根据该假设，非晶态Ti的德拜温度为300 K，这与从非晶态Ni-Ti和Cu-Ti合金线性拟合获得的德拜温度330±30 K相一致。

**表8.2　不同Ti的同素异形体的德拜温度、爱因斯坦温度和电子比热系数**

| 相 | $\theta_D(-3)$(K) | $\theta_D(0)$(K)$^a$ | $\theta_E$(K)$^b$ | $\gamma$( mJ/mol·K) | 数据来源 |
|---|---|---|---|---|---|
| hcp | 423 | 376.47 | 268.80 | 3.11 | Agarwal, Betterton[79] |
| | 428±5 | 380.92 | 271.98 | 3.32±0.02 | Agarwal, Betterton[45] |
| | 427 | 380.03 | 271.34 | 3.346 | Kneip et al.[42] |
| | 421 | 374.69 | 267.53 | 3.38 | Aven et al.[38] |
| | 429±7 | 381.81 | 272.61 | 3.305 | Hake, Cape[43] |
| | 415 | 369.35 | 263.72 | 3.30 | Heiniger, Muller[80] |
| | 430 | 382.7 | 273.25 | 3.56 | Wolcott[39] |
| | 410 | 364.90 | 260.54 | 3.32 | Collings, Ho[44] |
| | 420 | 373.80 | 266.89 | 3.36 | Collings, Ho[81] |
| | 412±5 | 366.68 | 261.81 | 3.31±0.03 | Dummer[82] |
| | 428±5 | 380.92 | 271.98 | 3.349 | Fisher, Renken[83] |
| | 425±5 | 378.25 | 270.07 | 3.332±0.02 | Desai[35] |
| | 420 | 373.80 | 266.89 | 3.35 | Kittel[84] |
| | 403 | 358.67 | 256.09 | | Argaman et al.[75] |
| | | 374 | 267.04 | | Chen, Sundman[85] |
| | | 385 | 274.89 | | Chen, Sundman[78] |
| | 397 | 53.33 | 252.28 | | 本书工作(DFT) |
| | | | 269.66 | 7.77$^c$ | 本书工作(CALPHAD) |

续表

| 相 | $\theta_D(-3)$(K) | $\theta_D(0)$(K)[a] | $\theta_E$(K)[b] | $\gamma$( mJ/mol·K) | 数据来源 |
|---|---|---|---|---|---|
| bcc | | 272 | 194.21 | | Petry et al.[86] |
| | | 264.2 | 188.64 | | Ledbetter et al.[87] |
| | | 281.3 | 200.85 | | Zhang et al.[73] |
| | | 263 | 187.78 | | Chen，Sundman[85] |
| | | 269 | 192.07 | | Chen，Sundman[78] |
| | | | 192.01 | 3.51[c] | 本书工作(CALPHAD) |
| fcc | | 312 | 222.77 | | Chen，Sundman[78] |
| | 371 | 330.19 | 235.76 | | 本书工作(DFT) |
| | | | 236.67 | 2.20[c] | 本书工作(CALPHAD) |
| ω | 457 | 406.73 | 290.41 | | Argaman et al.[75] |
| | | | 287.50 | | Yan，Olson[88] |
| | 439 | 390.71 | 278.97 | | Hu et al.[89] |
| | 475 | 422.75 | 301.84 | | 本书工作(DFT) |
| | | | 289.3 | 3.51[c] | 本书工作(CALPHAD) |
| 液相-非晶相 | 300 | 267.00 | 190.64 | | Ristić et al[93,94].，Bakonyi[95] |
| | 330±30[d] | 294±27 | 210±19 | | Grimvall[96] |
| | | | 185.76 | 4.01[c] | 本书工作(CALPHAD) |

注：a. 当 $\theta_D(0)$无法获得时，假设 $\theta_D(0)=0.89\cdot\theta_D(-3)$[78]；[b] $\theta_E=0.714\cdot\theta_D(0)$[76]；[c]优化的 $a$ 值包括电子激活和低阶非谐振动贡献（膨胀和非谐）；[d] Grimvall[96]假设非晶态 $\theta_D(-3)$ 的值比晶态的低 15%～30%。

表 8.3 总结了纯元素 Ti 的转变和熔化的焓和熵。在许多工作中[47,50,55,57,58,65,66,101-107]已经报道了 hcp 相和 bcc 相之间的转变焓 $\Delta H_{hcp\text{-}bcc}$。Hultgren等[65]、Desai [35]和 Chase [46]根据 Cezairliyan 和 Miller[101]的脉冲加热测定结果，推荐的转变焓 $\Delta H_{hcp\text{-}bcc}$分别为 4255 J/mol、4170±200 J/mol 和 4172 J/mol。推荐的 $\Delta H_{hcp\text{-}bcc}$ 值与 Scott[102]、Kohlhaas 等[57]、Gel’d 等[104]、Harmelin 和 Lehr[105]、Peletskii 和 Zaretskii[58]、Kaschnitz 和 Reiter[106] 以及 Martynyuk 和 Tsapkov[107]实验测定的值相一致。一些研究工作[67-69,107,108]测定了 Ti 的熔化焓 $\Delta_{fus}H^o$。Chase[46]根据 Berezin 等[68]的滴落量热法测量结果，推荐 $\Delta_{fus}H^o$ 的值为 14146 J/mol，而 Desai[35]通过将固相和液相的焓外推至熔点的方法推荐 $\Delta_{fus}H^o$ 的值为 14550±500 J/mol，可以看出他们的方法不同但推荐的 $\Delta_{fus}H^o$值相一致，说明推荐的值较准确。Desai[35] 根据推荐的热容值 $C_p$ 推导出 $H^o$(298.15 K)－

$H^o$(0 K)的值为 4822 ± 10 J/mol，还根据 $C_p/T$ 的值推导出 $S^o$(298.15 K)的值为30.686 ± 0.08 J/(mol・K)，这两个值分别与 Chase[46]推荐的值 4830 J/mol 和 30.759 ± 0.20 J/(mol・K)相一致。对于转变熵 $\Delta S_{hcp\text{-}bcc}$和熔化熵 $\Delta_{fus}S^o$，Desai[35]和 Chase[46]通过结合 $C_p/T$ 和 $S^o$(298.15 K)分别推荐了它们的值为 3.576 ± 0.172 J/(mol・K)和 7.481 ± 0.25 J/(mol・K)以及 3.578 J/(mol・K)和 7.295 J/(mol・K)。此外，还有一些研究工作[67,68,106]报道了 $H_m(T) - H_m$(298.15 K)和 $S_m(T) - S_m$(298.15 K)的值，并且他们的实验结果彼此一致。Desai[35]推荐的热容、转变与熔化焓和熵的值是自洽的，并且与大部分报道的实验数据相一致，因此均用于本书工作热力学参数的优化。

**表 8.3　Ti 的熵和焓的数据**

| $\Delta H_{hcp\text{-}bcc}$ (J/mol) | $\Delta_{fus}H^o$ (J/mol) | $H^o$(298.15 K) − $H^o$(0 K)(J/mol) | $S^o$(298.15 K) (J/(mol・K)) | $\Delta S_{hcp\text{-}bcc}$ (J/(mol・K)) | $\Delta_{fus}S^o$ (J/(mol・K)) | 方法 | 数据来源 |
|---|---|---|---|---|---|---|---|
| 4170 ± 200 | | | | 3.58 | | 脉冲加热量热法 | Cezairliyan, Miller[101] |
| 4255 | | | | | | 评估 | Hultgren et al.[65] |
| 4090 ± 100 | | | | | | 绝热量热法 | Scott[102] |
| 3350 ± 200 | | | | | | 脉冲加热量热法 | Parker[50] |
| 3430 ± 80 | | | | | | 滴落量热法 | Golutvin[47] |
| 4150 | | | | | | 绝热量热法 | Kohlhaas et al.[57] |
| 3946 | | 4813 | 30.699 | | | 滴落量热法 | Kothen[103] |
| 3800 | | | | | | 评估 | Glushko et al.[66] |
| 4175 | | | | | | 滴落量热法 | Gel'd et al.[104] |
| 4213 | | | | | | 差热分析 | Harmelin, Lehr[105] |
| 4360 ± 100 | | | | | | 纵向热通量法 | Peletskii, Zaretskii[58] |
| 3680 | | | | | | 绝热真空量热法 | Backhurst[55] |
| 4303 | | | | | | 脉冲加热量热法 | Kaschnitz, Reiter[106] |
| 4300 | 18000 | | | | | 脉冲加热量热法 | Martynyuk, Tsapkov[107] |
| | 14146 ± 480 | | | | | 滴落量热法 | Berezin et al.[68] |
| | 13226 ± 500 | | | | 6.823 ± 0.25 | 悬浮量热法 | Treverton, Margrave[67] |
| | 14980 | | | | | 悬浮量热法 | Bonnel[108] |
| | 14300 | | | | | 静电悬浮法 | Paradis, Rhim[69] |
| 4170 ± 200 | 14550 ± 500 | 4822 ± 10 | 30.686 ± 0.08 | 3.576 ± 0.172 | 7.481 ± 0.25 | 评估 | Desai[35] |
| 4172 | 14146 | 4830 | 30.759 ± 0.20 | 3.578 | 7.295 | 评估 | NIST-JANAF[46] |
| 4170 | 14146 | 4824 | 30.72 | 3.6104 | 7.288 | CALPHAD | SGTE[1] |
| 4175 | 14277 | 4824 | 30.6 | 3.615 | 7.355 | CALPHAD | 本书工作 |

文献中尚未有关于bcc、fcc和ω相对于hcp-Ti吉布斯自由能的报道，但是这些数据可以采用第一性原理计算获得。表8.4比较了不同工作[1,74,75,89,109-117]在0 K时bcc、fcc和ω相对于hcp-Ti的基态能量差。这些通过第一性原理理论计算的基态能量差在本书工作的参数优化时予以考虑。文献中未报道与亚稳相相关的转变温度。转变温度$T_{\omega\text{-hcp}}$和$T_{\omega\text{-bcc}}$可以通过纯Ti的压力-温度相图，使用准谐波近似(QHA)和德拜模型的第一性原理计算[74]以及快速淬火实验[112]来获得。关于转变温度$T_{\omega\text{-hcp}}$，本书工作优先选用Mei等[74]报道的186 K，而不选用根据高压ω-hcp相边界外推的温度，这是由于存在压力滞后现象。来自Mirzayev等[112]报道的转变温度$T_{\omega\text{-bcc}}$为723 K，这个值比高压ω-bcc相界外推值以及QHA计算值具有更低的误差，小于15 K。根据SGTE数据库[1]计算的转变温度$T_{\text{fcc-liquid}}$为900 K，该数据在本书工作的优化中予以采用。

**表8.4　DFT和CALPHAD计算的0 K时bcc、fcc和ω相对于hcp-Ti的基态能量差**

| $\Delta E_{\text{bcc-hcp}}$ (J/mol) | $\Delta E_{\text{fcc-hcp}}$ (J/mol) | $\Delta E_{\omega\text{-hcp}}$ (J/mol) | 方法 | 数据来源 |
|---|---|---|---|---|
| 10556 | | −203 | 准谐波近似和德拜模型 | Mei et al.[74] |
| 10295 | 5509 | | 广义梯度近似下的投影缀加平面波 | Wang et al.[109] |
| 10517 | | −579 | 准谐波近似 | Hu et al.[89] |
| 7062 | 6770 | | 基于爱因斯坦模型外推 | Vřešt'ál et al.[110] |
| | | −788 | 广义梯度近似下的Becke-Perdew函数 | Argaman et al.[75] |
| 9649 | 5403 | −1351 | 第一性原理计算 | OQMD[111] |
| | 6000 | | CALPHAD | SGTE[1] |
| 10619 | 5438 | −571 | 第一性原理计算 | 本书工作 |
| 6029 | 5910 | −214 | CALPHAD | 本书工作 |

## 8.2.2　纯元素V

V的稳定态是与W同型的bcc结构，其原子量为50.9415。不同的学者[46,113-117]推荐了纯V的热容、焓、转变焓和熔化焓、熵等值。推荐的热容、焓、熵和吉布斯自由能的值涵盖了较大温度范围，为0～3800 K，并且这些值之间具有很好的一致性。为了便于阅读，本书工作对V的热力学性质进行了综述和总结。

表8.5总结了文献报道的纯V的热容。几组研究者[118-122]使用不同的量热方法测定了bcc-V在0～300 K之间的低温热容。他们的实验结果在实验误差范围内相互一致。Chase[46]、Desai[115]和Arblaster[116]推荐的0～300 K之间的热容值

与实验数据非常吻合，在 15 K 以下时，偏差约为 3%；在 15～150 K 时，为 10%；在 150～298.15 K 时，为 3%。许多研究人员[121,123-135]用实验测定了 V 的超导态及其转变温度 $T_c$在 0～5.5 K 之间，Desai[115]和 Arblaster [116]对其进行了文献评估。Desai [115]和Arblaster[116]推荐的超导转变温度分别为 5.4±0.3 K 和 5.435 K。本书工作未考虑 V 的超导态，其详细描述可参见 Desai[115]和 Arblaster[116]的工作。不同的研究者[57,136-151]实验测定了 bcc-V 从室温至熔点温度范围内的高温热容。除了来自 Golutvin 和 Kozlovskaya[139]、Margrave[143]以及 Bendick 和Pepperhoff[150]的数据外，测量结果基本一致。Golutvin 和Kozlovskaya[139]报道的热容值较高且分散，而 Margrave[143]以及 Bendick 和 Pepperhoff[150]报道的热容值相对较小。Chekhovskoii 等[152]根据平均热容研究了平衡空位对 V 的热性能的影响。Chekhovskoii等[152]测定的纯 V 的平均热容远远低于其他工作报道的热容。因此，在本书工作优化中不采用这几个工作[139,143,150,152]测定的热容。根据文献中报道的 bcc-V 的实验热容，Chase[46]、Desai[115]和Arblaster[116]推荐了 bcc-V 的热容值，并提供了实验值与推荐值之间的偏差：298.15～1000 K 时约为±2%；1000 K 至熔点时约为± 3%。Chase[46]、Desai[115]和 Arblaster[116]推荐的 bcc-V 的热容值彼此一致，并在本书工作的热力学参数优化时予以采用。几组研究者[67,153,154]用实验测定了液相 V 的热容。Treverton 和 Margrave[67]测得的液相 V 的热容为 48.744 J/(mol·K)，大于 Berezin 等[153]测定的值 46.191 J/(mol·K)以及 Lin 和 Frohberg[154]测定的值 46.72 J/(mol·K)。Thurnay[113]还根据 Lin 和 Frohberg[154]的测量值，将液相 V 的热容计算为 46.72 J/(mol·K)。Smith[114]、Chase[46]、Desai[115]和 Arblaster[116]根据文献报道的实验数据[67,153,154]推荐了液相 V 的热容值。在本书工作热力学参数优化中采用了液相热容的推荐值[46,115,116]和实验数据[153,154]。对于亚稳 hcp-V、fcc-V 和 ω-V 的实验测定和理论计算的热容均未见报道。

**表 8.5　总结的 V 的热容数据**

| 温度范围（K） | 相 | 方法 | V 的纯度（wt.%） | 数据来源 |
|---|---|---|---|---|
| 50～300 | bcc | 量热法 | 99.5 | Anderson[118] |
| 10～273 | bcc | 绝热量热法 | 99.5 | Clusius et al.[119] |
| 200～350 | bcc | 绝热量热法 | 无 | Bieganski，Stalinski[120] |
| 1.5～15 | bcc | 绝热量热法 | 99.999 | Ishikawa，Toth[121] |
| 1.5～40 | bcc | 绝热量热法 | 99.7 | Chernoplekov et al.[122] |
| 80～1000 | bcc | 激光量热法 | 99.999 | Takahashi et al.[136] |
| 273～1873 | bcc | 滴落量热法 | 99.999 | Jaeger，Veenstra[137] |
| 500～1900 | bcc | 绝热量热法 | 99.74 | Fieldhouse，Lang[138] |

续表

| 温度范围（K） | 相 | 方法 | V的纯度（wt.%） | 数据来源 |
|---|---|---|---|---|
| 400～1100 | bcc | 滴落量热法 | 99.8 | Golutvin，Kozlovskaya[139] |
| 320～1800 | bcc | 绝热量热法 | 99.74 | Kohlhaas et al.[57] |
| 320～1800 | bcc | 绝热量热法 | 无 | Braun et al.[140] |
| 1000～1900 | bcc | 感应加热 | 99.72 | Filippov，Yurchak[141] |
| 1200～1800 | bcc | 电子轰击加热 | 99.94 | Peletskii et al.[142] |
| 1400～1700 | bcc | 悬浮量热法 | 99.9 | Margrave[143] |
| 900～1900 | bcc | 无 | 无 | Arutyunov et al.[144] |
| 350～900 | bcc | 量热法 | 无 | Chekhovskoi，Kalinkina[145] |
| 293～1773 | bcc | 图解积分法 | 99.82 | Neimark et al.[146] |
| 1500～2100 | bcc | 脉冲加热 | 99.9 | Cezairliyan et al.[147] |
| 297～2190 | bcc | 滴落量热法 | 99.94 | Berezin，Chekhovskoi[148] |
| 300～1100 | bcc | 综合测量方法 | 无 | Kulish，Filippov[149] |
| 350～1700 | bcc | 绝热量热法 | 99.9 | Bendick，Pepperhoff[150] |
| 300～1900 | bcc | 毫秒脉冲量热法 | 99.8 | Stanimirović et al.[151] |
| 500～2173 | bcc | 绝热加热 | 99.94 | Chekhovskoii et al.[152] |
| 200～2125 | bcc | 评估 | 无 | Maglić[117] |
| 2250～2800 | liquid | 悬浮量热法 | 99.9 | Treverton，Margrave[67] |
| 2084～2325 | liquid | 感应加热和大型铜量热仪 | 99.94 | Berezin et al.[153] |
| 300～2800 | bcc，liquid | 悬浮量热法 | 99.9 | Lin，Frohberg[154] |
| 0～3000 | bcc，liquid | 数学模拟 | 无 | Thurnay[113] |
| 300～2700 | bcc，liquid | 评估 | 无 | Smith[114] |
| 0～3600 | bcc，liquid | 评估 | 无 | NIST-JANAF[46] |
| 1～3800 | bcc，liquid | 评估 | 无 | Desai[115] |
| 0.5～3700 | bcc，liquid | 评估 | 无 | Arblaster[116] |

Chen 和 Sundman[78]报道的 bcc-V 的 $\theta_D(0)/\theta_D(-3)$比值为 0.94。本书工作假设 hcp-V、fcc-V、ω-V 和液相 V 的 $\theta_D(0)/\theta_D(-3)$比值也为 0.94。表 8.6 总结了 V 的不同同素异形体的德拜温度 $\theta_D(-3)$和 $\theta_D(0)$，爱因斯坦温度 $\theta_E$和电子比热系数 $\gamma$。大量的研究工作[84,121-129,131,132,134-136,155-161]报道了 bcc-V 的德拜温度，它们的大部分数值相互一致，除了一些较大的值[121,131]和较小的值[123-126,158]。Desai[115]基于大量实验数据[121-129,131,132,134-136,156-159]推荐了 bcc-V 的德拜温度 $\theta_D(-3)$值为

385±5 K，而 Arblaster[116] 建议采用 Leupold 等[134] 报道的德拜温度 $\theta_D(-3)$值 397.2 K，因为所用样品的纯度很高。表 8.6 中 bcc-V 的高温熵德拜温度 $\theta_D(0)$和爱因斯坦温度 $\theta_E$分别由关系式 $\theta_D(0) = 0.94\theta_D(-3)$[78] 和 $\theta_E = 0.714\theta_D(0)$[76] 推导而来。根据 Desai[115] 和 Arblaster[116] 推荐的德拜温度转化的爱因斯坦温度 $\theta_E$ 值之间的差异仅为 8 K。因此本书工作认为 Desai[115] 和 Arblaster[116] 的推荐值是值得信任的。另外，Tomilo[162] 以及 Chen 和 Sundman[85] 报道的德拜温度 $\theta_D(0)$分别为 375 K 和 359 K，这与根据关系式 $\theta_D(0) = 0.94\theta_D(-3)$[78] 推导的值相一致。对于 hcp-V、fcc-V、ω-V 和液相 V，它们的德拜温度和爱因斯坦温度很少有文献报道。Li 等[163] 用多项式和德拜模型评估了 bcc-V 和液相 V 的 0～298.15 K 温度范围的实验热容，并通过德拜模型外推了亚稳 hcp-V 和 fcc-V 的热容。Li 等[163] 通过多项式模型拟合热容数据获得 bcc-V、hcp-V、fcc-V 和液相 V 的德拜温度 $\theta_D(-3)$和电子比热系数 $\gamma$。Vřešt'ál 等[110] 通过爱因斯坦公式将 SGTE 吉布斯自由能表达式扩展到 0 K，获得了 bcc-V、hcp-V 和 fcc-V 的爱因斯坦温度。Vřešt'ál 等[110] 外推的各相爱因斯坦温度略大于其他工作[85,115,116,163] 相应的值。因此，Li 等[163] 得到的亚稳 hcp-V 和 fcc-V 的德拜温度和爱因斯坦温度在本书工作热力学参数的优化中予以采用。文献中未报道 ω-V 的德拜温度，该值将在本书工作中通过第一性原理计算获得。在文献中未报道 V 及相关体系的液相或非晶相的德拜温度。如上所述，液相-非晶相 V 的德拜温度可以根据 Grimvall[96] 的假设进行预测，即非晶态 V 的德拜温度比 bcc-V 的低 15%～30%。因为该假设对 Ti 是有效的，所用 Grimvall 假设预测的液相-非晶相 V 的德拜温度在本书工作中予以采用。

**表 8.6　不同 V 的同素异形体的德拜温度、爱因斯坦温度和电子比热系数**

| 相名称 | $\theta_D(-3)$(K) | $\theta_D(0)$(K)[a] | $\theta_E$(K)[b] | $\gamma$(mJ/(mol·K)) | 数据来源 |
|---|---|---|---|---|---|
| | 366 | 344.04 | 245.64 | | Takahashi et al.[136] |
| | 400 | 376.00 | 268.46 | 9.64 | Shen[128] |
| | 298 | 280.12 | 200.01 | 8.996 | Corak et al.[123] |
| | 308 | 289.52 | 206.72 | 8.996 | Worley et al.[124] |
| | 338 | 317.72 | 226.85 | 9.26 | Corak et al.[125] |
| | 315 | 296.10 | 211.42 | 8.87 | Cheng et al.[126] |
| bcc | 399 | 375.06 | 267.79 | 9.92 | Keesom, Radebaugh[127] |
| | 382 | 359.08 | 256.38 | 9.82 | Radebaugh, Keesom[129] |
| | 399 | 375.06 | 267.79 | 9.90 | Heiniger et al.[155] |
| | 399 | 375.06 | 267.79 | 9.9 | Junod et al.[156] |
| | 377 | 354.38 | 253.03 | 9.45 | Corsan, Cook[157] |
| | 423 | 397.62 | 283.90 | 9.63 | Ishikawa[121] |
| | 373 | 350.62 | 250.34 | 9.80 | Chernopleko et al.[122] |

续表

| 相名称 | $\theta_D(-3)$(K) | $\theta_D(0)$(K)[a] | $\theta_E$(K)[b] | $\gamma$(mJ/(mol·K)) | 数据来源 |
|---|---|---|---|---|---|
| bcc | 399 | 375.06 | 267.79 | | Sellers et al.[132] |
| | 411 | 386.34 | 275.85 | 10.4 | Kumagai，Ohtsuka[131] |
| | 397.2 | 373.37 | 266.58 | 9.67 | Leupold et al.[134] |
| | 314 | 295.16 | 210.74 | 9.60 | Pan et al.[158] |
| | 357 | 335.58 | 239.60 | 9.47 | Ohlendorf，Wicke[135] |
| | 382 | 359.08 | 256.38 | 8.8 | Vergara et al.[159] |
| | 384 | 360.96 | 257.73 | | Guillermet，Grimvall[160] |
| | 375.4 | 352.88 | 251.96 | | Iglesias-silva，Hall[161] |
| | 380 | 357.20 | 255.04 | 9.26 | Kittel[84] |
| | 385±5 | 361.90 | 258.40 | 9.75±0.3 | Desai[115] |
| | 397.2 | 373.37 | 266.59 | 9.67 | Arblaster[116] |
| | 363.73 | 341.91 | 244.12 | 9.669 | Li et al.[163] |
| | | 375 | 267.75 | 9.26 | Tomilo[162] |
| | | 359 | 256.33 | | Chen，Sundman[85] |
| | | | 292.60 | | Vřešt'ál et al.[110] |
| | 396 | 372.24 | 265.78 | | 本书工作(DFT) |
| | | | 265.09 | 3.91[c] | 本书工作(CALPHAD) |
| hcp | 414 | 389.16 | 277.86 | 9.889 | Li et al.[163] |
| | | | 318.78 | | Vřešt'ál et al.[110] |
| | | | 283.11 | 2.89[c] | 本书工作(CALPHAD) |
| fcc | 398 | 374.12 | 267.12 | 9.711 | Li et al.[163] |
| | | | 306.46 | | Vřešt'ál et al.[110] |
| | | | 266.97 | 2.36[c] | 本书工作(CALPHAD) |
| ω | 344 | 323.36 | 230.88 | | 本书工作(DFT) |
| | | | 247.98 | 2.20[c] | 本书工作(CALPHAD) |
| 液相-非晶相 | 299±29[d] | 281±27 | 201±19 | | Grimvall[96] |
| | 232.9 | 218.93 | 156.31 | 9.929 | Li et al.[163] |
| | | | 202.79 | 3.75[c] | 本书工作(CALPHAD) |

注：a. 当 $\theta_D(0)$无法获得时，假设 $\theta_D(0)=0.94\cdot\theta_D(-3)$[78]；b. $\theta_E=0.714\cdot\theta_D(0)$[76]；c. 优化的 $a$ 值包括电子激活和低阶非谐振动贡献(膨胀和非谐)；d. Grimvall[96]假设非晶态 $\theta_D(-3)$的值比晶态的低 15%～30%。

本书工作对 V 的熔化焓和熔化熵进行了总结，见表 8.7。许多研究者[67,113,143,148,154,164,165]通过不同的方法对 V 的熔化焓 $\Delta_{fus}H^{o}$ 进行了实验测定。基于文献报道的实验数据[67,143,148,154,164,165]，Smith[114]、Chase[46]和 Desai[115]推荐了 V 的 $\Delta_{fus}H^{o}$ 值，分别为 21500 ± 3000 J/mol、22840 ± 6280 J/mol 和 21000 ± 2500 J/mol，而 Arblaster[116]推荐 $\Delta_{fus}H^{o}$ 值为 23023 ± 400 J/mol，该值是 Berezin 和 Chekhovskoi[148]以及 Lin 和 Frohberg[154]实验数据的平均值。实验结果和推荐值在一定程度上是一致的，在本书工作中予以采用。一些学者[46,65,66,114-116]根据热容 $C_p$ 和 $C_p/T$ 值推荐了 V 的 $H^{o}$(298.15 K) − $H^{o}$(0 K) 和 $S^{o}$(298.15 K) 值，还通过 $C_p/T$ 和 $S^{o}$(298.15 K) 推荐了熔化熵 $\Delta_{fus}S^{o}$ 值。在本书工作的热力学参数优化时采用了这些推荐值，因为它们彼此自洽和一致。此外，许多研究人员[67,133,136,148,152-154,164,166,167]还对纯 V 的 $H_m(T) - H_m$(298.15 K) 和 $S_m(T) - S_m$(298.15K) 进行了实验研究。除了 Gathers 等[164]报道的实验值外，其他人的实验结果与推荐值[46,115,116]一致。当温度高于 2500 K，Gathers 等[164]报道的实验数据比其他人报道的值大得多。因此，本书工作未采用 Gathers 等报道的实验数据。

本书工作总结的实验测定和推荐的 V 的熔点也列在表 8.7 中。大量研究者[67,143,148,152-154,164,167-170]对 V 的熔点进行了实验研究。这些实验数据之间略有差异。根据 Smith[114]推荐的 V 的熔点(2183 K)在第一代和第二代热力学数据库[1]中被广泛采用，该值是 2175 K[67]、2179 K[143]、2190 ± 10 K[148]和 2190 K[164]的平均值。但是，在其他一些工作[154,167-170]中测得的熔点更高(2199～2220 K)。Desai[115]根据 Hultgren 等[65]的评估结果推荐 V 的熔点为 2202 K，而 Arblaster[116]根据 Rudy 和 Windisch[168]、Hiernaut[169]以及 Pottlacher 等[152,167]的实验数据，推荐 V 的熔点为 2201 ± 6 K。根据 Desai[115]和 Arblaster[116]的推荐值，本书工作采用的 V 的熔点是 2202 K。

**表 8.7　总结的 V 的焓、熵和熔点**

| $\Delta_{fus}H^{o}$ (J/mol) | $H^{o}$(298.15 K) − $H^{o}$(0 K) (J/mol) | $S^{o}$(298.15 K) (J/(mol·K)) | $\Delta_{fus}S^{o}$ (J/(mol·K)) | 熔点(K) | 方法 | 数据来源 |
|---|---|---|---|---|---|---|
| 17312 ± 712 | | | 7.953 ± 0.335 | 2175 | 悬浮量热法 | Treverton, Margrave[67] |
| 18180 | | | | 2179 | 悬浮量热法 | Margrave[145] |
| 23037 | | | | 2190 ± 10 | 滴落量热法 | Berezin, Chekhovskoi[148] |
| 21905 | | | | 2190 | 脉冲加热 | Gathers et al.[164] |
| 27508 | | | | | 脉冲加热 | Seydel et al.[165] |
| 23036 | | | | 2202 | 悬浮量热法 | Lin, Frohberg[154] |
| 23000 | | | | 2190 | 数学模拟 | Thurnay[113] |
| | | | | 2199 ± 6 | 差热分析 | Rudy, Windisch[168] |

**续表**

| $\Delta_{fus}H^{o}$ (J/mol) | $H^{o}$(298.15 K) − $H^{o}$(0 K)(J/mol) | $S^{o}$(298.15 K) (J/(mol·K)) | $\Delta_{fus}S^{o}$ (J/(mol·K)) | 熔点(K) | 方法 | 数据来源 |
|---|---|---|---|---|---|---|
| | | | | 2200 | 六波长高温计 | Hiernaut[169] |
| | | | | 2201 | 脉冲加热 | McClure，Cezairlliyan[170] |
| | | | | 2199 | 脉冲加热 | Pottlacher et al.[167] |
| | | | | 2220 | 绝热加热 | Chekhovskoii et al.[152] |
| 20937 | 4640 | 28.911±0.4 | | 2199 | 评估 | Hultgren et al.[65] |
| | 4580 | 28.67 | | | 评估 | Glushko et al.[66] |
| 21500±3000 | 4707±50 | 30.89±0.30 | 9.9±1.0 | 2183 | 评估 | Smith[114] |
| 22840±6280 | 4640 | 28.936±0.42 | 10.432 | 2190±20 | 评估 | Chase[46] |
| 21000±2500 | 4707±10 | 29.708±0.08 | 9.537±1.2 | 2202 | 评估 | Desai[115] |
| 23023±400 | 4678 | 29.64 | 10.4607 | 2201±6 | 评估 | Arblaster[116] |
| 21500 | 4507 | 30.89 | 9.8488 | 2183 | CALPHAD | SGTE[1] |
| 21023 | 4706 | 29.85 | 9.5474 | 2202 | CALPHAD | 本书工作 |

表 8.8 比较了第一性原理和 CALPHAD 方法计算的 0 K 时 hcp 相、fcc 相和 ω 相对于 bcc-V 的基态能量差。Wang 等[109]用第一性原理计算的 $\Delta E_{hcp\text{-}bcc}$ 和 $\Delta E_{fcc\text{-}bcc}$ 值与 OQMD 数据库[111]中的值一致，然而，这些数值比来自 Vřešt'ál 等[110]与 SGTE 数据库[1]的值大得多。$\Delta E_{\omega\text{-}bcc}$ 值也具有类似的现象。在本书工作热力学参数优化时会考虑这些计算的基态能量差。根据 SGTE 数据库[1]计算的转变温度 $T_{hcp\text{-}liquid}$ 和 $T_{fcc\text{-}liquid}$ 分别为 1414 K 和 1189 K，该数据在本书工作的优化中予以采用。

**表 8.8　DFT 和 CALPHAD 计算的 0 K 时 hcp 相、fcc 相和 ω 相对于 bcc-V 的基态能量差**

| $\Delta E_{hcp\text{-}bcc}$ (J/mol) | $\Delta E_{fcc\text{-}bcc}$ (J/mol) | $\Delta E_{\omega\text{-}bcc}$ (J/mol) | 方法 | 数据来源 |
|---|---|---|---|---|
| 24478 | 23948 | | 广义梯度近似下的投影缀加平面波 | Wang et al.[109] |
| 3894 | 7478 | | 基于爱因斯坦模型外推 | Vřešt'ál et al.[110] |
| | | 12655 | 超软赝势的 Quantum Espresso | Yan，Olson[88] |
| | | 8965 | CALPHAD | Yan，Olson[88] |
| 25183 | 24893 | | 第一性原理计算 | OQMD[111] |
| 4000 | 7500 | | CALPHAD | SGTE[1] |
| 24801 | 23672 | 11998 | 第一性原理计算 | 本书工作 |
| 4000 | 7500 | 6997 | CALPHAD | 本书工作 |

### 8.2.3 Ti-V 体系的相图热力学数据

Ti-V 二元系的相平衡非常简单，只包含 3 个固溶体相，即液相、(β-Ti, V)和(α-Ti)。基于 SGTE 数据库[1]，几组学者[171-174]对 Ti-V 体系进行了热力学描述。Murray[175,176]先后评估了 Ti-V 体系的相平衡。文献中报道的 Ti-V 体系的相图有两个版本。一个版本的特征是(β-Ti, V)相在临界温度为 1123 K 时存在溶解度间隙，从而在 948 K 时发生偏析反应(β-Ti)→(α-Ti) + (V)，这个版本主要是基于 Nakano等[177]的工作。然而，来自 Fuming 和 Fowler[178]的实验结果表明，没有证据显示溶解度间隙的存在。相反，在高纯样品中观察到了稳定的(α-Ti) + (β-Ti, V)两相区。研究结果表明 Ti-V 合金中氧含量的增加会促使溶解度间隙的形成。因此，Nakano 等[177]报道的溶解度间隙很可能是由于氧污染造成的。另一个版本的 Ti-V 相图的特征是随着 V 含量的增加，相边界(β-Ti, V)/(α-Ti) + (β-Ti, V)连续降低，既没有溶解度间隙也没有偏析反应，该版本的 Ti-V 相图在文献中被广泛采用。

Ti-V 体系的液相线尚未有实验进行测定。Adenstedt 等[179]和 Rudy[180]用实验测定了固相线。液相线和固相线在约为 35 at. % V 和 $1877 \pm 5$ K 时具有最小一致熔融。几组学者[179,181-185]对相边界(α-Ti)/(α-Ti) + (β-Ti, V)和(β-Ti, V)/(α-Ti) + (β-Ti, V)以及相区(α-Ti)、(α-Ti) + (β-Ti, V)和(β-Ti, V)进行了实验研究。研究结果表明，V 在(α-Ti)中的溶解度随温度的升高先增加后降低，其最大值在 773～873 K 范围内约为 3.7 at. %。相边界(β-Ti, V)/(α-Ti) + (β-Ti, V)随着 V 含量的增加而连续降低。Rolinski 等[186]采用 Knudsen 渗流法并结合质谱传感技术确定了固相 Ti-V 合金的活度。Mill 和 Kinoshita[187]通过惰性气氛保护的电磁悬浮技术，测量了液相 Ti-V 合金中 Ti 和 V 的活度，结果显示液相 Ti-V 合金与 Raoult 定律略有正偏差，这与 Rolinski 等[186]报道的固相 Ti-V 合金的活度测量结果一致。

除了对 Ti-V 体系的实验研究外，还采用理论计算来研究固溶体的焓[188]和相平衡[189]。Uesugi 等[188]采用第一性原理计算了纯 Ti 和 V 以及固溶体(hcp-$Ti_{35}V_1$、hcp-$Ti_1V_{35}$、bcc-$Ti_{26}V_1$和 bcc-$Ti_1V_{26}$，原子百分比)。hcp 相的焓随 V 含量的增加而增加，而 bcc 相的焓则减小。Chinnappan 等[189]采用集成展开、晶格动力学和蒙特卡洛建模方法并结合第一性原理计算了 Ti-V 体系的亚固相平衡相图，计算出的相边界与 CALPHAD 评估边界非常一致。

### 8.2.4 Ti-V 体系中的亚稳相

尽管 Ti-V 体系的相平衡很简单，但由于亚稳相的存在，使得该体系的相变变得复杂。如上所述，根据 V 的含量，Ti-V 合金中可以共存两种类型的马氏体，即 $\alpha'$ 和 $\alpha''$，以及亚稳相 $\omega$。McCabe 等[190]使用高分辨率暗场显微镜和选区衍射对淬火和时效 Ti-V 合金进行了研究。实验结果表明，短时效合金的 $\omega$ 相形貌与淬火后的合金相似。Leibovitch 等[191]通过透射电子显微镜和 X 射线衍射分析研究了一系列淬火的 Ti-V 合金，并报道了 $\alpha'$、$\alpha'+\beta+\omega$、$\beta+\omega$ 和 $\beta$ 的稳定相区，分别为 0～8 at.%、8～14 at.%、14～25 at.% 和 25～100 at.% V。Ming 等[192]使用金刚石对顶砧和 XRD 技术研究了在室温下压力高达 25 GPa 时多晶 Ti-V 合金中应力诱导 $\omega$ 相形成。研究发现，对低于 30 at.% V 的合金，$\omega$ 相在高压条件下比 $\alpha$ 相和 $\beta$ 相更稳定，合金成分大于 30 at.% V 时，没有检测出 $\omega$ 相。Matsumoto 等[193]采用 XRD 研究了淬火并固溶热处理的 Ti-V 合金，测定了各稳定相和亚稳相的稳定区间，即

$\alpha'$： 0～8.5 at.% V

$\alpha'+\beta$： 8.5～10.4 at.% V

$\alpha'+\beta+\alpha''+\omega$： 10.4～14.2 at.% V

$\beta+\omega$： 14.2～24.8 at.% V

$\beta$： >24.8 at.% V

Dobromyslov 和 Elkin [194]采用 XRD 和 TEM 测定了在淬火的 Ti-V 合金中形成 $\alpha''$ 相的 V 的最小浓度为 9.0 at.%。此外，还有许多研究人员[29,195-197]采用不同的表征方法，如 XRD、SEM、中子衍射、TEM、原子探针层析扫描等，研究了 Ti-V 合金中亚稳相的微结构、形貌以及转变/析出机制等。

Ti-V 体系的马氏体相变初始温度 $M_s$ 和亚稳相 $\omega$ 形成初始温度 $\omega_s$ 已由几组研究人员进行了实验研究[198-209]。此外，关于马氏体和 $\omega$ 相的形成也从理论上进行了研究[88,210-212]。$M_s$ 和 $\omega_s$ 随合金元素 V 的增加而降低。文献报道的马氏体转变温度 $M_s$ 相对一致，而温度 $\omega_s$ 则明显较分散，这可能是由于氧对 $\beta\to\omega$ 转变的影响。Paton和 Williams[207]研究了氧含量对 $\beta\to\omega$ 转变的影响，实验结果表明，氧含量的增加会显著降低亚稳相 $\omega$ 形成的初始温度 $\omega_s$。最近，Yan 和 Olson[88]、Hu 等[213]以及 Lindwall 等[174]采用 CALPHAD 方法对 Ti-V 体系的马氏体相变 $\beta$-$\alpha'/\alpha''$ 和 $\omega$ 相的形成进行了热力学描述。他们还计算了 $\beta$ 与 $\alpha$ 之间的 $T_0$ 曲线（两相的吉布斯自由能差等于零的温度），即 $T_0(\beta/\alpha)$，以及 $\beta$ 与 $\omega$ 之间的 $T_0$ 曲线，即 $T_0(\beta/\omega)$。然而，Yan 和 Olson[88]以及 Hu 等[213]计算得出的 V 在($\alpha$-Ti)相中的溶解度小于文献报道的值，Lindwall 等[174]计算的 $T_0(\beta/\alpha)$ 曲线大于实验测定的数据。因此，基于第三代 Ti 和 V 晶格稳定性参数重新优化 Ti-V 体系，以进一步完善 Ti-V 合金中马氏体相变和 $\omega$ 相形成的热力学描述。

# 8.3 研究方法

## 8.3.1 第一性原理计算

Ti 和 V 的稳定和亚稳同素异形体的总能量是基于密度泛函理论(DFT)[214, 215]的第一性原理在 Quantum Espresso(QE)软件包[216]中进行计算的。QE 是一个自洽的赝势代码,它以数值平面波为基础来分解单电子波函数。由 Vanderbilt[217]开发的超软赝势用于描述价电子与离子核之间的相互作用。使用 Perdew 等[218]提出的广义梯度近似作为交换关联泛函,并使用 Monkhorst-Pack 方法[219]对布里渊区的 $k$ 点进行采样。设置波函数的动能截断能为 45 Ry,而 360 Ry 的截断能用于电荷密度和电势。对于所有结构,每个方向的 $k$ 点间距均保持在小于或等于 0.02 $Å^{-1}$。选择动能截断能和 $k$ 点的数量,以使总能量收敛在 $10^{-4}$ Ry/atom。使用展开宽度为 0.02 Ry 的 Methfessel-Paxton smearing 方法[220]来说明占据情况。在几何优化过程中,使用 Broyden-Fletcher-Goldfarb-Shanno(BFGS)算法[221]驰豫所有结构的体积、形状和原子位置,直到在每个电子步长中能量收敛到 $10^{-7}$ Ry,并在每个离子步长中将力收敛到 $10^{-3}$ Ry/$bohr^3$。

通过 DFT 计算获得的具有最小能量的平衡结构作为输入以获得 Ti 和 V 的稳定和亚稳同素异形体的弹性常数。每个结构的独立弹性常数和弹性性质均使用 ElaStic 代码[222]计算。每个应变产生 11 个扭曲的结构,最大拉格朗日应变为 0.03。使用 QE 计算每个变形结构的总能量,并将计算出的能量与所施加应变的多项式函数拟合,以计算零应变时的导数。根据这些结果,可以计算出弹性常数 $C_{ij}$,从中可以得出其他弹性性质,如杨氏模量($E$)、剪切模量($G$)、体积模量($B$)和泊松比($\nu$)。根据 ElaStic 代码计算的弹性性质,使用 Andersson[223]提出的以下公式计算每个同素异形体的德拜温度($\theta_D$):

$$\theta_D = \frac{h}{k}\left[\frac{3n}{4\pi}\left(\frac{N_A \rho}{M}\right)\right]^{\frac{1}{3}} v_m \tag{8.1}$$

$$v_m = \left[\frac{1}{3}\left(\frac{2}{v_t^3} + \frac{1}{v_l^3}\right)\right]^{-\frac{1}{3}} \tag{8.2}$$

$$v_t = \left(\frac{G}{\rho}\right)^{\frac{1}{2}}, \quad v_l = \left(\frac{3B + 4G}{3\rho}\right)^{\frac{1}{2}} \tag{8.3}$$

其中,$h$ 是普朗克常数,$k$ 是玻尔兹曼常数,$n$ 是原子数,$N_A$是阿伏伽德罗常数,$\rho$

是密度，$M$ 是分子量，$v_m$是平均速度，$v_t$是横向速度，$v_l$是纵向速度。

## 8.3.2 第三代热力学模型

### 1. 纯元素

(1) 固相

在第三代热力学数据库中，Chen 和 Sundman[6] 发展了基于爱因斯坦函数的新热力学模型来描述纯元素。根据 Chen 和 Sundman 发展的热力学模型，低于熔点时固相的热容可以表示为

$$C_p = 3R\left(\frac{\theta_E}{T}\right)^2 \frac{e^{\theta_E/T}}{(e^{\theta_E/T}-1)^2} + aT + bT^4 + C_p^{mag} \tag{8.4}$$

式中，第一项是谐波晶格振动的贡献，$R$ 是气体常数，$\theta_E$是爱因斯坦温度；$aT$ 表示电子激发和低阶非谐波修正的贡献，参数 $a$ 与非热力学信息有关，如费米能级的电子密度；$bT^4$表示高阶非谐波晶格振动的贡献，而参数 $b$ 几乎不能通过实验信息来验证；$C_p^{mag}$ 是磁性的贡献。对于 Ti 和 V，由于它们没有任何磁性，所以 $C_p^{mag}$ 为零。因此，以下表达式将不包括磁贡献项。

根据式(8.4)中 $C_p$ 的表达式，可以推导出相应的吉布斯自由能的表达式：

$$G = E_0 + \frac{3}{2}R\theta_E + 3RT\ln\left[1-\exp\left(-\frac{\theta_E}{T}\right)\right] - \frac{a}{2}T^2 - \frac{b}{20}T^5 \tag{8.5}$$

其中，$E_0$是 0 K 时的内聚能(不包括振动贡献的总能量)，第 2 项和第 3 项是爱因斯坦模型描述的零点晶格振动的能量。参数 $E_0$、$\theta_E$、$a$ 和 $b$ 用于拟合从 0 K 到熔点 $T_m$ 的实验热容和焓值。

当温度高于熔点时，固相的吉布斯自由能也应该具有类似的表达式，以使熔点处的热容、焓和熵能够连续变化。该模型需要避免热容量曲线中的扭结点[224]，该点是在熔点上将固相吉布斯自由能直接外推所固有的。本书工作也采用了 Chen 和 Sundman[6] 提出的高于熔点时固相热容和吉布斯自由能的表达式，如式(8.6)和式(8.7)所示：

$$C_p = 3R\left(\frac{\theta_E}{T}\right)^2 \frac{e^{\theta_E/T}}{(e^{\theta_E/T}-1)^2} + a' + b'T^{-6} + c'T^{-12} \tag{8.6}$$

$$G = \frac{3}{2}R\theta_E + 3RT\ln\left[1-\exp\left(-\frac{\theta_E}{T}\right)\right] + H' - S'T + a'T(1-\ln T) - \frac{b'}{30}T^{-5} - \frac{c'}{132}T^{-11} \tag{8.7}$$

其中，$a'$、$b'$和 $c'$的优化需基于以下两个假设：一是假设式(8.4)和式(8.6)中热容及其一阶导数在熔点处相等，二是假设式(8.6)计算的热容值等于在远高于熔点的任意高温下液相的热容值，如为 4000 K 时。系数 $H'$和 $S'$分别由熔点时的焓和熵计算得出。式(8.6)和式(8.7)确保固相在非常高的温度下不会再次变得稳定，并

且在熔点处保持热容及其一阶导数的连续性。最近，Sundman 等[225]提出了一种名为等熵准则(Equal-Entropy Criterion，EEC)的新方法。当在远高于熔点的温度下进行外推计算时，该方法可以防止固相再次变得稳定，对检测非物理外推计算非常有用，这种新方法仍在研究中。在本书工作中，由 Chen 和 Sundman 提出的模型[6]足以在第三代 CALPHAD 数据库的背景下对低温 ω 相进行热力学描述。

(2) 液相-非晶相

Ågren[3, 226]提出的广义两状态模型(generalized two-state model)用于描述液相和非晶相。在该模型中，将液相和非晶相视为一个相，其原子可以处于液态或非晶态。因此，在本书工作中，将液相和非晶相简称为液相-非晶相。利用该模型，可以获得从低温非晶相到高温液相的热力学性质(即热容、焓和熵)的连续变化。根据 Ågren[3, 226]的研究，液相-非晶相的吉布斯自由能可以通过以下公式进行描述：

$$G^{\text{liq-am}} = {}^{\circ}G^{\text{am}} - RT\ln[1 + \exp(-\Delta G_{\text{d}})/RT] \tag{8.8}$$

其中，${}^{\circ}G^{\text{am}}$表示所有原子都处于非晶态时体系的吉布斯自由能。除了式(8.5)中表示高阶非谐波晶格振动贡献的 $T^5$ 外，${}^{\circ}G^{\text{am}}$的表达式与低于熔点时固相的吉布斯自由能表达式相同。$\Delta G_{\text{d}}$ 是液态和非晶态之间的吉布斯自由能差，$\Delta G_{\text{d}} = {}^{\circ}G^{\text{liq}} - {}^{\circ}G^{\text{am}}$，可以表示为

$$\Delta G_{\text{d}} = A + BT + CT\ln T \tag{8.9}$$

其中，系数 $B$ 的绝对值通常认为是共有熵(对应于原子为液态和非晶态时的熵差)，即为气体常数 $R$[6]。在本书工作中，$B$ 的值设为 $-R$，根据实验信息优化参数 $A$ 和 $C$，将实验的熔化焓设为 $A$ 的初始值。基于实验的热容、焓、熵和熔点等实验数据，式(8.8)和式(8.9)中的所有参数均可以进行优化。

**2. 二元系中的固溶体相**

在 Ti-V 二元系中，采用置换溶体模型描述固溶体相(如 liquid、bcc、hcp 和 ω)，固溶体相的过剩吉布斯自由能采用 Redlich-Kister 多项式[227]描述。固溶体相 $\varphi$(liquid、bcc、hcp 和 ω)的摩尔吉布斯自由能可以表示为

$$\begin{aligned} G_{\text{m}}^{\varphi} - H^{\text{SER}} = {} & x_{\text{Ti}} \cdot {}^{\circ}G_{\text{Ti}}^{\varphi} + x_V \cdot {}^{\circ}G_{\text{V}}^{\varphi} + R \cdot T \cdot (x_{\text{Ti}} \cdot \ln x_{\text{Ti}} + x_{\text{V}} \cdot \ln x_{\text{V}}) \\ & + x_{\text{Ti}} \cdot x_{\text{V}} \cdot [(a_0 + b_0 \cdot T) + (a_1 + b_1 \cdot T)(x_{\text{Ti}} - x_{\text{V}})^1 + \cdots] \end{aligned} \tag{8.10}$$

其中，$H^{\text{SER}} = x_{\text{Ti}} \cdot H_{\text{Ti}}^{\text{SER}} + x_{\text{V}} \cdot H_{\text{V}}^{\text{SER}}$，$x_{\text{Ti}}$和 $x_{\text{V}}$分别是 Ti 和 V 的摩尔分数。基于实验数据对系数 $a_j$和 $b_j$($j = 0, 1, \cdots$)进行优化。

### 8.3.3　优化过程

基于文献报道的实验数据和本书工作第一性原理计算的结果，本书工作使用 PARROT 模块[228]优化了纯元素 Ti、V 和 Ti-V 二元系的热力学模型参数。在优化过程中，根据数据的偏差为每个实验数据点赋予一定的权重。

本书工作首先对 Ti 的稳定相 hcp、bcc 和液相-非晶相以及 V 的稳定相 bcc 和液相-非晶相的热力学参数进行优化。随后，对 Ti 的亚稳相 fcc 和 ω 以及 V 的亚稳相 hcp、fcc 和 ω 进行优化。基于实验热容数据，对式(8.4)和式(8.5)中的参数 $\theta_E$ 进行优化。优化时，将通过德拜温度推导出的爱因斯坦温度设为 $\theta_E$ 的初始值。对于 hcp-Ti 和 bcc-V，式(8.5)中的 $E_0$ 值可通过考虑以室温焓为参考态（即将 $H^o$(298.15 K)设置为零）来优化。对于其他相的 $E_0$ 值可通过优化第一性原理计算的相对于参考态 hcp-Ti 和 bcc-V 的基态能量差来获得。式(8.4)和式(8.5)中的参数 $a$，由电子激发和低阶非谐波振动组成，可将电子比热系数设置为它的初始值，通过优化实验热容数据来获得。式(8.4)和式(8.5)中的参数 $b$ 无相关实验信息，同样通过优化实验热容数据获得。总之，通过优化基态能量差、爱因斯坦温度以及从 0 K 至熔点的实验热容和焓等数据来获得模型中的热力学参数 $E_0$、$\theta_E$、$a$ 和 $b$。为了使热容及其一阶导数在熔点处连续，设置式(8.4)和式(8.6)中热容及其一阶导数在熔点处相等并要求固相的热容值等于在远高于熔点的任意高温下液相的热容值，来优化式(8.6)和式(8.7)中的参数 $a'$、$b'$ 和 $c'$，本书工作选择的任意高温为 4000 K。式(8.7)中的热力学参数 $H'$ 和 $S'$ 可分别通过优化熔点处的焓和熵获得。式(8.9)中参数 $B$ 的绝对值与共有熵(即气体常数 $R$[3, 226])的差别不要太大。在本书工作的优化中，将 $B$ 值固定为 −8.314 J/(mol・K)。式(8.9)中的参数 $A$ 和 $C$ 可通过优化液相的实验热容以及熔化焓和熔化熵获得。

根据本书工作获得的 Ti 和 V 的吉布斯自由能函数，对 Ti-V 体系重新进行了热力学优化。将液相、(β-Ti, V)和(α-Ti)视为亚规则溶体，而(ω-Ti)相则视为规则溶体。

## 8.4 计算结果与讨论

### 8.4.1 第一性原理计算

使用 DFT 计算获得的不同 Ti 和 V 同素异形体的总能随体积的变化关系如图 8.1 所示。从图中可以看出，Ti 和 V 在 0 K 时稳定的同素异形体分别是 ω-Ti 和 bcc-V。表 8.9 总结了通过 DFT 计算得到的 Ti 和 V 的不同同素异形体的基态能量差和点阵常数。计算能量差时采用 SGTE 数据库建议的参考态，即 Ti 和 V 的参考态分别为 hcp-Ti 和 bcc-V。从图 8.1 和表 8.9 中可以看出，Ti 的不同结构在 0 K 时的稳定性顺序为 ω>hcp>fcc>bcc。类似地，V 的不同结构在 0 K 时的稳定性顺序为 bcc＞ω＞fcc＞hcp。Ti 在 0 K 和 0 GPa 处最稳定的相是 ω 相，这与室温下稳定的相也将在 0 K 稳定的一般行为相反。这一观察结果与 Argaman 等[75]报道的结果一致。对纯元素 V，在室温和 0 K 下稳定的相是相同的，均为 bcc 相。从表 8.9 还可以清楚地看出，Ti 和 V 的所有同素异形体的初始晶格参数和计算晶格参数彼此非常吻合。使用 DFT 计算得到的不同同素异形体的 $\Delta E$ 值可设为式(8.5)中参数 $E_0$ 的初始值。

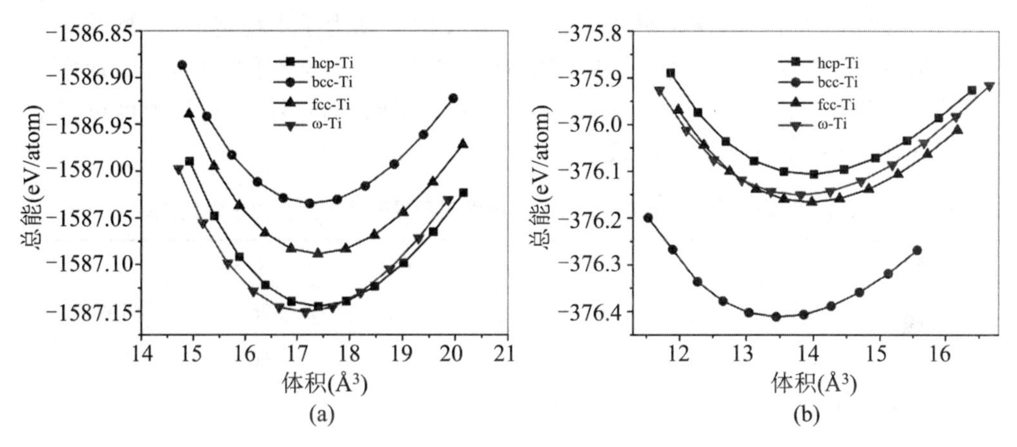


**图 8.1　DFT 计算的(a) Ti 和(b) V 稳定和亚稳同素异形体的总能随体积的变化**

**表 8.9　Ti 和 V 的不同同素异形体的 DFT 计算结果**

| 元素 | 相 | 空间群 | 皮尔逊符号 | $\Delta E$ (J/mol) | 参考态 | 晶格参数(Å) | |
|---|---|---|---|---|---|---|---|
| | | | | | | 初始值 | 优化值 |
| Ti | hcp | $P6_3/mmc$ | hP2 | 0 | hcp | $a=2.939$<br>$c=4.641$ | $a=2.933$<br>$c=4.657$ |
| | ω | P6/mmm | hP3 | −571 | | $a=4.577$<br>$c=2.829$ | $a=4.572$<br>$c=2.828$ |
| | bcc | $Im\bar{3}m$ | cI2 | +10619 | | $a=3.252$ | $a=3.259$ |
| | fcc | $Fm\bar{3}m$ | cF4 | +5438 | | $a=4.109$ | $a=4.115$ |
| V | bcc | $Im\bar{3}m$ | cI2 | 0 | bcc | $a=2.993$ | $a=3.000$ |
| | ω | P6/mmm | hP3 | +11998 | | — | $a=4.256$<br>$c=2.631$ |
| | hcp | $P6_3/mmc$ | hP2 | +24801 | | — | $a=2.742$<br>$c=4.325$ |
| | fcc | $Fm\bar{3}m$ | cF4 | +23672 | | $a=3.819$ | $a=3.817$ |

表 8.10 和表 8.11 汇总了使用 ElaStic 代码计算的 Ti 和 V 的各种同素异形

体的独立弹性常数、弹性性质和德拜温度。根据结构的对称性，六方和立方结构分别计算了5个和3个独立的弹性常数。使用Born弹性稳定性准则[229]确定具有特定结构的晶体的稳定性。根据该准则，晶体动力学稳定必须使独立弹性常数满足一定的条件。立方晶体稳定性条件为$C_{11}-C_{12}>0$、$C_{11}+2C_{12}>0$和$C_{44}>0$。类似地，六方晶体稳定性所需满足的条件为$C_{11}>|C_{12}|$、$2C_{13}^2<C_{33}$、$C_{44}>0$和$(C_{11}-C_{12})/2>0$。从表8.10可以清楚地看到，bcc-Ti、fcc-V和hcp-V不满足Born弹性稳定性准则，这说明这些结构在0 K时是动力学不稳定的，计算的某些结构的弹性常数为负值。由于这些同素异形体具有动力学不稳定性，因此计算的德拜温度为具有虚部的复数。计算的Ti和V稳定同素异形体的德拜温度可用于优化式(8.4)和式(8.5)中的参数$\theta_E$。

**表8.10　使用ElaStic代码计算的Ti和V的不同同素异形体的独立弹性常数(单位:GPa)**

| 元素 | 相 | $C_{11}$ | $C_{12}$ | $C_{44}$ | $C_{13}$ | $C_{33}$ |
|---|---|---|---|---|---|---|
| Ti | hcp | 169 | 95.1 | 42.4 | 75.7 | 192.9 |
| | ω | 199.1 | 85.3 | 55.1 | 50.3 | 253.1 |
| | bcc[a] | 88.8 | 117.2 | 34.6 | — | — |
| | fcc | 133.5 | 97.8 | 61.5 | — | — |
| V | bcc | 268.2 | 141.8 | 12.7 | — | — |
| | ω | 296.2 | 138.1 | 10.7 | 138.1 | 266.3 |
| | hcp[a] | −454.8 | 510.7 | 307.5 | 241.8 | −114.6 |
| | fcc[a] | 3.8 | 269.2 | 5.6 | — | — |

注：a.动力学不稳定结构。

**表8.11　使用ElaStic代码计算的Ti和V的不同同素异形体的弹性性质和德拜温度**

| 元素 | 相 | $E$(GPa) | $B$(GPa) | $G$(GPa) | $\nu$ | $\theta_D$(K) |
|---|---|---|---|---|---|---|
| Ti | hcp | 113.93 | 113.76 | 42.73 | 0.33 | 397 |
| | ω | 159.18 | 113.62 | 62.84 | 0.27 | 475 |
| | fcc | 101.16 | 109.66 | 37.57 | 0.35 | 371 |
| | bcc[a] | −132.6 | 107.76 | −38.9 | 0.71 | — |
| V | bcc | 73.87 | 183.97 | 25.77 | 0.43 | 396 |
| | ω | 137.02 | 187.23 | 35.88 | 0.41 | 344 |
| | hcp[a] | 150.86 | 287.69 | −104.1 | 0.82 | — |
| | fcc[a] | −62.49 | 180.75 | −20.06 | 0.56 | — |

注：a.动力学不稳定结构。

## 8.4.2　纯元素 Ti

表 8.12 列出了本书工作优化得到的钛的热力学参数。根据本书工作获得的热力学参数，计算了钛的热力学性质。表 8.2 列出了本书工作计算的热力学参数 $\theta_E$和 $a$ 与文献报道数据的比较。基于纯元素 Ti 的实验热容数据，本书工作优化得到的 hcp、bcc、fcc、ω 和液相-非晶相的参数 $\theta_E$与文献报道的爱因斯坦温度吻合得非常好。hcp-Ti 的热力学参数 $a$ 计算值为 7.77 mJ/(mol · K)，这个值大于 Desai[35] 推荐的电子比热系数(3.332 ± 0.02 mJ/(mol · K))。如果在优化过程中保持参数 $a$ 与电子比热系数的大小相接近，则无法很好地拟合实验热容数据。此外，在爱因斯坦模型中，参数 $a$ 不仅包括电子激发，还包括低阶非谐波振动的贡献。因此，各相的电子比热系数仅在参数优化过程中作为参考，但保持参数 $a$ 和电子比热系数具有相同的数量级。

**表 8.12　Ti 各相的吉布斯自由能表达式[a]**

| 相 | 吉布斯自由能表达式(J/mol) | 温度范围(K) |
|---|---|---|
| hcp | GTIHCPL = $-8187.11746 - 3.88479749E-03T^2 - 1.12754876E-14T^5$ | 0～1941 |
| | GTIHCPH = $-34429.8962 + 168.6069891T - 21.5018141T\ln(T) - 1.53262730E+18T^{-5} + 8.83870501E+37T^{-11}$ | 1941～6000 |
| | THETA(HCPTI) = LN(269.66) | 0～6000 |
| bcc | GTIBCCL = $-1189.30591 - 1.75640865E-03T^2 - 2.11276133E-14T^5$ | 0～1941 |
| | GTIBCCH = $-38328.0689 + 179.0443615T - 21.6601815T\ln(T) + 2.08872908E+19T^{-5} - 6.22559747E+37T^{-11}$ | 1941～6000 |
| | THETA(BCCTI) = LN(192.01) | 0～6000 |
| fcc | GTIFCCL = $-1308.28194 - 1.10005324E-03T^2 - 4.82225830E-14T^5$ | 0～1941 |
| | GTIFCCH = $-34080.2880 + 176.8506164T - 21.5028284T\ln(T) - 1.09974048E+18T^{-5} + 9.00001480E+37T^{-11}$ | 1941～6000 |
| | THETA(FCCTI) = LN(236.67) | 0～6000 |
| ω | GTIOMEL = $-8646.04379 - 1.75612531E-03T^2 - 3.77858605E-14T^5$ | 0～1941 |
| | GTIOMEH = $-40191.3391 + 175.1217992T - 21.5072012T\ln(T) - 1.00203889E+18T^{-5} + 9.79952638E+37T^{-11}$ | 1941～6000 |
| | THETA(OMETI) = LN(289.30) | 0～6000 |

续表

| 相 | 吉布斯自由能表达式(J/mol) | 温度范围(K) |
|---|---|---|
| 液相-非晶相 | GTILIQ = +4349.70025 − 2.00294843E−03$T^2$ | 0～6000 |
| | THETA(LIQTI) = LN(185.76) | 0～6000 |
| | GD(LIQTI) = +49395.4110 − 8.314$T$ − 0.737261354$T\ln(T)$ | 0～6000 |

注：a. THETA = $1.5R\theta_E + 3RT\ln[1-\exp(-\theta_E/T)]$；GD = $-RT\ln[1+\exp(-\Delta G/RT)]$。

图 8.2(a)所示的是本书工作计算的 hcp、bcc、fcc、ω 和液相-非晶相 Ti 的热容随温度的变化关系，图 8.2(b)表示的是计算的不同相的热容和实验数据的比较。从图中可以看出，本书工作获得的热力学模型能很好地描述大部分可靠的实验数据。此外，计算的固相热容在高于熔点以上平滑地趋于恒定值。

图 8.3(a)和图 8.3(b)分别是本书工作计算的 hcp-Ti 在 0～300 K 和 0～1200 K 的热容与实验数据的比较。除了 0～300 K 之外，计算结果在整个温度范围内与实验数据吻合得很好。由于爱因斯坦模型存在一定缺陷[77, 84]，因此本书工作无法很好地拟合 20～70 K 之间的实验数据。本书工作计算的 100～300 K 的热容值比实验数据高约 0.6 J/(mol·K)。在优化过程中发现，参数 $\theta_E$对该温度范围内的热容影响较大。当 hcp-Ti 的参数 $\theta_E$大于 290 K 时，可以很好地拟合 hcp-Ti 在 100～300 K温度范围内的实验热容。然而，290 K 比表 8.2 中列出的 hcp-Ti 的爱因斯坦温度高[35,78,84,85]约 20 K。因此，在优化过程中，给予 hcp-Ti 的爱因斯坦温度比 100～300 K范围内的实验热容数据更大的权重。与 SGTE 数据库[1]计算的低温热容相比，本书工作计算的结果与实验数据吻合得更好。

图 8.4(a)是本书工作计算的 bcc-Ti 的热容与实验数据和 SGTE 数据库[1]计算结果的比较，从图中可以看出，本书工作计算的结果与 Desai[35]推荐的热容值吻合得非常好。图 8.4(b)所示的是计算的液相-非晶相 Ti 的热容与实验数据[66-72]、推荐数据[35, 46]和 SGTE 数据库[1]计算值的比较。液相-非晶相的测量热容和推荐热容都是常数。在本书工作中，采用广义两状态模型将 Ti 的液相和非晶相描述为一相。该模型对描述具有强烈形成非晶结构趋势的物质的热容随温度的变化关系非常合适。如果在参数优化时允许式(8.9)中的 $B$ 值随意变化，则计算的液相-非晶相高于熔点的热容趋向于常数，但是 $B$ 值将与共有熵差别很大。因此，本书工作将 $B$ 值固定为 −8.314，该值更具有物理意义并且由该值计算得到的液相-非晶相的热容更接近实际值。本书工作计算的液相-非晶相 Ti 的热容(46.29±1.7 J/(mol·K))很好地处在实验误差范围内[35]。图 8.4(c)所示的是本书工作计算的 fcc-Ti 的热容与 Zhang 等[73]通过第一性原理计算的结果与 SGTE 数据库[1]计算值的比较，从图中可以看出，本书工作计算的 fcc-Ti 的热容比 DFT 计算的值大。与其他固相的热容相比，通过 DFT 计算[73]得到的 fcc-Ti 的热容曲线的斜率较低。因此，Zhang 等[73]通过 DFT 计算得到的 fcc-Ti 的热容是值得怀疑

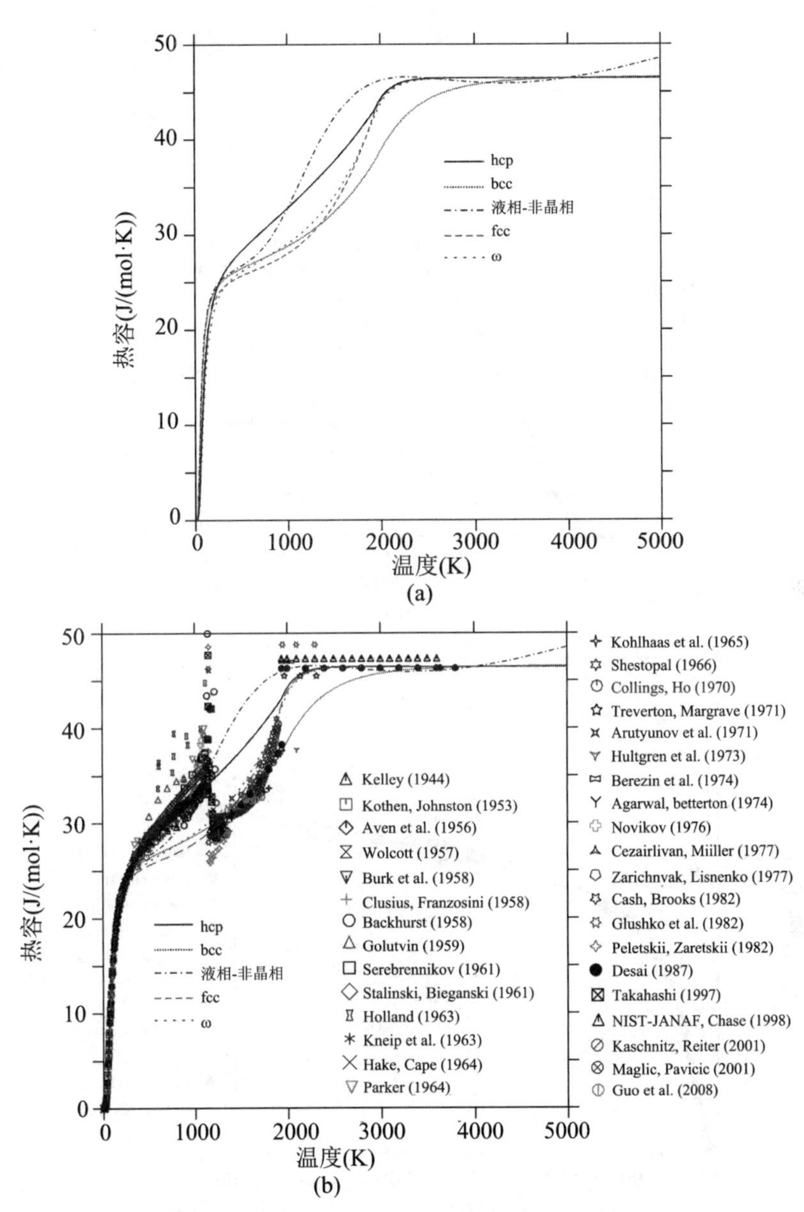


**图 8.2　(a) 计算的 Ti 的不同同素异形体的热容以及(b) 计算的 Ti 的热容与实验数据的比较**

的，本书工作计算的 fcc-Ti 的热容是可以接受的。图8.4(d)是本书工作计算的 ω 相的热容与 Mei 等[74]和 Argaman 等[75]通过 DFT 计算结果的比较，从图中可以看出，不同计算方法获得的 ω 相的热容吻合得非常好。

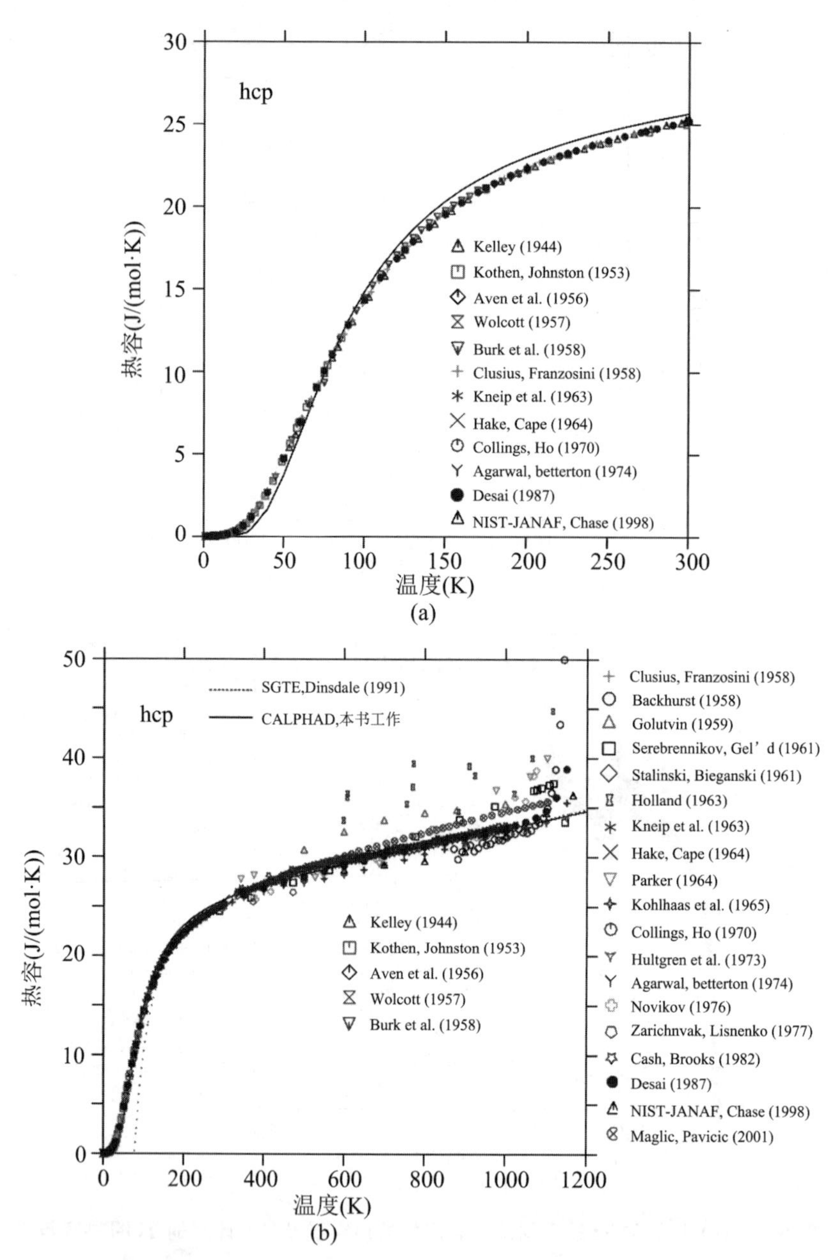


**图 8.3　计算的 hcp-Ti (a)低于室温和(b)低于 1200 K 的热容与实验数据及 SGTE 数据库计算结果的比较**

图 8.5(a)和图 8.5(b)是本书工作计算的 Ti 的焓增 $H_m(T)-H_m(298.15\ K)$ 和熵增 $S_m(T)-S_m(298.15\ K)$ 与实验数据[67,68,106]、推荐值[35]和 SGTE 数据库[1]的比较。本书工作的计算结果与实验数据和推荐值都能很好地吻合。表 8.3 将计算的 hcp 和 bcc 之间的转变焓和转变熵以及 Ti 的熔化焓和熔化熵与相应的实验

值和推荐值进行了比较,很明显,计算值与实验值和推荐值非常吻合。

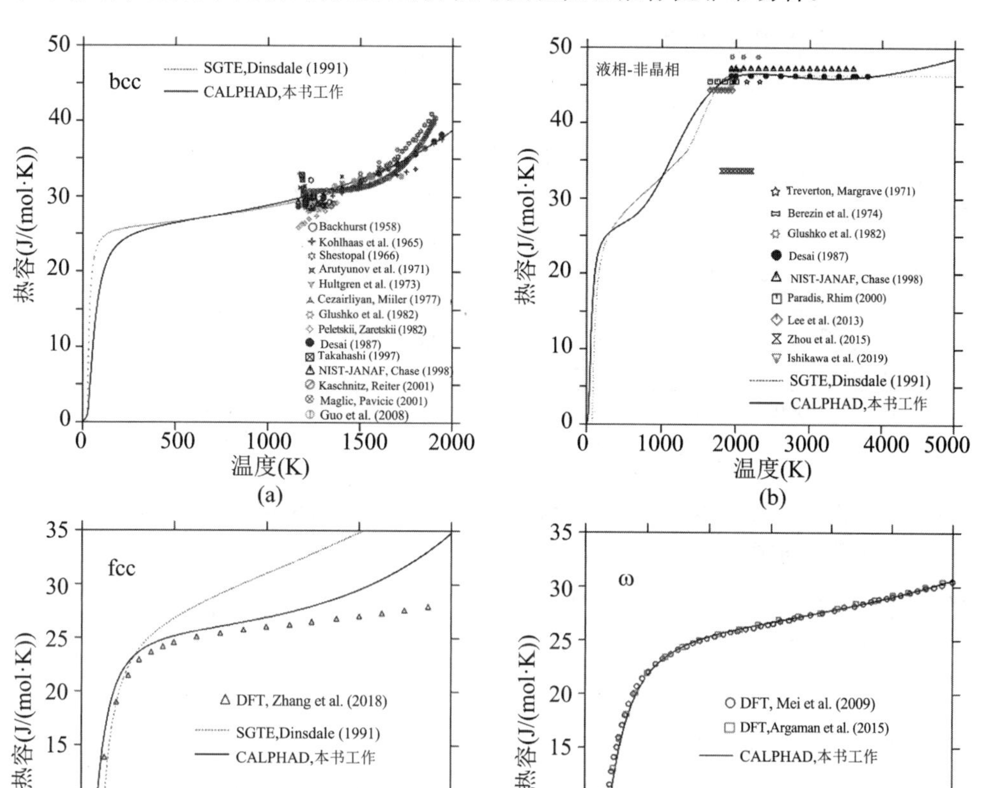


**图 8.4　计算的(a) bcc-Ti、(b) 液相-非晶相 Ti、(c) fcc-Ti 和(d) ω-Ti 的热容与实验数据和 SGTE 数据库计算结果的比较**

图 8.6(a)～(d)和图 8.7(a)～(d)所示的分别是本书工作计算的 hcp-Ti、bcc-Ti、液相-非晶相 Ti 和 ω-Ti 的焓和熵与 Chase[46] 和 Desai [35] 的推荐值、DFT 计算结果[74] 和 SGTE 数据库[1] 计算结果的比较。从这些图中可以看出,计算结果与文献数据吻合得非常好。我们还可以清楚地看到,第二代热力学模型[1] 无法描述低温下 Ti 的焓和熵。具有明确物理意义的第三代热力学模型可以准确地描述从高温到 0 K 的焓和熵。

图 8.8 所示的是本书工作计算的以 hcp-Ti 为参考态时,bcc-Ti、液相-非晶相 Ti、fcc-Ti 和 ω-Ti 的吉布斯自由能曲线。bcc 相对应的吉布斯自由能曲线与 hcp 和液相-非晶相的分别相交于 1155 K 和 1941 K。这说明计算的 hcp 和 bcc 之间的

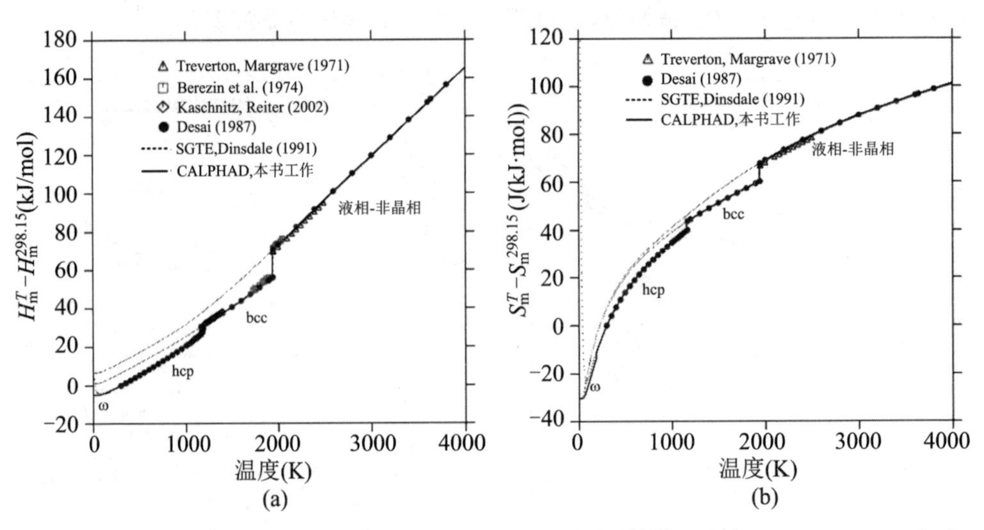


**图 8.5　计算的 Ti 的(a)焓增 $H_m(T)-H_m$(298.15 K)和(b)熵增 $S_m(T)-S_m$(298.15 K)与实验数据、推荐值和 SGTE 数据库计算结果的比较**

转变温度为 1155 K,钛的熔点为 1941 K,这与公认的转变温度和熔点相一致[1]。计算的转变温度 $T_{\omega\text{-hcp}}$ 和 $T_{\omega\text{-bcc}}$ 分别为 186 K 和 723 K，这些温度分别等于 Mei 等[74]和 Mirzayev 等[112]报道的转变温度。本书工作计算的转变温度 $T_{\text{fcc-liquid}}$ 为 900 K,这与 SGTE 数据库[1]计算的温度一致。

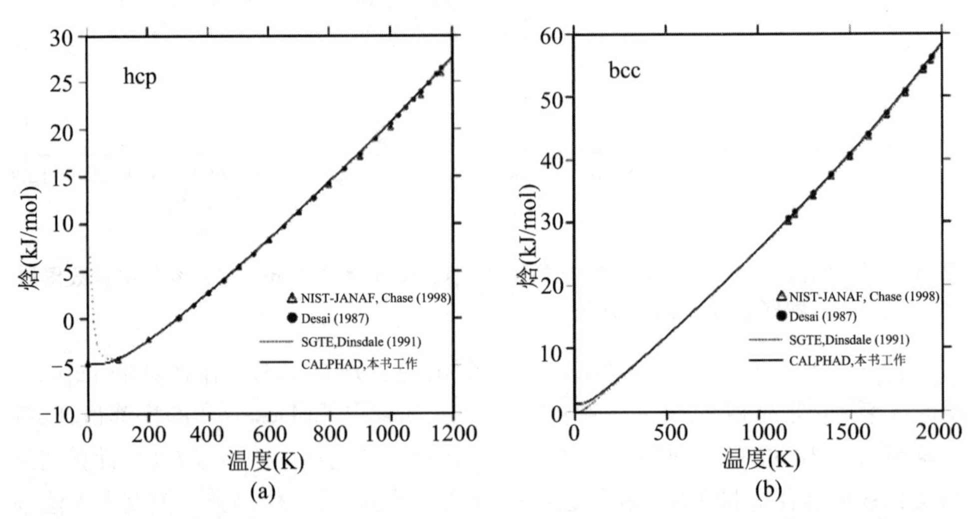


**图 8.6　计算的(a) hcp-Ti、(b) bcc-Ti、(c) 液相-非晶相 Ti 和(d) ω-Ti 的焓与文献数据和 SGTE 数据库计算结果的比较**

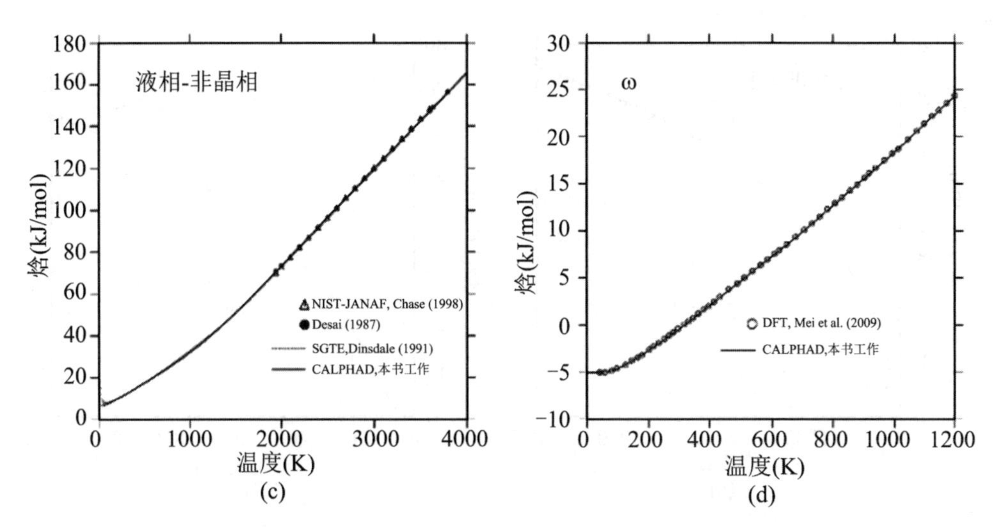


续图 8.6　计算的(a) hcp-Ti、(b) bcc-Ti、(c) 液相-非晶相 Ti 和(d) ω-Ti 的焓与文献数据和 SGTE 数据库计算结果的比较

表 8.4 列出了第一性原理和 CALPHAD 方法计算的相对于 hcp-Ti 的 bcc、fcc 和 ω 的基态能量差$\Delta E$,从该表中可以看出,本书工作采用第一性原理计算的结果与文献[74,75,89,109,111]报道的值一致。本书工作采用 CALPHAD 方法计算的$\Delta E_{\text{fcc-hcp}}$和$\Delta E_{\omega\text{-hcp}}$与第一性原理计算结果相吻合,而采用 CALPHAD 方法计算的$\Delta E_{\text{bcc-hcp}}$远低于第一性原理计算的值。通过系统对比第一性原理计算[109]和 SGTE 数据库[1]的 bcc-fcc 和 bcc-hcp 的相稳定性,Yan 和 Olson[88]提出了一个转换系数 0.357,当第一性原理计算值较大时,可以将第一性原理计算的值乘以该系数,得到

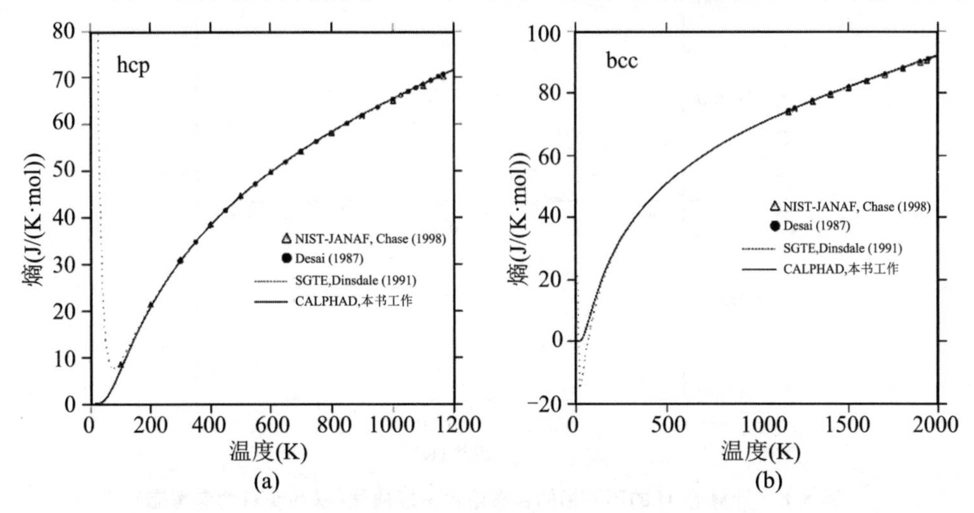


图 8.7　计算的(a) hcp-Ti、(b) bcc-Ti、(c) 液相-非晶相 Ti 和 (d) ω-Ti 的熵与文献数据和 SGTE 数据库计算结果的比较

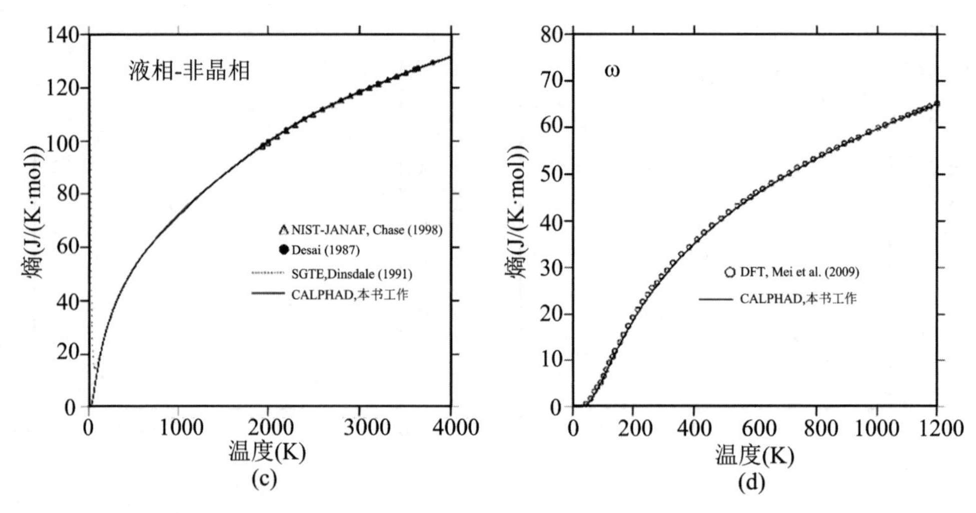


**续图 8.7 计算的(a) hcp-Ti、(b) bcc-Ti、(c) 液相-非晶相 Ti 和 (d) ω-Ti 的熵与文献数据和 SGTE 数据库计算结果的比较**

的数值即可用于 CALPHAD 方法中。在本书工作的优化过程中,当第一性原理计算的值较大时给予较低的权重。结合图 8.8 和图 8.1 可知,采用 CALPHAD 方法和第一性原理计算的结果都表明,Ti 在 0 K 时不同同素异形体的稳定性顺序为 ω>hcp>fcc>bcc,这与文献报道的数据[1,74,75,89,109-111]一致。

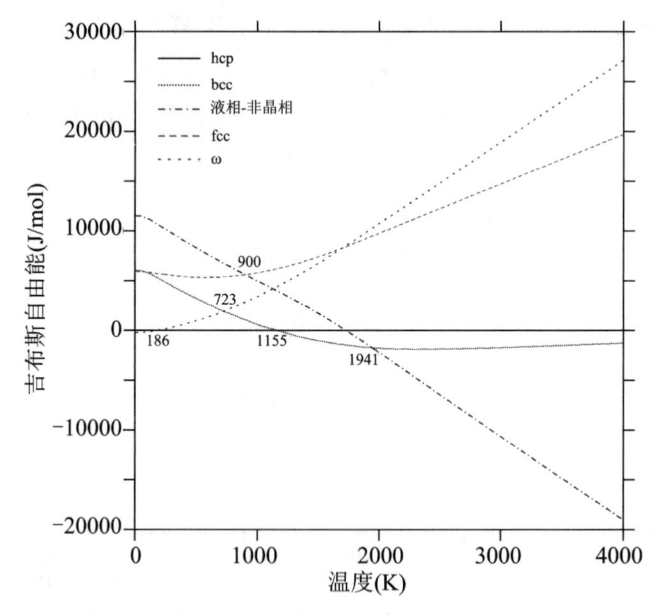


**图 8.8 计算的 Ti 的不同相的吉布斯自由能曲线(以 hcp-Ti 为参考态)**

### 8.4.3　纯元素 V

表 8.13 列出的是本书工作通过优化获得的 V 的热力学参数。根据获得的这些热力学参数计算了 V 的热力学性质。表 8.6 将优化的热力学参数 $\theta_E$和 $a$ 与文献数据进行了比较。将 bcc-V 的 $\theta_E$值优化为 265.09 K，这与推荐的值 258.40 K[115]和 266.59 K[116]以及第一性原理计算值 256.33 K[85]和 265.78 K（本书工作）相吻合。计算的 hcp-V 和 fcc-V 的 $\theta_E$值与 Li 等[163]报道的值一致。对于 ω-V 来说，优化的 $\theta_E$值（247.98 K）大于本书工作第一性原理计算的值（230.88 K）。如果优化值采用第一性原理计算的 $\theta_E$，则计算的 ω 和 bcc 之间的基态能量差将随着温度的升高而减小，表明 ω 相将在高温下稳定，这是不合理的。为了解决这个问题，建议 ω-V采用较大的 $\theta_E$值。对于液相-非晶相，优化的 $\theta_E$值为 202.79 K，这与通过 Grimvall 假设[96]预测的值 201 ± 19 K 很好地吻合。本书工作优化的 bcc-V、hcp-V、fcc-V、ω-V 和液相-非晶相 V 的参数 $a$ 小于 Desai[115]、Arblaster[116]和 Li 等[163]推荐的电子比热系数。如果在优化参数 $a$ 的过程中给予电子比热系数较大的权重，则实验热容数据就无法很好地进行拟合。类似地，V 的各相的电子比热系数仅在参数优化过程中作为参考，但是保持参数 $a$ 和电子比热系数具有相同的数量级。

**表 8.13　V 的各相的吉布斯自由能表达式**

| 相 | 吉布斯自由能表达式(J/mol) | 温度范围(K) |
|---|---|---|
| bcc | GVVBCCL = $-8012.67406 - 1.95296216\text{E}-03T^2 - 3.02272704\text{E}-14T^5$ | 0～2202 |
| | GVVBCCH = $-36942.5742 + 173.1051476T - 21.4019136T\ln(T) - 3.45690255\text{E}+19T^{-5} + 7.56563717\text{E}+38T^{-11}$ | 2202～6000 |
| | THETA(BCCVV) = LN(265.09) | 0～6000 |
| hcp | GVVHCPL = $-4237.42900 - 1.44727302\text{E}-03T^2 - 3.52503774\text{E}-14T^5$ | 0～2202 |
| | GVVHCPH = $-34633.4970 + 174.8234249T - 21.4100569T\ln(T) - 3.35922789\text{E}+19T^{-5} + 7.18817987\text{E}+38T^{-11}$ | 2202～6000 |
| | THETA(HCPVV) = LN(283.11) | 0～6000 |
| fcc | GVVFCCL = $-512.674044 - 1.18125097\text{E}-03T^2 - 3.77342177\text{E}-14T^5$ | 0～2202 |
| | GVVFCCH = $-31683.8285 + 175.6948765T - 21.4090475T\ln(T) - 3.35723154\text{E}+19T^{-5} + 7.18557415\text{E}+38T^{-11}$ | 2202～6000 |
| | THETA(FCCVV) = LN(266.97) | 0～6000 |

续表

| 相 | 吉布斯自由能表达式(J/mol) | 温度范围(K) |
|---|---|---|
| ω | GVVOMEL = $-801.827408 - 1.09936065E-03T^2 - 3.81357737E-14T^5$ | 0～2202 |
| | GVVOMEH = $-32200.8701 + 175.8889109T - 21.3974779T\ln(T) - 3.50362716E+19T^{-5} + 7.72223051E+38T^{-11}$ | 2202～6000 |
| | THETA(OMEVV) = LN(247.98) | 0～6000 |
| 液相-非晶相 | GVVLIQ = $+8708.02961 - 1.87699140E-03T^2$ | 0～6000 |
| | THETA(LIQVV) = LN(202.79) | 0～6000 |
| | GD(LIQVV) = $+55393.8187 - 8.314T - 0.642018852T\ln(T)$ | 0～6000 |

图 8.9(a)所示的是根据本书工作的热力学模型计算的 bcc-V、hcp-V、fcc-V、ω-V 和液相-非晶相 V 的热容随温度的变化,图 8.9(b)是计算的热容和实验数据之间的比较。本书工作可准确地描述大部分可靠的实验数据。计算的亚稳相 hcp-V、fcc-V 和 ω-V 的热容在高于熔点处几乎等于 bcc-V 的热容。如图 8.9 所示,计算的固相热容在熔点以上平滑地趋于恒定值。

图 8.10(a)所示的是本书工作计算的 bcc-V 在低于 2500 K 时的热容与实验数据和 SGTE 数据库[1]计算结果的比较,从图中可以看出,本书工作的计算在整个温度范围内能很好地拟合大部分可靠的实验数据。图 8.10(b)是计算的 bcc-V 在

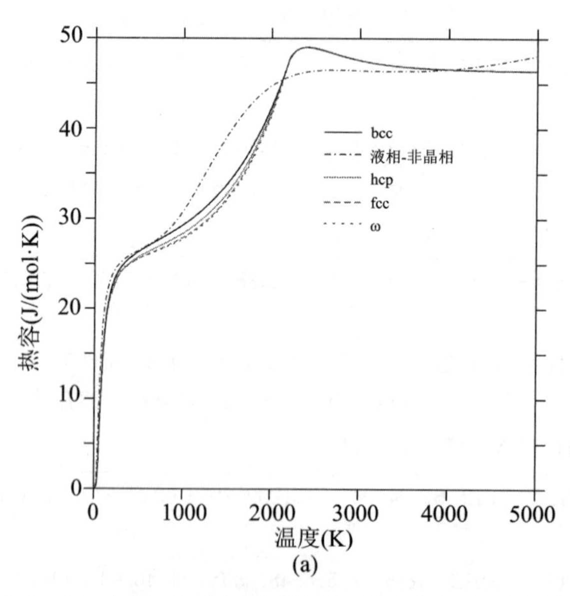


**图 8.9 (a) 计算的 V 的不同同素异形体的热容以及(b) 计算的 V 的热容与实验数据的比较**

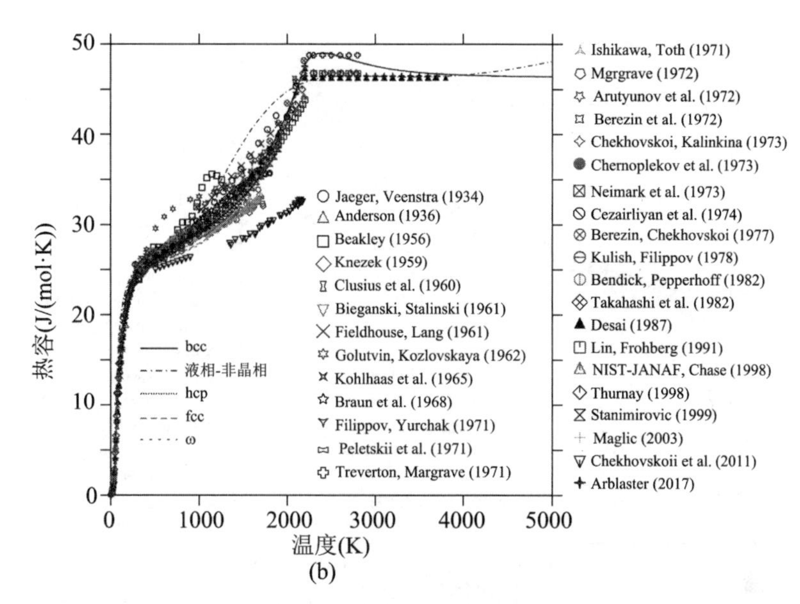


**续图 8.9　(a) 计算的 V 的不同同素异形体的热容以及(b) 计算的 V 的热容与实验数据的比较**

0～300 K 之间的热容量与实验数据的比较。如前所述，由于爱因斯坦模型存在一定的缺陷且仅用一个参数 $\theta_E$ 来表示状态的声子密度，因此不期望在低温区与实验数据达到完美拟合。但是，第三代热力学模型与第二代热力学模型相比，一个重要的改进是在处理低温区时模型更具有物理意义。图 8.10(c)所示的是本书工作计算的液相-非晶相 V 的热容与实验数据[67,113,153,154]、推荐数据[46, 115, 116]以及 SGTE 数据库[1]计算结果的比较。与 Ti 的液相-非晶相相似，在优化 V 的液相-非晶相的热力学参数时，式(8.9)中的参数 $B$ 固定为更具有物理意义的 $-8.314$。从图 8.10(c)可以看出，本书工作计算的 V 的液相-非晶相热容与推荐值[46, 115, 116]吻合得很好。

图 8.11(a)和图 8.11(b)分别是本书工作计算的 V 的焓增 $H_m(T)-H_m(298.15\ \mathrm{K})$和熵增 $S_m(T)-S_m(298.15\ \mathrm{K})$与文献数据和 SGTE 数据库[1]计算结果的比较。除 Gathers 等[164]的实验数据外，本书工作的计算结果与文献报道的实验数据和推荐值吻合得很好。正如文献评估所述，Gathers 等[164]报道的数据在高温下比推荐值[46, 115, 116]要大。因此，来自 Gathers 等的实验数据在本书工作中未被采用，仅用于比较。表 8.7 列出了本书工作计算的 V 的熔化焓和熔化熵以及文献报道的实验数据和推荐值。通过对比可以看出，本书工作计算值与文献报道的数据非常吻合。

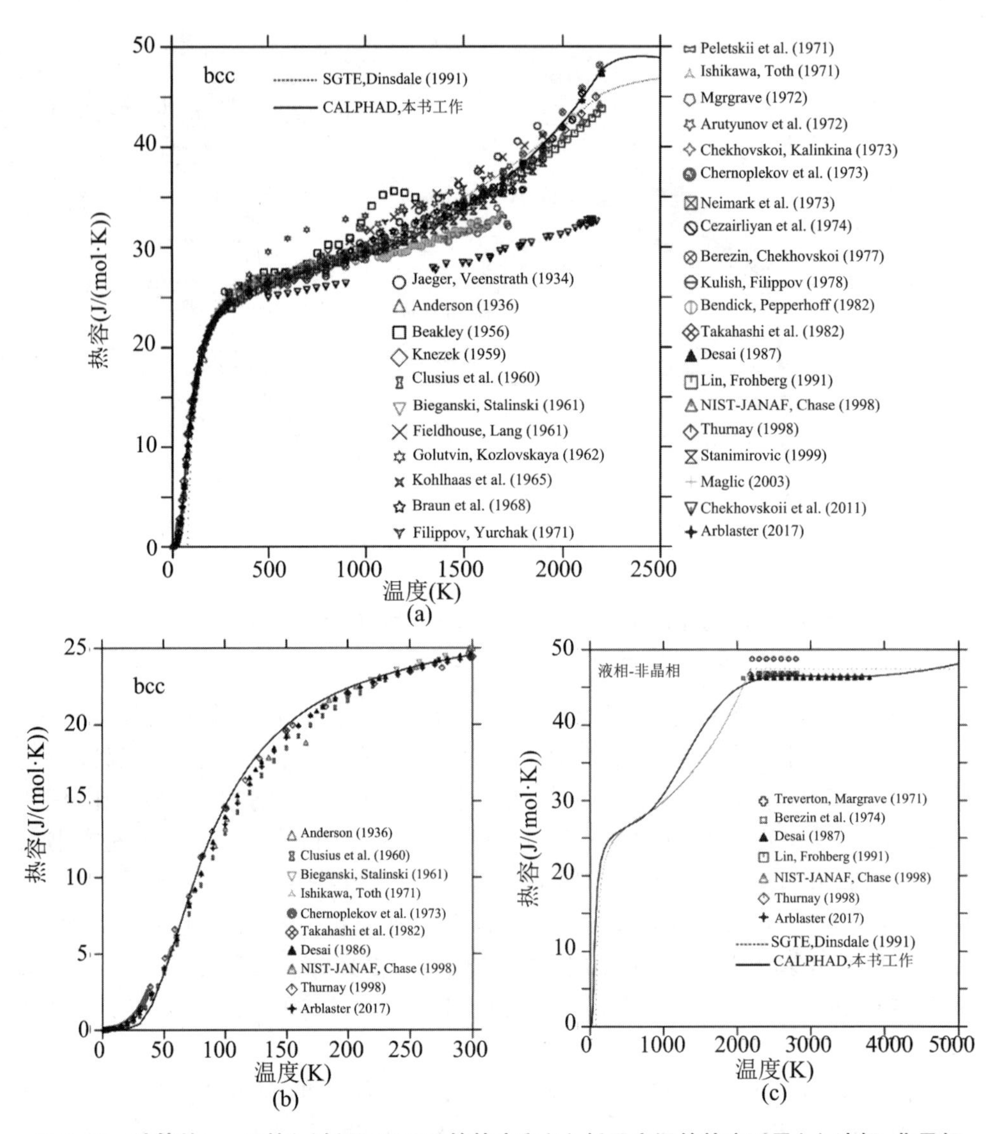


**图 8.10　计算的 bcc-V 的(a)低于 2500 K 的热容和(b)低于室温的热容以及(c)液相-非晶相的热容与实验数据和 SGTE 数据库计算结果的比较**

图 8.12(a)～(d)分别表示本书工作计算的 V 的 bcc 和液相-非晶相的焓和熵与实验数据[136,138]、推荐值[46,115,116]和 SGTE 数据库[1]计算结果的比较。从这些图中可以明显地看出，相比 SGTE 数据库计算结果，本书工作的计算结果与实验数据吻合得更好，特别是在低温区。进一步说明本书工作采用的具有明确物理意义的第三代热力学模型可以准确地描述各元素从 0 K 到高温的焓和熵。

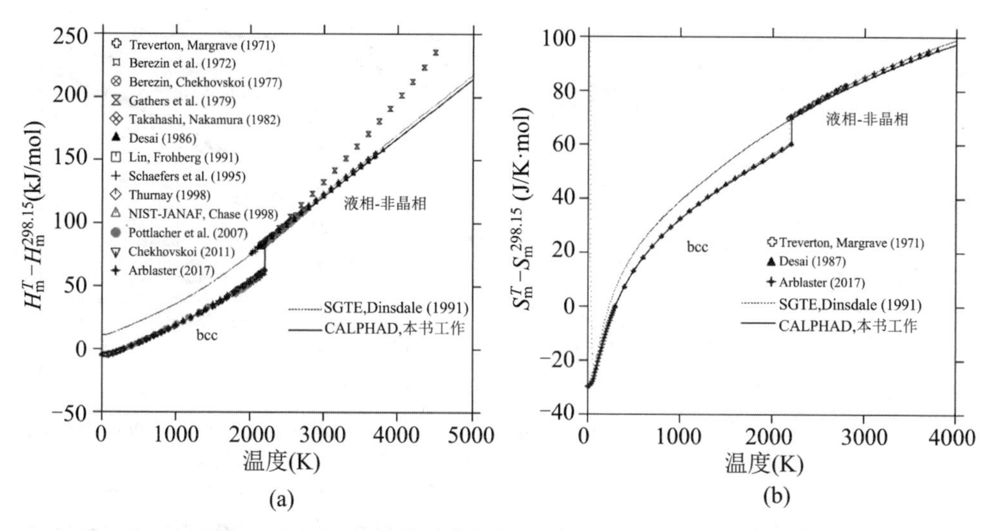


**图 8.11　计算的 V 的(a) 焓增 $H_m(T) - H_m$(298.15 K)的热容和(b)熵增 $S_m(T) - S_m$(298.15 K)与实验数据、推荐值和 SGTE 数据库计算结果的比较**

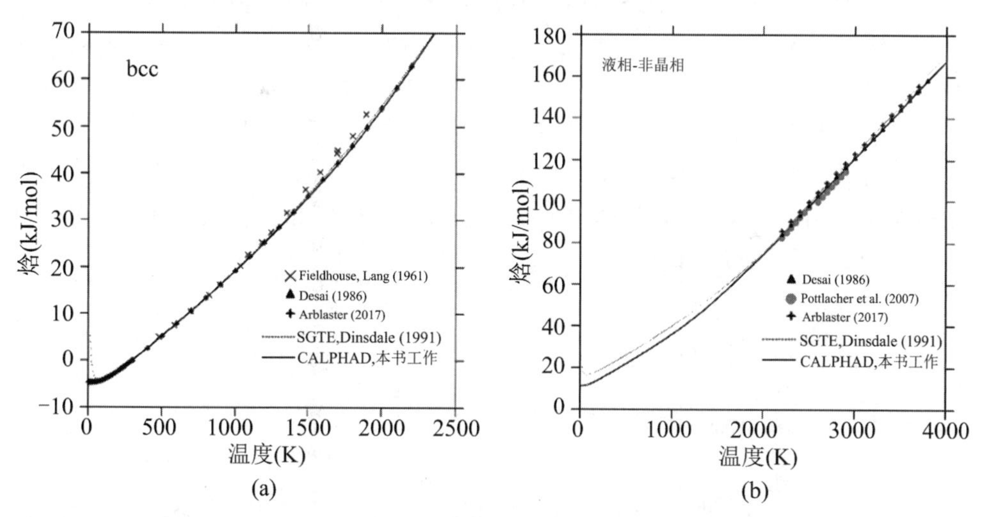


**图 8.12　计算的 V 的(a) bcc 和(b) 液相-非晶相的焓以及(c) bcc 和(d) 液相-非晶相的熵与实验数据、推荐值和 SGTE 数据库计算结果的比较**

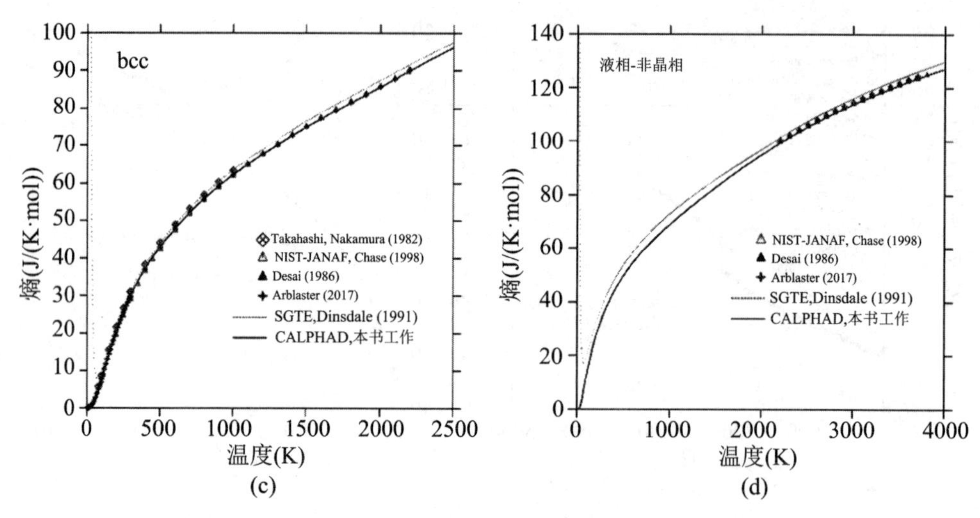


**续图 8.12　计算的 V 的(a) bcc 和(b) 液相-非晶相的焓以及(c) bcc 和(d) 液相-非晶相的熵与实验数据、推荐值和 SGTE 数据库计算结果的比较**

图 8.13 所示的是本书工作计算的以 bcc-V 为参考态时，hcp-V、液相-非晶相 V、fcc-V 和 ω-V 的吉布斯自由能曲线。bcc 和液相的吉布斯自由能曲线相交于 2202 K，说明本书工作计算的 V 的熔点为 2202 K。表 8.7 列出了本书工作计算的 V 的熔点以及文献报道的实验和评估的熔点。与第二代热力学数据库[1]推荐的 V 的熔点(1983 K)相比，本书工作根据 Desai[115] 和 Arblaster[116] 的推荐值(分别为 2202 K 和 2201 ± 6 K)对 V 的熔点进行了更新。液相与 hcp 和 fcc 相的吉布斯自

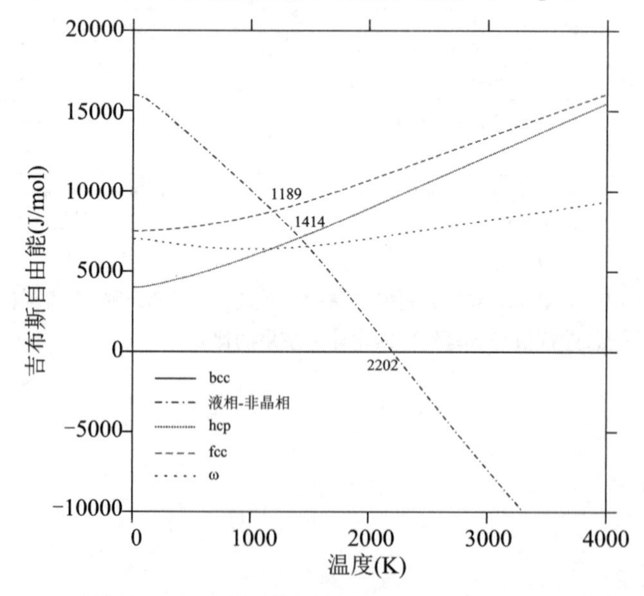


**图 8.13　计算的 V 的不同相的吉布斯自由能曲线(以 bcc-V 为参考态)**

由能曲线分别交于 1414 K 和 1189 K，即亚稳相 hcp-V 和 fcc-V 在该温度下发生稳态熔化。这些计算的亚稳相 hcp-V 和 fcc-V 的熔点与 SGTE 数据库[1]计算的值一致。

表 8.8 列出了第一性原理和 CALPHAD 方法计算的相对于 bcc-V 的 hcp、fcc 和 ω 的基态能量差ΔE。从该表中可以看出，本书工作采用第一性原理计算的值与文献[88, 109, 111]报道的值一致。但是，如上所述，如果第一性原理计算的基态能量差$\Delta E$相对于 SGTE 数据库计算的值很大，则无法将第一性原理计算的值直接用于 CALPHAD 优化。在优化本书工作的热力学参数时，将第一性原理计算的值赋予较低的权重。由于文献中报道的亚稳相 hcp-V 和 fcc-V 的数据非常有限，本书工作将 SGTE 数据库计算的相对于 bcc-V 的基态能量差，用于优化亚稳相 hcp-V 和 fcc-V 的热力学参数。结合图 8.13 和表 8.8，通过 CALPHAD 方法计算的 V 在 0 K 时不同同素异形体的稳定性顺序为 bcc＞hcp＞ω＞fcc，这与 SGTE 数据库[1]一致。

### 8.4.4　Ti-V 二元系

本书工作通过优化得到的描述 Ti-V 体系的热力学参数列于表 8.14 中。图 8.14(a)是根据本书工作得到的热力学参数计算的 Ti-V 体系相图。本书工作的热力学模型包括亚稳相(ω-Ti)，它在 186 K 时由包析反应(α-Ti) + (β-Ti，V)→(ω-Ti)生成。图 8.14(b)是计算的相图与实验数据[179-185,206]之间的比较。图 8.14(c)和图 8.14(d)分别显示的是 1700 K 以上和 1400 K 以下 Ti-V 相图的放大图与实验数据和其他热力学计算结果[88,171-174,213]的比较。从这些图中可以看出，本书工作获得的热力学参数可以描述大部分可靠的实验数据。在图 8.14(c)中，计算的液相线和固相线之间的最小一致共熔点为 33 at.% V，1876 K，这与文献[180]报道的值(35 at.% V，1877 ± 5 K)一致。由于来自 Adenstedt 等[179]和 Rudy[180]的固相线的实验数据较为分散，本书工作仅拟合了部分实验点，并且本书工作计算出的液相线和固相线与之前计算的结果类似[171-174]。具体来说，除了富 V 端外，计算的液相线和固相线几乎与广泛接受的 Ghosh[173]计算的结果重合。这是因为 V 的熔点在本书工作中从 1983 K 更新为 2202 K。在图8.14(d)中，本书工作计算的相边界(α-Ti)/(α-Ti) + (β-Ti，V)和(β-Ti，V)/(α-Ti) + (β-Ti，V)与实验数据[179,181-185,206]非常吻合。与之前计算[88,171-174,213]的相边界相比，本书工作计算的相边界与广泛接受的 Ghosh[173]计算的相边界一致。此外，Saunders[171]、Lee 等[172]、Yan 和 Olson[88]以及 Hu 等[213]计算的(α-Ti)相区比实验数据小得多。

**表 8.14　优化得到的 Ti-V 体系的热力学参数**

| 相 | 模型 | 热力学参数(J/mol-atoms) |
| --- | --- | --- |
| Liquid | (Ti,V)$_1$ | ${}^{0}L_{\mathrm{Ti,V}}^{\mathrm{Liquid}}=163.57$<br>${}^{1}L_{\mathrm{Ti,V}}^{\mathrm{Liquid}}=2896.31$ |
| (β-Ti,V) | (Ti, V)$_1$Va$_3$ | ${}^{0}L_{\mathrm{Ti,V}}^{(\beta\text{-Ti,V})}=6625.26$<br>${}^{1}L_{\mathrm{Ti,V}}^{(\beta\text{-Ti,V})}=1676.53$ |
| (α-Ti) | (Ti, V)$_1$Va$_{0.5}$ | ${}^{0}L_{\mathrm{Ti,V:Va}}^{(\alpha\text{-Ti})}=44830.75-10T$<br>${}^{1}L_{\mathrm{Ti,V:Va}}^{(\alpha\text{-Ti})}=-26396.30$ |
| (ω-Ti) | (Ti,V)$_1$Va$_{0.5}$ | ${}^{0}L_{\mathrm{Ti,V:Va}}^{(\omega\text{-Ti})}=8000-8T$ |

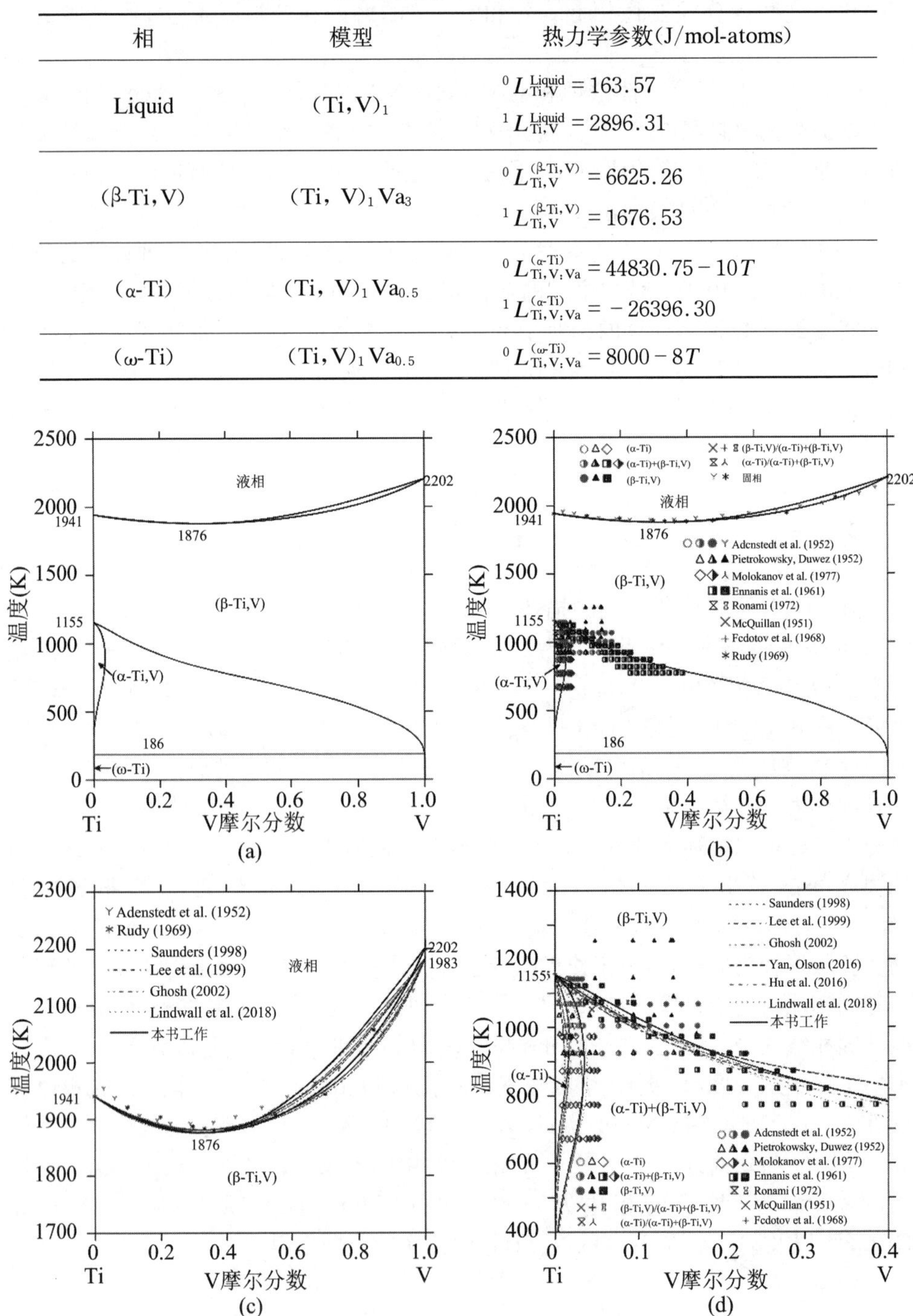


**图 8.14　(a) 计算的 Ti-V 体系相图;(b) 计算的相图与实验数据的比较;(c) 液相线和固相线的放大;(d) 富 Ti 端固相边界的放大**

图 8.15 所示的是本书工作计算的 2273 K 时 V 和 Ti 在液相中的活度与实验数据[187]的比较，从图中可以看出，本书工作的计算能够合理地描述实验数据。

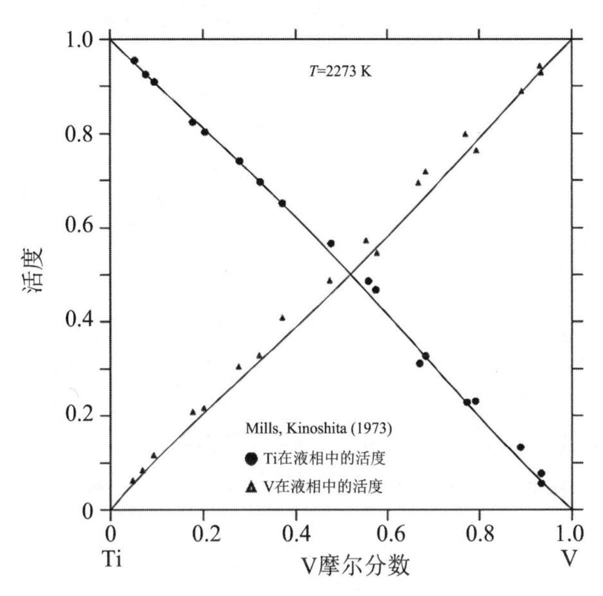


**图 8.15　计算的 2273 K 时 V 和 Ti 在液相中的活度与实验数据[187]的比较**

图 8.16(a)是本书工作计算的 Ti-V 体系的 $T_0(\beta/\alpha)$和 $T_0(\beta/\omega)$曲线与实验数据[198,202,204,206,208,209]、第一性原理计算[88]以及来自 Ghosh[173]、Yan 和 Olson[88]、Hu 等[213]和 Lindwall 等[174]计算结果的比较。由于在 $\alpha'$和 $\alpha''$马氏体相变成分处 $M_s$温度具有连续性，因此本书工作将平衡 α 相以及马氏体 $\alpha'$和 $\alpha''$描述为一个相。对于 $T_0(\beta/\alpha)$曲线，本书工作计算结果与实验数据的拟合比 Ghosh[173]和 Lindwall 等[174]的结果更好。尽管 Yan 和 Olson[88]以及 Hu 等[213]计算的 $T_0(\beta/\alpha)$曲线与实验数据吻合得也非常好，但他们计算的 hcp 相区比实验数据小得多(图 8.14(d))。对于 Ti-V 体系，差值 $A_s-M_s$较小，所以假设该体系的马氏体相变是热弹性的，因此本书工作计算的 $T_0(\beta/\alpha)$大于 $M_s$是符合实际情况的。对于 $T_0(\beta/\omega)$曲线，本书工作和 Hu 等[213]的计算结果均与实验数据吻合得很好。在本书工作中，将文献报道的温度 $\omega_s$视为 $T_0(\beta/\omega)$。Yan 和 Olson[88]以及 Lindwall 等[174]计算的 $T_0(\beta/\omega)$曲线低于实验数据[209]，因为他们只是为了拟合第一性原理计算的值[88]而给予实验数据[209]较低的权重。随着 V 成分的增加，$T_0(\beta/\alpha)$和 $T_0(\beta/\omega)$曲线均向下延伸。本书工作计算的 $T_0(\beta/\alpha)$曲线和 $T_0(\beta/\omega)$曲线的交点约在 700 K，此温度处马氏体相变终止，这表明 ω 相的形成与马氏体相变相互竞争。本书工作计算的 Ti-V 体系亚稳相图，如图 8.16(b)所示，同时在该图中叠加了 $T_0(\beta/\alpha)$和 $T_0(\beta/\omega)$曲线。使用本书工作获得的热力学参数计算 Ti-V 体系的亚稳相图时，将(α-Ti)相排除在外即可。计算的亚稳相图显示(ω-Ti)具有较大的溶解度，大约为 12 at.% V。

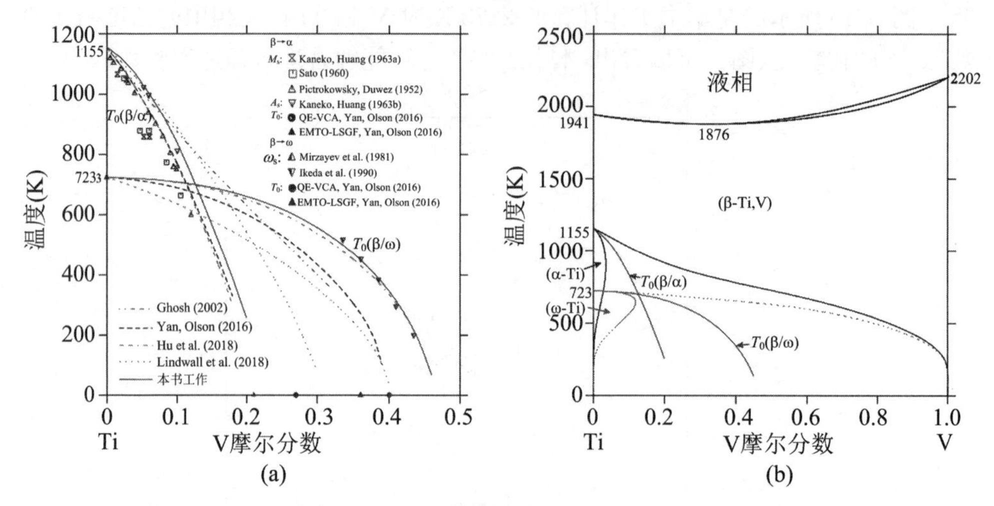


**图 8.16 (a) 计算的 $T_0(\beta/\alpha)$ 和 $T_0(\beta/\omega)$ 曲线与实验数据和其他热力学计算结果[88,174,213]的比较;(b) 计算的 Ti-V 体系的亚稳相图以及 $T_0(\beta/\alpha)$ 和 $T_0(\beta/\omega)$ 曲线**

## 8.5 本章小结

1. 严格评估了文献报道的纯元素 Ti 和 V 的热力学性质数据以及 Ti-V 二元系的相平衡和热力学数据,分析了各组实验数据和理论计算数据的准确性,并选择性用于本书工作的热力学参数优化中。

2. 采用第一性原理计算了 Ti 和 V 的不同同素异形体在 0 K 时的基态能量差和德拜温度,为第三代热力学模型提供必要的热力学数据。

3. 采用考虑晶格振动、电子激发和非谐波振动的第三代热力学模型描述 Ti 和 V 的 bcc、hcp、fcc 和 ω 相的吉布斯自由能。采用广义两状态模型描述液相-非晶相。通过 CALPHAD 方法对 Ti 和 V 从高温到 0 K 进行热力学描述,获得的热力学参数可以很好地描述热容、焓、熵等热力学性质。

4. 基于本书工作获得的 Ti 和 V 的新的吉布斯自由能表达式以及文献报道的 Ti-V 体系实验数据和热力学数据,对该体系重新进行了热力学优化。热力学描述了马氏体相变和亚稳相 ω 的形成。根据获得的 Ti-V 二元系的热力学参数计算了该体系的亚稳相图以及 $T_0(\beta/\alpha)$ 和 $T_0(\beta/\omega)$ 曲线,计算结果与实验数据吻合得很好。

5. 本书工作获得的 Ti-V 体系的热力学参数丰富了第三代热力学数据库。这项工作可为研究 Ti-V 基合金的马氏体相变和亚稳相 ω 形成提供重要的热力学数据。

# 参 考 文 献

[1] DINSDALE A T. SGTE data for pure elements[J]. Calphad, 1991, 15: 317-425.

[2] CHASE M W, ANSARA I, DINSDALE A, et al. Workshop on thermodynamic models and data for pure elements and other endmembers of solutions: group 1: heat capacity models for crystalline phases from 0 K to 6000 K[J]. Calphad, 1995, 19: 437-447.

[3] AGREN J, CHEYNET B, CLAVAGUERA-MORA M T, et al. Workshop on thermodynamic models and data for pure elements and other endmembers of solutions: group 2: extrapolation of the heat capacity in liquid and amorphous phases[J]. Calphad, 1995, 19: 449-480.

[4] CHANG A, COLINET C, HILLERT M, et al. Workshop on thermodynamic models and data for pure elements and other endmembers of solutions: goup 3: estimation of enthalpies for stable and metastable states [J]. Calphad, 1995, 19: 481-498.

[5] DE FONTAINE D, FRIES S G, INDEN G, et al. Workshop on thermodynamic models and data for pure elements and other endmembers of solutions: group 4: lambda-transitions[J]. Calphad, 1995, 19: 499-536.

[6] CHEN Q, SUNDMAN B. Modeling of thermodynamic properties for bcc, fcc, liquid, and amorphous iron[J]. J. Phase equilib., 2001, 22: 631-644.

[7] BIGDELI S, MAO H, SELLEBY M. On the third-generation CALPHAD databases: an updated description of Mn[J]. Phys. Status Solidi B, 2015, 252: 2199-2208.

[8] BIGDELI S, EHTEHSAMI H, CHEN Q, et al. New description of metastable hcp phase for unaries Fe and Mn: coupling between first-principles calculations and CALPHAD modeling[J]. Phys. Status Solidi B, 2016, 253: 1830-1836.

[9] LI Z, BIGDELI S, MAO H, et al. Thermodynamic evaluation of pure Co for the third generation of thermodynamic databases[J]. Phys. Status Solidi B, 2017, 254: 1600231.

[10] LI Z, MAO H, SELLEBY M. Thermodynamic modeling of pure Co accounting two magnetic states for the Fcc phase[J]. J. Phase Equilib. Diffus., 2018, 39: 502-509.
[11] KHVAN A V, DINSDALE A T, USPENSKAYA I A, et al. A thermodynamic description of data for pure Pb from 0 K using the expanded Einstein model for the solid and the two state model for the liquid phase [J]. Calphad, 2018, 60: 144-155.
[12] BIGDELI S, CHEN Q, SELLEBY M. A new description of pure C in developing the third generation of CALPHAD databases[J]. J. Phase Equilib. Diffus., 2018, 39: 832-840.
[13] OMORI T, BIGDELI S, MAO H. A generalized approach obeying the third law of thermodynamics for the expression of lattice stability and compound energy: a case study of unary aluminum[J]. J. Phase Equilib. Diffus., 2018, 39: 519-531.
[14] BIGDELI S, ZHU L F, GLENSK A, et al. An insight into using DFT data for CALPHAD modeling of solid phases in the third generation of Calphad databases, a case study for Al[J]. Calphad, 2019, 65: 79-85.
[15] KHVAN A V, BABKINA T, DINSDALE A T, et al. Thermodynamic properties of tin: part Ⅰ: experimental investigation, ab-initio modelling of α-, β-phase and a thermodynamic description for pure metal in solid and liquid state from 0 K[J]. Calphad, 2019, 65: 50-72.
[16] KHVAN A V, USPENSKAYA I A, ARISTOVA N M, et al. Description of the thermodynamic properties of pure gold in the solid and liquid states from 0 K[J]. Calphad, 2020, 68: 101724.
[17] DINSDALE A, ZOBAC O, KROUPA A, et al. Use of third generation data for the elements to model the thermodynamics of binary alloy systems: part 1: the critical assessment of data for the Al-Zn system[J]. Calphad, 2020, 68: 101723.
[18] HAO L Y, RUBAN A, XIONG W. CALPHAD modeling based on Gibbs energy functions from zero kevin and improved magnetic model: a case study on the Cr-Ni system[J]. Calphad, 2021, 73: 102268.
[19] XIONG W, HEDSTRÖM P, SELLEBY M, et al. An improved thermodynamic modeling of the Fe-Cr system down to zero Kelvin coupled with key experiments[J]. Calphad, 2011, 35: 355-366.
[20] XIONG W. Thermodynamic and kinetic investigation of the Fe-Cr-Ni system driven by engineering applications[D]. Stockholm: KTH Royal

Institute of Technology, 2012.
[21] LUTJERING G, WILLIAMS J C. Titanium[M]. New York: Springer, 2007.
[22] HU B, YAO B, WANG J, et al. The phase equilibria of the Ti-V-M (M = Si, Nb, Ta) ternary systems[J]. Intermetallics, 2020, 118: 106701.
[23] HU B, QIU C L, CUI S L, et al. CALPHAD-type thermodynamic description of phase equilibria in the Ti-W-M (M = Zr, Mo, Nb) ternary systems[J]. J. Chem. Thermodyn., 2019, 131: 25-32.
[24] HU B, ZHOU J Q, MENG Y T, et al. CALPHAD-type thermodynamic modeling of the Ti-W-B and Ti-W-Si refractory systems[J]. Int. J. Refract. Met. Hard Mater., 2019, 81: 206-213.
[25] OHMORI Y, OGO T, NAKAI K, et al. Effects of ω-phase precipitation on β→α, α″ transformations in a metastable β titanium alloy[J]. Mater. Sci. Eng. A, 2001, 312: 182-188.
[26] PRIMA F, VERMAUT P, TEXIER G, et al. Evidence of α-nanophase heterogeneous nucleation from ω particles in a β-metastable Ti-based alloy by high-resolution electron microscopy[J]. Scr. Mater., 2006, 54: 645-648.
[27] NAG S, BANERJEE R, SRINIVASAN R, et al. ω-Assisted nucleation and growth of α precipitates in the Ti-5Al-5Mo-5V-3Cr-0.5Fe β titanium alloy[J]. Acta Mater., 2009, 57: 2136-2147.
[28] LI T, KENT D, SHA G, et al. The mechanism of ω-assisted α phase formation in near β-Ti alloys[J]. Scr. Mater., 2015, 104: 75-78.
[29] ZHENG Y, CHOUDHURI D, ALAM T, et al. The role of cuboidal ω precipitates on α precipitation in a Ti-20V alloy[J]. Scr. Mater., 2016, 123: 81-85.
[30] ZHENG Y, WILLIAMS R E A, WANG D, et al. Role of ω phase in the formation of extremely refined intragranular α precipitates in metastable β-titanium alloys[J]. Acta Mater., 2016, 103: 850-858.
[31] LI T, KENT D, SHA G, et al. The role of ω in the precipitation of α in near-β Ti alloys[J]. Scr. Mater., 2016, 117: 92-95.
[32] YANG Y, MAO H, CHEN H L, et al. An assessment of the Ti-V-O system[J]. J. Alloys Compd., 2017, 722: 365-374.
[33] LUKAS H, FRIES S G, SUNDMAN B. Computational thermodynamics: the CALPHAD method[M]. Cambridge: Cambridge University Press, 2007.
[34] LIU Z-K, WANG Y. Computational thermodynamics of materials[M].

Cambridge：Cambridge University Press，2016.
[35] DESAI P D. Thermodynamic properties of titanium[J]. Int. J. Thermophys.，1987，8：781-794.
[36] KELLEY K K. Specific heats at low temperatures of titanium and titanium carbide[J]. Ind. Eng. Chem.，1944，36：865-866.
[37] KOTHEN C W，JOHNSTON H L. Low temperature heat capacities of inorganic solids. XVII. heat capacity of titanium from 15 to 305 K[J]. J. Am. Chem. Soc.，1953，75：3101-3102.
[38] AVEN M H，CRAIG R S，WAITE T R，et al. Heat-capacity measurements of titanium and of a hydride of titanium for temperatures from 4 to 15 K including a detailed description of a special adiabatic specific-heat calorimeter[R]. National Advisory Committee for Aeronautics Rep. NACA-TN-3787，1956.
[39] WOLCOTT N M. The atomic heats of titanium，zirconium and hafnium [J]. Philos. Mag.，1957，2：1246-1254.
[40] BURK D L，ESTERMANN I，FRIEDBERG S A. The low temperature specific heats of titanium，zirconium and hafnium[J]. Z. Phys. Chem.，1958，16：183-193.
[41] CLUSIUS K，FRANZOSINI P. Ergebnisse der tieftemperaturforschung. XIX. die atom-und elektronenwarme des titans zwischen 13 und 273 K [J]. Z. Phys. Chem.，1958，16：194-202.
[42] KNEIP JR G D，BETTERTON JR J O，SCARBROUGH J O. Low-temperature specific heats of titanium，zirconium，and hafnium[J]. Phys. Rev.，1963，130：1687-1692.
[43] HAKE R R，CAPE J A. Calorimetric investigation of localized magnetic moments and superconductivity in some alloys of titanium with manganese and cobalt[J]. Phys. Rev.，1964，135：A1151-A1160.
[44] COLLINGS E W，HO J C. Magnetic susceptibility and low-temperature specific heat of high-purity titanium [J]. Phys. Rev. B，1970，2：235-244.
[45] AGARWAL K L，BETTERTON J O. Low-temperature specific heat of Ti-Hf alloys[J]. J. Low Temp. Phys.，1974，17：515-519.
[46] CHASE M W. NIST-JANAF thermochemical tables[M]. Washington D C：American Institute of Physics，1998.
[47] GOLUTVIN Y M. Heat content and heat capacities in the system titanium-silicon[J]. Russ. J. Phys. Chem.，1959，33：174-178.

[48] SEREBRENNIKOV N N, GEL'D P V. Heat content and heat capacity of titanium at high temperatures[J]. Non-Ferrous Metall., 1961, 4: 80-86.

[49] STALINSKI B, BIEGANSKI Z. Heat capacity and thermodynamic functions of titanium hydride, $TiH_2$, within the range 24 to 360 K[J]. Bull. Acad. Polon. Sci. Ser. Sci. Chim., 1960, 10: 243.

[50] PARKER R. Rapid phase transformations in titanium induced by pulse heating[D]. California: University of California, 1964.

[51] NOVIKOV I I. The effect of the degree of deformation on the thermophysical properties of metals at high temperatures[J]. High Temp. High Press., 1976, 8: 483-492.

[52] ZARICHNYAK Y P, LISNENKO T A. Thermal conductivity of binary and ternary disordered solid solutions of a titanium-zirconium-hafnium system[J]. J. Eng. Phys., 1977, 33: 1175-1179.

[53] CASH W M, BROOKS C R. The heat capacity of α-titanium from 320 to 1020 K[J]. J. Chem. Thermodyn., 1982, 14: 351-355.

[54] HOLLAND L R. Physical properties of titanium. Ⅲ. the specific heat [J]. J. Appl. Phys., 1963, 34: 2350-2357.

[55] BACKHURST I. Adiabatic vacuum calorimeter from 600 to 1600 ℃[J]. J. Iron Steel Inst., 1958, 189: 124-134.

[56] MAGLIĆ K D, PAVIČIĆ D Z. Thermal and electrical properties of titanium between 300 and 1900 K[J]. Int. J. Thermophys., 2001, 22: 1833-1841.

[57] KOHLHAAS R, BRAUN M, VOLLMER O. Die atomwärme von titan, vanadin und chrom im bereich hoher temperaturen[J]. Z. Naturforsch. A, 1965, 20: 1077-1079.

[58] PELETSKII V E, ZARETSKII E B. Thermophysical properties of solids and selected fluids for energy technology[M]. New York: ASME, 1982.

[59] TAKAHASHI Y. High-temperature heat-capacity measurement up to 1500 K by the triple-cell DSC [J]. Pure Appl. Chem., 1997, 69: 2263-2270.

[60] SHESTOPAL V O. Specific heat and vacancy formation in titanium at high temperatures[J]. Sov. Phys. Solid State, 1966, 7: 2798-2799.

[61] ARUTYUNOV A V, BANCHILA S N, FILIPPOV L P. Properties of titanium at temperatures above 1000 K[J]. High Temp., 1971, 9: 487-489.

[62] KASCHNITZ E, REITER P. Heat capacity of titanium in the tempera-

ture range 1500 to 1900 K measured by a millisecond pulse-heating technique[J]. J. Therm. Anal. Calorim., 2001, 64: 351-356.
[63] CEZAIRLIYAN A, MIILLER A P. Heat capacity and electric resistivity of titanium in the range 1500 to 1900 K by a pulse heating method[J]. High Temp. High Press., 1977, 9: 319-324.
[64] GUO B, TEODORESCU G, OVERFELT R A, et al. Measurements of heat capacity of pure titanium and zirconium by electromagnetic levitation[J]. Int. J. Thermophys., 2008, 29: 1997-2005.
[65] HULTGREN R, DESAI P D, HAWKINS D T, et al. Selected values of thermodynamic properties of the elements[M]. Ohio: ASM, Metals Park, 1973.
[66] GLUSHKO V P, GURVICH L V, BERGMAN G A, et al. Thermodynamic properties of individual substances, vol. Ⅳ: high-temperature institute of applied[M]. Moscow: National Academy of Sciences of the USSR, 1982.
[67] TREVERTON J A, MARGRAVE J L. Thermodynamic properties by levitation calorimetry Ⅲ. the enthalpies of fusion and heat capacities for the liquid phases of iron, titanium, and vanadium[J]. J. Chem. Thermodyn., 1971, 3: 473-481.
[68] BEREZIN B Y, KATS S A, KENISARIN M M, et al. Heat and melting temperature of titanium[J]. High Temp., 1974, 12: 450-455.
[69] PARADIS P-F, RHIM W-K. Non-contact measurements of thermophysical properties of titanium at high temperature[J]. J. Chem. Thermodyn., 2000, 32: 123-133.
[70] LEE G W, JEON S, PARK C, et al. Crystal-liquid interfacial free energy and thermophysical properties of pure liquid Ti using electrostatic levitation: hypercooling limit, specific heat, total hemispherical emissivity, density, and interfacial free energy[J]. J. Chem. Thermodyn., 2013, 63: 1-6.
[71] ZHOU K, WANG H P, CHANG J, et al. Experimental study of surface tension, specific heat and thermaldiffusivity of liquid and solid titanium [J]. Chem. Phys. Lett., 2015, 639: 105-108.
[72] ISHIKAWA T, KOYAMA C, NAKATA Y, et al. Spectral emissivity and constant pressure heat capacity of liquid titanium measured by an electrostatic levitator[J]. J. Chem. Thermodyn., 2019, 131: 557-562.
[73] ZHANG Y M, ZHAO Y H, HOU H, et al. Comparison of mechanical

and thermodynamic properties of fcc and bcc titanium under high pressure[J]. Mater. Res. Express, 2018, 5: 026527.

[74] MEI Z G, SHANG S L, WANG Y, et al. Density-functional study of the thermodynamic properties and the pressure-temperature phase diagram of Ti[J]. Physi. Rev. B, 2009, 80: 104116.

[75] ARGAMAN U, EIDELSTEIN E, LEVY O, et al. Thermodynamic properties of titanium from ab initio calculations[J]. Mater. Res. Express, 2015, 2: 016505.

[76] CACCIAMANI G, CHANG Y A, GRIMVALL G, et al. Workshop on thermodynamic modelling of solutions and alloys, group 3: order-disorder phase diagrams[J]. Calphad, 1997, 21: 219-246.

[77] GRIMVALL G. Thermophysical Properties of Materials[M]. Amsterdam: Elsevier Science, 1986.

[78] CHEN Q, SUNDMAN B. Calculation of debye temperature for crystalline structures-a case study on Ti, Zr, and Hf[J]. Acta Mater., 2001, 49: 947-961.

[79] AGARWAL K L, BETTERTON J O. 13th International conference on low temperature physics: vol. 4 [C]. New York: Plenum Press, 1974.

[80] HEINIGER F, MULLER J. Bulk superconductivity in dilute hexagonal titanium alloys[J]. Phys. Rev., 1964, 134: A1407-A1409.

[81] COLLINGS E W, HO J C. Physical properties of titanium alloys[M]// JAFFEE R I, PROMISEL N E. The science, technology and application of titanium. Oxford: Pergamon Press, 1970, 331-347

[82] DUMMER G. The specific heats of Zr-Rh alloys have been measured between 0.9 and 12 K[J]. Z. Phys., 1965, 186: 249-263.

[83] FISHER E S, RENKEN C J. Single-crystal elastic moduli and the hcp→bcc transformation in Ti, Zr, and Hf[J]. Phys. Rev., 1964, 135: A482-A494.

[84] KITTEL C. Introduction to solid state physics[M]. New York: Wiley-VCH, 1996.

[85] CHEN Q, SUNDMAN B. Thermodynamic assessment of the Ti-Al-N system[J]. J. Phase Equilib., 1988, 19(2): 146-160.

[86] PETRY W, HEIMING A, TRAMPENAU J, et al. Phonon dispersion of the bcc phase of group-Ⅳ metals. I. bcc titanium[J]. Phys. Rev. B, 1991, 43: 10933-10947.

[87] LEDBETTER H, OGI H, KAI S, et al. Elastic constants of body-centered-cubic titanium monocrystals [J]. J. Appl. Phys., 2004, 95:

4642-4644.

[88] YAN J Y, OLSON G B. Computational thermodynamics and kinetics of displacive transformations in titanium-based alloys [J]. J. Alloys Compd., 2016, 673: 441-454.

[89] HU C E, ZENG Z Y, ZHANG L, et al. Theoretical investigation of the high pressure structure, lattice dynamics, phase transition, and thermal equation of state of titanium metal [J]. J. Appl. Phys., 2010, 107: 093509.

[90] KANEMAKI S, SUZUKI M, YAMADA Y, et al. Low temperature specific heat, magnetic susceptibility and electrical resistivity measurements in Ni-Ti metallic glasses [J]. J. Phys. F: Met. Phys., 1988, 18: 105-112.

[91] MACHADO K D. Comparison between Einstein and Debye models for an amorphous $Ni_{46}Ti_{54}$ alloy produced by mechanical alloying investigated using extended X-ray absorption fine structure and cumulant expansion [J]. J. Chem. Phys., 2011, 134: 064503.

[92] MIZUTANI U, AKUTSU N, MIZOGUCHI T. Electronic properties of Cu-Ti metallic glasses [J]. J. Phys. F: Met. Phys., 1983, 13: 2127-2136.

[93] RISTIĆ R, BABIĆ E, STUBIČAR M, et al. Simple correlation between mechanical and thermal properties in TE-TL (TE = Ti, Zr, Hf; TL = Ni, Cu) amorphous alloys [J]. J. Non-Cryst. Solids, 2011, 357: 2949-2953.

[94] RISTIĆ R, BABIĆ E, STUBIČAR M, et al. Correlation between electronic structure, mechanical properties and stability of TE-TL metallic glasses[J]. Croat. Chem. Acta, 2010, 83: 33-37.

[95] BAKONYI I. Electronic properties and atomic structure of (Ti, Zr, Hf)-(Ni, Cu) metallic glasses[J]. J. Non-Cryst. Solids, 1995, 180: 131-150.

[96] GRIMVALL G. Thermophysical Properties of Materials[M]. Netherlands: Elsevier, 1999.

[97] GOLDING B, BAGLEY B G, HSU F S L. Soft transverse phonons in a metallic glass[J]. Phys. Rev. Lett., 1972, 29: 68-70.

[98] MIZUTANI U, MASSALSKI T B. Low-temperature lattice specific heats of an amorphous Pd-Si alloy subjected to various heat treatments [J]. J. Phys. F: Metal Phys., 1980, 10: 1093-1100.

[99] SUCK J-B, RUDIN H, GIINTHERODT H-J, et al. Dynamical structure factor and vibrational density of states of the metallic glass $Mg_{70}Zn_{30}$ measured at room temperature[J]. J. Phys. C: Solid State Phys., 1981, 14: 2305-2317.

[100] HAFNER J. Structure and vibrational dynamics of the metallic glass $Ca_{70}Mg_{30}$[J]. Phys. Rev. B, 1983, 27: 678-695.

[101] CEZAIRLIYAN A, MIILLER A P. Thermodynamic study of the α-β phase transformation in titanium by a pulse heating method[J]. J. Res. Natl. Bur. Stand., 1978, 83: 127-132.

[102] SCOTT J L. A calorimetric investigation of zirconium, titanium and zirconium alloys from 60 to 960 ℃[R]. Knoxville: The University of Tennessee, 1957.

[103] KOTHEN C W. The high temperature heat contents of molybdenum and titanium and the low temperature heat capacities of titanium[D]. Columbus: Ohio State University, 1952.

[104] GEL'D P V, IL'INYKH S A, TALUTS S G, et al. Thermal diffusivity and thermal conductivity of solid and liquid titanium[J]. Soviet Phys. Dokl., 1982, 27: 948.

[105] HARMELIN M, LEHR P. Application of quantitative differential thermal analysis to the determination of the enthalpy of the α→β phase transition of titanium and zirconium[J]. Math. Comput., 1975, 81 (277): 387-397.

[106] KASCHNITZ E, REITER P. Enthalpy and temperature of the titanium alpha-beta phase transformation[J]. Int. J. Thermophys., 2002, 23: 1339-1345.

[107] MARTYNYUK M M, TSAPKOV V I. Electric resistance, enthalpy and phase transformations of titanium, zirconium and hafnium during pulse heating[J]. Izv. Akad. Nauk SSSR, Met., 1974, 1: 181-188.

[108] BONNELL D W. Property measurements at high temperatures-levitation calorimetry studies of liquid metals[D]. Houston: Rice University, 1972.

[109] WANG Y, CURTAROLO S, JIANG C, et al. Ab initio lattice stability in comparison with CALPHAD lattice stability[J]. Calphad, 2004, 28: 79-90.

[110] VŘEŠT'áL J, ŠTROF J, PAVLŮ J. Extension of SGTE data for pure elements to zero Kelvin temperature: a case study[J]. Calphad, 2012,

37：37-48.

[111] OQMD database[EB/OL].[2020-05-30]. http://oqmd.org.

[112] MIRZAEV D A, SCHASTLIVTSEV V M, ELKINA O A, et al. Rapid cooling effect on polymorphous transformation in titanium-molybdenum alloys[J]. Fiz. Met. Metalloved., 1996, 81：87-96.

[113] THURNAY K. Thermal properties of transition metals, forschungszentrum Karlsrube GmbH technik und umwelt[M]. Karlsrube：Inst. fuer Neutronenphysik und Reaktortechnik, 1998.

[114] SMITH J F. The V (vanadium) system[J]. J. Phase Equilib., 1981, 2：40-41.

[115] DESAI P D. Thermodynamic properties of vanadium[J]. Int. J. Thermophys., 1986, 7：213-228.

[116] ARBLASTER J W. Thermodynamic properties of vanadium[J]. J. Phase Equilib. Diffus., 2017, 38：51-64.

[117] MAGLIĆ K D. Recommended specific heat capacity functions of group VA elements[J]. Int. J. Thermophys., 2003, 24：489-500.

[118] ANDERSON C T. The heat capacities of vanadium, vanadium trioxide, vanadium tetroxide and vanadium pentoxide at low temperatures[J]. J. Am. Chem. Soc., 1936, 58：564-566.

[119] CLUSIUS K, FRANZOSINI P, PIESBERGEN U. Ergebnisse der tieftemperaturforschung. XXXII. die atom-und elektronenwärme des vanadins und niobs zwischen 10 und 273 K[J]. Z. Naturforsch. A, 1960, 15：728-734.

[120] BIEGANSKI Z, STALINSKI B. Heat capacities and thermodynamic functions of vanadium and vanadium hydride within the range 24 to 340 K：the hydrogen contribution to the heat capacity of transition metal hydrides[J]. Bull. Acad. Polon. Sci. Ser. Sci. Chim., 1961, 9：367-372.

[121] ISHIKAWA M, TOTH L E. Electronic specific heats and superconductivity in the group-V transition metals[J]. Phys. Rev. B, 1971, 3：1856-1861.

[122] CHERNOPLEKOV N A, PANOVA G K, SAMOILOV B N, et al. Change of the vanadium phonon spectrum following introduction of tantalum admixtures[J]. Sov. Phys. JETP, 1973, 36：731-735.

[123] CORAK W S, GOODMAN B B, SATTERTHWAITE C B. Exponential temperature dependence of the electronic specific heat of superconducting vanadium[J]. Phys. Rev., 1954, 96：1442-1444.

[124] WORLEY R D, ZEMANSKY M W, BOORSE H A. Heat capacities of vanadium and tantalum in the normal and superconducting phases[J]. Phys. Rev., 1955, 99: 447-458.

[125] CORAK W S, GOODMAN B B, SATTERTHWAITE C B. Atomic heats of normal and superconducting vanadium [J]. Phys. Rev., 1956, 102: 656-661.

[126] CHENG C H, GUPTA K P, VAN REUTH E C, et al. Low-temperature specific heat of body-centered cubic Ti-V alloys[J]. Phys. Rev., 1962, 126: 2030-2033.

[127] KEESOM P H, RADEBAUGH R. Mixed-state specific heat of vanadium at very low temperatures[J]. Phys. Rev. Lett., 1964, 13: 685-686.

[128] SHEN Y L. I. Low temperature heat capacities of vanadium, niobium and tantalum Ⅱ. low temperature heat capacity of ferromagnetic chromic tribromid[D]. Berkeley: University of California, 1965.

[129] RADEBAUGH R, KEESOM P H. Low-temperature thermodynamic properties of vanadium. Ⅰ. superconducting and normal states[J]. Phys. Rev., 1966, 149: 209-216.

[130] CHERNOPLEKOV N A, PANOVA G K, SAMOILOV B N, et al. Alteration of the superconducting properties of vanadium by the introduction of tantalum impurity atoms[J]. Sov. Phys. JETP, 1973, 37: 102-106.

[131] KUMAGAI K, OHTSUKA T. The superconductivity of alloys of a transition metal with non-transition elements[J]. J. Phys. Soc. Jpn., 1974, 37: 384-392.

[132] SELLERS G J, PAALANEN M, ANDERSON A C. Anomalous heat capacity of superconducting vanadium[J]. Phys. Rev. B, 1974, 10: 1912-1915.

[133] COMSA G H, HEITKAMP D, RäDE H S. Specific heat of ultrafine vanadium particles in the temperature range 1.3～10 K[J]. Solid State Commun., 1976, 20: 877-880.

[134] LEUPOLD H A, IAFRATE G J, ROTHWARF F, et al. Low-temperature specific heat anomalies in the group Ⅴ transition metals[J]. J. Low Temp. Phys., 1977, 28: 241-261.

[135] OHLENDORF D, WICKE E. Heat capacities between 1.5 and 16 K and superconductivity of V/H and Nb/H alloys[J]. J. Phys. Chem. Solids, 1979, 40: 721-728.

[136] TAKAHASHI Y, NAKAMURA J I, SMITH J F. Laser-flash calorimetry Ⅲ. heat capacity of vanadium from 80 to 1000 K[J]. J. Chem. Thermodyn., 1982, 14: 977-982.

[137] JAEGER F M, VEENSTRA W A. The exact measurement of the specific heats of solid substances at high temperatures. Ⅵ. the specific heats of vanadium, niobium, tantalum and molybdenum[J]. Rec. Trav. Chim., 1934, 53: 677-687.

[138] FIELDHOUSE I B, LANG J I. Measurement of thermal properties [R]. Chicago: Armour Research Foundation Chicago IL., 1961.

[139] GOLUTVIN Y M, KOZLOVSKAYA T M. Enthalpy and heat capacity in the vanadium-silicon system[J]. Russ. J. Phys. Chem., 1962, 36: 183-185.

[140] BRAUN M, KOHLHAAS R, VOLLMER O. Hightemperature calorimetry of metals[J]. Z. Angew. Phys., 1968, 25: 365-372.

[141] FILIPPOV L P, YURCHAK R P. High-temperature investigations of the thermal properties of solids[J]. J. Eng. Phys. Thermophys., 1971, 21: 1209-1220.

[142] PELETSKII V E, DRUZHININ V P, SOBOL Y G. Thermophysical properties of vanadium at high temperatures[J]. High Temp. High Press., 1971, 3: 153-159.

[143] MARGRAVE J L. Studies in the physical chemistry of selected high temperature systems[R]. Houston: Rice Univ., 1972.

[144] ARUTYUNOV A V, MAKARENKO I N, FILIPPOV L P. Thermal properties of vanadium at high temperature[J]. Teplofiz. Svoistva Veshchestv Mater., 1972, 5: 105-108.

[145] CHEKHOVSKOI V, KALINKINA R G. Specific heat of V in the temperature range 300～900 K[J]. Teplofiz. Vys. Temp., 1973, 11: 885-886.

[146] NEIMARK B E, BELYAKOVA P E, BRODSKII B R, et al. Physical properties of vanadium[J]. Heat Transfer Sov. Res., 1973, 5: 141-145.

[147] CEZAIRLIYAN A, RIGHINI F, MCCLURE J L. Simultaneous measurements of heat capacity, electrical resistivity, and hemispherical total emittance by a pulse heating technique: vanadium, 1500 to 2100 K[J]. J. Res. Natl. Bur. Stand., 1974, 78A: 143-147.

[148] BEREZIN B Y, CHEKHOVSKOI V Y. Enthalpy and heat capacity of

niobium and vanadium in the temperature range from 298.15 K to the melting point[J]. High Temp., 1977, 15: 651-657.

[149] KULISH A A, FILIPPOV L P. Determination of the physical properties of group Ⅴ metals at high temperatures by means of a study of deformation vibrations of plates[J]. High Temp., 1978, 16: 512-519.

[150] BENDICK W, PEPPERHOFF W. The heat capacity of Ti, V and Cr [J]. J. Phys. F: Met. Phys., 1982, 12: 1085-1090.

[151] STANIMIROVIĆ A, VUKOVIĆ G, MAGLIĆ K. Thermophysical and thermal optical properties of vanadium by millisecond calorimetry between 300 and 1900 K[J]. Int. J. Thermophys., 1999, 20: 325-332.

[152] CHEKHOVSKOII V Y, TARASOV V D, GRIGOR'EVA N V. Contribution of equilibrium vacancies to vanadium caloric properties[J]. High Temp., 2011, 49: 826-831.

[153] BEREZIN B Y, CHEKHOVSKOI V Y, SHEINDLIN A E. Enthalpy and specific heat of molten vanadium[J]. High Temp. Sci., 1972, 4: 478-486.

[154] LIN R, FROHBERG M G. Enthalpy measurements on solid and liquid vanadium by levitation calorimetry[J]. Z. Metallkd., 1991, 82: 48-52.

[155] HEINIGER F, BUCHER E, MULLER J. Low temperature specific heat of transition metals and alloys[J]. Phys. Kondens. Materie, 1966, 5: 243-284.

[156] JUNOD A, HEINIGER F, MUELLER J, et al. Superconductivity and specific heat of alloys based on $Ti_3Sb$[J]. Helv. Phys. Acta, 1970, 43: 59-66.

[157] CORSAN J M, COOK A J. Specific heat and superconductivity of binary alloys containing V, Nb, and Ta [J]. Phys. Status Solidi, 1970, 40: 657-665.

[158] PAN V M, PROKHOROV V G, SHEVCHENKO A D, et al. Investigation of physical properties of vanadium in the temperature range of 4.2 to 300 K[J]. Fiz. Nizk. Temp., 1977, 3: 1266-1271.

[159] VERGARA O, HEITKAMP D, LöHNEYSEN H V. Specific heat of small vanadium particles in the normal and superconducting state[J]. J. Phys. Chem. Solids, 1984, 45: 251-258.

[160] GUILLERMET A F, GRIMVALL G. Homology of interatomic forces and Debye temperatures in transition metals[J]. Phys. Rev. B, 1989, 40: 1521-1527.

[161] IGLESIAS-SILVA G A, HALL K R. Simple expressions for the heat capacities of elemental solids[J]. Chem. Eng. Comm., 1997, 158: 193-199.

[162] TOMILO Z M. Debye temperature in the high-temperature limit and anharmonic component of the heat capacity of vanadium[J]. J. Eng. Phys. Thermophys., 1986, 51: 962-964.

[163] LI X B, XIE Y Q, NIE Y Z, et al. Low temperature thermodynamic study of the stable and metastable phases of vanadium[J]. Chin. Sci. Bull., 2007, 52: 3041-3046.

[164] GATHERS G R, SHANER J W, HIXSON R S, et al. Very high temperature thermophysical properties of solid and liquid vanadium and iridium[J]. High Temp. High Press., 1979, 11: 653-668.

[165] SEYDEL U, BAUHOF H, FUCKE W, et al. Thermophysical data for various transition metals at high temperatures obtained by a submicrosecond-pulse-heating method[J]. High Temp. High Press., 1979, 11: 635-642.

[166] SCHAEFERS K, RÖSNER-KUHN M, FROHBERG M G. Enthalpy measurements of undercooled melts by levitation calorimetry: the pure metals nickel, iron, vanadium and niobium[J]. Mater. Sci. Eng. A, 1995, 197: 83-90.

[167] POTTLACHER G, HÜPF T, WILTHAN B, et al. Thermophysical data of liquid vanadium[J]. Thermochim. Acta, 2007, 461: 88-95.

[168] RUDY E, WINDISCH S. The phase diagrams hafnium-vanadium and hafnium-chromium[J]. J. Less-Common Met., 1968, 15: 13-27.

[169] HIERNAUT J-P, SAKUMA F, RONCHI C. Determination of the melting point and the emissivity of refractory metals with a six-wavelength pyrometer[J]. High Temp. High Press., 1989, 21: 139-148.

[170] MCCLURE J L, CEZAIRLIYAN A. Radiance temperatures (in the wavelength range 525 to 906 nm) of vanadium at its melting point by a pulse-heating technique[J]. Int. J. Thermophys., 1997, 18: 291-302.

[171] SAUNDERS N. System Ti-V[M]//ANSARA I, DINSDALE A T, RAND M H. COST 507: thermochemical database for light metal alloys. Luxembourg: Office for Official Publications of the European Communities, 1998, 297-298.

[172] LEE J Y, KIM J H, PARK S I, et al. Phase equilibrium of the Ti-Cr-V ternary system in the non-burning β-Ti alloy region[J]. J. Alloys

Compd.，1999，291：229-238.

[173] GHOSH G. Thermodynamic and kinetic modeling of the Cr-Ti-V system[J]. J. Phase Equilib.，2002，23：310-328.

[174] LINDWALL G，WANG P S，KATTNER U R，et al. The effect of oxygen on phase equilibria in the Ti-V system：impacts on the AM processing of Ti alloys[J]. JOM，2018，70：1692-1705.

[175] MURRAY J L. The Ti-V（titanium-vanadium）system[J]. Bull. Alloy Phase Diagrams，1981，2：48-55.

[176] MURRAY J L. Ti-V（titanium-vanadium）[M]//MASSALSKI T B，OKAMOTO H，SUBRAMANIAN P R，et al. Binary alloy phase diagrams. Ohio：ASM International，1987：2134-2146.

[177] NAKANO O，SASANO H，SUZUKI T，et al. Titanium'80[C]//Kimura H，Izumi O. 4th International conference on titanium. Kyoto，1980，2889-2895.

[178] FUMING W，FLOWER H M. Phase separation reactions in Ti-50V alloys[J]. Mater. Sci. Technol.，1989，5：1172-1177.

[179] ADENSTEDT H K，PEQUIGNOT J R，RAYMER J M. The Ti-V system[J]. Trans. A. S. M.，1952，44：990-1003.

[180] RUDY E. Ternary phase equilibria in transition metal-boron-carbon-silicon systems，part 5. compendium of phase diagram data[R]. Ohio：U.S. Air Force Rep.，1969.

[181] MCQUILLAN A D. The effect of the elements of the first long period on the α-β transformation in titianium[J]. J. Inst. Metals，1951，80：363-368.

[182] ERMANIS F，FARRAR P A，MARGOLIN H. A reinvestigation of the systems Ti-Cr and Ti-V[J]. Trans. AIME，1961，221：904-908.

[183] FEDOTOV S G，KONSTANTINOV K M，SINODOVA E P. Disintegration of titanium-vanadium martensite on continuous heating[J]. Phys. Met. Metall.，1968，25：104-110.

[184] RONAMI G N. Determination of phase equilibria of superconducting alloys using the mass spectrometer[J]. Krist. Tech.，1972，7：615-638.

[185] MOLOKANOV V V，CHERNOV D B，BUDBERG P B. Solubility of vanadium in α titanium[J]. Met. Sci. Heat Treat.，1977，19：704-705.

[186] ROLINSKI E J，HOCH M，OBLINGER C J. Determination of thermodynamic interaction parameters in solid V-Ti alloys using the mass spectrometer[J]. Metall. Trans.，1971，2：2613-2618.

[187] MILLS K C, KINOSHITA K. Activities of liquid titanium + vanadium alloys[J]. J. Chem. Thermodyn., 1973, 5: 129-133.

[188] UESUGI T, MIYAMAE S, HIGASHI K. Enthalpies of solution in Ti-X (X = Mo, Nb, V and W) alloys from first-principles calculations [J]. Mater. Trans., 2013, 54: 484-492.

[189] CHINNAPPAN R, PANIGRAHI B K, VAN DE WALLE A. First-principles study of phase equilibrium in Ti-V, Ti-Nb, and Ti-Ta alloys [J]. Calphad, 2016, 54: 125-133.

[190] MCCABE K K, SASS S L. The initial stages of the omega phase transformation in Ti-V alloys[J]. Philos. Mag, 1971, 23: 957-970.

[191] LEIBOVITCH C, RABINKIN A, TALIANKER M. Phase transformations in metastable Ti-V alloys induced by high pressure treatment[J]. Metall. Mater. Trans. A, 1981, 12: 1513-1519.

[192] MING L C, MANGHNANI M H, KATAHARA K W. Phase transformations in the Ti-V system under high pressure up to 25 GPa[J]. Acta Metall., 1981, 29: 479-485.

[193] MATSUMOTO H, WATANABE S, MASAHASHI N, et al. Composition dependence of Young's modulus in Ti-V, Ti-Nb, and Ti-V-Sn alloys[J]. Metall. Mater. Trans. A, 2006, 37: 3239-3249.

[194] DOBROMYSLOV A V, ELKIN V A. The orthorhombic $\alpha''$-phase in binary titanium-base alloys with d-metals of Ⅴ～Ⅷ groups[J]. Mater. Sci. Eng. A, 2006, 438: 324-326.

[195] AURELIO G, GUILLERMET A F, CUELLO G J, et al. Metastable phases in the Ti-V system: part Ⅰ. neutron diffraction study and assessment of structural properties[J]. Metall. Mater. Trans. A, 2002, 33: 1307-1317.

[196] GHOSH C, BASU J, RAMACHANDRAN D, et al. Phase separation and $\omega$ transformation in binary V-Ti and ternary V-Ti-Cr alloys[J]. Acta Mater., 2016, 121: 310-324.

[197] CHOUDHURI D, ZHENG Y, ALAM T, et al. Coupled experimental and computational investigation of omega phase evolution in a high misfit titanium-vanadium alloy[J]. Acta Mater., 2017, 130: 215-228.

[198] KANEKO H, HUANG Y C. Some considerations on the continuous cooling diagrams and $M_s$ points of titanium-base alloys[J]. J. Jpn. Inst. Met., 1963, 27: 403-406.

[199] HUANG Y C, SUZUKI S, KANEKO H. Thermodynamics of the $M_s$

points in titanium alloys[M]//JAFFEE R I，PROMISEL N E. The science，technology and application of titanium. Oxford：Pergamon Press，1970，691-693.

[200] DOBROMYSLOV A V，ELKIN V A. Martensitic transformation and metastable β-phase in binary titanium alloys with d-metals of 4～6 periods[J]. Scr. Meter.，2001 44：905-910.

[201] DUWEZ P. Effect of rate of cooling on the alpha-beta transformation in titanium and titanium-molybdenum alloys[J]. Trans. AIME，1951，191：765-771.

[202] SATO T，HUKAI S，HUANG Y C. The $M_s$ points of binary titanium alloys[J]. Austral. Inst. Met.，1960，5：149-153.

[203] BUNGARDT K，RUEDINGER K. Phase transformations in titanium-molybdenum alloys[J]. Z. Met.，1961，52：120-135.

[204] KANEKO H，HUANG Y C. Allotropic transformation characteristics of titanium alloys during continuous cooling[J]. J. Jpn. Inst. Met.，1963，27：387-393.

[205] DAVIS R，FLOWER H M，WEST D R F. Martensitic transformations in Ti-Mo alloys[J]. J. Mater. Sci.，1979，14：712-722.

[206] PIETROKOWSKY P，DUWEZ P. Partial titanium-vanadium phase diagram[J]. JOM，1952，4：627-630.

[207] PATON N E，WILLIAMS J C. The influence of oxygen content on the athermal β-ω transformation[J]. Scr. Metall.，1973，7：647-649.

[208] MIRZAEV D A，UL'YANOV V G，SHTEJNBERG M M，et al. Structural and kinetic steps of β → α transformation in titanium[J]. Fiz. Met. Metalloved.，1981，51：115-122.

[209] IKEDA M，KOMATSU S Y，SUGIMOTO T，et al. Resistometric estimation of temperature range of athermal ω phase formation in quenched Ti-V alloys[J]. J. Jpn. Inst. Met.，1990，54：743-751.

[210] ZARKEVICH N A，JOHNSON D D. Titanium α-ω phase transformation pathway and a predicted metastable structure[J]. Phys. Rev. B，2016，93：020104.

[211] ZHANG S Z，CUI H，LI M M，et al. First-principles study of phase stability and elastic properties of binary Ti-$x$TM（TM = V，Cr，Nb，Mo）and ternary Ti-15TM-$y$Al alloys[J]. Mater. Des.，2016，110：80-89.

[212] MEI W，SUN J，WEN Y. A first-principles study of displacive β to ω

transition in Ti-V alloys[J]. Prog. Nat. Sci.: Mater. Int., 2017, 27: 703-708.

[213] HU B, JIANG Y, WANG J, et al. Thermodynamic calculation of the $T_0$ curve and metastable phase diagrams of the Ti-M (M= Mo, V, Nb, Cr, Al) binary systems[J]. Calphad, 2018, 62: 75-82.

[214] HOHENBERG P, KOHN W. Inhomogeneous electron gas[J]. Phys. Rev., 1964, 136: B864-B871.

[215] KOHN W, SHAM L J. Self-consistent equations including exchange and correlation effects[J]. Phys. Rev., 1965, 140: A1133-A1138.

[216] GIANNOZZI P, BARONI S, BONINI N, et al. Quantum Espresso: a modular and open-source software project for quantum simulations of materials[J]. J. Phys.: Condens. Matter, 2009, 21: 395502.

[217] VANDERBILT D. Soft self-consistent pseudopotentials in a generalized eigenvalue formalism[J]. Phys. Rev. B, 1990, 41: 7892-7895.

[218] PERDEW J P, BURKE K, ERNZERHOF M. Generalized gradient approximation made simple[J]. Phys. Rev. Lett., 1996, 77: 3865-3868.

[219] MONKHORST H J, PACK J D. Special points for Brillouin-zone integrations[J]. Phys. Rev. B, 1976, 13: 5188-5192.

[220] METHFESSEL M, PAXTON A T. High-precision sampling for Brillouin-zone integration in metals[J]. Phys. Rev. B, 1989, 40: 3616-3621.

[221] BILLETER S R, CURIONI A, ANDREONI W. Efficient linear scaling geometry optimization and transition-state search for direct wavefunction optimization schemes in density functional theory using a plane-wave basis[J]. Comput. Mater. Sci., 2003, 27: 437-445.

[222] GOLESORKHTABAR R, PAVONE P, SPITALER J, et al. ElaStic: a tool for calculating second-order elastic constants from first principles[J]. Comput. Phys. Commun., 2013, 184: 1861-1873.

[223] ANDERSON O L. A simplified method for calculating the debye temperature from elastic constants[J]. J. Phys. Chem. Solids., 1963, 24: 909-917.

[224] ANDERSSON J-O, GUILLERMET A F, GUSTAFSON P, et al. A new method of describing lattice stabilities[J]. Calphad, 1987, 11: 93-98.

[225] SUNDMAN B, KATTNER U R, HILLERT M, et al. A method for handling the extrapolation of solid crystalline phases to temperatures far

above their melting point[J]. Calphad, 2020, 68: 101737.
[226] AGREN J. Thermodynamics of supercooled liquids and their glass transition[J]. Phys. Chem. Liq., 1988, 18: 123-139.
[227] REDLICH O, KISTER A T. Algebraic representation of thermodynamic properties and the classification of solutions[J]. Ind. Eng. Chem., 1948, 40: 345-348.
[228] SUNDMAN B, JANSSON B, ANDERSSON J-O. The Thermo-Calc databank system[J]. Calphad, 1985, 9: 153-190.
[229] MOUHAT F, COUDERT F-X. Necessary and sufficient elastic stability conditions in various crystal systems[J]. Phys. Rev. B, 2014, 90: 224104.

# 第9章　研究总结与展望

## 9.1　研究总结

目前,世界广泛使用的 Ti 合金基本上是多元多相体系,其性能很大程度上取决于材料制备过程中形成的微观结构。材料制备过程中微观结构演变的定量描述是材料设计的核心,也是材料性能获得重大突破的关键。实现材料制备过程中工艺参数的科学设计和性能最优控制,建立多元 Ti 合金精确的相图热力学数据库至关重要。相图热力学的核心是各合金体系中每个相的吉布斯自由能表达式。但目前,大部分多元合金体系因缺少可靠而必要的热力学数据,特别是亚稳相的热力学数据,使得对其凝固或热处理等过程的精确微观结构演变模拟难以进行。近年来,如何高效获得含亚稳相的多元多相合金热力学数据一直是材料设计领域研究的热点和难点。

本书工作选择商用 Ti 合金中一些重要的多元多相 Ti 合金体系作为研究对象,采用关键实验、第一性原理计算、相图计算等集成方法,在热力学模型、相平衡、亚稳相、晶体结构、合金凝固等方面进行了系统研究,获得多元 Ti 合金体系中稳定相和亚稳相的晶体结构和有限温度范围内的热力学性质,并获得描述各相的热力学模型参数,为多元多相 Ti 合金的微观结构定量模拟提供关键数据,为新型 Ti 合金的设计提供重要的理论指导。同时建立了一种高效获得含亚稳相的多元多相 Ti 合金热力学数据的新方法,该方法对研究其他多元多相合金材料具有借鉴作用。本书工作取得的主要创新成果总结如下:

(1) 首次成功使用四亚点阵模型描述三元系中的 $A1/L1_2$ 和 $A2/B2$ 有序-无序转变,为描述其他三元系或多元系中 fcc 和 bcc 结构的有序-无序转变提供参考。

在相图热力学模拟中,有序-无序转变的模拟是一个亟待解决的难点。双亚点阵模型能够成功描述 $A1/L1_2$ 和 $A2/B2$ 的有序-无序转变,但不能同时描述多元系中 fcc 结构的有序相 $L1_2$、$L1_0$ 和 $F'$,也不能同时描述 bcc 结构的有序相 B2、B32、$D0_3$ 和 $L2_1$。因此,在描述 fcc 和 bcc 结构的有序-无序转变方面,四亚点阵模型比双亚点阵模型更具优势。为解决这个问题,本书工作首次成功地将四亚点阵模型用于描述 Ti-Ni-Si 体系中 fcc 结构和 Ti-Cr-Ni 体系中 bcc 结构的有序-无序转变。对 Ti-Ni-Si 体系,分析了双亚点阵模型和四亚点阵模型在描述 fcc 有序-无序转变上的关联性,并推导两模型参数之间的转换关系。研究了四亚点阵模型描述有序相 $Ni_3Si$-$L1_2$ 在三元系中的稳定性和熔融行为。采用第一性原理方法计算了 Ti-Ni-Si三元化合物以及端际组元在 0 K 时的生成焓,为相图计算提供关键热力学数据,通过优化计算获得一套合理描述 Ti-Ni-Si 体系相平衡和热力学性质的参数。对 Ti-Cr-Ni 体系,采用第一性原理计算和 CALPHAD 方法,使用四亚点阵模型修订 Ti-Ni 二元系中 A2/B2 有序-无序转变的热力学描述。根据四亚点阵模型的对称性,推导了三元系中使用该模型描述 A2/B2 有序-无序转变的关系式,并成功应用于描述 Ti-Cr-Ni 体系 A2/B2 有序-无序转变,通过优化获得了一套自洽的热力学参数,并能够准确地描述所有可靠的实验数据。

(2) 提出了耦合关键实验、第一性原理计算和相图计算建立多元多相 Ti 合金精准热力学数据库的集成方法,这一方法有望高效获得多元系在宽广成分及温度范围内的相图热力学信息。

实验测定是获得热力学数据的直接手段。但单凭实验方法获得这些热力学数据,不仅耗资巨大,而且时间冗长。当今普遍认识到 CALPHAD 方法是世界上发展最成熟、应用最广泛的获得热力学数据的方法。但这一方法依赖于关键的实验相平衡和热力学性质数据来优化计算热力学模型中的参数。建立在密度泛函理论上的第一性原理计算方法仅仅需要原子序数及晶体结构信息作为参数输入便可获得各相在 0 K 时的热力学性质。可以通过结合关键实验、第一性原理计算与 CALPHAD 方法来建立多元多相钛合金精准的相图热力学数据库。其中关键实验和第一性原理计算可以为 CALPHAD 热力学优化提供相平衡和热力学信息。本书工作配制关键合金,对 Ti-V-Si 体系 800 ℃等温截面进行了实验研究,测定了三元化合物 $\tau$:$(Ti_xV_{1-x})Si$ 的成分范围以及二元化合物的溶解度。基于文献报道的边际二元系热力学参数和三元系的实验相平衡数据,采用 CALPHAD 方法,对 Ti-V-M(M = Si, Nb, Ta)和 Ti-W-M(M = B, Si, Zr, Mo, Nb)体系进行了热力学优化。获得了一套描述各三元体系的热力学参数,并计算了一系列代表性的等温截面、垂直截面、液相面和固相面投影图。通过与实验数据的对比表明,本书工作获得的热力学参数能很好地描述实验数据。

(3) 建立了迄今最为准确的 Ti-Al-Mo-V-Cr 五元系热力学数据库,并成功用于模拟商用 Ti 合金凝固过程的相变序列。该数据库有望作为多元 Ti 合金热力学数据库的重要组成部分。

Ti-Al-Mo-V-Cr 体系是高强 Ti 合金中关键的合金体系,该合金体系中的 Ti-5Al-5Mo-5V-3Cr(Ti-5553)合金是继 Ti-10V-2Fe-3Al(Ti-1023)合金之后最新被研发并应用于制造波音 787 和空客 A380 关键部件的高强近 β 型 Ti 合金。有关该五元系的相平衡研究报道非常有限,国际上尚无 Ti-Al-Mo-V-Cr 体系完整的热力学描述。本书工作基于文献报道的 Ti-Al-Mo-V-Cr 五元系中边际二元系的热力学参数和边际三元系的实验相平衡数据，优化计算了 Ti-Mo-V、Ti-Mo-Cr、Ti-V-Cr 和 Al-Mo-V 体系，修订了 Ti-Al-Cr 体系的热力学参数；通过配置关键合金，采用 XRD、SEM/EDX 等研究了 Ti-Al-Mo-V、Ti-Al-Mo-Cr 和 Ti-Al-V-Cr 四元系 20 at.% Al 的 700 ℃和 800 ℃ 富 Ti 角的等温截面；基于边际三元系的热力学参数和实验相平衡数据，优化计算了 Ti-Al-Mo-V、Ti-Al-Mo-Cr、Ti-Al-V-Cr 和 Ti-Mo-V-Cr 四元系，外推计算了 Al-Mo-V-Cr 体系，建立了 Ti-Al-Mo-V-Cr 五元系热力学数据库，利用该数据库计算了商用 Ti-5553 和 B120VCA 合金在平衡和希尔非平衡条件下的凝固行为。

(4) 热力学描述了 Ti 合金的马氏体相变和亚稳相 ω 的形成，探索出有效获得合金中亚稳相在宽广成分和有限温度范围内热力学性质的方法，并计算了多个二元钛合金体系的亚稳相图。

Ti 合金在制备过程中经常发生马氏体相变和析出亚稳相 ω，这无疑会对钛合金的性能产生重要影响，定量描述马氏体相变和 ω 相的形成对设计新型 Ti 合金具有重要的指导意义。由于亚稳相的热稳定性及其相变的复杂性，通过实验方法很难准确测定其热力学性质，因而借助理论方法获得亚稳相的热力学性质尤其重要。通过耦合 CALPHAD 方法和第一性原理计算对 Ti-M(M = Mo，Nb，Cr，Al，V)二元系的马氏体相变 β-α′/α″和亚稳相 ω 的形成进行了热力学研究。借助第一性原理计算了亚稳相 ω 与 β 基态能量差 $G_m(\omega) - G_m(\beta)$，研究了亚稳相 ω 的晶体结构并对其进行了热力学建模，结合文献报道的 β-α′/α″马氏体相变温度和 ω 形成温度，采用 CALPHAD 方法进行优化，获得了一套能准确描述各体系稳定相和亚稳相的热力学参数，并计算了 Ti-M(M = Mo，Nb，Cr，Al，V)二元系的 $T_0(\beta/\alpha)$ 和 $T_0(\beta/\omega)$ 曲线以及亚稳相图。在 Ti-Mo/Nb/Cr/V 二元系中，通过计算表明马氏体转变温度 $M_s$ 终止于 $T_0(\beta/\alpha)$ 和 $T_0(\beta/\omega)$ 曲线的交点，且亚稳相 ω 的形成阻碍了马氏体相变。

(5) 首次采用更具物理意义的第三代热力学模型描述了纯元素 Ti 和 V 的吉布斯自由能，并成功用于描述 Ti-V 二元系马氏体相变和亚稳相 ω 的形成。相对于第二代热力学模型，第三代热力学模型描述特别是低温下热力学性质及相变具有显著的优势。

采用第一性原理计算了 Ti 和 V 的不同同素异形体在 0 K 时的基态能量差和德拜温度。采用考虑晶格振动、电子激发和非谐波振动的第三代热力学模型描述 Ti 和 V 的 bcc、hcp、fcc 和 ω 相的吉布斯自由能。将液相和非晶相视为一相并用广义两状态模型进行描述。通过 CALPHAD 方法对 Ti 和 V 从高温到 0 K 进行了热力学描述。获得的热力学参数可以很好地描述热容、焓、熵等热力学性质。基于获得的 Ti 和 V 的新的吉布斯自由能表达式，对 Ti-V 体系重新进行了热力学优化，描述了马氏体相变和亚稳相 ω 的形成。计算的 $T_0(\beta/\alpha)$ 和 $T_0(\beta/\omega)$ 曲线以及

Ti-V 稳定和亚稳相图与实验数据吻合得更好。本书工作获得的 Ti-V 体系的热力学参数丰富了第三代热力学数据库。这项工作可为研究 Ti-V 基合金的马氏体相变和亚稳相 ω 形成提供重要的热力学数据。

## 9.2 展　　望

计算机技术的高速发展和广泛应用给相图计算提供了有力的工具。目前，相图计算(CALPHAD)已成为材料科学中相图领域的一个重要分支。自 20 世纪 70 年代发展起来的 CALPHAD 技术得到了很大的发展，并成为世界上发展最为成熟、应用最为广泛的相图计算技术。CALPHAD 方法的实质是根据目标体系中各相的晶体结构、磁性有序和化学有序转变等信息，建立各相的热力学模型，并由这些模型构筑各相的吉布斯自由能表达式，最后通过平衡条件计算相图。其中，各相热力学模型中的待定参数根据文献报道的相平衡及热力学性质数据并借助于相图计算软件优化获得。在所获得的低组元体系(一般为二元和三元系)热力学参数的基础上通过外推或者添加少量的多元参数可获得多元体系的相图和热力学信息。CALPHAD 方法可以根据低组元体系相图及相应热力学数据来计算多元体系相图以节省时间、人力和物力，或由实验容易测准的部分来预测实验难以测准的部分，以提高相图的准确性。作为用途广泛的相图评估和预测手段，CALPHAD 方法不仅是材料动力学、显微组织演变计算机模拟的热力学基础，而且能够广泛地应用于新材料的设计与研制。虽然相图计算领域得到了长足的发展，但仍存在一些亟需解决的问题。

合金材料中的有序相常常具有良好的物理、化学性质，一直是材料研究的热点。对其进行合理的热力学描述是相图计算领域的一个难点。当前，所有的热力学数据库对 fcc 和 bcc 结构的有序-无序转变的热力学描述均采用双亚点阵模型，然而，该模型不能同时描述多元系中 fcc 结构的有序相 $L1_2$、$L1_0$ 和 $F'$，也不能同时描述 bcc 结构的有序相 B2、B32、$D0_3$ 和 $L2_1$。因此，从相变晶体学和热力学角度来看，需采用四亚点阵模型分别同时描述 fcc 和 bcc 结构的有序-无序转变，避免双亚点阵模型只能描述单个有序相的缺陷。由于四亚点阵模型的复杂性及计算工作量巨大，到目前为止采用该模型描述有序-无序转变的例子还不多见，因此，需要将四亚点阵模型推广到其他体系的优化之中，从而进一步完善当前多组元体系的热力学数据库。

纵观目前所有 CALPHAD 研究工作的重点，均为高温或者中温下的相平衡，鲜有在低温下的相平衡，实际上对于低温区域，大多都是通过较高温度下的相平衡进行外推得到的。然而，也有很大一部分材料的服役条件处于相对较低的温度，加上实验测定低温相平衡的周期很长，有时甚至难以进行，所以对于低温相平衡的研究至关重要。随着相场模拟方法、第一性原理、蒙特卡洛模拟和分子动力学等不同材料计算方法的不断发展，今后的研究方向应该着眼于更多地结合不同的计算方法，获得实验难以测定的低温相平衡信息。这些热力学研究将进一步推动对材料性能的预测和材料设计的相关工作。

当前，相图计算领域广泛采用的描述纯元素的吉布斯自由能来自第二代热力学数据库，即 SGTE 数据库。在第二代热力学数据库中，每个相的吉布斯自由能被描述为温度、压力和成分的简单函数关系。尽管吉布斯自由能函数的温度范围是从室温至 6000 K，但该描述主要适用于中间温度范围，在 600 K 以下或熔点以上几乎是不可靠的。而且第二代热力学模型无法准确描述纯元素低温时的热力学性质。基于爱因斯坦模型开发第三代 CALPHAD 热力学模型以实现从 0 K 至熔点以上的可靠热力学描述。当前，已成功将第三代热力学模型应用于描述部分纯元素的吉布斯自由能。今后，仍需很长一段时间进一步用该模型描述其他元素以及相关的二元系、三元系和多元系等，建立更为准确的热力学数据库。

建立在现代微区测量技术基础上的由多元扩散偶相图测量方法发展起来的多元扩散偶组合材料设计法，可以在一个或少数几个样品上快速测量一个体系的相图及物理性能。此方法为快速测量相图，加速新材料研制提供了一个高效率的新途径。高能 X 射线衍射、中子散射等应用也为快速高效原位测量温度、压力、物理场对相变的影响提供了可能。各种高通量的有成分梯度的薄膜制备技术，也为高效率地测量相图提供了基础。随着检测技术的进步及广泛应用，球差矫正透射电镜、三维原子探针等先进检测手段也逐渐应用于相平衡的精准测定，使得人们对微观组织的研究从介观尺度推进到原子尺度，推动了对传统相图的再认识。除发现了各种原子团簇、亚稳析出相外，还发现了不同结构共生析出相、析出相与马氏体相共生、析出相与孪晶共生、不同形状核壳结构的析出相等。对块体材料中界面(大角晶界、小角晶界、孪晶界、共格/非共格异相界面等)结构的研究也有了新进展。如何表述原子尺度材料相结构演化，更加精准预测界面结构与界面能，理解材料加工制备过程中的相变序列以及性能演变，已成为相图热力学领域一个新的课题。

众所周知，界面强烈影响多晶材料的行为。晶界可以发生一阶或连续的类似相的转变，这会导致物理性质的突变，从而影响材料的性质，如应力和应变、蠕变、疲劳、腐蚀、强度、脆化、电和热导率。要了解这些现象背后的机理，就需要具有物理意义的界面热力学模型来描述晶界转变和构建晶界相图。与块体热力学的系统理论和原理相比，关于界面许多方面的理论远未建立，界面热力学亦是如此。当前，尝试对几个二元和三元系进行了界面热力学研究，特别是建立了晶界相图(包括具有明确定义的转变线的晶界吸附相图和可预测晶界无序化趋势的晶界 $\lambda$ 图)

来描述晶界行为与块体成分的关系。但是，几乎所有多元体系中的晶界转变仍未探索。多元合金中的晶界相图可以描述晶界处多种合金元素之间的相互作用，从而为调控晶界提供一种新颖的策略。在晶界工程的框架内，需要将界面热力学模型与原子模拟相结合，以提供重要的界面数据，如晶界能量、迁移率、扩散系数、内聚强度和滑动阻力，以进行材料设计。作为一种新的材料设计工具，将当前的 CALPHAD 方法扩展到界面并开发晶界相图是一项长期的科学目标。

除相图热力学数据外，摩尔体积、黏度、热导率等也是描述合金凝固和均匀化退火等热处理过程中组织结构演变的重要热物性参数。摩尔体积变化伴随在凝固及后续热处理过程中，并显著影响材料的性能。黏度是液体内摩擦力的表征，它描述妨碍液体流动的能力。液体的温度、化学成分和液体中的夹杂物对黏度具有显著影响。热导率是材料的一种基本输运性质，它反映物质的热传导能力。热导率是合金的一个重要热物性参数，较高的热导率会促使合金在凝固和加工过程中均匀散热，从而消除对力学性能有害的“热蚀现象”，同时可以降低合金基体中的热应力，并提高其抗疲劳性能。但迄今为止，有关多元多相钛合金的体积、黏度、热导率等热物性的研究很少。因此，建立能精确描述多元多相钛合金体积、黏度和热导率在宽广成分、温度变化范围内的热力学模型及相应的热物性数据库是材料设计领域亟须解决的另一个关键科学问题。